Vektor- und Tensorpraxis

Dieter Schroeder

Vektor- und Tensorpraxis

Verlag
Harri
Deutsch

Verlag Harri Deutsch
Gräfstr. 47, 60486 Frankfurt
www.harri-deutsch.de
verlag@harri-deutsch.de
Fax: 069 77 01 58 69

Bibliografische Information Der Deutschen Nationalbibliothek
Die Deutsche Nationalbibliothek verzeichnet diese Publikation in der Deutschen Nationalbibliografie; detaillierte bibliografische Daten sind im Internet über ⟨http://dnb.ddb.de⟩ abrufbar.

ISBN 978-3-8171-1837-3

2. überarbeitete Auflage 2009

Druck: betz-druck GmbH, Darmstadt
Printed in Germany

Vorworte

Zur 1. Auflage

Die theoretischen Fächer stellen schon früh hohe Ansprüche an das mathematische Rüstzeug von Physik- und Ingenieur-Studenten. Dies zwingt zu einer konzentrierten mathematischen Ausbildung, die wirklich den Bedürfnissen von Physikern und Ingenieuren genügt. Die Theorie muss „sitzen" und der Umgang mit dem Werkzeug in souveräne Routine übergehen. In diesem Sinne habe ich versucht, dem Praktiker etwas Brauchbares an die Hand zu geben. Dazu gehören plausible Herleitungen, alternative Verfahren und vor allem anschauliche Übungen aus Geometrie, Mechanik, Elektrodynamik usw.

Im Vordergrund stehen die Anwendung, weniger Systematik und Vollständigkeit. Die Einbettung der Vektorrechnung in die Quaternionentheorie würde gewiss zu weit führen. Ebenso wenig Vorteile verspricht, Vektoren als Tensoren 1. Stufe einzuführen. Wer den Stoff dreidimensional anschaulich und einprägsam behandeln will, erklärt Vektoren besser als gerichtete Größen und gründet ihren Formalismus auf eigenständige Axiome. Der Praktiker muss auch nicht unbedingt zwischen Richtung und Orientierung unterscheiden, ebenso wenig zwischen polaren und axialen Vektoren oder kovarianten und kontravarianten Tensoren, solange die Vektoren dreidimensional bzw. die Bezugssysteme euklidisch sind.

Überhaupt lag mir an der sprachlichen Prägnanz mit einheitlichen Begriffen und Schreibweisen, entsprechend den DIN-Normen und den international verbreiteten LaTeX-Standards. Freilich schienen einige Abweichungen – auch angesichts des ausländischen Schrifttums – geboten, um Missverständnisse zu verhüten.

Ich wünsche dem Leser viel Erfolg und manches Aha-Erlebnis. Vielleicht gewinnen auch die eingestreuten Hinweise auf den geschichtlichen Hintergrund sein Interesse.

Rheinbach, am 3. Febr. 2006
D. Schroeder

Zur 2. Auflage

Ermutigt durch die günstige Aufnahme meines Buches habe ich die neue Auflage vorwiegend unter didaktischen Gesichtspunkten vollständig überarbeitet, teils gestrafft, teils ergänzt – unverändert mit dem Ziel, die Eigenschaften von Lehrbuch, Nachschlagewerk, Formel- und Aufgabensammlung optimal in Einklang zu bringen. Bei der Gelegenheit wurden zudem die Rechtschreibung den neuesten Regeln angepasst, der vektortypische Fettdruck auf die vektoriellen Operatoren **grad**, **rot**, $\boldsymbol{\nabla}$ ausgedehnt und das Symbol $\curvearrowright$ für „folglich" eingeführt.

Wenngleich hier der handwerkliche Nutzen der Mathematik im Vordergrund steht, fehlt es doch nicht an Seitenblicken und Querverweisen auf Nachbargebiete, um das Verständnis wichtiger Zusammenhänge, ja ein Gefühl für die systematische Geschlossenheit der Mathematik zu wecken. Überdies mögen eingestreute Anmerkungen und Fußnoten das Interesse an ihrer Geschichte fördern.

Rheinbach, am 7. Januar 2009
D. Schroeder

Inhaltsverzeichnis

Einleitung

Die Vektorrechnung gehört heute zum Kernbestand der praktischen Mathematik. Ihr Reiz liegt in der eleganten Formulierung linearer Probleme, die sich in Algebra, Geometrie und Analysis hervorragend bewährt und dem Bedürfnis des Praktikers nach Anschaulichkeit besonders weit entgegenkommt. Mit ihren prägnanten Begriffen wie Pfeilen, Feldern, Quellen, Stromlinien, Senken, Wirbeln und dgl. kann man leicht eine Vorstellung verbinden. Überdies hat die Vektorrechnung den unschätzbaren Vorzug, dass sie ohne viel Rechenaufwand weitreichende Schlüsse zulässt.

Als Urheber der Vektorrechnung gelten allgemein Graßmann[1] und Hamilton[2]. Graßmann behandelte 1844 in seiner sog. Ausdehnungslehre die Geometrie des n-dimensionalen Raums und benutzte dabei erstmals einen mathematischen Formalismus mit Zügen der Vektor- und Tensorrechnung. Hamilton entwickelte etwa gleichzeitig das von Gauß[3] eingeführte System der komplexen Zahlen zu einer hyperkomplexen Algebra weiter und fand hierbei 1843 die sog. Quaternionen, d. h. 4-dimensionale Zahlen mit je 1 skalaren und 3 vektoriellen Anteilen. Hamilton prägte 1845 nicht nur den Vektorbegriff, sondern gab auch schon die zugehörigen Rechenregeln an.

Der praktische Nutzen dieser genialen Ideen trat erst hervor, als Gibbs[4] daraus das handliche Werkzeug der Vektorrechnung schuf und in seinen Lehrplan aufnahm. Die für seine Studenten 1881 und 1884 gedruckte Broschüre „Elements of Vector Analysis" erregte in der Fachwelt Aufsehen. Als Erster führte Heaviside[5] die neuen Vektoren in die sich hierfür geradezu anbietende Elektrodynamik ein und gab ab 1893 ein 3-bändiges Werk „Electromagnetic Theory" heraus. 1894 erschien in Deutschland Föppls[6] „Einführung in die maxwellsche Theorie der Elektrizität".

Gibbs' Schreibweisen setzten sich mit geringfügigen Abweichungen allmählich

---

[1] Hermann Graßmann (1809-1877), deutscher Gymnasiallehrer in Stettin

[2] William Rowan Hamilton (1805-1865), irischer Mathematiker und königlich britischer Astronom in Dublin

[3] Carl Friedrich Gauß (1777-1855), Sohn eines Braunschweiger Maurers, wirkte ab 1807 als Astronomie-Professor und Direktor der Sternwarte in Göttingen

[4] Josiah Willard Gibbs (1839-1903), US-Physik-Professor an der Yale-Universität in New Haven (Connecticut)

[5] Oliver Heaviside (1850-1925), englischer Privatgelehrter in Newcastle

[6] August Föppl (1854-1924), Lehrer an der Gewerbeschule in Leipzig, später Professor an der TH in München

durch. Sonderwege von Heaviside (England), Sommerfeld[7] (Deutschland) und Marcolongo (Italien) fanden international wenig Anklang.

Die 3-dimensionale Vektorrechnung passte ideal zu den 3-dimensionalen Bezugssystemen der Physik und schien so allen Bedürfnissen der Praxis zu genügen. Da bewies Einstein[8] 1905 und 1916 im Rahmen seiner Relativitätstheorie überraschend, dass die strenge Darstellung raum-zeitlicher Vorgänge 4-dimensionaler, ja wegen der überall wirkenden Schwerkraft sogar nichteuklidischer Bezugssysteme bedarf. Wie waren diese zu modellieren?

Unversehens gewannen 3 mathematische Theorien großes Interesse:

1. Die von Gauß 1827, Lobatschewski[9] 1829 und Bolyai[10] 1832 unabhängig voneinander entdeckte hyperbolische Geometrie,

2. die von Riemann[11] 1854 aus der 2-dimensionalen gaußschen Flächentheorie von 1827 entwickelte n-dimensionale Geometrie,

3. der von Ricci-Curbastro[12] und Levi-Civita[13] 1884-1901 geschaffene „calcolo differenziale assoluto".

Auf diese Ansätze gründete Einstein seinen Tensorkalkül, gewissermaßen eine n-dimensionale Vektorrechnung, heute z. B. aus Elastomechanik, Differenzialgeometrie, Elektrodynamik und Kosmologie nicht mehr wegzudenken.

Die Entwicklung der theoretischen Physik hat die 4 Dimensionen der Relativitätstheorie heute längst überholt; Ansätze der sog. M-Theorie gehen bereits von 11 Dimensionen aus.

---

[7] Arnold Sommerfeld (1868-1951), deutscher Mathematik- und Physik-Professor in Clausthal, Aachen und München

[8] Albert Einstein (1879-1955), deutsch-schweizerisch-amerikanischer Physiker, wirkte am Berner Patentamt (1902-09), dann als Professor in Zürich, Prag, Berlin (1914-33) und Princeton (New Jersey).

[9] Nikolai Iwanowitsch Lobatschewski (1792-1856), russischer Professor in Kasan

[10] Janos Bolyai (1802-1860), ungarischer Mathematiker und Offizier

[11] Bernhard Riemann (1826-1866), deutscher Mathematik-Professor in Göttingen

[12] Gregorio Ricci-Curbastro (1853-1925), italienischer Professor für mathematische Physik in Pisa

[13] Tullio Levi-Civita (1873-1941), italienischer Professor für Mechanik in Padua

1 Vektoralgebra

Am Anfang stehen Merkmale, geometrische Darstellung und analytische Beschreibung von Vektoren sowie ihre Addition, Subtraktion, Zerlegung, Zusammensetzung und Multiplikation mit Skalaren. Anschaulichkeit und Informationsdichte vektorieller Aussagen treten hervor.

1.1 Grundbegriffe

1.1.1 Maßzahlkollektive

Skalare

Die Maßangaben vieler geometrischer, physikalischer und chemischer Größen (z. B. Länge, Zeit und Konzentration) enthalten neben ihrer Einheit (z. B. m, sec und ppm) eine einzige Zahl. Solche Größen heißen Skalare, weil sie sich als Strecken auf einer unterteilten Zeichenachse (Skala) darstellen lassen. Analytisch symbolisiert man Skalare durch kursive Antiqua-Buchstaben. So bedeuten i. Allg. t die Zeit, m die Masse und T die Temperatur.

Vektoren

Zu anderen Größen wie Geschwindigkeit, Kraft und Feldstärke gehören sowohl die Angabe ihres Betrags als auch ihrer Richtung. Solche gerichteten Größen heißen Vektoren. Man kann sie geometrisch durch Pfeile entsprechender Länge darstellen und analytisch durch ihre Projektionen auf 3 Raumachsen, also je 3 Zahlen, vollständig beschreiben.

In der Geometrie ist es zuweilen nützlich, gerade Strecken oder ebene Flächen durch willkürliche Zuordnung einer Richtung künstlich als Vektoren zu erklären und wie echte Vektoren zu behandeln.

Wir bezeichnen Vektoren nach verbreiteter Übung durch kursive, fette Antiqua-Buchstaben, z. B. die Geschwindigkeit durch $\boldsymbol{v}$, die Kraft durch $\boldsymbol{F}$, die elektrische Feldstärke durch $\boldsymbol{E}$ und die magnetische Feldstärke durch $\boldsymbol{H}$. Manche Autoren bevorzugen stattdessen kursive Antiqua-Buchstaben mit aufgesetztem Pfeil ($\vec{v}$, $\vec{F}$, $\vec{E}$ bzw. $\vec{H}$). Die früher hierzulande übliche und überaus praktische

Frakturschreibweise ($\mathfrak{v}$, $\mathfrak{F}$, $\mathfrak{E}$ bzw. $\mathfrak{H}$), die sich ja eng an die maxwellsche[1] Symbolik anlehnte, hat sich international nicht durchgesetzt.

Tensoren

Daneben gibt es achsenbezogene Eigenschaften wie die Trägheitsmomente unsymmetrischer Kreisel, die inneren Spannungen elastischer Körper, die Permeabilitäten ferromagnetischer Kristalle oder die Permittivitäten anisotroper Medien, die durch Kollektive aus je 9 Zahlen bestimmt sind. Derartige Kollektive heißen Tensoren.

1.1.2 Betrag und Einsvektor

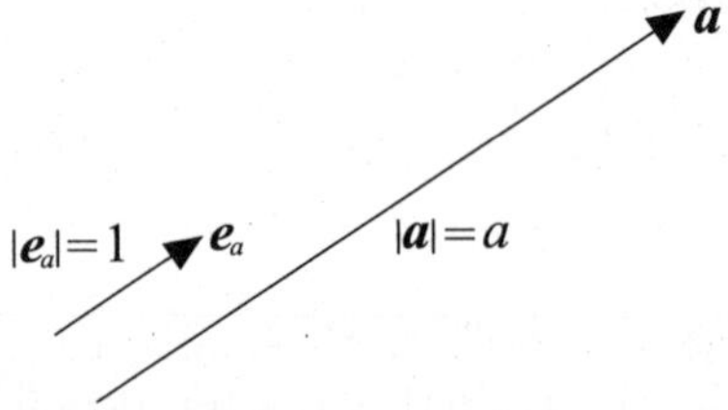

Fig. 1.1

Wir schreiben Vektoren in der allgemeinen Form

$$\boldsymbol{a} = a\boldsymbol{e}_a, \quad \text{wobei} \quad a \equiv |\boldsymbol{a}| \geq 0 \tag{1.1}$$

der (skalare, positiv definite) Betrag des Vektors und $\boldsymbol{e}_a$ der (dimensionslose) Einsvektor mit dem Betrag

$$|\boldsymbol{e}_a| \equiv 1 \tag{1.2}$$

in $\boldsymbol{a}$-Richtung seien. Danach ist jeder Vektor $\boldsymbol{a}$ das a-fache seines Einsvektors $\boldsymbol{e}_a$. Fig. 1.1 zeigt die geometrische Darstellung als Pfeil der Länge a und der Richtung $\boldsymbol{e}_a$. Stets heißt $\boldsymbol{a} = \mathbf{const}$ sowohl $a = \text{const}_1$ als auch $\boldsymbol{e}_a = \mathbf{const}_2$.

Beispielsweise sei die Geschwindigkeit eines Autos $\boldsymbol{v} = v\boldsymbol{e}_v$. Der Tachometer misst den Betrag v, während ein Kompass die Richtung $\boldsymbol{e}_v$ anzeigt. Damit kann man den Geschwindigkeitsvektor $\boldsymbol{v}$ als Pfeil der Länge v in einer Windrose darstellen. Die Angabe $\boldsymbol{v} = \mathbf{const}$ würde hier gleichförmige und geradlinige Geschwindigkeit heißen. Bei einem Flugzeug geht zusätzlich die Steig- oder Sinkgeschwindigkeit in den Vektor $\boldsymbol{v}$ ein; zu seiner geometrischen Darstellung bedarf es eines 3-dimensionalen Bezugssystems.

[1] James Clerk Maxwell (1831-1879), schottischer Physiker, wirkte in Aberdeen und Cambridge. Er stellte 1873 mit seinem 2-bändigen Hauptwerk „Treatise on Electricity and Magnetism" Elektrodynamik und Optik auf eine gemeinsame theoretische Grundlage.

Die Einsvektoren $\boldsymbol{e}_a$ und $-\boldsymbol{e}_a \equiv \boldsymbol{e}_{-a}$ zeigen in entgegengesetzte Richtungen, ebenso die Vektoren $\boldsymbol{a} = a\boldsymbol{e}_a$ und $\boldsymbol{b} = b\boldsymbol{e}_{-a} \equiv -b\boldsymbol{e}_a$. In der Vektorrechnung heißt Vorzeichenumkehr stets Richtungsumkehr, also Drehung um 180°.

Aufgabe 1.1 Was besagt die Gleichung $\boldsymbol{a} = 0$?

1.1.3 Vergleiche

Parallele Vektoren

Zwei Vektoren $\boldsymbol{a}$ und $\boldsymbol{b}$ heißen parallel, wenn sie mit ein und derselben Geraden parallel sind. Die Pfeillängen können verschieden, die Pfeilsinne gleich oder entgegengesetzt sein. Der Begriff Parallelität umfasst also wohlgemerkt gleich- und gegensinnige Parallelität:

$$\boldsymbol{a}\|\boldsymbol{b}, \quad \text{wenn entweder } \boldsymbol{e}_a = \boldsymbol{e}_b\ (\boldsymbol{a} \upuparrows \boldsymbol{b}) \text{ oder } \boldsymbol{e}_a = -\boldsymbol{e}_b\ (\boldsymbol{a} \uparrow\downarrow \boldsymbol{b}). \tag{1.3}$$

- Darüber hinaus sind zwei Vektoren $\boldsymbol{a}$ und $\boldsymbol{b}$ gleich, wenn sie nicht nur die gleiche Richtung, sondern auch den gleichen Betrag haben:

$$\boldsymbol{a} = \boldsymbol{b}, \quad \text{wenn sowohl } \boldsymbol{e}_a = \boldsymbol{e}_b\ (\boldsymbol{a} \upuparrows \boldsymbol{b}) \text{ als auch } a = b. \tag{1.4}$$

  Dabei spielt der Abstand zwischen $\boldsymbol{a}$ und $\boldsymbol{b}$ begrifflich keine Rolle; sie müssen nicht etwa geometrisch zusammenfallen.

- Der Vektor $\boldsymbol{a}$ heißt Gegenvektor von $\boldsymbol{b}$, wenn er verglichen mit $\boldsymbol{b}$ die entgegengesetzte Richtung, aber den gleichen Betrag hat (Fig. 1.2(1)):

$$\boldsymbol{a} = -\boldsymbol{b}, \quad \text{wenn sowohl } \boldsymbol{e}_a = -\boldsymbol{e}_b\ (\boldsymbol{a} \uparrow\downarrow \boldsymbol{b}) \text{ als auch } a = b. \tag{1.5}$$

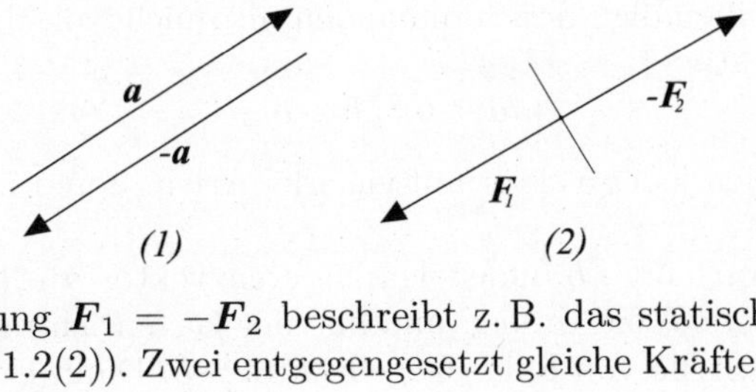

Fig. 1.2

Die Gleichung $\boldsymbol{F}_1 = -\boldsymbol{F}_2$ beschreibt z. B. das statische Kräftegleichgewicht (Fig. 1.2(2)). Zwei entgegengesetzt gleiche Kräfte heben sich gegenseitig auf.

Komplanare Vektoren

Drei und mehr Vektoren heißen komplanar, wenn sie mit ein und derselben Ebene parallel sind. Zwei beliebige Vektoren bestimmen selbst eine Ebene; sie sind also immer komplanar. Ebenfalls sind alle parallelen Vektoren zugleich komplanar; denn jeder liegt in einer Ebenenschar, mit der alle übrigen parallel sind.

1.2 Elementare Operationen

1.2.1 Geometrische Addition und Subtraktion

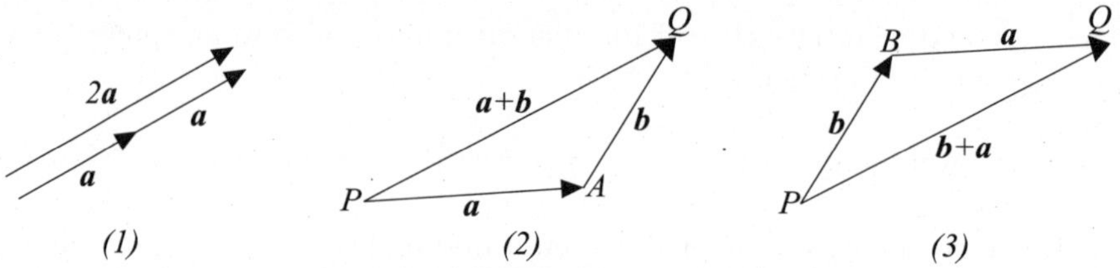

Fig. 1.3

Wer 2 gleiche Vektoren $\boldsymbol{a}$ geometrisch wie in Fig. 1.3(1) gleichsinnig aneinanderfügt, bildet den Summenvektor $2\boldsymbol{a}$. Dies leuchtet unmittelbar ein, wenn man sich unter $\boldsymbol{a}$ z. B. eine Zugkraft vorstellt: 2 kleine Loks mit je $\boldsymbol{a}$ Newton ziehen gemeinsam genauso stark wie 1 große Lok mit $2\boldsymbol{a}$ Newton.

Analog werden 2 ungleiche Vektoren $\boldsymbol{a}$ und $\boldsymbol{b}$ geometrisch addiert. Die Konstruktion ihres Summenvektors $\boldsymbol{a}+\boldsymbol{b}$ geht aus Fig. 1.3(2) hervor. Man verfolge z. B. ein Flugzeug, das mit seiner Reisegeschwindigkeit $\boldsymbol{a}$ nach Kompassweisung fliegt; dann führt eine Windgeschwindigkeit $\boldsymbol{b}$ zur wahren Fluggeschwindigkeit $\boldsymbol{a}+\boldsymbol{b}$ über Grund mit einer Abdrift vom Sollkurs.

Fig. 1.3(3) zeigt, dass die Summenvektoren $\boldsymbol{a}+\boldsymbol{b}$ und $\boldsymbol{b}+\boldsymbol{a}$ gleich sind. Es kommt auf die Reihenfolge der Summanden also nicht an; d. h. die Vektoraddition ist kommutativ:

$$\boldsymbol{a}+\boldsymbol{b}=\boldsymbol{b}+\boldsymbol{a}. \tag{1.6}$$

Umgekehrt lässt sich jeder Vektor auf vielerlei Art in 2 und mehr Summanden zerlegen.

Die Summe von $\boldsymbol{a}$ und $-\boldsymbol{b}$ bildet den Differenzvektor $\boldsymbol{a}-\boldsymbol{b}$. Sollte sich z. B. der oben betrachtete Wind drehen und aus der Gegenrichtung blasen, tritt in Fig. 1.3(2) an die Stelle von $\boldsymbol{b}$ der Gegenvektor $-\boldsymbol{b}$. Dann ist $\boldsymbol{a}-\boldsymbol{b}$ die wahre Geschwindigkeit des Flugzeugs über Grund (Fig. 1.4). Allgemein konstruiert

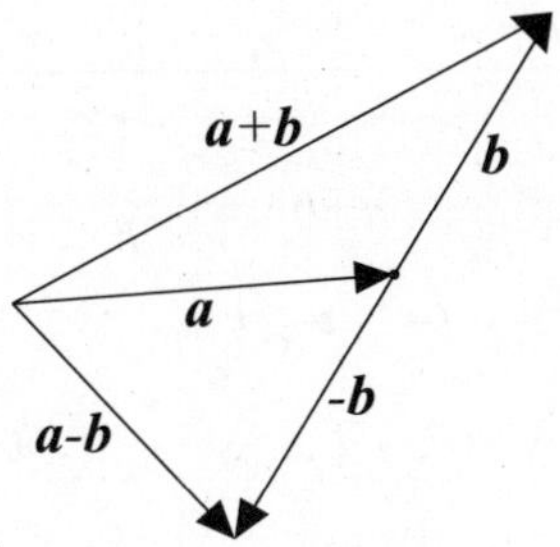

Fig. 1.4

man den Differenzvektor $\boldsymbol{a} - \boldsymbol{b}$ nach dem übersichtlichen Schema der Fig. 1.5.

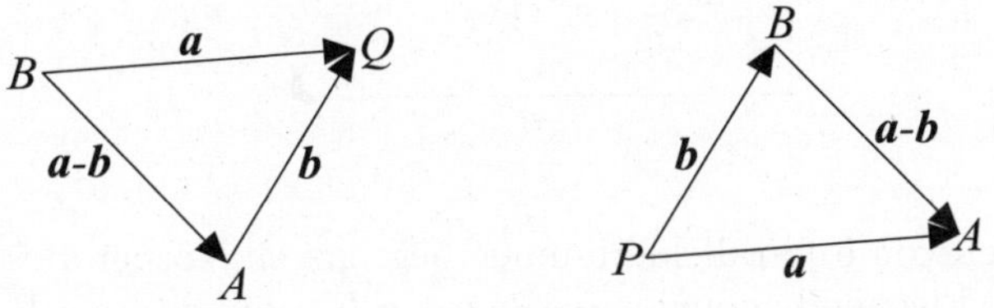

Fig. 1.5

Übrigens lassen die Fig. 1.3(2) und 1.5 leicht die sog. Dreiecksungleichung

$$\boxed{a - b \leq |\boldsymbol{a} \pm \boldsymbol{b}| \leq a + b} \tag{1.7}$$

erkennen.

Wir fügen nun die beiden Dreiecke der Fig. 1.3 und 1.5 paarweise zusammen und erhalten das von den Vektoren $\boldsymbol{a}$ und $\boldsymbol{b}$ „aufgespannte" Parallelogramm $PAQB$ (Fig. 1.6). Seine Diagonalen sind die Vektoren $\boldsymbol{a} + \boldsymbol{b}$ und $\boldsymbol{a} - \boldsymbol{b}$, die sich bekanntlich gegenseitig halbieren.

Ein praktisches Beispiel ist das Kräfte-Parallelogramm der Mechanik: Zwei Kräfte $\boldsymbol{a}$ und $\boldsymbol{b}$ wirken gemeinsam auf den Punkt P wie eine einzelne Kraft $\boldsymbol{a} + \boldsymbol{b}$ in Richtung der Diagonale. Man spricht von dem resultierenden Vektor oder kurz der Resultante $\boldsymbol{a} + \boldsymbol{b}$.

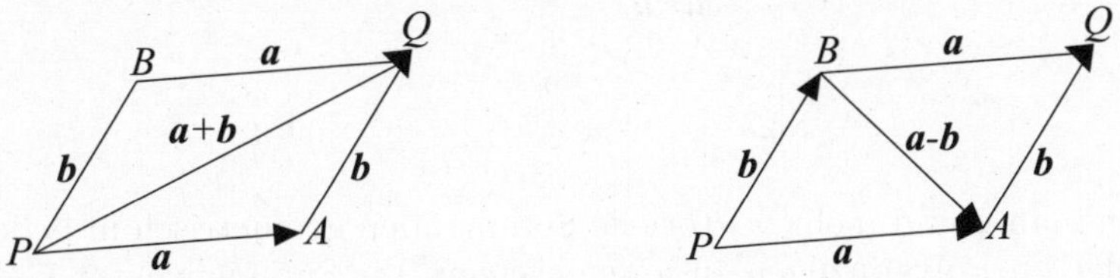

Fig. 1.6

Analog spannen 3 nichtkomplanare, aber sonst beliebige Vektoren $\boldsymbol{a}, \boldsymbol{b}, \boldsymbol{c}$ einen

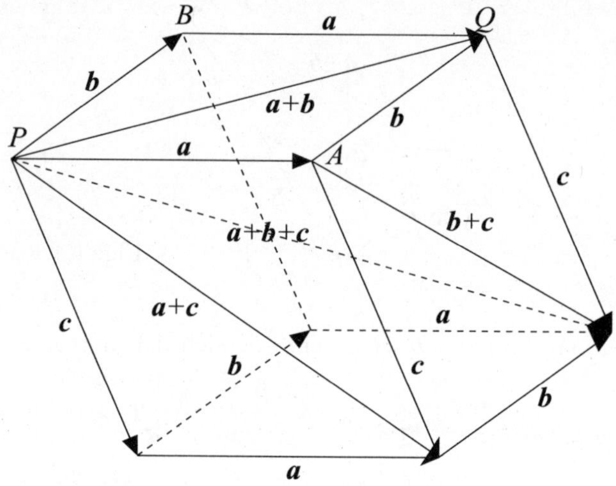

Fig. 1.7

Spat, also einen von 6 Parallelogrammen begrenzten Körper auf. Fig. 1.7 zeigt ihn mit seinen Flächendiagonalen $\boldsymbol{a}+\boldsymbol{b}, \boldsymbol{a}+\boldsymbol{c}, \boldsymbol{b}+\boldsymbol{c}$ und seiner Raumdiagonale

$$\boldsymbol{a}+\boldsymbol{b}+\boldsymbol{c}=(\boldsymbol{a}+\boldsymbol{b})+\boldsymbol{c}=(\boldsymbol{a}+\boldsymbol{c})+\boldsymbol{b}=\boldsymbol{a}+(\boldsymbol{b}+\boldsymbol{c}). \tag{1.8}$$

Man darf offenbar in einer Summe von Vektoren Klammern beliebig einfügen und weglassen; d. h. die Vektoraddition ist assoziativ.

Wir werden sehen, dass die hier vorgestellte Methode, Parallelogramme und Spate durch das Aufspannen von Vektoren zu konstruieren, also ihre Seiten bzw. Kanten künstlich als Vektoren zu behandeln, große Vorteile für die analytische Bestimmung ihrer Flächen- und Rauminhalte hat.

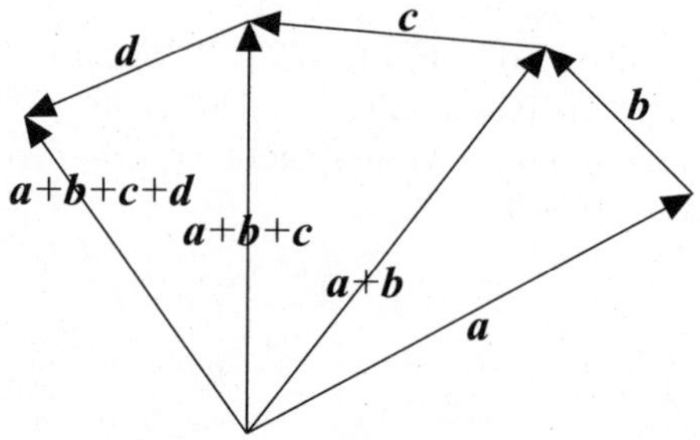

Fig. 1.8

Allgemein kann man 2 und mehr vektorielle Summanden geometrisch in beliebiger Reihenfolge zu Polygonzügen zusammensetzen. Ihr Summenvektor lässt sich dann zwischen der Pfeilspitze des letzten und dem Pfeilende des ersten Summanden räumlich „abgreifen". Fig. 1.8 zeigt ein Beispiel für 4 beliebige

Vektoren $\boldsymbol{a}, \boldsymbol{b}, \boldsymbol{c}, \boldsymbol{d}$. In geschlossenen Polygonzügen, wo der letzte Vektor also an den ersten anschließt, verschwindet der Summenvektor.

Aufgabe 1.2 Was bedeutet $\boldsymbol{a} + \boldsymbol{b} + \boldsymbol{c} = 0$ geometrisch?

1.2.2 Teilvektor und Richtungskosinus

Das Spatmodell zeigt nicht nur die grundlegende Konstruktion der Vektorzusammensetzung, sondern auch Möglichkeiten der Vektorzerlegung: 3 nichtkomplanare Vektoren $\boldsymbol{a}, \boldsymbol{b}, \boldsymbol{c}$ bestimmen den Summenvektor $\boldsymbol{a} + \boldsymbol{b} + \boldsymbol{c}$ ebenso eindeutig wie die 3 Hauptkanten eines Spats seine Raumdiagonale. Umgekehrt lässt sich jeder Vektor geometrisch als gerichtete Raumdiagonale irgendeines Spats deuten und in 3 Teilvektoren entsprechend Richtung und Länge seiner 3 Hauptkanten zerlegen; weil aber zu jeder Raumdiagonale unzählige Spatformen passen, gibt es unzählige Möglichkeiten der Vektorzerlegung.

Bisher haben wir Zusammensetzung und Zerlegung von Vektoren lediglich geometrisch-konstruktiv erklärt. Es fehlt noch eine analytische Rechenvorschrift, vor allem ein handliches Bezugssystem zur einheitlichen Beschreibung von Vektoren. Dazu gehen wir vom (schiefwinkligen) Spat zum (rechtwinkligen) Quader über und richten seine Kanten parallel mit den Achsen eines

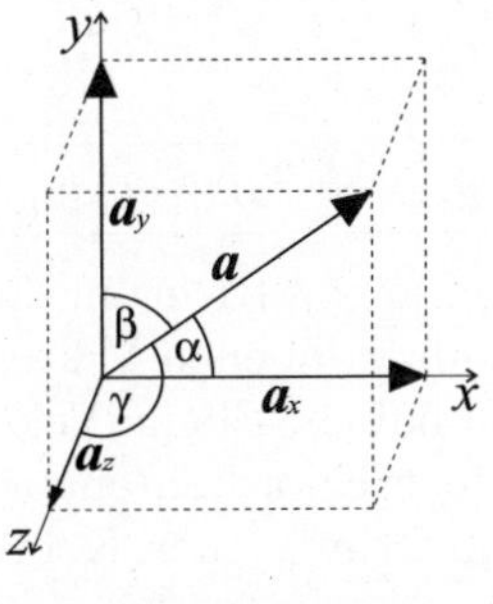

Fig. 1.9

kartesischen[2] Bezugssystems (Fig. 1.9). Dann hat jeder beliebige Vektor $\boldsymbol{a}$ die rechtwinkligen Teilvektoren

$$\boldsymbol{a}_x = a_x \boldsymbol{e}_x \quad \text{parallel mit der } x\text{-Achse,} \tag{1.9a}$$

$$\boldsymbol{a}_y = a_y \boldsymbol{e}_y \quad \text{parallel mit der } y\text{-Achse,} \tag{1.9b}$$

$$\boldsymbol{a}_z = a_z \boldsymbol{e}_z \quad \text{parallel mit der } z\text{-Achse.} \tag{1.9c}$$

[2]benannt nach Cartesius, wie sich der Franzose René Descartes (1596-1650) in seinen lateinisch verfassten Schriften nannte. Nach Teilnahme am 30-jährigen Krieg und ausgedehnten Reisen wirkte er ab 1629 als Philosoph und Naturforscher in Amsterdam.

Die Einsvektoren $\boldsymbol{e}_x, \boldsymbol{e}_y, \boldsymbol{e}_z$ mit dem (1.2) entsprechenden Merkmal

$$|\boldsymbol{e}_x| = |\boldsymbol{e}_y| = |\boldsymbol{e}_z| \equiv 1 \tag{1.10}$$

sind die sog. (normierten) Grundvektoren des kartesischen Bezugssystems. Darin lautet die Zerlegung des Vektors $\boldsymbol{a}$

$$\boxed{\boldsymbol{a} = \boldsymbol{a}_x + \boldsymbol{a}_y + \boldsymbol{a}_z = a_x\boldsymbol{e}_x + a_y\boldsymbol{e}_y + a_z\boldsymbol{e}_z} \tag{1.11}$$

Gewöhnlich lässt man den (gestrichelten) Quaderumriss weg und zerlegt jeden Vektor nach dem Muster der Fig. 1.9. Das rechtwinklige Teilvektorentripel $\boldsymbol{a}_x, \boldsymbol{a}_y, \boldsymbol{a}_z$ bildet ein sog. Dreibein. Die 3 (positiven oder negativen) Skalare a_x, a_y, a_z heißen Komponenten des Vektors $\boldsymbol{a}$. Eine negative Komponente (z. B. $-a_x$) gehört zu einem negativen Teilvektor (im Beispiel $-\boldsymbol{a}_x = -a_x\boldsymbol{e}_x \equiv a_x\boldsymbol{e}_{-x}$), also eines Teilvektors in Richtung der negativen x-Achse.

Die Fig. 1.9 zeigt übrigens anschaulich, dass die Komponenten a_x, a_y, a_z die Projektionen des Betrags $a = |\boldsymbol{a}|$ auf die betreffenden Koordinatenachsen sind. Daher gilt nach Pythagoras[3]

$$a^2 = a_x^2 + a_y^2 + a_z^2 \quad \curvearrowright \quad \boxed{a = \sqrt{a_x^2 + a_y^2 + a_z^2}} \tag{1.12}$$

Aus Fig. 1.9 folgt außerdem:

$$\cos\alpha = \frac{a_x}{a}, \quad \cos\beta = \frac{a_y}{a}, \quad \cos\gamma = \frac{a_z}{a}, \tag{1.13}$$

was in Verbindung mit (1.12) zu

$$\boxed{\cos^2\alpha + \cos^2\beta + \cos^2\gamma = 1} \tag{1.14}$$

führt. Diese Winkelfunktionen heißen Richtungskosinusse.

Man spricht von räumlichen bzw. ebenen Vektoren, je nachdem ob sie 3 oder nur 2 kartesische Teilvektoren haben. Ebene Vektoren liegen mit ihren beiden Teilvektoren gemeinsam in einer Koordinatenebene; sie sind also komplanar. Fällt ein Vektor gar in die Richtung einer Koordinatenachse, ist er zugleich sein einziger Teilvektor.

1.2.3 Spaltenvektor

Wir schreiben $\boldsymbol{a}$ gemäß (1.11) als Produkt einer Zeilen- und einer Spaltenmatrix:

$$\boldsymbol{a} = (\boldsymbol{e}_x \quad \boldsymbol{e}_y \quad \boldsymbol{e}_z) \begin{pmatrix} a_x \\ a_y \\ a_z \end{pmatrix}. \tag{1.15}$$

[3] Pythagoras von Samos (etwa 580-500 v. Chr.), griechischer Philosoph. Er entdeckte 533 v. Chr. die Kugelgestalt der Erde.

Erstere kennzeichnet das gewählte Bezugssystem, letztere zeigt das diesbezügliche Komponententripel des Vektors $\boldsymbol{a}$. Daher heißt die Spaltenmatrix

$$\begin{pmatrix} a_x \\ a_y \\ a_z \end{pmatrix} \equiv \underline{a} \tag{1.16}$$

auch Spaltenvektor. Offenbar gehören zu ein und demselben Vektor $\boldsymbol{a}$ in verschiedenen Bezugssystemen verschiedene Spaltenvektoren $\underline{a}$.

Aufgabe 1.3 Schreiben Sie den Vektor $\boldsymbol{a} = \sqrt{3}\,\boldsymbol{e}_y - \boldsymbol{e}_z$ in der Form (1.15), bestimmen Sie seinen Betrag a, seinen Einsvektor $\boldsymbol{e}_a$ sowie seine Winkel zu den kartesischen Achsen und stellen Sie ihn geometrisch dar! Wie lautet der zugehörige Spaltenvektor?

1.2.4 Analytische Addition und Subtraktion

Die Schreibweisen (1.11) erlauben, die beiden Vektoren

$$\boldsymbol{a} = \boldsymbol{a}_x + \boldsymbol{a}_y + \boldsymbol{a}_z = a_x\boldsymbol{e}_x + a_y\boldsymbol{e}_y + a_z\boldsymbol{e}_z \quad \text{und} \tag{1.17a}$$

$$\boldsymbol{b} = \boldsymbol{b}_x + \boldsymbol{b}_y + \boldsymbol{b}_z = b_x\boldsymbol{e}_x + b_y\boldsymbol{e}_y + b_z\boldsymbol{e}_z \tag{1.17b}$$

analytisch übersichtlich zu addieren oder zu subtrahieren. Man erhält

$$\boxed{\begin{aligned} \boldsymbol{a} \pm \boldsymbol{b} &= \boldsymbol{a}_x \pm \boldsymbol{b}_x + \boldsymbol{a}_y \pm \boldsymbol{b}_y + \boldsymbol{a}_z \pm \boldsymbol{b}_z, \\ &= (a_x \pm b_x)\boldsymbol{e}_x + (a_y \pm b_y)\boldsymbol{e}_y + (a_z \pm b_z)\boldsymbol{e}_z \end{aligned}} \tag{1.18}$$

oder gemäß (1.15)

$$\boxed{\boldsymbol{a} \pm \boldsymbol{b} = \begin{pmatrix} \boldsymbol{e}_x & \boldsymbol{e}_y & \boldsymbol{e}_z \end{pmatrix} \begin{pmatrix} a_x \pm b_x \\ a_y \pm b_y \\ a_z \pm b_z \end{pmatrix}} \quad \curvearrowright \quad \boxed{\underline{a} \pm \underline{b} = \begin{pmatrix} a_x \pm b_x \\ a_y \pm b_y \\ a_z \pm b_z \end{pmatrix}} \tag{1.19}$$

Vektoren werden addiert (subtrahiert), indem man ihre addierten (subtrahierten) Teilvektoren zusammensetzt. Fig. 1.10 zeigt dies an einem 2-dimensionalen Beispiel ($\boldsymbol{a}_z = \boldsymbol{b}_z = 0$). Im Falle $\boldsymbol{a} - \boldsymbol{b} = 0$ sind die Vektoren $\boldsymbol{a}$ und $\boldsymbol{b}$ einander gleich. Dies bedeutet, dass ihre entsprechenden Teilvektoren und Komponenten paarweise übereinstimmen:

$$\boldsymbol{a}_x = \boldsymbol{b}_x, \quad \boldsymbol{a}_y = \boldsymbol{b}_y, \quad \boldsymbol{a}_z = \boldsymbol{b}_z \quad \curvearrowright \quad a_x = b_x, \quad a_y = b_y, \quad a_z = b_z. \tag{1.20}$$

Hingegen sind die Vektoren $\boldsymbol{a}$ und $\boldsymbol{b}$ im Falle $\boldsymbol{a}+\boldsymbol{b} = 0$ einander entgegengesetzt gleich (Gegenvektoren). Dann gilt für die zugehörigen Teilvektoren:

$$\boldsymbol{a}_x = -\boldsymbol{b}_x, \quad \boldsymbol{a}_y = -\boldsymbol{b}_y, \quad \boldsymbol{a}_z = -\boldsymbol{b}_z. \tag{1.21}$$

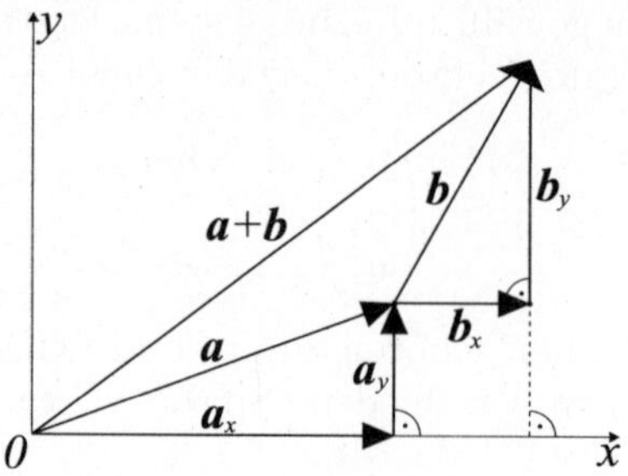

Fig. 1.10

Sie haben ersichtlich paarweise entgegengesetzte Richtungen. Für die Komponenten folgt

$$a_x = -b_x, \quad a_y = -b_y, \quad a_z = -b_z. \tag{1.22}$$

Allgemein ist jede lineare Gleichung zwischen Vektoren je drei Gleichungen zwischen Skalaren äquivalent; jede lineare Relation zwischen Vektoren enthält 3-dimensionale Informationen, was einen wesentlichen Vorzug der Vektorrechnung ausmacht.

Es leuchtet ein, dass sich Vektoren – anders als Skalare – nicht im Sinne $\boldsymbol{a} \lessgtr \boldsymbol{b}$, wohl aber im Sinne $|\boldsymbol{a}| \lessgtr |\boldsymbol{b}|$ miteinander vergleichen lassen. Sinnlos sind für $\boldsymbol{a} \neq 0$ auch Ausdrücke der Form $\boldsymbol{a} \pm |\boldsymbol{b}|$ oder $\boldsymbol{a} \lesseqqgtr |\boldsymbol{b}|$.

Analoge Regeln gelten in der Funktionentheorie, wo die komplexen Zahlen geometrisch ebene Vektoren mit den beiden Teilvektoren Real- und Imaginärteil darstellen. Wir werden noch sehen, dass die Analogie mit der Vektorrechnung über diese Äußerlichkeit weit hinausgeht.

Aufgabe 1.4 Bestimmen Sie Betrag und Richtung des aus

$$\boldsymbol{a} = -8\boldsymbol{e}_x - 6\boldsymbol{e}_y + 3\boldsymbol{e}_z, \quad \boldsymbol{b} = 7\boldsymbol{e}_x - 2\boldsymbol{e}_y - 9\boldsymbol{e}_z, \quad \boldsymbol{c} = 5\boldsymbol{e}_x - 4\boldsymbol{e}_y + 9\boldsymbol{e}_z$$

zusammengesetzten Summenvektors $\boldsymbol{d}$!

1.2.5 Ortsvektor

In einem kartesischen Bezugssystem wird jeder Punkt $P(x, y, z)$ geometrisch relativ zum Nullpunkt durch seine Koordinaten x, y, z bestimmt. Diese bilden die Komponenten eines vom Nullpunkt 0 zum Ort $P(x, y, z)$ gerichteten Ortsvektors[4] (Fig. 1.11); er lautet

$$\boldsymbol{r} = x\boldsymbol{e}_x + y\boldsymbol{e}_y + z\boldsymbol{e}_z \quad \text{oder im Sinne von (1.15 f)} \tag{1.23}$$

[4]Das Symbol erinnert an den alten Namen Radiusvektor.

$$= \begin{pmatrix} \boldsymbol{e}_x & \boldsymbol{e}_y & \boldsymbol{e}_z \end{pmatrix} \begin{pmatrix} x \\ y \\ z \end{pmatrix} \quad \curvearrowright \quad \underline{r} = \begin{pmatrix} x \\ y \\ z \end{pmatrix}. \tag{1.24}$$

Man schreibt daher statt $P(x, y, z)$ kurz $P(\boldsymbol{r})$, spricht sogar vom „Punkt" $\boldsymbol{r}$,

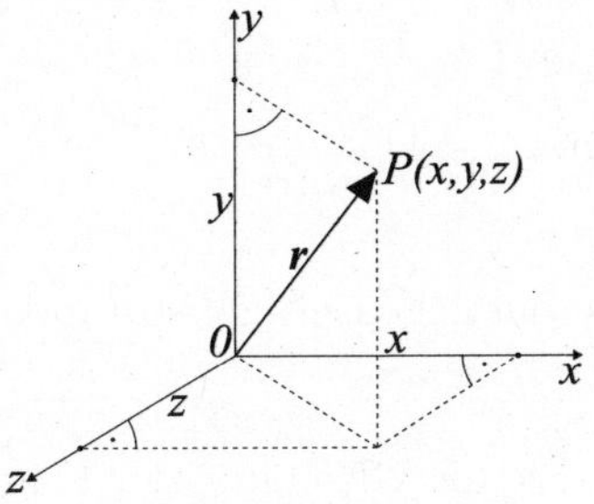

Fig. 1.11

der grafisch auch so markiert wird (Fig. 1.12).

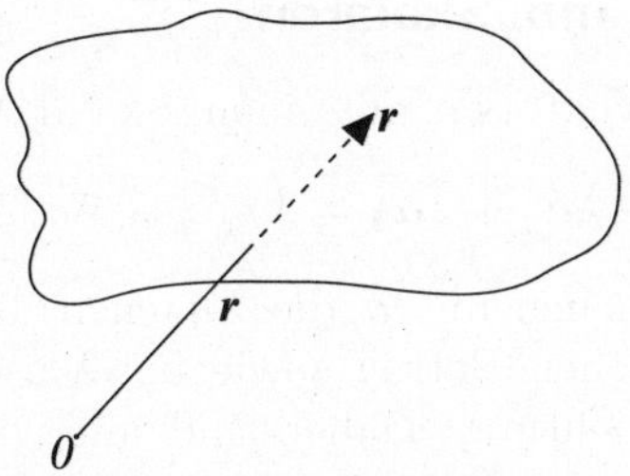

Fig. 1.12

Der Abstand zwischen 0 und P beträgt nach (1.12)

$$|\boldsymbol{r}| = \sqrt{x^2 + y^2 + z^2}. \tag{1.25}$$

Zu einem anderen Punkt $P_1(x_1, y_1, z_1)$ zeigt der Ortsvektor (Fig. 1.13)

$$\boldsymbol{r}_1 = x_1\boldsymbol{e}_x + y_1\boldsymbol{e}_y + z_1\boldsymbol{e}_z. \tag{1.26}$$

Der Differenzvektor

$$\boldsymbol{r} - \boldsymbol{r}_1 = (x - x_1)\boldsymbol{e}_x + (y - y_1)\boldsymbol{e}_y + (z - z_1)\boldsymbol{e}_z \quad \curvearrowright \quad \underline{r} - \underline{r}_1 = \begin{pmatrix} x - x_1 \\ y - y_1 \\ z - z_1 \end{pmatrix} \tag{1.27}$$

markiert die Lage des Punkts P relativ zum Punkt P_1. Der Abstand zwischen den beiden Punkten beträgt analog (1.25)

$$|\boldsymbol{r} - \boldsymbol{r}_1| = \sqrt{(x - x_1)^2 + (y - y_1)^2 + (z - z_1)^2}. \tag{1.28}$$

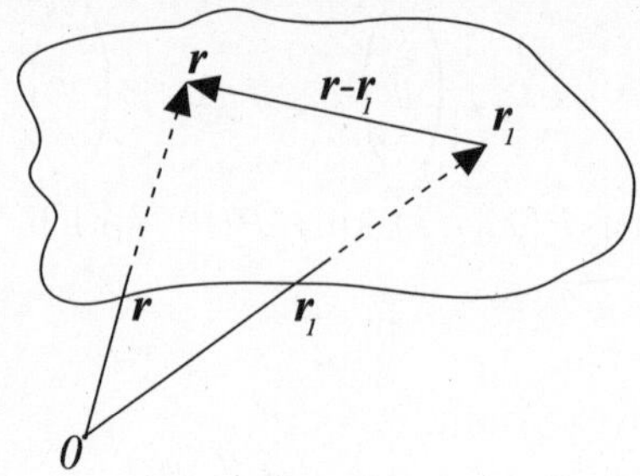

Fig. 1.13

Aufgabe 1.5 Wie groß ist der gegenseitige Abstand der Punkte $P_1(0;1;2)$ und $P_2(1;-1;0)$?

Aufgabe 1.6 Bestimmen Sie die Gleichung der Kugel mit dem Radius R und dem Mittelpunkt $M(\boldsymbol{r}_0)$!

1.2.6 Multiplikation mit Skalaren

Die Multiplikation eines Vektors $\boldsymbol{a}$ mit einem Skalar $\lambda \neq 0$ ergibt gemäß (1.11)

$$\lambda\boldsymbol{a} = \lambda\boldsymbol{a}_x + \lambda\boldsymbol{a}_y + \lambda\boldsymbol{a}_z = \lambda a_x\boldsymbol{e}_x + \lambda a_y\boldsymbol{e}_y + \lambda a_z\boldsymbol{e}_z. \tag{1.29}$$

Der Vektor $\lambda\boldsymbol{a}$ hat verglichen mit $\boldsymbol{a}$ die λ-fachen Teilvektoren, die λ-fachen Komponenten, den $|\lambda|$-fachen Betrag sowie für $\lambda > 0$ dieselbe und für $\lambda < 0$ die entgegengesetzte Richtung. Daher sind alle Vektoren mit der linearen Verknüpfung

$$\boldsymbol{b} = \lambda\boldsymbol{a} \tag{1.30}$$

parallel (vgl. Kap. 1.1.3).

Produkte von Vektoren mit Skalaren sind kommutativ im Sinne

$$\mu(\lambda\boldsymbol{a}) = (\lambda\boldsymbol{a})\mu \tag{1.31}$$

und assoziativ

$$\mu(\lambda\boldsymbol{a}) = \underbrace{(\mu\cdot\lambda)}_{\lambda\cdot\mu}\boldsymbol{a} = \lambda(\mu\boldsymbol{a}) \tag{1.32}$$

sowie distributiv

$$(\lambda+\mu)\boldsymbol{a} = \lambda\boldsymbol{a} + \mu\boldsymbol{a}, \tag{1.33a}$$

$$\lambda(\boldsymbol{a}+\boldsymbol{b}) = \lambda\boldsymbol{a} + \lambda\boldsymbol{b}. \tag{1.33b}$$

Die Betragsbildung führt zu

$$|\boldsymbol{b}| = |\lambda|\cdot|\boldsymbol{a}|\,. \tag{1.34}$$

1.2.7 Anwendungen in der Planimetrie

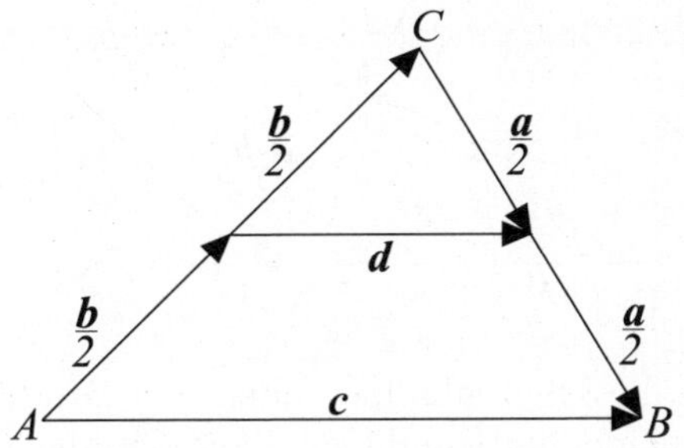

Fig. 1.14

- Wir fragen an Hand der Fig. 1.14 nach Richtung und Länge des Vektors $\boldsymbol{d}$, der die Mitten zweier Seiten eines Dreiecks verbindet. Es gilt

$$\boldsymbol{c} = \boldsymbol{b} + \boldsymbol{a}; \quad \boldsymbol{d} = \frac{\boldsymbol{b}}{2} + \frac{\boldsymbol{a}}{2} = \frac{1}{2}(\boldsymbol{b} + \boldsymbol{a}) = \frac{1}{2}\boldsymbol{c}.$$

Der Vektor $\boldsymbol{d}$ ist also mit der 3. Dreiecksseite parallel und halb so lang.

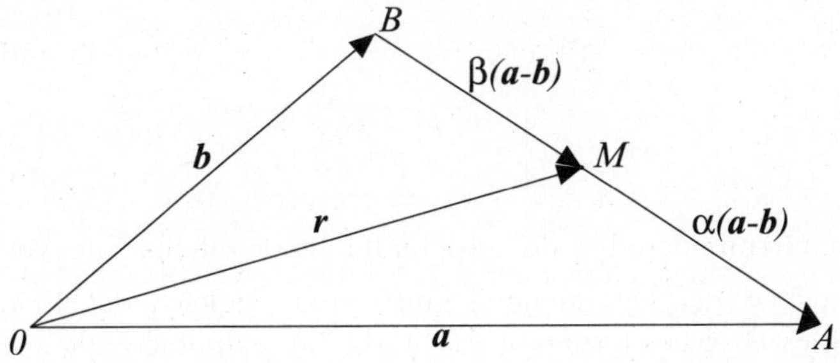

Fig. 1.15

- Wir suchen denjenigen Punkt M, der die Strecke zwischen zwei Punkten A und B im Verhältnis $\alpha : \beta$ teilt. Aus den $\triangle OAM$ und $\triangle OMB$ der Fig. 1.15 geht $\boldsymbol{r} = \boldsymbol{a} - \alpha(\boldsymbol{a} - \boldsymbol{b}) = \boldsymbol{b} + \beta(\boldsymbol{a} - \boldsymbol{b})$ hervor, was wegen $\alpha + \beta = 1$ zu $\boldsymbol{r} = \beta\boldsymbol{a} + \alpha\boldsymbol{b}$ führt. Im Fall $\alpha = \beta$ folgt

$$\boldsymbol{r} = \frac{\boldsymbol{a} + \boldsymbol{b}}{2}.$$

Dann halbiert M nicht nur die Diagonale $\boldsymbol{a} - \boldsymbol{b}$, sondern auch die Diagonale $\boldsymbol{a} + \boldsymbol{b}$ des von $\boldsymbol{a}$ und $\boldsymbol{b}$ aufgespannten Parallelogramms, wie ein Blick auf die Fig. 1.16 zeigt. Dieser Schnittpunkt heißt Symmetriemittelpunkt oder Flächenschwerpunkt des Parallelogramms.

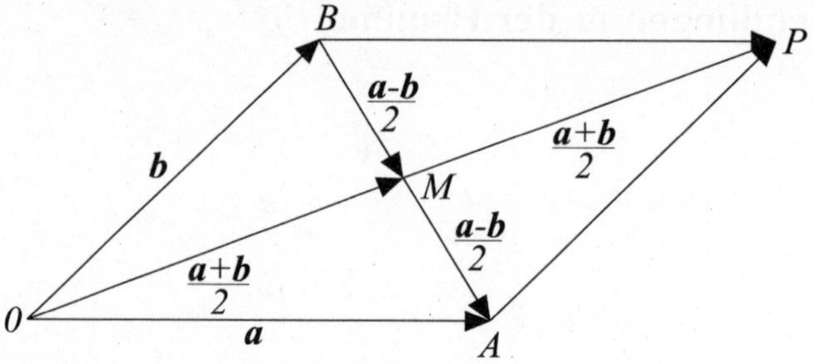

Fig. 1.16

- Wir zeigen, dass die 3 Seitenhalbierenden[5] des Dreiecks $A(\boldsymbol{r}_1)B(\boldsymbol{r}_2)C(\boldsymbol{r}_3)$ einen gemeinsamen Schnittpunkt $\bar{\boldsymbol{r}}$ haben, der alle 3 im gleichen Verhältnis in je 2 parallele Abschnitte teilt (Fig. 1.17):

$$\bar{\boldsymbol{r}} - \boldsymbol{r}_1 = \lambda\left(\frac{\boldsymbol{r}_2 + \boldsymbol{r}_3}{2} - \bar{\boldsymbol{r}}\right) \quad \curvearrowright \quad \bar{\boldsymbol{r}} = \frac{\lambda}{1+\lambda}\frac{\boldsymbol{r}_2 + \boldsymbol{r}_3}{2} + \frac{\boldsymbol{r}_1}{1+\lambda},$$

$$\bar{\boldsymbol{r}} - \boldsymbol{r}_2 = \mu\left(\frac{\boldsymbol{r}_1 + \boldsymbol{r}_3}{2} - \bar{\boldsymbol{r}}\right) \quad \curvearrowright \quad \bar{\boldsymbol{r}} = \frac{\mu}{1+\mu}\frac{\boldsymbol{r}_1 + \boldsymbol{r}_3}{2} + \frac{\boldsymbol{r}_2}{1+\mu},$$

$$\bar{\boldsymbol{r}} - \boldsymbol{r}_3 = \nu\left(\frac{\boldsymbol{r}_1 + \boldsymbol{r}_2}{2} - \bar{\boldsymbol{r}}\right) \quad \curvearrowright \quad \bar{\boldsymbol{r}} = \frac{\nu}{1+\nu}\frac{\boldsymbol{r}_1 + \boldsymbol{r}_2}{2} + \frac{\boldsymbol{r}_3}{1+\nu}.$$

Diese 3 Bedingungen stimmen für $\lambda = \mu = \nu = 2$ überein und führen zu

$$\boxed{\bar{\boldsymbol{r}} = \frac{\boldsymbol{r}_1 + \boldsymbol{r}_2 + \boldsymbol{r}_3}{3}} \tag{1.35}$$

Der Schnittpunkt teilt jede Seitenhalbierende offenbar im Verhältnis 1:2.

Übrigens ist der gefundene Schnittpunkt zugleich der Flächenschwerpunkt des Dreiecks (Aufgabe 7.11); die Seitenhalbierenden heißen daher auch Schwerlinien.

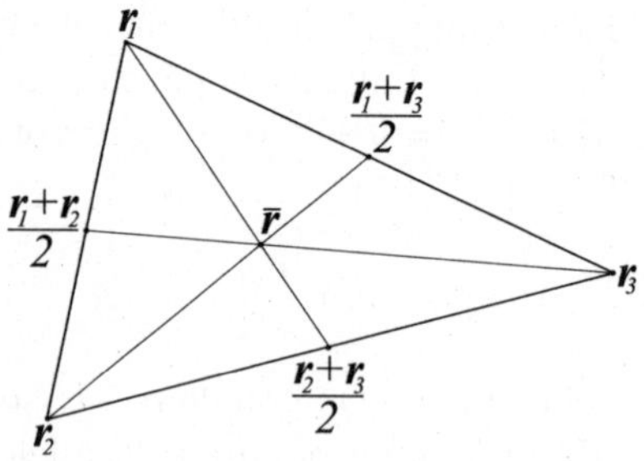

Fig. 1.17

[5]nicht zu verwechseln mit den Mittelloten!

2 Produkte aus Vektoren

Im Folgenden geht es um Definition, Merkmal und Anwendung der unterschiedlichen Produkte aus 2 und mehr Vektoren.

2.1 Punktprodukt

2.1.1 Definition

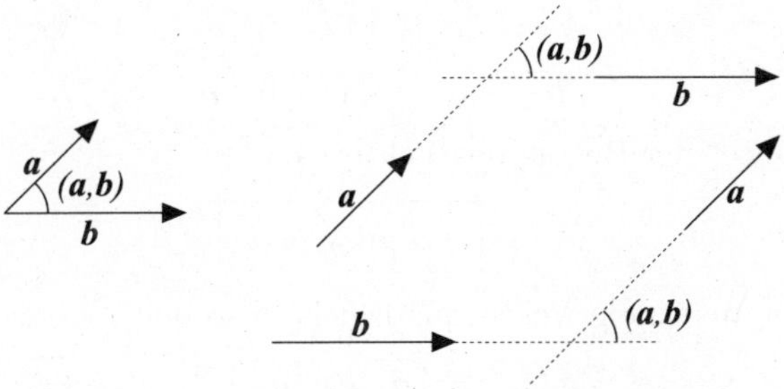

Fig. 2.1

Für die sog. punktweise Multiplikation der Vektoren $\boldsymbol{a}$ und $\boldsymbol{b}$ gilt die Regel

$$\boxed{\boldsymbol{a} \cdot \boldsymbol{b} \equiv ab \cos \measuredangle(\boldsymbol{a}, \boldsymbol{b})} \tag{2.1}$$

wobei der Winkel $\measuredangle(\boldsymbol{a}, \boldsymbol{b})$ den Richtungsunterschied zwischen $\boldsymbol{a}$ und $\boldsymbol{b}$ bezeichnet (Fig. 2.1). Er hat die Eigenschaft $\measuredangle(-\boldsymbol{a}, \boldsymbol{b}) = \measuredangle(\boldsymbol{a}, -\boldsymbol{b}) = \pi - \measuredangle(\boldsymbol{a}, \boldsymbol{b})$.

Das Punktprodukt $\boldsymbol{a} \cdot \boldsymbol{b}$ (gesprochen $\boldsymbol{a}$ Punkt $\boldsymbol{b}$) ist ein Skalar; damit lassen sich die kartesischen Komponenten a_x, a_y, a_z des Vektors $\boldsymbol{a}$ mit Blick auf (1.13) und Fig. 1.9 in der Form

$$\underbrace{\boldsymbol{a} \cdot \boldsymbol{e}_x}_{a_x} = a \cos \alpha, \quad \underbrace{\boldsymbol{a} \cdot \boldsymbol{e}_y}_{a_y} = a \cos \beta, \quad \underbrace{\boldsymbol{a} \cdot \boldsymbol{e}_z}_{a_z} = a \cos \gamma \tag{2.2}$$

darstellen. Folglich lauten die entsprechenden Teilvektoren

$$\boldsymbol{a}_x = (\boldsymbol{a} \cdot \boldsymbol{e}_x)\boldsymbol{e}_x; \quad \boldsymbol{a}_y = (\boldsymbol{a} \cdot \boldsymbol{e}_y)\boldsymbol{e}_y; \quad \boldsymbol{a}_z = (\boldsymbol{a} \cdot \boldsymbol{e}_z)\boldsymbol{e}_z. \tag{2.3}$$

So steht z. B. ein Vektor $\boldsymbol{a}$ in der xy-Ebene senkrecht auf $\boldsymbol{e}_z$; er hat keine Projektion in z- Richtung, was $\gamma = \frac{\pi}{2} \curvearrowright a_z = \boldsymbol{a}_z = 0$ bedeutet.

Die Definition (2.1) erlaubt 2 wichtige Schlüsse:

- Im Fall $\measuredangle(\boldsymbol{a},\boldsymbol{b}) = \begin{cases} \frac{\pi}{2} \\ \frac{3\pi}{2} \end{cases}$ stehen die beiden Vektoren $\boldsymbol{a}$ und $\boldsymbol{b}$, vorausgesetzt $a \neq 0$ und $b \neq 0$, aufeinander senkrecht:

$$\boldsymbol{a} \cdot \boldsymbol{b} = 0. \tag{2.4}$$

Umgekehrt lässt $\boldsymbol{a} \cdot \boldsymbol{b} = 0$ auch die triviale Lösung $a = 0$ und/oder $b = 0$ zu.

Für die kartesischen, paarweise aufeinander senkrecht stehenden Einsvektoren folgt z. B. aus $\measuredangle(\boldsymbol{e}_x,\boldsymbol{e}_y) = \measuredangle(\boldsymbol{e}_y,\boldsymbol{e}_z) = \measuredangle(\boldsymbol{e}_z,\boldsymbol{e}_x) = \frac{\pi}{2}$

$$\boxed{\boldsymbol{e}_x \cdot \boldsymbol{e}_y = \boldsymbol{e}_y \cdot \boldsymbol{e}_z = \boldsymbol{e}_z \cdot \boldsymbol{e}_x = 0} \tag{2.5}$$

- Im Fall $\measuredangle(\boldsymbol{a},\boldsymbol{b}) = \begin{cases} 0 \\ \pi \end{cases}$ sind die Vektoren $\boldsymbol{a}$ und $\boldsymbol{b}$ parallel (Kap. 1.1.3); dann gilt

$$\boldsymbol{a} \cdot \boldsymbol{b} = \pm ab, \quad \text{speziell} \quad \boldsymbol{a}^2 = a^2. \tag{2.6}$$

Deshalb lautet der Betrag des Vektors $\boldsymbol{a}$:

$$\boxed{a \equiv |\boldsymbol{a}| = \sqrt{\boldsymbol{a}^2}} \tag{2.7}$$

Die Wurzel aus einem Vektorquadrat ist also beileibe kein Vektor:

$$\sqrt{\boldsymbol{a}^2} \neq \pm \boldsymbol{a}. \tag{2.8}$$

In Verbindung mit (1.2) ergibt sich aus (2.6)

$$\boxed{\boldsymbol{e}_x^2 = \boldsymbol{e}_y^2 = \boldsymbol{e}_z^2 = 1} \tag{2.9}$$

Damit führt die punktweise Multiplikation der Vektoren (1.17) zu der wichtigen Formel

$$\begin{aligned}\boldsymbol{a} \cdot \boldsymbol{b} = a_x b_x \underbrace{\boldsymbol{e}_x^2}_{1} + a_x b_y \underbrace{\boldsymbol{e}_x \cdot \boldsymbol{e}_y}_{0} + a_x b_z \underbrace{\boldsymbol{e}_x \cdot \boldsymbol{e}_z}_{0} + a_y b_x \underbrace{\boldsymbol{e}_y \cdot \boldsymbol{e}_x}_{0} + a_y b_y \underbrace{\boldsymbol{e}_y^2}_{1} \\ + a_y b_z \underbrace{\boldsymbol{e}_y \cdot \boldsymbol{e}_z}_{0} + a_z b_x \underbrace{\boldsymbol{e}_z \cdot \boldsymbol{e}_x}_{0} + a_z b_y \underbrace{\boldsymbol{e}_z \cdot \boldsymbol{e}_y}_{0} + a_z b_z \underbrace{\boldsymbol{e}_z^2}_{1}\end{aligned}$$

$$\curvearrowright \quad \boxed{\boldsymbol{a} \cdot \boldsymbol{b} = a_x b_x + a_y b_y + a_z b_z} \tag{2.10}$$

und speziell für $\boldsymbol{a} = \boldsymbol{b}$ angesichts (2.6)

$$a^2 = a_x^2 + a_y^2 + a_z^2, \tag{2.11}$$

was (1.12) analytisch bestätigt.

2.1.2 Merkmale

Das Punktprodukt ist sowohl kommutativ

$$\boldsymbol{a} \cdot \boldsymbol{b} = \boldsymbol{b} \cdot \boldsymbol{a} \tag{2.12}$$

als auch assoziativ

$$\lambda(\boldsymbol{a} \cdot \boldsymbol{b}) = (\lambda \boldsymbol{a}) \cdot \boldsymbol{b} = \boldsymbol{a} \cdot (\lambda \boldsymbol{b}) \tag{2.13}$$

und distributiv

$$\boldsymbol{a} \cdot (\boldsymbol{b} + \boldsymbol{c}) = \boldsymbol{a} \cdot \boldsymbol{b} + \boldsymbol{a} \cdot \boldsymbol{c}. \tag{2.14}$$

Dreifache Punktprodukte verdienen dagegen Vorsicht; es gilt nämlich i. Allg.

$$\boldsymbol{a}(\boldsymbol{b} \cdot \boldsymbol{c}) \neq (\boldsymbol{a} \cdot \boldsymbol{b})\boldsymbol{c}. \tag{2.15}$$

Die linke Seite hat die Richtung von $\boldsymbol{a}$, die rechte von $\boldsymbol{c}$.

2.1.3 Anwendungen in der ebenen Trigonometrie

Quadrierung eines Summen- oder Differenzvektors ergibt wegen (2.1), (2.6) und (2.12)

$$(\boldsymbol{a} \pm \boldsymbol{b})^2 \equiv (\boldsymbol{a} \pm \boldsymbol{b}) \cdot (\boldsymbol{a} \pm \boldsymbol{b}) = \boldsymbol{a}^2 \underbrace{\pm \boldsymbol{a} \cdot \boldsymbol{b} \pm \boldsymbol{b} \cdot \boldsymbol{a}}_{\pm 2\boldsymbol{a}\cdot\boldsymbol{b}} + \boldsymbol{b}^2 = a^2 \pm 2ab \cos \measuredangle(\boldsymbol{a}, \boldsymbol{b}) + b^2.$$

Dies ist der binomische Satz der Vektorrechnung. Daraus folgt gemäß (2.7)

$$\boxed{|\boldsymbol{a} \pm \boldsymbol{b}| = \sqrt{a^2 \pm 2ab \cos \measuredangle(\boldsymbol{a}, \boldsymbol{b}) + b^2}} \tag{2.16}$$

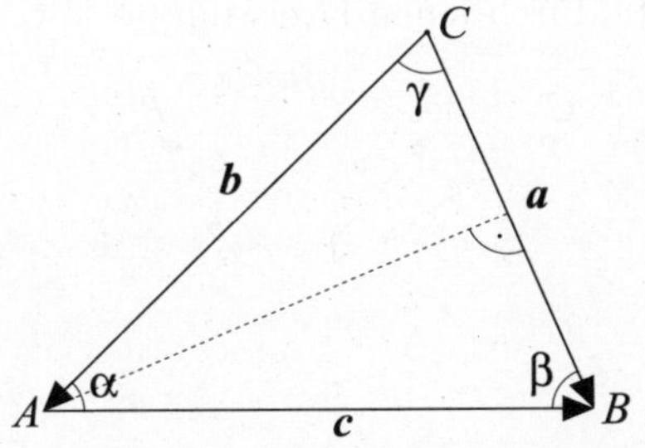

Fig. 2.2

Als Beispiel berechnen wir die Seite $c = |\boldsymbol{c}|$ im Dreieck ABC. Fig. 2.2 zeigt

$$\boldsymbol{c} = \boldsymbol{a} - \boldsymbol{b}, \quad \measuredangle(\boldsymbol{a}, \boldsymbol{b}) = \gamma \quad \curvearrowright \quad \boldsymbol{c}^2 = \boldsymbol{a}^2 - 2\boldsymbol{a} \cdot \boldsymbol{b} + \boldsymbol{b}^2,$$

was zum bekannten Kosinussatz der ebenen Trigonometrie führt:

$$\boxed{c^2 = a^2 + b^2 - 2ab\cos\gamma} \tag{2.17}$$

Wer außerdem den Projektionssatz herleiten will, multipliziert zweckmäßig die Gleichung $\boldsymbol{a} = \boldsymbol{b} + \boldsymbol{c}$ punktweise mit dem Einsvektor $\frac{\boldsymbol{a}}{a}$:

$$\underbrace{\boldsymbol{a} \cdot \frac{\boldsymbol{a}}{a}}_{\frac{a^2}{a}} = \underbrace{\boldsymbol{b} \cdot \frac{\boldsymbol{a}}{a}}_{\frac{ba\cos\gamma}{a}} + \underbrace{\boldsymbol{c} \cdot \frac{\boldsymbol{a}}{a}}_{\frac{ca\cos\beta}{a}} \quad \curvearrowright \quad \boxed{a = b\cos\gamma + c\cos\beta} \tag{2.18}$$

Aufgabe 2.1 Beweisen Sie die schwarzsche[1] Ungleichung $\boxed{(\boldsymbol{a}\cdot\boldsymbol{b})^2 \leq a^2 b^2}$!

Aufgabe 2.2 Bestätigen Sie das Punktprodukt (2.10) mit Hilfe der Matrizenrechnung!

Aufgabe 2.3 Welche Näherung gilt für $|\boldsymbol{a} - \boldsymbol{b}|$ im Fall $a \gg b$? Deuten Sie das Ergebnis geometrisch!

Aufgabe 2.4 Multiplizieren Sie $\left|\frac{\boldsymbol{a}}{\boldsymbol{b}}\right|$ und $\left|\boldsymbol{b} \pm \frac{b^2}{a^2}\boldsymbol{a}\right|$!

Aufgabe 2.5 Welchen Winkel bilden die Vektoren $\boldsymbol{a} = 2\boldsymbol{e}_x - 3\boldsymbol{e}_y + 6\boldsymbol{e}_z$ und $\boldsymbol{b} = -3\boldsymbol{e}_x + 4{,}5\boldsymbol{e}_y - 9\boldsymbol{e}_z$?

Aufgabe 2.6 Beweisen Sie den Satz des Thales[2], dass der Umfangswinkel im Halbkreis über der Hypotenuse jedes Dreiecks ein rechter ist!

Aufgabe 2.7 Bestimmen Sie angesichts Fig. 2.3 das Produkt der Strecken $\overline{CB}$ und $\overline{CA}$ auf der Sekante durch einen Kreis um 0!

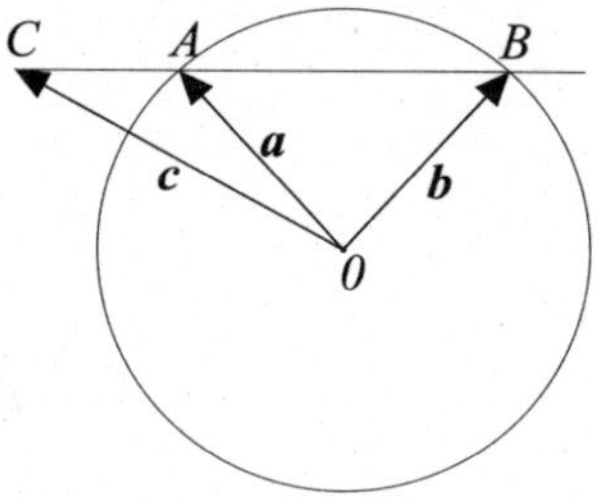

Fig. 2.3

[1] Hermann Amandus Schwarz (1843-1921), deutscher Mathematiker
[2] Thales von Milet (um 600 v. Chr.) gilt als Vater der griechischen Mathematik.

Aufgabe 2.8 Beweisen Sie für ebene rechtwinklige Dreiecke den Satz des Pythagoras, den Höhensatz und den Kathetensatz des Euklid[3]!

Aufgabe 2.9 Berechnen Sie Summe und Differenz der Quadrate der beiden Diagonalen eines beliebigen Parallelogramms!

Aufgabe 2.10 Unter welcher Bedingung stehen die Diagonalen eines Parallelogramms aufeinander senkrecht?

Aufgabe 2.11 Bestätigen Sie rechnerisch die Dreiecksungleichung (1.7)!

Aufgabe 2.12 Ein Vektor $\boldsymbol{a}$ bestehe aus 2 Teilvektoren $\boldsymbol{a}_1$ und $\boldsymbol{a}_2$. Was bedeutet die Bedingung $\boldsymbol{a}_1 \cdot \boldsymbol{a}_2 \geq 0$ für ihre Beträge und Richtungen?

Aufgabe 2.13 Welcher Vektor $\boldsymbol{w}$ halbiert den Winkel zwischen $\boldsymbol{a}$ und $\boldsymbol{b}$?

Aufgabe 2.14 Bestimmen Sie den Winkel zwischen den achssymmetrischen Vektoren $\boldsymbol{a}$ in der x, y- und $\boldsymbol{b}$ in der y, z-Ebene!

Aufgabe 2.15 Beweisen Sie, dass die 3 Höhen eines ebenen Dreiecks einen gemeinsamen Schnittpunkt $\boldsymbol{r}_h$ haben!

Aufgabe 2.16 Zeigen Sie, dass der Umkreismittelpunkt eines ebenen Dreiecks ABC der Schnittpunkt seiner 3 Mittellote ist!

Aufgabe 2.17 Auf welcher Linie liegen genau alle Punkte $C(\boldsymbol{r})$, deren Abstände zu 2 Punkten A und B ein konstantes Verhältnis c bilden?

Aufgabe 2.18 Wo liegen die der Bedingung $\boldsymbol{r} \cdot \boldsymbol{e}_x = rc$ genügenden Punkte?

2.2 Kreuzprodukt

2.2.1 Definition

Anders als die punktweise Multiplikation gemäß (2.1) ergibt die kreuzweise Multiplikation einen Vektor. Das sog. Kreuzprodukt $\boldsymbol{a} \times \boldsymbol{b}$ (gesprochen $\boldsymbol{a}$ Kreuz $\boldsymbol{b}$) lautet

$$\boxed{\boldsymbol{a} \times \boldsymbol{b} \equiv \boldsymbol{e}_n ab \sin \measuredangle(\boldsymbol{a}, \boldsymbol{b})} \tag{2.19}$$

[3]Euklid von Alexandria (um 300 v. Chr.), griechischer Mathematiker

und bezeichnet geometrisch den Inhalt des von den beiden Vektoren $\boldsymbol{a}$ und $\boldsymbol{b}$ aufgespannten Parallelogramms. Wohlgemerkt, sein Inhalt $\boldsymbol{a} \times \boldsymbol{b}$ ist hier abweichend von der gewöhnlichen Planimetrie ein Vektor. Er hat den Betrag $|\boldsymbol{a} \times \boldsymbol{b}| = \underbrace{|\boldsymbol{e}_n|}_{1} ab \sin \measuredangle(\boldsymbol{a}, \boldsymbol{b})$ und steht definitionsgemäß auf dem Parallelogramm senkrecht, ist also seine sog. Normale. Der zugehörige Vektor $\boldsymbol{e}_n$ heißt deshalb Normalen-Einsvektor.

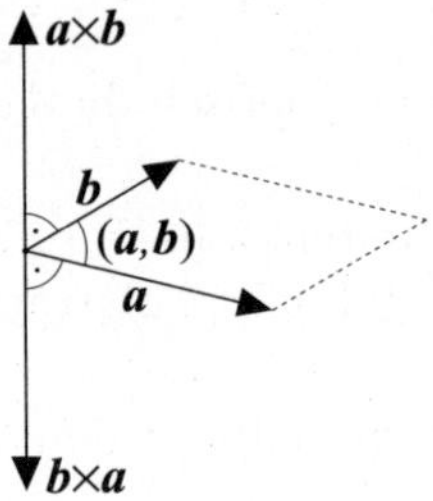

Fig. 2.4

Vereinbarungsgemäß bilden die 3 Vektoren $\boldsymbol{a}$, $\boldsymbol{b}$ und $\boldsymbol{a} \times \boldsymbol{b}$ in dieser Reihenfolge ein sog. Rechtssystem – anschaulich darstellbar etwa durch die gespreizten Daumen ($\boldsymbol{a}$), Zeigefinger ($\boldsymbol{b}$) und Mittelfinger ($\boldsymbol{a} \times \boldsymbol{b}$) der rechten Hand (Fig. 2.4). Bei einer Umkehr der Multiplikationsreihenfolge, also einer Vertauschung der Faktoren $\boldsymbol{a}$ und $\boldsymbol{b}$ bilden $\boldsymbol{b}$ (Daumen), $\boldsymbol{a}$ (Zeigefinger) und $-(\boldsymbol{a} \times \boldsymbol{b})$ (Mittelfinger) ein Rechtssystem. Das bedeutet

$$\boxed{\boldsymbol{b} \times \boldsymbol{a} = -(\boldsymbol{a} \times \boldsymbol{b})} \tag{2.20}$$

Aus dem Rechtssystem wird eine sog. Rechtsschraube (vergleichbar einem Korkenzieher), wenn das Vektorenpaar $\boldsymbol{a}, \boldsymbol{b}$ für einen in Richtung $\boldsymbol{a} \times \boldsymbol{b}$ blickenden Beobachter im Uhrzeigersinn rotiert. So sind z. B. die Vektoren Drehgeschwindigkeit und Drehmoment als Kreuzprodukte definiert. Ihre Richtung ist zugleich ihr Drehsinn.

Die kartesischen Einsvektoren $\boldsymbol{e}_x$, $\boldsymbol{e}_y$, $\boldsymbol{e}_z$ bilden ein bekanntes Rechtssystem; daher gilt

$$\boldsymbol{e}_x \times \boldsymbol{e}_x = \boldsymbol{e}_y \times \boldsymbol{e}_y = \boldsymbol{e}_z \times \boldsymbol{e}_z = 0 \tag{2.21a}$$
$$\text{wegen } \measuredangle(\boldsymbol{e}_x, \boldsymbol{e}_x) = \measuredangle(\boldsymbol{e}_y, \boldsymbol{e}_y) = \measuredangle(\boldsymbol{e}_z, \boldsymbol{e}_z) = 0,$$
$$\boldsymbol{e}_x \times \boldsymbol{e}_y = \boldsymbol{e}_z; \quad \boldsymbol{e}_y \times \boldsymbol{e}_z = \boldsymbol{e}_x; \quad \boldsymbol{e}_z \times \boldsymbol{e}_x = \boldsymbol{e}_y \tag{2.21b}$$
$$\text{wegen } \measuredangle(\boldsymbol{e}_x, \boldsymbol{e}_y) = \measuredangle(\boldsymbol{e}_y, \boldsymbol{e}_z) = \measuredangle(\boldsymbol{e}_z, \boldsymbol{e}_x) = \frac{\pi}{2}.$$

Kreuzweise Multiplikation der beiden Vektoren (1.17) ergibt wegen (2.21)

$$
\begin{aligned}
\boldsymbol{a} \times \boldsymbol{b} &= (a_x\boldsymbol{e}_x + a_y\boldsymbol{e}_y + a_z\boldsymbol{e}_z) \times (b_x\boldsymbol{e}_x + b_y\boldsymbol{e}_y + b_z\boldsymbol{e}_z) \\
&= a_x b_x \underbrace{(\boldsymbol{e}_x \times \boldsymbol{e}_x)}_{0} + a_x b_y \underbrace{(\boldsymbol{e}_x \times \boldsymbol{e}_y)}_{\boldsymbol{e}_z} + a_x b_z \underbrace{(\boldsymbol{e}_x \times \boldsymbol{e}_z)}_{-\boldsymbol{e}_y} \\
&\quad + a_y b_x \underbrace{(\boldsymbol{e}_y \times \boldsymbol{e}_x)}_{-\boldsymbol{e}_z} + a_y b_y \underbrace{(\boldsymbol{e}_y \times \boldsymbol{e}_y)}_{0} + a_y b_z \underbrace{(\boldsymbol{e}_y \times \boldsymbol{e}_z)}_{\boldsymbol{e}_x} \\
&\quad + a_z b_x \underbrace{(\boldsymbol{e}_z \times \boldsymbol{e}_x)}_{\boldsymbol{e}_y} + a_z b_y \underbrace{(\boldsymbol{e}_z \times \boldsymbol{e}_y)}_{-\boldsymbol{e}_x} + a_z b_z \underbrace{(\boldsymbol{e}_z \times \boldsymbol{e}_z)}_{0}
\end{aligned}
$$

$$
\curvearrowright \quad \boxed{\boldsymbol{a} \times \boldsymbol{b} = (a_y b_z - a_z b_y)\boldsymbol{e}_x + (a_z b_x - a_x b_z)\boldsymbol{e}_y + (a_x b_y - a_y b_x)\boldsymbol{e}_z} \tag{2.22}
$$

Das Ergebnis lässt sich als Determinante leicht merken:

$$
\boxed{\boldsymbol{a} \times \boldsymbol{b} = \begin{vmatrix} \boldsymbol{e}_x & \boldsymbol{e}_y & \boldsymbol{e}_z \\ a_x & a_y & a_z \\ b_x & b_y & b_z \end{vmatrix}} \tag{2.23}
$$

Vertauschung der beiden Faktoren bedeutet in der Determinante Vertauschung zweier Zeilen und führt im Einklang mit (2.20) zur Umkehr des Vorzeichens.

Im Fall $\measuredangle(\boldsymbol{a}, \boldsymbol{b}) = \begin{cases} 0 \\ \pi \end{cases}$ sind die beiden Vektoren $\boldsymbol{a}$ und $\boldsymbol{b}$, vorausgesetzt $a \neq 0$ und $b \neq 0$, parallel:

$$
\boldsymbol{a} \times \boldsymbol{b} = 0. \tag{2.24}
$$

Umgekehrt lässt $\boldsymbol{a} \times \boldsymbol{b} = 0$ auch die triviale Lösung $a = 0$ und/oder $b = 0$ zu. Speziell gilt

$$
\boldsymbol{a} \times \lambda\boldsymbol{a} = \begin{vmatrix} \boldsymbol{e}_x & \boldsymbol{e}_y & \boldsymbol{e}_z \\ a_x & a_y & a_z \\ \lambda a_x & \lambda a_y & \lambda a_z \end{vmatrix} = \lambda \begin{vmatrix} \boldsymbol{e}_x & \boldsymbol{e}_y & \boldsymbol{e}_z \\ a_x & a_y & a_z \\ a_x & a_y & a_z \end{vmatrix} = 0. \tag{2.25}
$$

Zwei linear abhängige Zeilen lassen bekanntlich jede Determinante verschwinden. Daher folgt aus (2.24) und (2.25) die lineare Verknüpfung paralleler Vektoren:

$$
\boldsymbol{b} = \lambda\boldsymbol{a}, \tag{2.26}
$$

was mit (1.30) übereinstimmt. Die Bedingungen (2.24) und (2.26) sind äquivalent.

2.2.2 Merkmale

Das Kreuzprodukt ist angesichts (2.20) nicht kommutativ, wohl aber assoziativ

$$\lambda(\boldsymbol{a} \times \boldsymbol{b}) = \lambda\boldsymbol{a} \times \boldsymbol{b} = \boldsymbol{a} \times \lambda\boldsymbol{b} \tag{2.27}$$

und distributiv

$$\boldsymbol{a} \times (\boldsymbol{b} + \boldsymbol{c}) = (\boldsymbol{a} \times \boldsymbol{b}) + (\boldsymbol{a} \times \boldsymbol{c}). \tag{2.28}$$

Daraus folgt in Verbindung mit (2.25) unmittelbar

$$\boldsymbol{a} \times (\boldsymbol{b} + \lambda\boldsymbol{a}) = (\boldsymbol{a} \times \boldsymbol{b}). \tag{2.29}$$

2.2.3 Anwendung in der Goniometrie

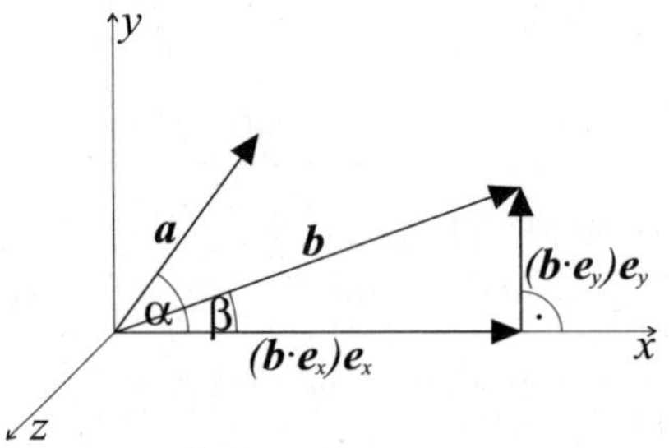

Fig. 2.5

Uns interessiert das Kreuzprodukt der ebenen Vektoren $\boldsymbol{a}$ und $\boldsymbol{b}$ (Fig. 2.5), wobei $\boldsymbol{b}$ gemäß (2.3) in seine beiden kartesischen Teilvektoren zerlegt sei:

$$\boldsymbol{b} = \underbrace{(\boldsymbol{b} \cdot \boldsymbol{e}_x)}_{b\cos\beta}\,\boldsymbol{e}_x + \underbrace{(\boldsymbol{b} \cdot \boldsymbol{e}_y)}_{b\sin\beta}\,\boldsymbol{e}_y. \tag{2.30}$$

Damit ergibt die kreuzweise Multiplikation mit $\boldsymbol{a}$ zunächst

$$\underbrace{\boldsymbol{b} \times \boldsymbol{a}}_{ba\sin(\alpha-\beta)\boldsymbol{e}_z} = b\cos\beta\,\underbrace{(\boldsymbol{e}_x \times \boldsymbol{a})}_{a\sin\alpha\boldsymbol{e}_z} + b\sin\beta\,\underbrace{(\boldsymbol{e}_y \times \boldsymbol{a})}_{-a\sin(\frac{\pi}{2}-\alpha)\boldsymbol{e}_z} \tag{2.31}$$

und schließlich die geläufige goniometrische Formel

$$\boxed{\sin(\alpha - \beta) = \sin\alpha\cos\beta - \cos\alpha\sin\beta} \tag{2.32}$$

2.3 Elementare Vektorgleichungen

2.3.1 Auflösung nach Vektoren

In der gewöhnlichen Algebra darf man $ar = a^2$ ohne weiteres durch a dividieren, um die eindeutige Lösung $r = a$ zu gewinnen. Division und Multiplikation kehren sich gegenseitig um.

Nicht so in der Vektoralgebra! Hier gibt es keine Umkehrung der Multiplikation zweier Vektoren durch Division; Gleichungen der Form $\boldsymbol{a} \cdot \boldsymbol{r} = \boldsymbol{a} \cdot \boldsymbol{b}$ oder $\boldsymbol{a} \times \boldsymbol{r} = \boldsymbol{a} \times \boldsymbol{b}$ lassen sich nicht ohne weiteres nach $\boldsymbol{r}$ auflösen, weil sie den unbekannten Vektor $\boldsymbol{r}$ überhaupt nicht eindeutig bestimmen; die sich verführerisch anbietende Lösung $\boldsymbol{r} = \boldsymbol{b}$ ist zwar hinreichend, aber keineswegs notwendig.

- Die Gleichung $\boldsymbol{a} \cdot \boldsymbol{r} = \boldsymbol{a} \cdot \boldsymbol{b} \curvearrowright \boldsymbol{a} \cdot (\boldsymbol{r} - \boldsymbol{b}) = 0$ besagt z. B. lediglich, dass die beiden Vektoren $\boldsymbol{a}$ und $(\boldsymbol{r} - \boldsymbol{b})$ orthogonal sind. Es gibt also unendlich viele, die Gleichung $\boldsymbol{a} \cdot \boldsymbol{r} = \boldsymbol{a} \cdot \boldsymbol{b}$ befriedigende Vektoren $\boldsymbol{r}$.
- Mit der Gleichung $\boldsymbol{a} \times \boldsymbol{r} = \boldsymbol{a} \times \boldsymbol{b} \curvearrowright \boldsymbol{a} \times (\boldsymbol{r} - \boldsymbol{b}) = 0$ verhält es sich ähnlich. Die Vektoren $\boldsymbol{a}$ und $(\boldsymbol{r} - \boldsymbol{b})$ sind in diesem Fall parallel.

Eine weitere Überlegung möge die Sinnlosigkeit der Vektordivision bestätigen. Die Division eines beliebigen Skalars (oder Vektors) durch einen Vektor $\boldsymbol{a}$ lässt sich als punktweise Multiplikation des betreffenden Skalars (oder Vektors) mit dem reziproken Vektor $\boldsymbol{a}^{-1}$ erklären. Die Eindeutigkeit der Operation bedingt freilich, dass der reziproke Vektor in der Form

$$\boldsymbol{a}^{-1} = \frac{\boldsymbol{e}_a}{|\boldsymbol{a}|} \tag{2.33}$$

definiert wird. Man betrachte als Beispiel nur

$$\frac{\boldsymbol{a} \cdot \boldsymbol{b}}{\boldsymbol{a}} = (\boldsymbol{a} \cdot \boldsymbol{b}) \cdot \frac{\boldsymbol{e}_a}{|\boldsymbol{a}|} = (\boldsymbol{e}_a \cdot \boldsymbol{b})\boldsymbol{e}_a \neq \boldsymbol{b}, \tag{2.34}$$

um einzusehen, dass die Division durch $\boldsymbol{a}$ die Multiplikation $\boldsymbol{a} \cdot \boldsymbol{b}$ nicht umkehrt. Daher kennt die Vektorrechnung auch keine Erweiterung oder Kürzung von Brüchen durch Vektoren. Nenner müssen stets Skalare sein.

2.3.2 Auflösung nach Skalaren

Selbst eindeutige Vektorgleichungen lassen sich oft nur indirekt auflösen. Das folgende Verfahren taugt zur Bestimmung von Skalaren in einer linearen Vektorgleichung. Wir betrachten als einfaches Beispiel die Zerlegung des Vektors $\boldsymbol{d}$ in 2 Teilvektoren parallel mit den orthogonalen Grundvektoren $\boldsymbol{a}$ und $\boldsymbol{b}$:

$$\boldsymbol{d} = \lambda \boldsymbol{a} + \mu \boldsymbol{b}. \tag{2.35}$$

Gesucht sind die 2 Koeffizienten λ und μ. Erster Schritt zur Lösung ist stets die (punkt- oder kreuzweise) Multiplikation der Gleichung, um das Glied mit der 1. gesuchten Größe zu isolieren. In diesem Fall bietet sich zunächst die punktweise Multiplikation mit dem Vektor $\boldsymbol{a}$ an. Man gewinnt dadurch

$$\boldsymbol{d} \cdot \boldsymbol{a} = \lambda \boldsymbol{a}^2 + \mu \underbrace{\boldsymbol{b} \cdot \boldsymbol{a}}_{0} \quad \curvearrowright \quad \lambda = \frac{\boldsymbol{d} \cdot \boldsymbol{a}}{\boldsymbol{a}^2}. \tag{2.36}$$

Hier ist $\boldsymbol{a}^2$ als Skalar ein zulässiger Divisor. Analog führt die punktweise Multiplikation der Ausgangsgleichung mit dem Vektor $\boldsymbol{b}$ zu

$$\boldsymbol{d} \cdot \boldsymbol{b} = \lambda \underbrace{\boldsymbol{a} \cdot \boldsymbol{b}}_{0} + \mu \boldsymbol{b}^2 \quad \curvearrowright \quad \mu = \frac{\boldsymbol{d} \cdot \boldsymbol{b}}{\boldsymbol{b}^2}. \tag{2.37}$$

Der Fall $\boldsymbol{a} = \boldsymbol{e}_x$ und $\boldsymbol{b} = \boldsymbol{e}_y$ bedeutet kartesische Zerlegung. Dann folgt wegen $\lambda = d_x$ und $\mu = d_y$ richtig

$$\boldsymbol{d} = d_x \boldsymbol{e}_x + d_y \boldsymbol{e}_y.$$

Die hier vorausgesetzte Orthogonalität ($\boldsymbol{a} \perp \boldsymbol{b}$) erlaubt ein besonders einfaches Vorgehen. Ohne sie macht die Zerlegung mehr Umstände (siehe Aufgabe 2.28).

Aufgabe 2.19 Bestätigen Sie den Zusammenhang

$$\boxed{(\boldsymbol{a} \times \boldsymbol{b})^2 = a^2 b^2 - (\boldsymbol{a} \cdot \boldsymbol{b})^2}\,! \tag{2.38}$$

Aufgabe 2.20 Bestimmen Sie den Inhalt $\boldsymbol{S}$ des Dreiecks ABC in Fig. 2.2!

Aufgabe 2.21 Welchen Betrag hat der Inhalt $\boldsymbol{S}$ des Dreiecks mit den Eckpunkten $A(1; 5; 1), B(1; 3; 2), C(4; 3; 1)$?

Aufgabe 2.22 Beweisen Sie die heronische[4] Formel

$$\boxed{S = \sqrt{s(s-a)(s-b)(s-c)}}$$

für den Inhaltsbetrag S eines Dreiecks mit den Seiten a, b, c und dem halben Umfang $s \equiv \frac{a+b+c}{2}$!

Aufgabe 2.23 Welche Beziehung erfüllen die 4 Koefizienten $\mu_1, \mu_2, \nu_1, \nu_2$, wenn zwar die beiden Summenvektoren $\boldsymbol{r}_1 = \mu_1 \boldsymbol{a} + \nu_1 \boldsymbol{b}$ und $\boldsymbol{r}_2 = \mu_2 \boldsymbol{a} + \nu_2 \boldsymbol{b}$, aber nicht $\boldsymbol{a}$ und $\boldsymbol{b}$ parallel sind?

[4]Heron von Alexandria (etwa 1. Jahrhundert n. Chr.), griechischer Mathematiker

Aufgabe 2.24 Zeigen Sie, dass der Inhalt $\boldsymbol{S} = \boldsymbol{a} \times \boldsymbol{b}$ des von $\boldsymbol{a}$ und $\boldsymbol{b}$ aufgespannten Parallelogramms auch als halbes Kreuzprodukt seiner beiden Diagonalen darstellbar ist!

Aufgabe 2.25 Beweisen Sie, dass die Summe der (allesamt nach außen zeigenden) Inhalte der Seitenflächen eines (nicht notwendig regelmäßigen) Vierflachs verschwindet!

Aufgabe 2.26 Wie groß sind die Länge der Diagonale $\boldsymbol{e}_a + \boldsymbol{e}_b$ in der durch die Einsvektoren $\boldsymbol{e}_a, \boldsymbol{e}_b$ aufgespannten Raute und der Betrag $|(\boldsymbol{e}_a + \boldsymbol{e}_b) \times \boldsymbol{e}_b|$?

Aufgabe 2.27 Beweisen Sie, dass die 3 Winkelhalbierenden eines ebenen Dreiecks $A(\boldsymbol{r}_1)B(\boldsymbol{r}_2)C(\boldsymbol{r}_3)$ einen gemeinsamen Schnittpunkt $P(\boldsymbol{r}_w)$ haben, der zugleich Mittelpunkt des Inkreises ist!

2.4 Spatprodukt

2.4.1 Definition

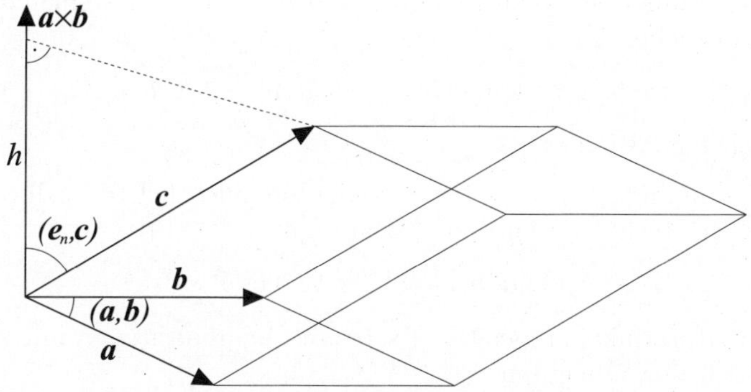

Fig. 2.6

Wir multiplizieren das (vektorielle) Kreuzprodukt $\boldsymbol{a} \times \boldsymbol{b}$ punktweise mit dem Vektor $\boldsymbol{c}$ und erhalten analog (2.1)

$$\boxed{(\boldsymbol{a} \times \boldsymbol{b}) \cdot \boldsymbol{c} = |\boldsymbol{a} \times \boldsymbol{b}|\,|\boldsymbol{c}| \cos \measuredangle(\boldsymbol{e}_n, \boldsymbol{c})} \tag{2.39}$$

Hierbei sind $\boldsymbol{a} \times \boldsymbol{b} = |\boldsymbol{a} \times \boldsymbol{b}|\,\boldsymbol{e}_n$ der Inhalt der Grundfläche und $|\boldsymbol{c}| \cos \measuredangle(\boldsymbol{e}_n, \boldsymbol{c}) = \boldsymbol{e}_n \cdot \boldsymbol{c} = h$ die Höhe des von den 3 Vektoren $\boldsymbol{a}$, $\boldsymbol{b}$, $\boldsymbol{c}$ aufgespannten Spats (Fig. 2.6). Die skalare Größe $(\boldsymbol{a} \times \boldsymbol{b}) \cdot \boldsymbol{c}$ ist mithin sein Volumen und heißt Spatprodukt.

Es lässt sich mit Hilfe von (2.10) und (2.23) angesichts (2.5) und (2.9) aus den $3 \cdot 3$ beteiligten Komponenten bequem berechnen; man erhält

$$(\boldsymbol{a} \times \boldsymbol{b}) \cdot \boldsymbol{c} = \begin{vmatrix} c_x & 0 & 0 \\ a_x & a_y & a_z \\ b_x & b_y & b_z \end{vmatrix} + \begin{vmatrix} 0 & c_y & 0 \\ a_x & a_y & a_z \\ b_x & b_y & b_z \end{vmatrix} + \begin{vmatrix} 0 & 0 & c_z \\ a_x & a_y & a_z \\ b_x & b_y & b_z \end{vmatrix} \tag{2.40}$$

und nach dem laplaceschen[5] Entwicklungssatz für Determinanten die handliche Formel

$$\boxed{(\boldsymbol{a} \times \boldsymbol{b}) \cdot \boldsymbol{c} = \begin{vmatrix} a_x & a_y & a_z \\ b_x & b_y & b_z \\ c_x & c_y & c_z \end{vmatrix}} \tag{2.41}$$

2.4.2 Merkmale

Man kann ebensogut $\boldsymbol{b} \times \boldsymbol{c}$ oder $\boldsymbol{c} \times \boldsymbol{a}$ als Grundflächeninhalte wählen und mit $\boldsymbol{a}$ bzw. $\boldsymbol{b}$ punktweise multiplizieren, was das Spatvolumen natürlich nicht ändert:

$$V = (\boldsymbol{a} \times \boldsymbol{b}) \cdot \boldsymbol{c} = (\boldsymbol{b} \times \boldsymbol{c}) \cdot \boldsymbol{a} = (\boldsymbol{c} \times \boldsymbol{a}) \cdot \boldsymbol{b} \equiv [\boldsymbol{a}, \boldsymbol{b}, \boldsymbol{c}] = [\boldsymbol{b}, \boldsymbol{c}, \boldsymbol{a}] = [\boldsymbol{c}, \boldsymbol{a}, \boldsymbol{b}]. \tag{2.42}$$

Der Ausdruck $[\boldsymbol{a}, \boldsymbol{b}, \boldsymbol{c}]$ ist ein Kürzel für das Spatprodukt. Eine „zyklische" Vertauschung der 3 Faktoren bedeutet in der Determinante (2.41) eine zyklische Vertauschung der 3 Zeilen und ändert das Ergebnis nicht. Jede andere Umstellung macht aus dem Vektorentripel $\boldsymbol{a}, \boldsymbol{b}, \boldsymbol{c}$ ein Linkssystem und führt zu negativen Vorzeichen:

$$[\boldsymbol{a}, \boldsymbol{b}, \boldsymbol{c}] = -[\boldsymbol{a}, \boldsymbol{c}, \boldsymbol{b}] = -[\boldsymbol{b}, \boldsymbol{a}, \boldsymbol{c}] = -[\boldsymbol{c}, \boldsymbol{b}, \boldsymbol{a}]. \tag{2.43}$$

Wir unterscheiden 3 Fälle:

- Die Bedingung $\measuredangle(\boldsymbol{e}_n, \boldsymbol{c}) = \delta < \frac{\pi}{2}$ bedeutet ersichtlich, dass die 3 Vektoren $\boldsymbol{a}, \boldsymbol{b}, \boldsymbol{c}$ ein Rechtssystem bilden. Dann gilt

  $$[\boldsymbol{a}, \boldsymbol{b}, \boldsymbol{c}] = |\boldsymbol{a} \times \boldsymbol{b}|\, c \cos \delta > 0.$$

  Das Spatprodukt ist positiv. Es bleibt sogar positiv, wenn 2 Vektoren ihre Richtung umkehren

- Wenn lediglich 1 Vektor seine Richtung umkehrt (z. B. $\boldsymbol{c} \to -\boldsymbol{c}$, folglich $\measuredangle(\boldsymbol{e}_n, -\boldsymbol{c}) = \pi - \delta > \frac{\pi}{2}$), bilden die 3 Vektoren (im Beispiel $\boldsymbol{a}, \boldsymbol{b}, -\boldsymbol{c}$) ein Linkssystem. Das Spatprodukt wird negativ:

  $$[\boldsymbol{a}, \boldsymbol{b}, -\boldsymbol{c}] = |\boldsymbol{a} \times \boldsymbol{b}|\, c \cos(\pi - \delta) < 0.$$

  Dasselbe gilt, wenn alle 3 Vektoren ihre Richtung umkehren.

[5]Pierre Simon Laplace (1749-1827), französischer Mathematik-Professor an der Pariser Militärschule, später an der École Polytechnique. Er wirkte zeitweise auch als Napoleons Innenminister.

- Im Grenzfall $\measuredangle(\boldsymbol{e}_n, \boldsymbol{c}) = \delta = \frac{\pi}{2}$ liegen alle 3 Vektoren in ein und derselben Ebene; sie sind komplanar. Daher heißt

$$\boxed{[\boldsymbol{a}, \boldsymbol{b}, \boldsymbol{c}] = 0} \tag{2.44}$$

ihre Komplanaritätsbedingung.

Folgende Identitäten lassen sich angesichts (2.41) und (2.42) unschwer einsehen und geometrisch deuten:

$$[\boldsymbol{a}, \boldsymbol{b}, \lambda\boldsymbol{c}] = \lambda[\boldsymbol{a}, \boldsymbol{b}, \boldsymbol{c}], \tag{2.45}$$

$$[\boldsymbol{a}, \boldsymbol{b}, \boldsymbol{b}] = \underbrace{(\boldsymbol{b} \times \boldsymbol{b})}_{0} \cdot \boldsymbol{a} = 0 \quad \begin{cases} \text{3 Vektoren sind kompla-} \\ \text{nar, wenn 2 parallel sind,} \end{cases} \tag{2.46}$$

$$[\boldsymbol{a}, \boldsymbol{b}, \boldsymbol{c} + \boldsymbol{d}] = [\boldsymbol{a}, \boldsymbol{b}, \boldsymbol{c}] + [\boldsymbol{a}, \boldsymbol{b}, \boldsymbol{d}]. \tag{2.47}$$

Daraus folgt unmittelbar für jeden Vektor

$$\boldsymbol{c} = \lambda\boldsymbol{a} + \mu\boldsymbol{b}, \tag{2.48}$$

der ja samt seinen 2 Teilvektoren in der durch $\boldsymbol{a}$ und $\boldsymbol{b}$ bestimmten Ebene liegt,

$$[\boldsymbol{a}, \boldsymbol{b}, \boldsymbol{c}] = [\boldsymbol{a}, \boldsymbol{b}, \lambda\boldsymbol{a} + \mu\boldsymbol{b}] = \lambda \underbrace{[\boldsymbol{a}, \boldsymbol{b}, \boldsymbol{a}]}_{0} + \mu \underbrace{[\boldsymbol{a}, \boldsymbol{b}, \boldsymbol{b}]}_{0} = 0. \tag{2.49}$$

Die lineare Verknüpfung (2.48) ist also eine (2.44) äquivalente Komplanaritätsbedingung.

2.4.3 Reziproke Dreibeine

Wir zerlegen den räumlichen Vektor $\boldsymbol{d}$ gemäß

$$\boldsymbol{d} = \lambda\boldsymbol{a} + \mu\boldsymbol{b} + \nu\boldsymbol{c} \tag{2.50}$$

in 3 Teilvektoren parallel mit den (nicht notwendig orthogonalen) Grundvektoren $\boldsymbol{a}, \boldsymbol{b}, \boldsymbol{c}$ und fragen nach den Komponenten λ, μ, ν. Zur Isolierung des λ-haltigen Glieds genügt die punktweise Multiplikation mit dem Vektor $(\boldsymbol{b} \times \boldsymbol{c})$:

$$\underbrace{\boldsymbol{d} \cdot (\boldsymbol{b} \times \boldsymbol{c})}_{[\boldsymbol{d},\boldsymbol{b},\boldsymbol{c}]} = \lambda \underbrace{\boldsymbol{a} \cdot (\boldsymbol{b} \times \boldsymbol{c})}_{[\boldsymbol{a},\boldsymbol{b},\boldsymbol{c}]} + \mu \underbrace{\boldsymbol{b} \cdot (\boldsymbol{b} \times \boldsymbol{c})}_{0} + \nu \underbrace{\boldsymbol{c} \cdot (\boldsymbol{b} \times \boldsymbol{c})}_{0} \curvearrowright \lambda = \frac{[\boldsymbol{d}, \boldsymbol{b}, \boldsymbol{c}]}{[\boldsymbol{a}, \boldsymbol{b}, \boldsymbol{c}]}.$$

Analog findet man durch punktweise Multiplikation mit den Vektoren $(\boldsymbol{c} \times \boldsymbol{a})$ bzw. $(\boldsymbol{a} \times \boldsymbol{b})$

$$\mu = \frac{[\boldsymbol{d}, \boldsymbol{c}, \boldsymbol{a}]}{[\boldsymbol{a}, \boldsymbol{b}, \boldsymbol{c}]} \quad \text{und} \quad \nu = \frac{[\boldsymbol{d}, \boldsymbol{a}, \boldsymbol{b}]}{[\boldsymbol{a}, \boldsymbol{b}, \boldsymbol{c}]} \tag{2.51}$$

und erhält schließlich

$$\boxed{\boldsymbol{d} = \frac{[\boldsymbol{d}, \boldsymbol{b}, \boldsymbol{c}]\,\boldsymbol{a} + [\boldsymbol{d}, \boldsymbol{c}, \boldsymbol{a}]\,\boldsymbol{b} + [\boldsymbol{d}, \boldsymbol{a}, \boldsymbol{b}]\,\boldsymbol{c}}{[\boldsymbol{a}, \boldsymbol{b}, \boldsymbol{c}]}} \tag{2.52}$$

Diese Vektorzerlegung ist für $[\boldsymbol{a}, \boldsymbol{b}, \boldsymbol{c}] \neq 0$ eindeutig, solange die Grundvektoren also nicht komplanar sind.

Alternativ kann man $\boldsymbol{d}$ gemäß

$$\boldsymbol{d} = \lambda^* \boldsymbol{a}^* + \mu^* \boldsymbol{b}^* + \nu^* \boldsymbol{c}^* \tag{2.53}$$

in 3 Teilvektoren parallel mit den neuen Grundvektoren

$$\boldsymbol{a}^* = \frac{\boldsymbol{b} \times \boldsymbol{c}}{[\boldsymbol{a}, \boldsymbol{b}, \boldsymbol{c}]}, \quad \boldsymbol{b}^* = \frac{\boldsymbol{c} \times \boldsymbol{a}}{[\boldsymbol{a}, \boldsymbol{b}, \boldsymbol{c}]}, \quad \boldsymbol{c}^* = \frac{\boldsymbol{a} \times \boldsymbol{b}}{[\boldsymbol{a}, \boldsymbol{b}, \boldsymbol{c}]} \tag{2.54}$$

zerlegen. Mit Hilfe der leicht beweisbaren, symmetrischen Zusammenhänge

$$\boldsymbol{a}^* \times \boldsymbol{b}^* = \frac{\boldsymbol{c}}{[\boldsymbol{a}, \boldsymbol{b}, \boldsymbol{c}]}, \quad \boldsymbol{b}^* \times \boldsymbol{c}^* = \frac{\boldsymbol{a}}{[\boldsymbol{a}, \boldsymbol{b}, \boldsymbol{c}]}, \quad \boldsymbol{c}^* \times \boldsymbol{a}^* = \frac{\boldsymbol{b}}{[\boldsymbol{a}, \boldsymbol{b}, \boldsymbol{c}]}, \tag{2.55}$$

$$\boldsymbol{a}^* \cdot \boldsymbol{a} = 1, \quad \boldsymbol{b}^* \cdot \boldsymbol{b} = 1, \quad \boldsymbol{c}^* \cdot \boldsymbol{c} = 1, \quad [\boldsymbol{a}^*, \boldsymbol{b}^*, \boldsymbol{c}^*] \cdot [\boldsymbol{a}, \boldsymbol{b}, \boldsymbol{c}] = 1 \tag{2.56}$$

ergibt sich für die neuen Komponenten

$$\lambda^* = \frac{[\boldsymbol{d}, \boldsymbol{b}^*, \boldsymbol{c}^*]}{[\boldsymbol{a}^*, \boldsymbol{b}^*, \boldsymbol{c}^*]} = \boldsymbol{d} \cdot \boldsymbol{a}, \quad \mu^* = \frac{[\boldsymbol{d}, \boldsymbol{c}^*, \boldsymbol{a}^*]}{[\boldsymbol{a}^*, \boldsymbol{b}^*, \boldsymbol{c}^*]} = \boldsymbol{d} \cdot \boldsymbol{b}, \quad \nu^* = \frac{[\boldsymbol{d}, \boldsymbol{a}^*, \boldsymbol{b}^*]}{[\boldsymbol{a}^*, \boldsymbol{b}^*, \boldsymbol{c}^*]} = \boldsymbol{d} \cdot \boldsymbol{c}$$

und damit als alternative Form der Vektorzerlegung

$$\boxed{\boldsymbol{d} = \frac{(\boldsymbol{d} \cdot \boldsymbol{a})(\boldsymbol{b} \times \boldsymbol{c}) + (\boldsymbol{d} \cdot \boldsymbol{b})(\boldsymbol{c} \times \boldsymbol{a}) + (\boldsymbol{d} \cdot \boldsymbol{c})(\boldsymbol{a} \times \boldsymbol{b})}{[\boldsymbol{a}, \boldsymbol{b}, \boldsymbol{c}]}} \tag{2.57}$$

Man unterscheidet die kontravarianten Komponenten λ, μ, ν und die kovarianten λ^*, μ^*, ν^*.

Die Dreibeine $\boldsymbol{a}, \boldsymbol{b}, \boldsymbol{c}$ und $\boldsymbol{a}^*, \boldsymbol{b}^*, \boldsymbol{c}^*$ heißen zueinander reziprok. Entweder bilden beide ein Rechts- oder beide ein Linkssystem. Wenn das Dreibein $\boldsymbol{a}, \boldsymbol{b}, \boldsymbol{c}$ orthogonal ist, fällt es mit dem reziproken Dreibein $\boldsymbol{a}^*, \boldsymbol{b}^*, \boldsymbol{c}^*$ zusammen. Dann entsteht aus (2.52) und (2.57) im Einklang mit (2.3) die Zerlegungsformel

$$\boldsymbol{d} = \frac{(\boldsymbol{d} \cdot \boldsymbol{a})}{\boldsymbol{a}^2}\,\boldsymbol{a} + \frac{(\boldsymbol{d} \cdot \boldsymbol{b})}{\boldsymbol{b}^2}\,\boldsymbol{b} + \frac{(\boldsymbol{d} \cdot \boldsymbol{c})}{\boldsymbol{c}^2}\,\boldsymbol{c} = \underbrace{(\boldsymbol{d} \cdot \boldsymbol{e}_a)}_{d_a}\,\boldsymbol{e}_a + \underbrace{(\boldsymbol{d} \cdot \boldsymbol{e}_b)}_{d_b}\,\boldsymbol{e}_b + \underbrace{(\boldsymbol{d} \cdot \boldsymbol{e}_c)}_{d_c}\,\boldsymbol{e}_c. \tag{2.58}$$

Aufgabe 2.28 Zerlegen Sie den ebenen Vektor $\boldsymbol{d}$ in 2 Teilvektoren parallel mit den Grundvektoren $\boldsymbol{a}$ und $\boldsymbol{b}$!

2.4.4 Anwendung in der Algebra

Im inhomogenen System von 3 linearen Gleichungen mit den 3 Unbekannten a_1, a_2, a_3

$$b_1 = m_{11}a_1 + m_{12}a_2 + m_{13}a_3, \tag{2.59a}$$

$$b_2 = m_{21}a_1 + m_{22}a_2 + m_{23}a_3, \tag{2.59b}$$

$$b_3 = m_{31}a_1 + m_{32}a_2 + m_{33}a_3 \tag{2.59c}$$

seien die 9 Koeffizienten $m_{11}, \ldots, m_{33}$ und die 3 Größen b_1, b_2, b_3 gegeben. Zur Auflösung nach a_1, a_2, a_3 multipliziert man zweckmäßig die 1. Gleichung mit $\boldsymbol{e}_x$, die 2. Gleichung mit $\boldsymbol{e}_y$, die 3. Gleichung mit $\boldsymbol{e}_z$ und bildet die 4 Vektoren

$$\boldsymbol{m}_i \equiv m_{1i}\boldsymbol{e}_x + m_{2i}\boldsymbol{e}_y + m_{3i}\boldsymbol{e}_z \quad \text{für } i = 1, 2, 3 \quad \text{sowie} \tag{2.60}$$

$$\boldsymbol{b} \equiv b_1\boldsymbol{e}_x + b_2\boldsymbol{e}_y + b_3\boldsymbol{e}_z. \tag{2.61}$$

Damit gewinnt das Gleichungssystem nun die vektorielle Form

$$\boldsymbol{b} = a_1\boldsymbol{m}_1 + a_2\boldsymbol{m}_2 + a_3\boldsymbol{m}_3, \tag{2.62}$$

die eine Zerlegung des Vektors $\boldsymbol{b}$ in 3 Teilvektoren parallel mit 3 Grundvektoren $\boldsymbol{m}_1, \boldsymbol{m}_2, \boldsymbol{m}_3$ darstellt. Durch Vergleich mit (2.52) findet man leicht

$$\boxed{a_1 = \frac{[\boldsymbol{b}, \boldsymbol{m}_2, \boldsymbol{m}_3]}{[\boldsymbol{m}_1, \boldsymbol{m}_2, \boldsymbol{m}_3]}, \quad a_2 = \frac{[\boldsymbol{b}, \boldsymbol{m}_3, \boldsymbol{m}_1]}{[\boldsymbol{m}_1, \boldsymbol{m}_2, \boldsymbol{m}_3]}, \quad a_3 = \frac{[\boldsymbol{b}, \boldsymbol{m}_1, \boldsymbol{m}_2]}{[\boldsymbol{m}_1, \boldsymbol{m}_2, \boldsymbol{m}_3]}} \tag{2.63}$$

Wer die Spatprodukte als Determinanten schreibt, erkennt unschwer die cramersche[6] Regel (1750) der gewöhnlichen Algebra. Für $[\boldsymbol{m}_1, \boldsymbol{m}_2, \boldsymbol{m}_3] \neq 0$ sind die Lösungen a_1, a_2, a_3 eindeutig. Im homogenen Fall $\boldsymbol{b} = 0$ folgt dann $a_1 = a_2 = a_3 = 0$.

Gleichungssysteme der Form (2.59) bestimmen in der analytischen Geometrie den Schnittpunkt dreier Ebenen. Kap. 3.2.3 zeigt das entsprechende Lösungsverfahren.

Ein formales, auf n-Dimensionen erweiterbares Modell geht von der symbolischen Zusammenfassung des Systems (2.59) aus:

$$\begin{pmatrix} b_1 \\ b_2 \\ b_3 \end{pmatrix} = \underbrace{\begin{pmatrix} m_{11} & m_{12} & m_{13} \\ m_{21} & m_{22} & m_{23} \\ m_{31} & m_{32} & m_{33} \end{pmatrix}}_{\boldsymbol{M}} \begin{pmatrix} a_1 \\ a_2 \\ a_3 \end{pmatrix}, \quad \text{d. h. } \underline{\boldsymbol{b}} = \boldsymbol{M}\underline{\boldsymbol{a}}.$$

Diese Gleichung beschreibt die lineare Transformation des Spaltenvektors $\underline{\boldsymbol{a}}$ in den Spaltenvektor $\underline{\boldsymbol{b}}$ vermittels der Koeffizientenmatrix $\boldsymbol{M}$. Die Auflösung

[6]Gabriel Cramer (1704-1752), Schweizer Mathematiker

des Systems (2.59) nach $\underline{\boldsymbol{a}}$ heißt Umkehrung der Transformation: $\underline{\boldsymbol{a}} = \boldsymbol{M}^{-1}\underline{\boldsymbol{b}}$. Kap. 3.4.2 behandelt ein 2-dimensionales Modell. Die allgemeine n-dimensionale Theorie folgt in Kap. 11.

Aufgabe 2.29 Welches Volumen hat ein Vierflach mit den Kanten $\boldsymbol{a}, \boldsymbol{b}, \boldsymbol{c}$?

Aufgabe 2.30 Berechnen Sie das Spatprodukt $[\boldsymbol{a}, \boldsymbol{b}, \boldsymbol{c}]$ in einem schiefwinkligen Bezugssystem u, v, w!

Aufgabe 2.31 Stellen Sie das Produkt $[\boldsymbol{a}, \boldsymbol{b}, \boldsymbol{c}] \cdot [\boldsymbol{d}, \boldsymbol{k}, \boldsymbol{l}]$ als Determinante dar!

2.5 Mehrfache Kreuzprodukte

2.5.1 Kreuz-Kreuz-Produkt

Die kreuzweise Multiplikation des Kreuzprodukts $\boldsymbol{a} \times \boldsymbol{b}$ mit dem Vektor $\boldsymbol{c}$ führt zu der wichtigen Formel

$$\boxed{(\boldsymbol{a} \times \boldsymbol{b}) \times \boldsymbol{c} = \boldsymbol{b}(\boldsymbol{c} \cdot \boldsymbol{a}) - \boldsymbol{a}(\boldsymbol{b} \cdot \boldsymbol{c}) = \boldsymbol{c} \times (\boldsymbol{b} \times \boldsymbol{a})} \tag{2.64}$$

Sie lässt sich ebenso allgemein wie bequem herleiten, wenn man das Bezugssystem so geschickt wählt, dass $\boldsymbol{a}$ in die x-Achse und $\boldsymbol{b}$ in die xy-Ebene fallen. Dies bedeutet

$$\boldsymbol{a} = a_x \boldsymbol{e}_x; \quad \boldsymbol{b} = b_x \boldsymbol{e}_x + b_y \boldsymbol{e}_y; \quad \boldsymbol{c} = c_x \boldsymbol{e}_x + c_y \boldsymbol{e}_y + c_z \boldsymbol{e}_z.$$

Man erhält damit zunächst

$$\begin{aligned}
\boldsymbol{a} \times \boldsymbol{b} =& a_x b_x \underbrace{(\boldsymbol{e}_x \times \boldsymbol{e}_x)}_{0} + a_x b_y \underbrace{(\boldsymbol{e}_x \times \boldsymbol{e}_y)}_{\boldsymbol{e}_z} \quad \text{und weiter} \\
(\boldsymbol{a} \times \boldsymbol{b}) \times \boldsymbol{c} =& a_x b_y \boldsymbol{e}_z \times (c_x \boldsymbol{e}_x + c_y \boldsymbol{e}_y + c_z \boldsymbol{e}_z) \\
=& a_x c_x b_y \underbrace{(\boldsymbol{e}_z \times \boldsymbol{e}_x)}_{\boldsymbol{e}_y} + a_x b_y c_y \underbrace{(\boldsymbol{e}_z \times \boldsymbol{e}_y)}_{-\boldsymbol{e}_x} + a_x b_y c_z \underbrace{(\boldsymbol{e}_z \times \boldsymbol{e}_z)}_{0} \\
=& a_x c_x \underbrace{b_y \boldsymbol{e}_y}_{\boldsymbol{b} - b_x \boldsymbol{e}_x} - a_x b_y c_y \boldsymbol{e}_x = \underbrace{a_x c_x}_{\boldsymbol{a} \cdot \boldsymbol{c}} \boldsymbol{b} - \underbrace{a_x \boldsymbol{e}_x}_{\boldsymbol{a}} \underbrace{(b_x c_x + b_y c_y)}_{\boldsymbol{b} \cdot \boldsymbol{c}}.
\end{aligned}$$

Als Beispiel für die Anwendung von (2.64) suchen wir den vom Nullpunkt auf den Vektor $\boldsymbol{a} = \boldsymbol{r} - \boldsymbol{r}_0$ gefällten Lotvektor $\boldsymbol{r}_l$ (Fig. 2.7). Die Loteigenschaft

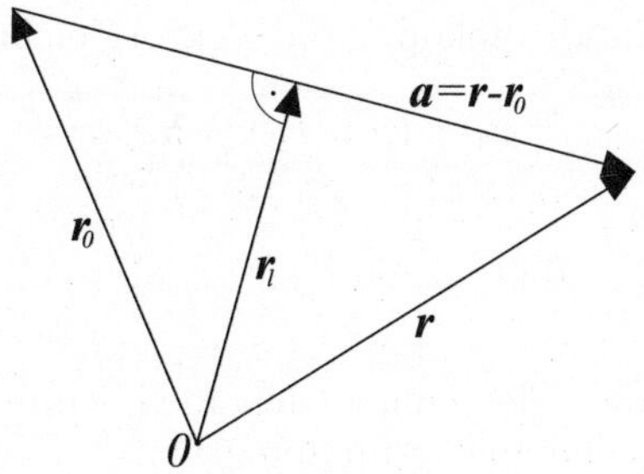

Fig. 2.7

$\boldsymbol{r}_l \perp \boldsymbol{a}$ besagt $\boldsymbol{r}_l \cdot \boldsymbol{a} = 0$. Außerdem sind die Vektoren $\boldsymbol{r}_l - \boldsymbol{r}_0$ und $\boldsymbol{a}$ parallel:

$$(\boldsymbol{r}_l - \boldsymbol{r}_0) \times \boldsymbol{a} = 0 \quad | \times \boldsymbol{a},$$

$$\curvearrowright \quad [(\boldsymbol{r}_l - \boldsymbol{r}_0) \times \boldsymbol{a}] \times \boldsymbol{a} = \boldsymbol{a}\underbrace{[(\boldsymbol{r}_l - \boldsymbol{r}_0) \cdot \boldsymbol{a}]}_{-\boldsymbol{r}_0 \cdot \boldsymbol{a}} - (\boldsymbol{r}_l - \boldsymbol{r}_0)\boldsymbol{a}^2 = 0,$$

$$\boldsymbol{r}_l = \frac{\boldsymbol{r}_0 \boldsymbol{a}^2 - \boldsymbol{a}(\boldsymbol{r}_0 \cdot \boldsymbol{a})}{\boldsymbol{a}^2} = \frac{(\boldsymbol{a} \times \boldsymbol{r}_0) \times \boldsymbol{a}}{\boldsymbol{a}^2} = (\boldsymbol{e}_a \times \boldsymbol{r}_0) \times \boldsymbol{e}_a. \tag{2.65}$$

Somit ist $\boldsymbol{r}_l$ der zu $\boldsymbol{a}$ senkrechte Teilvektor von $\boldsymbol{r}_0$ (vgl. Aufgabe 2.39).

Aus (2.64) folgt mühelos die jacobische[7] Identität

$$\boxed{(\boldsymbol{a} \times \boldsymbol{b}) \times \boldsymbol{c} + (\boldsymbol{b} \times \boldsymbol{c}) \times \boldsymbol{a} + (\boldsymbol{c} \times \boldsymbol{a}) \times \boldsymbol{b} = 0} \tag{2.66}$$

wobei es auf die zyklische Vertauschung der 3 Faktoren ankommt.

Ersichtlich gilt im Allgemeinen

$$(\boldsymbol{a} \times \boldsymbol{b}) \times \boldsymbol{c} \neq \boldsymbol{a} \times (\boldsymbol{b} \times \boldsymbol{c}). \tag{2.67}$$

Das Kreuz-Kreuz-Produkt ist nicht assoziativ. Eine Form $\boldsymbol{a} \times \boldsymbol{b} \times \boldsymbol{c}$ wäre nicht eindeutig.

Aufgabe 2.32 Welche Bedingungen erfüllen die Vektoren $\boldsymbol{a}, \boldsymbol{b}, \boldsymbol{c}$ in den Fällen

- $\boldsymbol{a}(\boldsymbol{b} \cdot \boldsymbol{c}) = (\boldsymbol{a} \cdot \boldsymbol{b})\boldsymbol{c}$ (vgl. 2.15) und
- $(\boldsymbol{a} \times \boldsymbol{b}) \times \boldsymbol{c} = \boldsymbol{a} \times (\boldsymbol{b} \times \boldsymbol{c})$ (vgl. 2.67) ?

Aufgabe 2.33 Bestimmen Sie $\boldsymbol{r}$ aus den beiden Gleichungen

$$\boldsymbol{r} \cdot \boldsymbol{a} = p \quad \text{und} \quad \boldsymbol{r} \times \boldsymbol{b} = \boldsymbol{c}!$$

Aufgabe 2.34 Lösen Sie die Gleichung $k\boldsymbol{r} + (\boldsymbol{r} \times \boldsymbol{a}) = \boldsymbol{b}$ nach $\boldsymbol{r}$ auf!

[7] Carl Gustav Jakob Jacobi (1804-1851), deutscher Mathematiker

Aufgabe 2.35 Lösen Sie die gekoppelten Vektorgleichungen

$$\boldsymbol{r}_1 + (\boldsymbol{a} \times \boldsymbol{r}_2) = \boldsymbol{b},$$
$$\boldsymbol{r}_2 + (\boldsymbol{a} \times \boldsymbol{r}_1) = \boldsymbol{c}$$

nach $\boldsymbol{r}_1$ und $\boldsymbol{r}_2$ auf!

Aufgabe 2.36 Bestimmen Sie den gemeinsamen Schnittpunkt $\boldsymbol{r}_h$ der 3 Höhen eines ebenen Dreiecks (siehe auch Aufgabe 2.15)!

Aufgabe 2.37 Berechnen Sie Mittelpunkt $\boldsymbol{r}_m$ und Radius R des Kreises durch die Punkte $\boldsymbol{r}_1, \boldsymbol{r}_2, \boldsymbol{r}_3$!

2.5.2 Kreuz-Punkt-Kreuz-Produkt

Wir multiplizieren (2.64) punktweise mit dem Vektor $\boldsymbol{d}$ und finden nach zyklischer Vertauschung der Faktoren auf der linken Seite den Ausdruck

$$\underbrace{[(\boldsymbol{a} \times \boldsymbol{b}) \times \boldsymbol{c}] \cdot \boldsymbol{d}}_{(\boldsymbol{a}\times\boldsymbol{b})\cdot(\boldsymbol{c}\times\boldsymbol{d})} = (\boldsymbol{b} \cdot \boldsymbol{d})(\boldsymbol{c} \cdot \boldsymbol{a}) - (\boldsymbol{a} \cdot \boldsymbol{d})(\boldsymbol{b} \cdot \boldsymbol{c}), \tag{2.68}$$

der etwas umgestellt die übersichtliche Form der sog. lagrangeschen[8] Identität

$$\boxed{\boldsymbol{a} \times \boldsymbol{b}) \cdot (\boldsymbol{c} \times \boldsymbol{d}) = (\boldsymbol{a} \cdot \boldsymbol{c})(\boldsymbol{b} \cdot \boldsymbol{d}) - (\boldsymbol{a} \cdot \boldsymbol{d})(\boldsymbol{b} \cdot \boldsymbol{c})} \tag{2.69}$$

gewinnt.

Anwendungen in der sphärischen Trigonometrie

Wir betrachten das sphärische Dreieck $P_1P_2P_3$ mit den krummen Seiten a, b, c auf der Einheitskugel (Fig. 2.8(1)). Es gilt

$$\boldsymbol{e}_1 \cdot \boldsymbol{e}_2 = \cos c, \quad \boldsymbol{e}_2 \cdot \boldsymbol{e}_3 = \cos a, \quad \boldsymbol{e}_3 \cdot \boldsymbol{e}_1 = \cos b. \tag{2.70}$$

Die durch $0P_3P_1$, $0P_1P_2$, $0P_2P_3$ bestimmten Ebenen schneiden sich unter den Winkeln α, β, γ. Demnach bilden ihre Normalen-Einsvektoren $\boldsymbol{e}_{31}$, $\boldsymbol{e}_{12}$, $\boldsymbol{e}_{23}$, definiert durch

$$\boldsymbol{e}_3 \times \boldsymbol{e}_1 = \boldsymbol{e}_{31} \sin b, \quad \boldsymbol{e}_1 \times \boldsymbol{e}_2 = \boldsymbol{e}_{12} \sin c, \quad \boldsymbol{e}_2 \times \boldsymbol{e}_3 = \boldsymbol{e}_{23} \sin a, \tag{2.71}$$

[8] Joseph Louis Lagrange (1736-1813), italienisch-französischer Mathematiker, war schon mit 19 Jahren Professor an der Turiner Artillerieschule, folgte 1766 dem Ruf des preußischen Königs Friedrich der Große zur Nachfolge Eulers in Berlin und ging 1786 auf Einladung des französischen Königs Ludwig XVI. nach Paris, wo er an der Académie des Sciences, ab 1797 als Professor an der École Polytechnique wirkte.

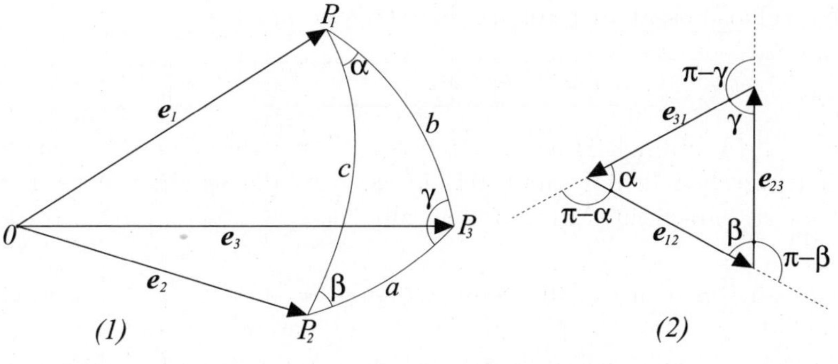

Fig. 2.8

die Winkel $\pi - \alpha$, $\pi - \beta$, $\pi - \gamma$ (Fig. 2.8(2)). Dies bedeutet

$$\boldsymbol{e}_{31} \cdot \boldsymbol{e}_{12} = -\cos\alpha, \quad \boldsymbol{e}_{12} \cdot \boldsymbol{e}_{23} = -\cos\beta, \quad \boldsymbol{e}_{23} \cdot \boldsymbol{e}_{31} = -\cos\gamma. \tag{2.72}$$

In der Gleichung

$$(\boldsymbol{e}_3 \times \boldsymbol{e}_1) \cdot (\boldsymbol{e}_1 \times \boldsymbol{e}_2) = \underbrace{\boldsymbol{e}_{31} \cdot \boldsymbol{e}_{12}}_{-\cos\alpha} \sin b \sin c \tag{2.73}$$

lässt sich die linke Seite nach (2.69) umformen, so dass man

$$\underbrace{(\boldsymbol{e}_3 \cdot \boldsymbol{e}_1)}_{\cos b}\underbrace{(\boldsymbol{e}_1 \cdot \boldsymbol{e}_2)}_{\cos c} - \underbrace{(\boldsymbol{e}_3 \cdot \boldsymbol{e}_2)}_{\cos a} \boldsymbol{e}_1^2 = -\sin b \sin c \cos\alpha \tag{2.74}$$

oder etwas umgestellt schließlich die Beziehung

$$\boxed{\cos a = \cos b \cos c + \sin b \sin c \cos\alpha} \tag{2.75}$$

findet. Dies ist der Seitenkosinussatz der sphärischen Trigonometrie.

Eine analoge Rechnung mit Hilfe der Relationen

$$\boldsymbol{e}_{12} \times \boldsymbol{e}_{23} = \boldsymbol{e}_2 \sin\beta, \quad \boldsymbol{e}_{23} \times \boldsymbol{e}_{31} = \boldsymbol{e}_3 \sin\gamma, \quad \boldsymbol{e}_{31} \times \boldsymbol{e}_{12} = \boldsymbol{e}_1 \sin\alpha \tag{2.76}$$

führt über

$$(\boldsymbol{e}_{12} \times \boldsymbol{e}_{23}) \cdot (\boldsymbol{e}_{23} \times \boldsymbol{e}_{31}) = \underbrace{\boldsymbol{e}_2 \cdot \boldsymbol{e}_3}_{\cos a} \sin\beta \sin\gamma \quad \text{und} \tag{2.77}$$

$$\underbrace{(\boldsymbol{e}_{12} \cdot \boldsymbol{e}_{23})}_{-\cos\beta}\underbrace{(\boldsymbol{e}_{23} \cdot \boldsymbol{e}_{31})}_{-\cos\gamma} - \underbrace{(\boldsymbol{e}_{12} \cdot \boldsymbol{e}_{31})}_{-\cos\alpha} \boldsymbol{e}_{23}^2 = \sin\beta \sin\gamma \cos a \tag{2.78}$$

zum Winkelkosinussatz der sphärischen Trigonometrie

$$\boxed{\cos\alpha = -\cos\beta\cos\gamma + \sin\beta\sin\gamma\cos a} \tag{2.79}$$

Je kürzer die krummen Dreiecksseiten a, b, c sind, desto geringer ist der Unterschied zwischen krumm und gerade, so dass die sphärische in die ebene Trigonometrie übergeht. Mit den Näherungen

$$\sin b \approx b, \quad \sin c \approx c, \quad b^2c^2 \approx 0, \quad \cos a \approx 1 - \frac{a^2}{2}, \quad \cos b \approx 1 - \frac{b^2}{2}, \quad \cos c \approx 1 - \frac{c^2}{2}$$

entsteht aus dem sphärischen Seitenkosinussatz der ebene Kosinussatz (2.17)

$$\boxed{a^2 = b^2 + c^2 - 2bc\cos\alpha} \tag{2.80}$$

Analog ergibt der Winkelkosinussatz

$$\cos\alpha = \underbrace{-\cos\beta\cos\gamma + \sin\beta\sin\gamma}_{\cos(\pi-\beta-\gamma)} - \underbrace{\frac{a^2}{2}\sin\beta\sin\gamma}_{\text{vernachlässigbar}} \quad \curvearrowright \quad \alpha + \beta + \gamma = \pi, \tag{2.81}$$

ein weiterer Ausweis der euklidischen Geometrie.

2.5.3 Kreuz-Kreuz-Kreuz-Produkt

Aus (2.64) folgt unmittelbar

$$(\boldsymbol{a} \times \boldsymbol{b}) \times (\boldsymbol{c} \times \boldsymbol{d}) = \boldsymbol{b}[(\boldsymbol{c} \times \boldsymbol{d}) \cdot \boldsymbol{a}] - \boldsymbol{a}[(\boldsymbol{c} \times \boldsymbol{d}) \cdot \boldsymbol{b}] \tag{2.82a}$$

$$= \boldsymbol{c}[(\boldsymbol{a} \times \boldsymbol{b}) \cdot \boldsymbol{d}] - \boldsymbol{d}[(\boldsymbol{a} \times \boldsymbol{b}) \cdot \boldsymbol{c}] \tag{2.82b}$$

und wegen $[\boldsymbol{c}, \boldsymbol{d}, \boldsymbol{b}] = [\boldsymbol{b}, \boldsymbol{c}, \boldsymbol{d}]$ sowie $[\boldsymbol{c}, \boldsymbol{d}, \boldsymbol{a}] = -[\boldsymbol{c}, \boldsymbol{a}, \boldsymbol{d}]$ im Einklang mit (2.52) die symmetrische Identität

$$\boxed{\boldsymbol{d}[\boldsymbol{a}, \boldsymbol{b}, \boldsymbol{c}] = \boldsymbol{a}[\boldsymbol{b}, \boldsymbol{c}, \boldsymbol{d}] + \boldsymbol{b}[\boldsymbol{c}, \boldsymbol{a}, \boldsymbol{d}] + \boldsymbol{c}[\boldsymbol{a}, \boldsymbol{b}, \boldsymbol{d}]} \tag{2.83}$$

Aufgabe 2.38 Beweisen Sie die Identität

$$\boxed{[\boldsymbol{a} \times \boldsymbol{b}, \boldsymbol{b} \times \boldsymbol{c}, \boldsymbol{c} \times \boldsymbol{a}] = [\boldsymbol{a}, \boldsymbol{b}, \boldsymbol{c}]^2}\,!$$

Aufgabe 2.39 Zerlegen Sie den Vektor $\boldsymbol{a}$ in je einen Teilvektor parallel mit und senkrecht zu einem beliebigen Einsvektor $\boldsymbol{e}$!

3 Analytische Geometrie

Cartesius und Fermat[1] wiesen um 1637 mit ihren Ideen, Punkten Zahlen zuzuordnen und geometrische Gebilde durch algebraische Gleichungen zu beschreiben, der Mathematik neue Wege abseits von Zirkel und Lineal. Nunmehr konnte man mit algebraischen Verfahren z. B. Schnitt-, Mittel- und Brennpunkte finden. Bald führte das Aufkommen der Analysis auch zur Anwendung analytischer Verfahren, z. B. zur Bestimmung von Steigungen und Krümmungen durch Differenziation, von Linienlängen und Inhalten durch Integration. 1748 gab Euler[2] das erste Lehrbuch der analytischen Geometrie heraus; sie nahm aber erst 1802 mit Biots Werk „Essai de géométrie analytique" die uns heute vertraute Form an.

Die Vektordarstellung hat den Vorzug der Unabhängigkeit von speziellen Bezugssystemen.

3.1 Gerade

Ein Punkt $\boldsymbol{r}_0$ und eine Richtung, dargestellt durch einen sog. Trägervektor $\boldsymbol{a}$, bestimmen eine Gerade. Jeder andere Geradenpunkt $\boldsymbol{r}$ genügt der Bedingung

$$(\boldsymbol{r}-\boldsymbol{r}_0)\|\boldsymbol{a} \quad \curvearrowright \quad (\boldsymbol{r}-\boldsymbol{r}_0)\times\boldsymbol{a}=0. \tag{3.1}$$

Daraus folgt die sog. Punktrichtungsgleichung der Geraden (Fig. 3.1(1))

$$\boxed{\boldsymbol{r}=\boldsymbol{r}_0+t\boldsymbol{a}} \tag{3.2}$$

als lineare Funktion des Parameters t, also in Form einer sog. Parameterdarstellung $\boldsymbol{r}=\boldsymbol{r}(t)$. Der Trägervektor lässt sich konstruieren, wenn ein weiterer Geradenpunkt $\boldsymbol{r}_1$ gegeben ist: $\boldsymbol{a}=\boldsymbol{r}_1-\boldsymbol{r}_0$. Damit gilt die sog. Zweipunktegleichung (Fig. 3.1(2))

$$\boxed{\boldsymbol{r}=\boldsymbol{r}_0+t(\boldsymbol{r}_1-\boldsymbol{r}_0)} \tag{3.3}$$

[1]Pierre de Fermat (1601-1665), Gerichtsrat in Toulouse und Mathematik-Liebhaber, teilte seine Entdeckungen vorwiegend in Privatbriefen mit, so dass die Allgemeinheit davon erst erfuhr, als sein Sohn Samuel 1679 den Nachlass herausgab.

[2]Leonhard Euler (1707-1783), Schweizer Mathematiker und Schüler Johann Bernoullis, wirkte seit 1727 an der Akademie in St. Petersburg, folgte 1741 dem Ruf König Friedrichs des Großen nach Berlin, um 1766 auf Einladung Zarin Katharinas der Großen endgültig nach St. Petersburg zurückzukehren.

Jeder reelle t-Wert bestimmt einen individuellen Geradenpunkt; z. B. entsprechen $t = 0$ dem Punkt $\boldsymbol{r}_0$ und $t = 1$ dem Punkt $\boldsymbol{r}_1$. Offensichtlich darf man

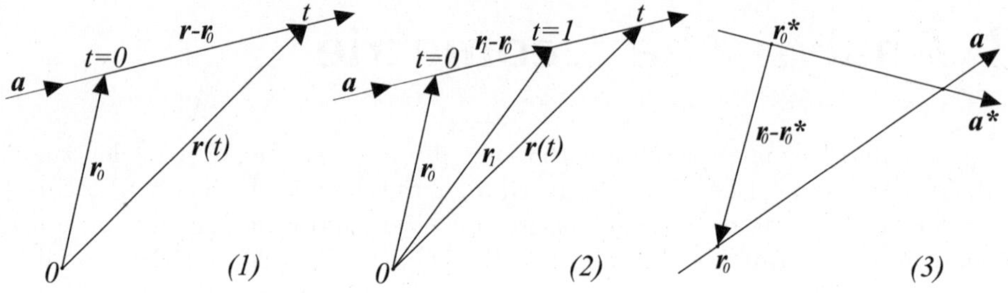

Fig. 3.1

beliebige Geradenpunkte $\boldsymbol{r}_0$ und $\boldsymbol{r}_1$ nennen, ebenso t durch ein beliebiges Vielfaches ersetzen. Allgemein kann jedes geometrische Gebilde ganz verschiedene Parameterdarstellungen haben.

3.1.1 Abstand Gerade-Punkt

(Mindest-)Abstand $|\boldsymbol{d}|$ der Geraden $\boldsymbol{r}(t) = \boldsymbol{r}_0 + t\boldsymbol{a}$ vom Punkt $\boldsymbol{b}$ heißt die Länge des von $\boldsymbol{b}$ auf die Gerade gefällten Lots, also der Betrag des Lotvektors

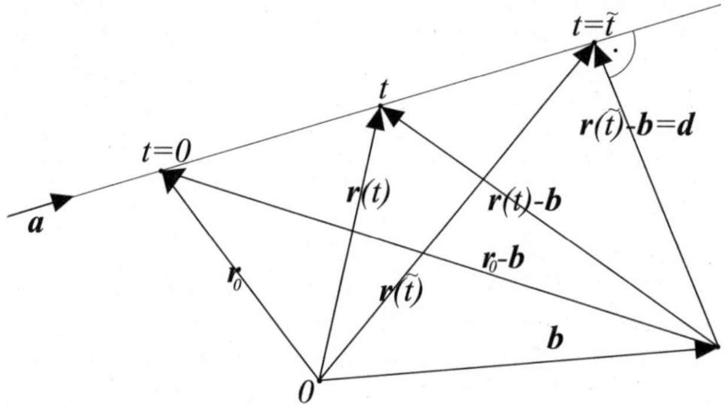

Fig. 3.2

$\boldsymbol{d} \equiv \boldsymbol{r}(\tilde{t}) - \boldsymbol{b}$ (Fig. 3.2). Seine Orthogonalität bedeutet

$$[\boldsymbol{r}(\tilde{t}) - \boldsymbol{b}] \cdot \boldsymbol{a} = 0 \quad \curvearrowright \quad \tilde{t} = -\frac{(\boldsymbol{r}_0 - \boldsymbol{b}) \cdot \boldsymbol{a}}{\boldsymbol{a}^2}. \tag{3.4}$$

Daraus folgt mit Blick auf (2.64) mühelos

$$\boldsymbol{d} = \frac{(\boldsymbol{r}_0 - \boldsymbol{b})\boldsymbol{a}^2 - [(\boldsymbol{r}_0 - \boldsymbol{b}) \cdot \boldsymbol{a}]\boldsymbol{a}}{\boldsymbol{a}^2} = \frac{[\boldsymbol{a} \times (\boldsymbol{r}_0 - \boldsymbol{b})] \times \boldsymbol{a}}{\boldsymbol{a}^2} = [\boldsymbol{e}_a \times (\boldsymbol{r}_0 - \boldsymbol{b})] \times \boldsymbol{e}_a.$$

Für $\boldsymbol{b} = 0$ finden wir (2.65) bestätigt. Die Vektoren $\boldsymbol{e}_a \times (\boldsymbol{r}_0 - \boldsymbol{b})$ und $\boldsymbol{e}_a$ stehen aufeinander senkrecht; daher beträgt der gesuchte Abstand

$$\boxed{|\boldsymbol{d}| = |\boldsymbol{e}_a \times (\boldsymbol{r}_0 - \boldsymbol{b})|} \tag{3.5}$$

Im Fall $\boldsymbol{e}_a \| (\boldsymbol{r}_0 - \boldsymbol{b})$ ist $|\boldsymbol{d}| = 0$. Dann liegt der Punkt $\boldsymbol{b}$ auf der Geraden.

3.1.2 Abstand zweier Geraden

Als Abstand zweier Geraden

$$\boldsymbol{r}(t) = \boldsymbol{r}_0 + t\boldsymbol{a} \quad \text{und} \quad \boldsymbol{r}^*(t^*) = \boldsymbol{r}_0^* + t^*\boldsymbol{a}^* \tag{3.6}$$

gilt der Betrag des kürzesten Verbindungsvektors $\boldsymbol{p} \equiv \boldsymbol{r} - \boldsymbol{r}^*$. Man sieht leicht ein, dass dieser auf beiden Geraden senkrecht steht.

- Fall 1: Im Allgemeinen liegen die beiden Geraden in keiner gemeinsamen Ebene; sie schneiden sich also nirgends und heißen windschief. Der gesuchte Abstand ist die mit der gemeinsamen Normalen $\boldsymbol{e}_n = \frac{\boldsymbol{a}\times\boldsymbol{a}^*}{|\boldsymbol{a}\times\boldsymbol{a}^*|}$ parallele Komponente von $\boldsymbol{r}_0 - \boldsymbol{r}_0^*$:

$$\boxed{|\boldsymbol{p}|_{\min} = (\boldsymbol{r}_0 - \boldsymbol{r}_0^*) \cdot \boldsymbol{e}_n} \tag{3.7}$$

- Fall 2: Die beiden *nichtparallelen* Geraden ($\boldsymbol{a} \times \boldsymbol{a}^* \neq 0$) liegen in einer gemeinsamen Ebene (Fig. 3.1(3)), was $(\boldsymbol{r}_0 - \boldsymbol{r}_0^*) \perp \boldsymbol{e}_n \quad \curvearrowright \quad |\boldsymbol{p}|_{\min} = 0$ bedeutet. Daraus folgt die Schnittbedingung in Form des verschwindenden Spatprodukts

$$\boxed{(\boldsymbol{r}_0 - \boldsymbol{r}_0^*) \cdot (\boldsymbol{a} \times \boldsymbol{a}^*) = [\boldsymbol{r}_0 - \boldsymbol{r}_0^*, \boldsymbol{a}, \boldsymbol{a}^*] = 0} \tag{3.8}$$

  Die beiden Geraden schneiden sich also irgendwo im Endlichen, wenn die 3 Vektoren $\boldsymbol{r}_0 - \boldsymbol{r}_0^*, \boldsymbol{a}, \boldsymbol{a}^*$ komplanar sind, was unmittelbar einleuchtet.

- Fall 3: Die beiden *parallelen* Geraden ($\boldsymbol{a} \times \boldsymbol{a}^* = 0$) schneiden sich im Unendlichen. Nun ist $\boldsymbol{p}$ der zu $\boldsymbol{a}$ senkrechte Teilvektor von $\boldsymbol{r}_0 - \boldsymbol{r}_0^*$:

$$\boldsymbol{r} - \boldsymbol{r}^* = \frac{[\boldsymbol{a} \times (\boldsymbol{r}_0 - \boldsymbol{r}_0^*)] \times \boldsymbol{a}}{\boldsymbol{a}^2} = [\boldsymbol{e}_a \times (\boldsymbol{r}_0 - \boldsymbol{r}_0^*)] \times \boldsymbol{e}_a, \tag{3.9}$$

$$\curvearrowright \quad \boxed{|\boldsymbol{p}|_{\min} = \frac{|\boldsymbol{a} \times (\boldsymbol{r}_0 - \boldsymbol{r}_0^*)|}{|\boldsymbol{a}|} = |\boldsymbol{e}_a \times (\boldsymbol{r}_0 - \boldsymbol{r}_0^*)|} \tag{3.10}$$

  (vgl. Aufgabe 2.39). Sollten die parallelen Geraden zudem noch beide die Punkte $\boldsymbol{r}_0$ und $\boldsymbol{r}_0^*$ berühren, fallen sie zusammen; dann sind die 3 Vektoren $\boldsymbol{r}_0 - \boldsymbol{r}_0^*, \boldsymbol{a}, \boldsymbol{a}^*$ parallel.

Aufgabe 3.1 Bestimmen Sie die Parameter t_1 und t_1^* derjenigen Punkte der beiden Geraden (3.6), die den geringsten Abstand haben!

Aufgabe 3.2 Unter welchen Bedingungen in Determinantenform sind die beiden Geraden (3.6) mit den Spaltenvektoren

$$\underline{\boldsymbol{r}}_0 = \begin{pmatrix} x_0 \\ y_0 \\ z_0 \end{pmatrix}, \ \underline{\boldsymbol{a}} = \begin{pmatrix} a_x \\ a_y \\ a_z \end{pmatrix} \quad \text{bzw.} \quad \underline{\boldsymbol{r}}_0^* = \begin{pmatrix} x_0^* \\ y_0^* \\ z_0^* \end{pmatrix}, \ \underline{\boldsymbol{a}}^* = \begin{pmatrix} a_x^* \\ a_y^* \\ a_z^* \end{pmatrix}$$

windschief, komplanar, parallel? Wann fallen sie zusammen?

3.1.3 Schnittpunkt zweier Geraden

Unter der Bedingung (3.8) liegen die beiden Geraden (3.6) in einer gemeinsamen Ebene E mit der Normalen $\boldsymbol{n} = \boldsymbol{a} \times \boldsymbol{a}^*$. Dann gilt für ihren Schnittpunkt $\boldsymbol{r}_S$

$$\boldsymbol{r}_S = \boldsymbol{r}_0 + t_S \boldsymbol{a} = \boldsymbol{r}_0^* + t_S^* \boldsymbol{a}^*. \tag{3.11}$$

Punktweise Multiplikation mit den individuellen Normalen $\boldsymbol{c} = \boldsymbol{n} \times \boldsymbol{a}$ und $\boldsymbol{c}^* = \boldsymbol{n} \times \boldsymbol{a}^*$ führt zu den maßgebenden Parametern

$$t_S^* = \frac{(\boldsymbol{r}_0 - \boldsymbol{r}_0^*) \cdot (\boldsymbol{n} \times \boldsymbol{a})}{(\boldsymbol{a} \times \boldsymbol{a}^*)^2} \quad \text{und} \quad t_S = \frac{(\boldsymbol{r}_0 - \boldsymbol{r}_0^*) \cdot (\boldsymbol{n} \times \boldsymbol{a}^*)}{(\boldsymbol{a} \times \boldsymbol{a}^*)^2}. \tag{3.12}$$

Damit findet man mühelos den gesuchten Schnittpunkt

$$\boldsymbol{r}_S = \boldsymbol{r}_0 + \frac{(\boldsymbol{r}_0 - \boldsymbol{r}_0^*) \cdot (\boldsymbol{n} \times \boldsymbol{a}^*)}{(\boldsymbol{a} \times \boldsymbol{a}^*)^2} \boldsymbol{a} = \boldsymbol{r}_0^* + \frac{(\boldsymbol{r}_0 - \boldsymbol{r}_0^*) \cdot (\boldsymbol{n} \times \boldsymbol{a})}{(\boldsymbol{a} \times \boldsymbol{a}^*)^2} \boldsymbol{a}^*. \tag{3.13}$$

Das Ergebnis lässt sich vereinfachen, wenn die Ebene E den Nullpunkt berührt. Dann stehen nicht nur die Trägervektoren $\boldsymbol{a}$ und $\boldsymbol{a}^*$, sondern auch die Ortsvektoren $\boldsymbol{r}_0$ und $\boldsymbol{r}_0^*$ auf $\boldsymbol{n}$ senkrecht. Es gilt nach elementarer Umformung

$$\boldsymbol{r}_S(\boldsymbol{a} \times \boldsymbol{a}^*)^2 = \underbrace{-\boldsymbol{r}_0[\boldsymbol{a} \cdot (\boldsymbol{n} \times \boldsymbol{a}^*)] + \boldsymbol{a}[\boldsymbol{r}_0 \cdot (\boldsymbol{n} \times \boldsymbol{a}^*)]}_{\boldsymbol{n}[(\boldsymbol{r}_0 \times \boldsymbol{a}) \cdot \boldsymbol{a}^*] - \boldsymbol{a}^*[(\boldsymbol{r}_0 \times \boldsymbol{a}) \cdot \boldsymbol{n}]} - (\boldsymbol{r}_0^* \cdot \boldsymbol{c}^*)\boldsymbol{a}. \tag{3.14}$$

Wegen $(\boldsymbol{r}_0 \times \boldsymbol{a}) \cdot \boldsymbol{a}^* = 0$ und $(\boldsymbol{r}_0 \times \boldsymbol{a}) \cdot \boldsymbol{n} = -\boldsymbol{r}_0 \cdot \boldsymbol{c}$ folgt schließlich die symmetrische Formel

$$\boxed{\boldsymbol{r}_S = \frac{(\boldsymbol{r}_0 \cdot \boldsymbol{c})\boldsymbol{a}^* - (\boldsymbol{r}_0^* \cdot \boldsymbol{c}^*)\boldsymbol{a}}{(\boldsymbol{a} \times \boldsymbol{a}^*)^2}} \tag{3.15}$$

Schnittwinkel ist der Winkel α zwischen den beiden Trägervektoren:

$$\cos\alpha = \frac{\boldsymbol{a} \cdot \boldsymbol{a}^*}{|\boldsymbol{a}|\,|\boldsymbol{a}^*|}. \tag{3.16}$$

Anwendung in der Navigation

Zwei Schiffe auf den Positionen $\boldsymbol{r}(t)$ und $\boldsymbol{r}^*(t)$ mögen mit den konstanten Geschwindigkeiten $\boldsymbol{a}$ bzw. $\boldsymbol{a}^*$ auf den Schnittpunkt $\boldsymbol{r}_S$ ihrer Kurse zusteuern und voraussichtlich binnen $t_S - t$ bzw. $t_S^* - t$ erreichen. Wenn diese Fahrzeiten verschieden lang sind, passieren die Schiffe den Schnittpunkt $\boldsymbol{r}_S$ nacheinander. „Sie kommen voneinander klar". Dagegen stoßen sie dort im Fall

$$t_S = t_S^* \quad \curvearrowright \quad \boldsymbol{r}(t) - \boldsymbol{r}^*(t) = (\boldsymbol{a} - \boldsymbol{a}^*)(t_S - t) \tag{3.17}$$

zusammen (Fig. 3.3). Vom Verbindungsvektor $\boldsymbol{p}(t) \equiv \boldsymbol{r}(t) - \boldsymbol{r}^*(t)$, unter dem man sich die Sichtlinie oder den Ortungsstrahl vorstellen darf, ändert sich vor

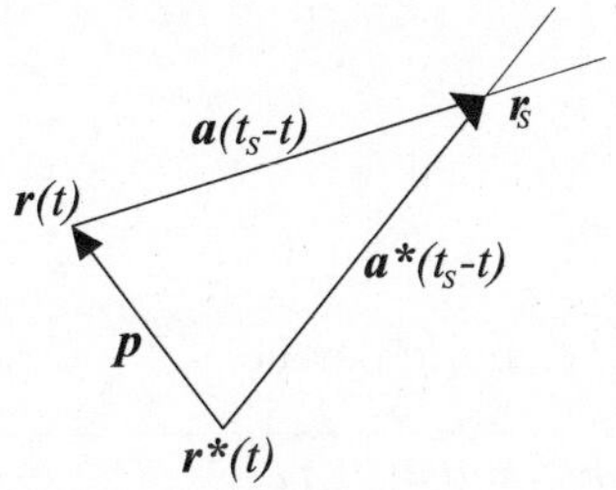

Fig. 3.3

Kollisionen nur der Betrag $|\boldsymbol{p}(t)|$, weil der Schiffsabstand abnimmt. Dagegen bleibt die Richtung der Sichtlinie in diesem Fall raumfest stehen; sie dreht sich nicht. Der Seemann spricht von stehender Peilung und drohender „Ramming".

Aufgabe 3.3 Bestimmen Sie den Umkreismittelpunkt $\boldsymbol{r}_m$ eines Dreiecks ABC in der Ebene $z = 0$ als Schnittpunkt seiner Mittellote!

Aufgabe 3.4 Zeigen Sie, dass in jedem Dreieck ABC Flächenschwerpunkt $\bar{\boldsymbol{r}}$, Umkreismittelpunkt $\boldsymbol{r}_m$ und Höhenschnittpunkt $\boldsymbol{r}_h$ auf einer Geraden liegen!

3.2 Ebene

Ein beliebiger Punkt $\boldsymbol{r}_0$ und 2 nicht parallele Trägervektoren $\boldsymbol{a}_1, \boldsymbol{a}_2$ bestimmen eine Ebene. Alle Ebenenpunkte $\boldsymbol{r}$ genügen der Komplanaritätsbedingung

$$[\boldsymbol{r} - \boldsymbol{r}_0, \boldsymbol{a}_1, \boldsymbol{a}_2] = (\boldsymbol{r} - \boldsymbol{r}_0) \cdot (\boldsymbol{a}_1 \times \boldsymbol{a}_2) = 0, \tag{3.18}$$

was nach (2.48) zu der Parameterdarstellung der Ebene (Fig. 3.4)

$$\boxed{\boldsymbol{r} - \boldsymbol{r}_0 = u\boldsymbol{a}_1 + v\boldsymbol{a}_2} \tag{3.19}$$

führt. Die beiden Trägervektoren $\boldsymbol{a}_1, \boldsymbol{a}_2$ sind gewissermaßen die Grundvektoren eines i. Allg. schiefwinkligen Bezugssystems auf der Ebene, wo die beiden reellen Parameter u, v die Rolle von Koordinaten mit dem Ursprung $\boldsymbol{r}_0$ spielen. Die Trägervektoren lassen sich hilfsweise konstruieren, wenn 2 weitere Ebenen-

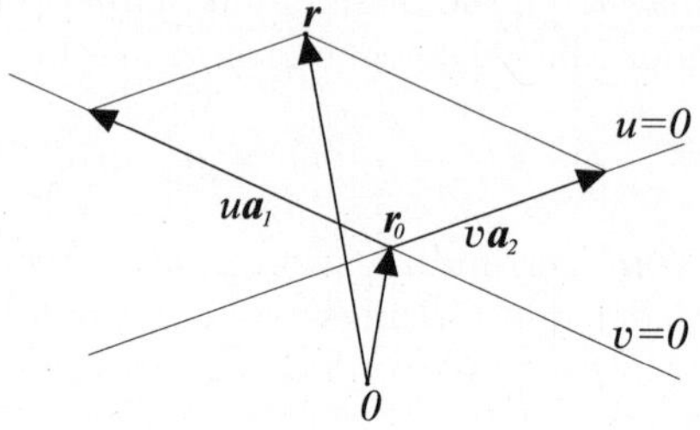

Fig. 3.4

punkte $\boldsymbol{r}_1, \boldsymbol{r}_2$ gegeben sind:

$$\boldsymbol{a}_1 = \boldsymbol{r}_1 - \boldsymbol{r}_0 \quad \text{und} \quad \boldsymbol{a}_2 = \boldsymbol{r}_2 - \boldsymbol{r}_0. \tag{3.20}$$

Dann gilt eine Dreipunktegleichung der Form

$$\boxed{\boldsymbol{r} - \boldsymbol{r}_0 = u(\boldsymbol{r}_1 - \boldsymbol{r}_0) + v(\boldsymbol{r}_2 - \boldsymbol{r}_0)} \tag{3.21}$$

Aus (3.18) entsteht durch Einsetzen des Normalen-Einsvektors

$$\boxed{\boldsymbol{e}_n = \frac{\boldsymbol{a}_1 \times \boldsymbol{a}_2}{|\boldsymbol{a}_1 \times \boldsymbol{a}_2|} = \frac{(\boldsymbol{r}_1 - \boldsymbol{r}_0) \times (\boldsymbol{r}_2 - \boldsymbol{r}_0)}{|(\boldsymbol{r}_1 - \boldsymbol{r}_0) \times (\boldsymbol{r}_2 - \boldsymbol{r}_0)|} = \frac{A\boldsymbol{e}_x + B\boldsymbol{e}_y + C\boldsymbol{e}_z}{\sqrt{A^2 + B^2 + C^2}}} \tag{3.22}$$

eine parameterfreie und skalare Darstellung der Ebene:

$$\boxed{\boldsymbol{r} \cdot \boldsymbol{e}_n = |\boldsymbol{r}_n|} \tag{3.23}$$

Sie heißt hessesche[3] Normalform und lautet in kartesischen Koordinaten:

$$Ax + By + Cz = D \quad \text{mit } D = |\boldsymbol{r}_n| \sqrt{A^2 + B^2 + C^2}. \tag{3.24}$$

Dabei ist $|\boldsymbol{r}_n| = \boldsymbol{r}_0 \cdot \boldsymbol{e}_n$ der Betrag des zur Ebene orthogonalen Ortsvektors $\boldsymbol{r}_n$, also der Abstand der Ebene vom Nullpunkt.

Als Anwendungsbeispiel betrachten wir die Ebene $6x - 2y - 9z + 33 = 0$. Division durch $-\sqrt{6^2 + 2^2 + 9^2} = -11$ führt zur hesseschen Normalform

$$-\frac{6}{11}x + \frac{2}{11}y + \frac{9}{11}z = 3.$$

[3]Ludwig Otto Hesse (1811-1874), deutscher Mathematiker. Er fand die nach ihm benannte Normalform 1865.

Man findet so mühelos den Normalen-Einsvektor

$$\boldsymbol{e}_n = -\frac{6}{11}\boldsymbol{e}_x + \frac{2}{11}\boldsymbol{e}_y + \frac{9}{11}\boldsymbol{e}_z$$

und den Abstand zum Nullpunkt $|\boldsymbol{r}_n| = 3$.

Aufgabe 3.5 Deuten Sie die in Kap. 2.3.1 behandelten Gleichungen

$$1.)\ \boldsymbol{a}\cdot\boldsymbol{r} = \boldsymbol{a}\cdot\boldsymbol{b} \quad \text{und} \quad 2.)\ \boldsymbol{a}\times\boldsymbol{r} = \boldsymbol{a}\times\boldsymbol{b}$$

geometrisch!

Aufgabe 3.6 Gegeben seien die beiden Kugeln $K_1 = (\boldsymbol{r}-\boldsymbol{a})^2 - R_1^2 = 0$ und $K_2 = (\boldsymbol{r}-\boldsymbol{b})^2 - R_2^2 = 0$ mit den Radien R_1 bzw. $R_2 \geq R_1$. Wie lautet ihre Symmetralebene $K_1 - K_2 = 0$ in der hesseschen Normalform?

Aufgabe 3.7 Ein Vierflach sei begrenzt durch die 3 kartesischen Koordinatenebenen sowie die Ebene E durch die 3 Punkte $\boldsymbol{r}_0(2;1;1)$, $\boldsymbol{r}_1(6;1;-1)$ und $\boldsymbol{r}_2(4;-5;6)$. Bestimmen Sie Radius R und Mittelpunkt $\boldsymbol{r}_M$ der einbeschriebenen Kugel! Wo berührt sie die Ebene E?

3.2.1 Schnittpunkt von Gerade und Ebene

Gerade und Ebene schneiden sich, wenn sie nicht parallel sind, in einem Punkt $\boldsymbol{r}_d$, auch Durchstoßpunkt genannt. Dieser genügt zugleich der Geraden- und Ebenengleichung

$$\boldsymbol{r}_d = \boldsymbol{r}_0 + t\boldsymbol{a} = \bar{\boldsymbol{r}}_0 + u\boldsymbol{a}_1 + v\boldsymbol{a}_2. \tag{3.25}$$

Punktweise Multiplikation mit $(\boldsymbol{a}_1 \times \boldsymbol{a}_2)$ ergibt

$$\boldsymbol{r}_0\cdot(\boldsymbol{a}_1\times\boldsymbol{a}_2) + t\boldsymbol{a}\cdot(\boldsymbol{a}_1\times\boldsymbol{a}_2) = \bar{\boldsymbol{r}}_0\cdot(\boldsymbol{a}_1\times\boldsymbol{a}_2) \tag{3.26}$$

$$\curvearrowright\ t = \frac{(\bar{\boldsymbol{r}}_0 - \boldsymbol{r}_0)\cdot(\boldsymbol{a}_1\times\boldsymbol{a}_2)}{\boldsymbol{a}\cdot(\boldsymbol{a}_1\times\boldsymbol{a}_2)} = \frac{(\bar{\boldsymbol{r}}_0 - \boldsymbol{r}_0)\cdot\boldsymbol{e}_n}{\boldsymbol{a}\cdot\boldsymbol{e}_n}. \tag{3.27}$$

Einsetzung in die Geradengleichung führt zu

$$\boxed{\boldsymbol{r}_d = \boldsymbol{r}_0 + \frac{(\bar{\boldsymbol{r}}_0 - \boldsymbol{r}_0)\cdot\boldsymbol{e}_n}{\boldsymbol{a}\cdot\boldsymbol{e}_n}\boldsymbol{a}} \tag{3.28}$$

Im Fall $\boldsymbol{a}\cdot\boldsymbol{e}_n = 0$ sind Gerade und Ebenen-Normale orthogonal, also Gerade und Ebene parallel. Dann gibt es keinen Schnittpunkt im Endlichen.

Aufgabe 3.8 Wo und unter welchem Winkel stößt die Gerade $\boldsymbol{r} = \boldsymbol{r}_0 + t\boldsymbol{a}$ durch die Ebene $\boldsymbol{r}\cdot\boldsymbol{e}_n = |\boldsymbol{r}_n|$? Wenden Sie das Ergebnis auf die Gerade $\boldsymbol{r} = 11\boldsymbol{e}_x + 12\boldsymbol{e}_y + 12\boldsymbol{e}_z + t(\boldsymbol{e}_x + \boldsymbol{e}_z)$ und die Ebene $x + 2y + 2z - 17 = 0$ an!

3.2.2 Schnittgerade zweier Ebenen

Zwei Ebenen $\boldsymbol{r} \cdot \boldsymbol{e}_n = |\boldsymbol{r}_n|$ und $\boldsymbol{r}^* \cdot \boldsymbol{e}_n^* = |\boldsymbol{r}_n^*|$ schneiden sich, wenn sie nicht parallel sind, entlang einer Geraden, der sog. Schnittgeraden. Sie steht auf den Normalen $\boldsymbol{e}_n$ und $\boldsymbol{e}_n^*$ senkrecht; es liegt also nahe, ihren Trägervektor in der Form $\boldsymbol{a} = \boldsymbol{e}_n \times \boldsymbol{e}_n^*$ anzusetzen. Damit gilt für die Schnittgerade

$$\boldsymbol{r} = \boldsymbol{r}^* = \bar{\boldsymbol{r}}_l + t(\boldsymbol{e}_n \times \boldsymbol{e}_n^*), \tag{3.29}$$

wobei $\bar{\boldsymbol{r}}_l$ der vom Nullpunkt auf sie gefällte Lotvektor sein möge. Er genügt den Bedingungen

$$\bar{\boldsymbol{r}}_l \cdot \boldsymbol{e}_n = |\boldsymbol{r}_n|\,, \quad \bar{\boldsymbol{r}}_l \cdot \boldsymbol{e}_n^* = |\boldsymbol{r}_n^*|\,, \quad \bar{\boldsymbol{r}}_l \cdot (\boldsymbol{e}_n \times \boldsymbol{e}_n^*) = 0. \tag{3.30}$$

Daraus folgt mit Hilfe von (2.57) mühelos

$$\bar{\boldsymbol{r}}_l = \frac{\boldsymbol{e}_n^* \times (\boldsymbol{r}_n \times \boldsymbol{e}_n^*) + (\boldsymbol{e}_n \times \boldsymbol{r}_n^*) \times \boldsymbol{e}_n}{(\boldsymbol{e}_n \times \boldsymbol{e}_n^*)^2} \tag{3.31}$$

$$\curvearrowright \quad \boxed{\boldsymbol{r} = \frac{\boldsymbol{e}_n^* \times (\boldsymbol{r}_n \times \boldsymbol{e}_n^*) + (\boldsymbol{e}_n \times \boldsymbol{r}_n^*) \times \boldsymbol{e}_n}{(\boldsymbol{e}_n \times \boldsymbol{e}_n^*)^2} + t(\boldsymbol{e}_n \times \boldsymbol{e}_n^*)} \tag{3.32}$$

Diese Lösung versagt ersichtlich im Fall $\boldsymbol{e}_n \times \boldsymbol{e}_n^* = 0$, also wenn die beiden Ebenen parallel sind.

Zur Übung suchen wir die Schnittgerade der Ebenen

$$6x - 2y - 9z + 33 = 0 \text{ (siehe Kap. 3.2) und} \quad x + 3y = 0. \tag{3.33}$$

Letztere berührt den Nullpunkt ($\boldsymbol{r}_n^* = 0$) und hat den Normalen-Einsvektor

$$\boldsymbol{e}_n^* = \frac{\boldsymbol{e}_x + 3\boldsymbol{e}_y}{\sqrt{10}} \quad \curvearrowright \quad \boldsymbol{e}_n \cdot \boldsymbol{e}_n^* = 0. \tag{3.34}$$

Die Ebenen sind somit orthogonal; daher hat die Schnittgerade wegen

$$\boldsymbol{e}_n \times \boldsymbol{e}_n^* = \frac{-27\boldsymbol{e}_x + 9\boldsymbol{e}_y - 20\boldsymbol{e}_z}{11\sqrt{10}} \tag{3.35}$$

$$\curvearrowright \quad |\boldsymbol{e}_n \times \boldsymbol{e}_n^*| = 1 \quad \text{und} \quad \boldsymbol{e}_n^* \times (\boldsymbol{r}_n \times \boldsymbol{e}_n^*) = \boldsymbol{r}_n \tag{3.36}$$

die plausible Form

$$\boldsymbol{r} = 3\boldsymbol{e}_n - \frac{t}{11\sqrt{10}}(27\boldsymbol{e}_x - 9\boldsymbol{e}_y + 20\boldsymbol{e}_z). \tag{3.37}$$

Der Ortsvektor $\boldsymbol{r}_n = \bar{\boldsymbol{r}}_l$ steht auf der ersten Ebene senkrecht und liegt in der zweiten.

3.2.3 Schnittpunkt dreier Ebenen

Drei Ebenen $\boldsymbol{r} \cdot \boldsymbol{e}_n = |\boldsymbol{r}_n|$, $\boldsymbol{r}^* \cdot \boldsymbol{e}_n^* = |\boldsymbol{r}_n^*|$, $\bar{\boldsymbol{r}} \cdot \bar{\boldsymbol{e}}_n = |\bar{\boldsymbol{r}}_n|$ haben i. Allg. einen einzigen Schnittpunkt $\boldsymbol{r} = \boldsymbol{r}^* = \bar{\boldsymbol{r}}$. Man findet ihn leicht mit Hilfe von (2.57):

$$\boxed{\boldsymbol{r} = \frac{|\boldsymbol{r}_n|\,(\boldsymbol{e}_n^* \times \bar{\boldsymbol{e}}_n) + |\boldsymbol{r}_n^*|\,(\bar{\boldsymbol{e}}_n \times \boldsymbol{e}_n) + |\bar{\boldsymbol{r}}_n|\,(\boldsymbol{e}_n \times \boldsymbol{e}_n^*)}{[\boldsymbol{e}_n, \boldsymbol{e}_n^*, \bar{\boldsymbol{e}}_n]}} \qquad (3.38)$$

Das analytisch-geometrische Problem, die 3 Koordinaten des Schnittpunkts von 3 Ebenen zu bestimmen, entspricht dem algebraischen Problem, 3 lineare Gleichungen nach 3 Unbekannten aufzulösen (Kap. 2.4.4).

Im Wesentlichen lassen sich folgende Fälle unterscheiden:

1. Der Schnittpunkt ist eindeutig, sofern die 3 Normalen $\boldsymbol{e}_n, \boldsymbol{e}_n^*, \bar{\boldsymbol{e}}_n$ nicht komplanar sind ($[\boldsymbol{e}_n, \boldsymbol{e}_n^*, \bar{\boldsymbol{e}}_n] \neq 0$). Er liegt im Nullpunkt, falls die Nullpunktsabstände der 3 Ebenen verschwinden:

$$|\boldsymbol{r}_n| = |\boldsymbol{r}_n^*| = |\bar{\boldsymbol{r}}_n| = 0 \quad \curvearrowright \quad \boldsymbol{r} = 0.$$

2. Es gibt keinen einzelnen oder gar keinen Schnittpunkt, wenn die 3 Normalen komplanar sind ($[\boldsymbol{e}_n, \boldsymbol{e}_n^*, \bar{\boldsymbol{e}}_n] = 0$):
   a) Sofern nicht alle 3 Normalen parallel sind, haben die 3 Ebenen mindestens 1, wenn nicht 2 oder 3 Schnitt*geraden* (mit je unendlich vielen „Schnittpunkten").
   b) Falls alle 3 Normalen parallel sind, schneiden sich die 3 Ebenen nirgends. 2 oder 3 können höchstens zusammenfallen.

3.3 Kegelschnitte

Für jeden Punkt P eines Kegelschnitts ist das Verhältnis ε der Abstände von

- einem festen Punkt F (Brennpunkt) und
- einer festen Geraden L (Leitlinie)

konstant (Fig. 3.5). Dies bedeutet mit $|\boldsymbol{r}| = \rho$

$$\frac{\rho}{h + (\boldsymbol{r} \cdot \boldsymbol{e}_x)} = \varepsilon \quad \curvearrowright \quad \rho - \varepsilon(\boldsymbol{r} \cdot \boldsymbol{e}_x) = \varepsilon h. \qquad (3.39)$$

Die kritische Zahl ε heißt numerische Exzentrizität. Ein Vorzeichenwechsel von φ lässt $\boldsymbol{r} \cdot \boldsymbol{e}_x$ unberührt, was die x-Achse als Symmetrieachse des Kegelschnitts ausweist. Die zum Brennpunkt F gehörige Ordinate heißt Parameter[4] p. Er

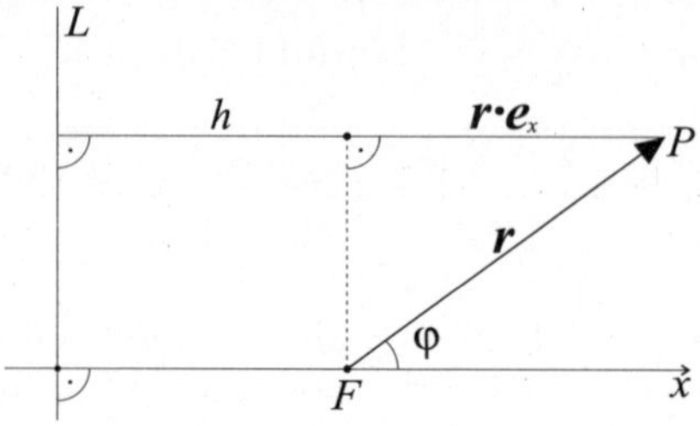

Fig. 3.5

entspricht also der Länge des Ortsvektors $\boldsymbol{r}$ für $\varphi = \pm\frac{\pi}{2}$ $\curvearrowright$ $\boldsymbol{r} \cdot \boldsymbol{e}_x = 0$:

$$p = \varepsilon h. \tag{3.40}$$

Wir gewinnen damit die sog. Brennpunktsgleichung des Kegelschnitts

$$\rho - \varepsilon(\boldsymbol{r} \cdot \boldsymbol{e}_x) = p, \tag{3.41}$$

die mit den Polarkoordinaten[5] ρ, φ wegen $\boldsymbol{r} \cdot \boldsymbol{e}_x = \rho \cos\varphi$ die geläufige Form[6]

$$\boxed{\rho = \frac{p}{1 - \varepsilon \cos\varphi}} \tag{3.42}$$

annimmt. Man unterscheidet im Einzelnen:

- Kreise ($\varepsilon = 0$),
- Ellipsen ($\varepsilon < 1$),
- Parabeln ($\varepsilon = 1$) und
- Hyperbeln ($\varepsilon > 1$).

Aufgabe 3.9 Welche Kurven $\Phi_1(x, y) = 0$ und $\Phi_2(x, y) = 0$ entsprechen den Parameterdarstellungen

1.) $\boldsymbol{r} = a\cos t\, \boldsymbol{e}_x + b\sin t\, \boldsymbol{e}_y$ bzw. 2.) $\boldsymbol{r} = a\cosh t\, \boldsymbol{e}_x + b\sinh t\, \boldsymbol{e}_y$?

[4] Der Parameter (Kennzahl) p hat mit dem in Parameterdarstellungen auftretenden Parameter (Laufzahl) t nichts zu tun. Bitte keine Missverständnisse!

[5] Sie wurden erstmals von Jakob Bernoulli verwendet.

[6] Der Pol liegt bei der Ellipse im *linken* Brennpunkt, bei der Hyperbel im *rechten* Brennpunkt, bei der Parabel $y^2 = 2px$ im Brennpunkt.

3.4 Lineare Transformationen kartesischer Koordinaten

Transformationen eignen sich, um die formale Darstellung geometrischer Gebilde oder physikalischer Gesetze zu vereinfachen und so verstehbarer zu machen.

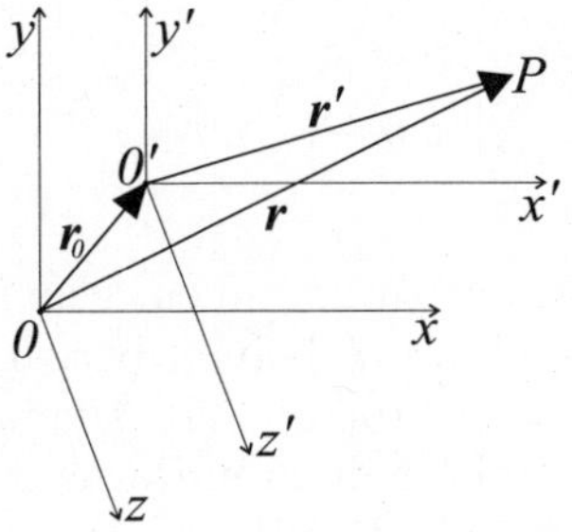

Fig. 3.6

3.4.1 Translation

Oft genügt die Einrichtung eines neuen Bezugssystems $S'(x', y', z')$ mit gleichen Achsenrichtungen, nur dass sein Ursprung $0'$ an einer Stelle $\boldsymbol{r}_0$ des alten Systems $S(x, y, z)$ liegt (Fig. 3.6). Dann gilt die Transformation

$$\boxed{\boldsymbol{r}' = \boldsymbol{r} - \boldsymbol{r}_0} \tag{3.43}$$

die Translation oder Parallelverschiebung des Systems $S(x, y, z)$ um $\boldsymbol{r}_0$ heißt.

Ein durchsichtiges Beispiel mag den Vorteil verdeutlichen: Eine Kugel mit dem Mittelpunkt $\boldsymbol{r}_0$ und dem Radius R genügt der Gleichung

$$|\boldsymbol{r} - \boldsymbol{r}_0| = R. \tag{3.44}$$

Sie gewinnt nach der Transformation (3.43) die einfachere Form

$$|\boldsymbol{r}'| = R. \tag{3.45}$$

Dabei muss $\boldsymbol{r}_0$ keine Konstante sein. So bedient sich die klassische Mechanik der sog. Galilei[7] -Transformation, wo das neue Bezugssystem in der Zeit t mit der konstanten Relativgeschwindigkeit $\boldsymbol{v}$ den Weg $\boldsymbol{v}t$ zurücklegt. Das bedeutet

$$\boldsymbol{r}' = \boldsymbol{r} - \boldsymbol{v}t. \tag{3.46}$$

[7] Galileo Galilei (1564-1642), italienischer Mathematik-Professor in Pisa, Padua und Florenz. Er fand 1604 das Fallgesetz. Seiner Lehre des kopernikanischen Weltbilds musste er 1633 unter dem Druck der Inquisition abschwören.

3.4.2 Drehung

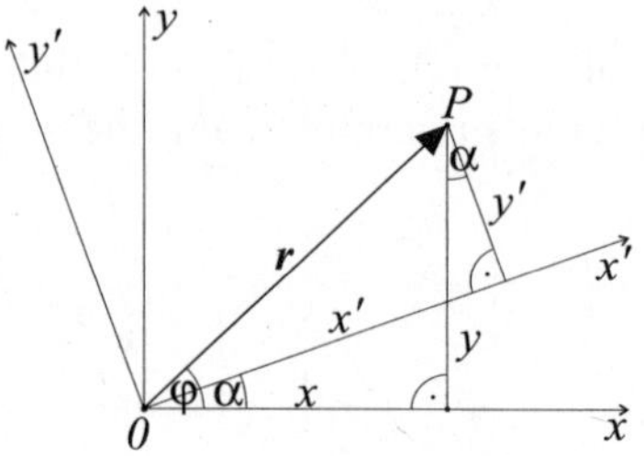

Fig. 3.7

Um wichtige Grundeinsichten zu gewinnen, genügt es, wenn wir die Transformation des *ebenen* Ortsvektors $\boldsymbol{r}$ beim Übergang von einem kartesischen Bezugssystems S mit den Einsvektoren $\boldsymbol{e}_x, \boldsymbol{e}_y$ zu einem ebenfalls kartesischen, um den gemeinsamen Nullpunkt gedrehten Bezugssystem S' mit den Einsvektoren $\boldsymbol{e}'_x, \boldsymbol{e}'_y$ betrachten (Fig. 3.7). Der Betrag $|\boldsymbol{r}|$ bleibt dabei unverändert; er ist eine sog. Invariante der Transformation. Es geht mithin um die Darstellung des raumfesten Ortsvektors im gedrehten Bezugssystem S'.

Die Zerlegung von $\boldsymbol{r}$ in den Bezugssystemen S und S' lautet

$$\boldsymbol{r} = x\boldsymbol{e}_x + y\boldsymbol{e}_y = x'\boldsymbol{e}'_x + y'\boldsymbol{e}'_y. \tag{3.47}$$

Daraus folgt mit den Richtungskosinussen

$$\boldsymbol{e}_x \cdot \boldsymbol{e}'_x = \boldsymbol{e}_y \cdot \boldsymbol{e}'_y = \cos\alpha, \quad \boldsymbol{e}_y \cdot \boldsymbol{e}'_x = -\boldsymbol{e}_x \cdot \boldsymbol{e}'_y = \sin\alpha \tag{3.48}$$

für die Koordinatentransformation $S \to S'$

$$\boxed{\begin{aligned} x' &= x\cos\alpha + y\sin\alpha, \\ y' &= -x\sin\alpha + y\cos\alpha \end{aligned}} \tag{3.49}$$

oder in der Schreibweise mit Spaltenvektoren und der Matrix $\boldsymbol{M}$

$$\begin{pmatrix} x' \\ y' \end{pmatrix} = \underbrace{\begin{pmatrix} \cos\alpha & \sin\alpha \\ -\sin\alpha & \cos\alpha \end{pmatrix}}_{\boldsymbol{M}} \begin{pmatrix} x \\ y \end{pmatrix}, \quad \text{d. h. } \underline{\boldsymbol{r}}' = \boldsymbol{M}\underline{\boldsymbol{r}}. \tag{3.50}$$

Für die umgekehrte (inverse) Koordinatentransformation $S' \to S$ gilt

$$\boxed{\begin{aligned} x &= x'\cos\alpha - y'\sin\alpha, \\ y &= x'\sin\alpha + y'\cos\alpha \end{aligned}} \tag{3.51}$$

Verglichen mit (3.49) tritt bei Umkehrung der Transformation $-\alpha$ an die Stelle von α. Das System S ist ja gegenüber S' um den Winkel $-\alpha$ gedreht.

Für $\alpha = 0$ sind beide Bezugssysteme gleich; dann geht die Transformationsmatrix $\boldsymbol{M}$ in die Einsmatrix $\boldsymbol{E}$ über:

$$\alpha \to 0 \quad \curvearrowright \quad \boldsymbol{M} \to \begin{pmatrix} 1 & 0 \\ 0 & 1 \end{pmatrix} \equiv \boldsymbol{E}; \quad \boldsymbol{r}' \to \boldsymbol{r}. \tag{3.52}$$

In Kap. 11 werden wir erfahren, dass $\boldsymbol{M}$ einen Tensor darstellt.

Wer übrigens die Drehung um α in einen 1. Schritt um α_1 und einen 2. um $\alpha_2 = \alpha - \alpha_1$ zerlegen will, muss in (3.50) $\boldsymbol{M}$ durch das aus den Matrizen

$$\boldsymbol{M}_1 = \begin{pmatrix} \cos\alpha_1 & \sin\alpha_1 \\ -\sin\alpha_1 & \cos\alpha_1 \end{pmatrix} \quad \text{und} \quad \boldsymbol{M}_2 = \begin{pmatrix} \cos\alpha_2 & \sin\alpha_2 \\ -\sin\alpha_2 & \cos\alpha_2 \end{pmatrix} \tag{3.53}$$

gebildete Produkt

$$\boldsymbol{M}_1\boldsymbol{M}_2 = \begin{pmatrix} \cos(\alpha_1+\alpha_2) & \sin(\alpha_1+\alpha_2) \\ -\sin(\alpha_1+\alpha_2) & \cos(\alpha_1+\alpha_2) \end{pmatrix} = \boldsymbol{M}_2\boldsymbol{M}_1 \tag{3.54}$$

ersetzen. Hier sind $\boldsymbol{M}_1$ und $\boldsymbol{M}_2$ vertauschbar, weil die Drehungen um dieselbe Achse erfolgen; sie bilden eine sog. abelsche[8] Gruppe. Die Reihenfolge der Drehungen spielt also keine Rolle.

3.4.3 Anwendung auf Kegelschnitte

Zuweilen sind Gleichungen $\Phi(x,y) = 0$ nur deshalb nicht sogleich geometrisch deutbar, weil das Bezugssystem ihre Form verfremdet. Hier hilft oft die Darstellung in einem zweckmäßig gedrehten Bezugssystem, um etwa vorhandene Symmetrien aufzudecken. Ein Beispiel zeige die Identifizierung des Kegelschnitts

$$3x^2 + y^2 - 2\sqrt{3}\,xy - 4x - 4\sqrt{3}\,y - 4 = 0 \tag{3.55}$$

$$\curvearrowright \quad 2\sqrt{x^2+y^2} - x - \sqrt{3}\,y - 2 = 0. \tag{3.56}$$

Einsetzung von (3.51) ergibt

$$2\sqrt{x'^2+y'^2} - x'(\cos\alpha + \sqrt{3}\sin\alpha) + y'(\sin\alpha - \sqrt{3}\cos\alpha) - 2 = 0. \tag{3.57}$$

Im Fall einer Symmetrie zur x'-Achse ändert ein y'-Vorzeichenwechsel die Gleichung nicht; dies bedeutet für den y'-Faktor

$$\sin\alpha - \sqrt{3}\cos\alpha = 0 \quad \curvearrowright \quad \alpha = 60° \tag{3.58}$$

und führt zu der Form

$$\sqrt{x'^2+y'^2} - x' - 1 = 0 \quad \curvearrowright \quad y'^2 = 2\left(x' + \frac{1}{2}\right), \tag{3.59}$$

[8]Niels Henrik Abel (1802-1829), norwegischer Mathematiker

erkennbar als Brennpunktsgleichung einer zur x'-Achse symmetrischen Parabel, darstellbar angesichts $\sqrt{x'^2 + y'^2} = \rho' = \rho$ und $x' = \boldsymbol{r}' \cdot \boldsymbol{e}'_x$ auch als Polargleichung

$$\rho - \boldsymbol{r}' \cdot \boldsymbol{e}'_x = 1, \qquad (3.60)$$

aus der durch Vergleich mit (3.41) $\varepsilon = 1$ und $p = 1$ hervorgeht.

Aufgabe 3.10 Transformieren Sie den Ortsvektor

$$\boldsymbol{r} = r\,[\boldsymbol{e}_x \cos(\alpha + \beta) + \boldsymbol{e}_y \sin(\alpha + \beta)] \;\text{ in }\; \boldsymbol{r}' = r\,[\boldsymbol{e}_x \cos\beta + \boldsymbol{e}_y \sin\beta]$$

im festen Bezugssystem S!

Aufgabe 3.11 Identifizieren Sie die durch $xy = 1$ dargestellte Kurve mit Hilfe einer Drehung des Bezugssystems!

4 Vektoranalysis

Während die Differenzialquotienten in der gewöhnlichen Analysis[1] ausschließlich skalare Operanden und Operatoren enthalten, kennt die Vektoranalysis sowohl vektorielle Operanden als auch vektorielle Operatoren.

4.1 Einführung

4.1.1 Vektorielle Funktionen

Die Vektoranalysis behandelt vektorielle Funktionen, seien sie

- Orts- und Zeitfunktionen, die jedem Raumpunkt zeitlich variable Vektoren zuordnen, oder
- Ortsvektoren, die von 1 oder 2 Parametern abhängen, und (1-dimensionale) Kurven bzw. (2-dimensionale) Flächen beschreiben.

Physikalische Funktionen von Ort $\boldsymbol{r}$ und Zeit t heißen nach Faraday[2] allgemein Felder, speziell Skalar- oder Vektorfelder. Man denke nur an die (skalare) Temperaturverteilung in einem abkühlenden Körper oder an (vektorielle) Strömungen mit Quellen, Wirbeln und Staupunkten, wo sich jeder Vektor als Tangente der sog. Feldlinien anschaulich deuten lässt (siehe Fig. 4.1. Derlei Figuren wollen freilich recht verstanden werden: Die Pfeile mit ihrer scheinbaren geometrischen Länge sind natürlich Sinnbilder für elektrische, magnetische oder sonstige physikalische Vektoren und lassen keinen maßstäblichen Vergleich mit den geometrischen Dimensionen der Figur zu).

Zeitlich konstante Felder (im Sinne $\frac{\partial}{\partial t} \equiv 0$) heißen stationär, *örtlich* konstante (im Sinne $\frac{\partial}{\partial x} = \frac{\partial}{\partial y} = \frac{\partial}{\partial z} \equiv 0$) homogen. In letzteren sind die Feldlinien parallele Geraden.

---

[1] Sie stammt von Newton und Leibniz. Newton, der Entdeckungen nur zögerlich bekannt gab, entwickelte seine „Theorie der Fluxionen" 1665/66, gab sie aber erst 1704 in Druck. Von Leibniz erschien 1684 sein „calculus differentialis" und 1686 sein „calculus integralis". 1696 veröffentlichte Marquis de l'Hospital, ein Privatschüler Johann Bernoullis, das erste Lehrbuch der Differenzial- und Integralrechnung, übrigens unter Verletzung der Urheberrechte seines Lehrers.

[2] Michael Faraday (1791-1867), Sohn eines armen Londoner Hufschmieds, war gelernter Buchbinder mit großem Interesse an physikalischen und chemischen Versuchen. Er wurde 1827 Chemie-Professor, entdeckte 1831 das Induktionsgesetz und führte um 1840 den Feldbegriff ein, womit er von Newtons Fernwirkungstheorie abrückte.

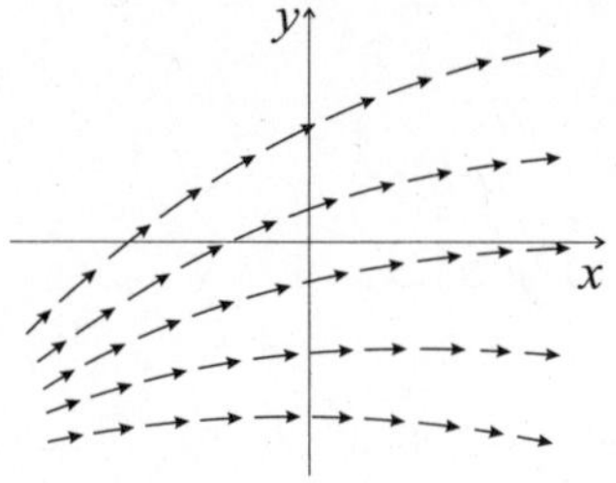

Fig. 4.1

4.1.2 Ableitungsregeln

Die Infinitesimalrechnung unterscheidet prinzipiell nicht zwischen Skalaren und Vektoren, sondern erklärt Differenziale und Integrale für beide gleich. So entsteht die Ableitung des Vektors $\boldsymbol{a}(u)$ durch den Grenzübergang

$$\frac{d\boldsymbol{a}}{du} = \lim_{\Delta u \to 0} \frac{\boldsymbol{a}(u + \Delta u) - \boldsymbol{a}(u)}{\Delta u}. \tag{4.1}$$

Besondere Schreibweisen gelten für Variable namens t :

$$\frac{d\boldsymbol{a}(t)}{dt} = \dot{\boldsymbol{a}}(t), \quad \frac{d^2\boldsymbol{a}(t)}{dt^2} = \ddot{\boldsymbol{a}}(t). \tag{4.2}$$

In der Physik, wo t gemeinhin die Zeit bezeichnet, unterscheiden die aufgesetzten Punkte nach Newton[3] zeitliche von örtlichen Ableitungen, z. B.

$$\frac{\partial \boldsymbol{a}(\boldsymbol{r}, t)}{\partial t} = \dot{\boldsymbol{a}}(\boldsymbol{r}, t), \quad \frac{\partial^2 \boldsymbol{a}(\boldsymbol{r}, t)}{\partial t^2} = \ddot{\boldsymbol{a}}(\boldsymbol{r}, t). \tag{4.3}$$

In der Mathematik ist t keiner speziellen Größe vorbehalten, sondern kann vielerlei bedeuten (siehe Kap. 5.1).

Im Allgemeinen haben der Vektor $\boldsymbol{a}$ und sein Differenzial $d\boldsymbol{a}$ als infinitesimaler Differenzvektor verschiedene Richtungen. Nach Kap. 2.3.1 leuchtet auch ein, dass Vektoren im Nenner von Differenzialquotienten ebenso wie im Nenner anderer Quotienten keinen Sinn haben; es gibt also nur Ableitungen nach skalaren Größen.

So stellt sich der Trägervektor $\boldsymbol{a}$ der allgemeinen Geraden $\boldsymbol{r} = \boldsymbol{r}_0 + \lambda\boldsymbol{a}$ als Differenzialquotient $\boldsymbol{a} = \frac{d\boldsymbol{r}}{d\lambda}$ dar. Physiker schreiben kräftefreie Punkte*bahnen* gern in der Form $\boldsymbol{r} = \boldsymbol{r}_0 + t\boldsymbol{v}$, wobei der Parameter t die Zeit und der Trägervektor $\boldsymbol{v} = \dot{\boldsymbol{r}}$ die (konstante) Punktgeschwindigkeit bezeichnen.

[3]Isaac Newton (1643-1727), englischer Physiker, wirkte ab 1669 hauptsächlich als Professor in Cambridge. Er begründete die Physik der Neuzeit und schrieb mit seinem 1687 erschienenen, dreibändigen Hauptwerk „Philosophiae naturalis principia mathematica" das erste Lehrbuch der theoretischen Mechanik.

Alle Regeln der Differenzialrechnung behalten grundsätzlich ihre Gültigkeit, freilich in einer den Vorschriften der Vektorrechnung angepassten Schreibweise; z. B. hat die Produktregel hier die Formen

$$\frac{d}{du}(\Phi \boldsymbol{a}) = \frac{d\Phi}{du}\boldsymbol{a} + \Phi\frac{d\boldsymbol{a}}{du}, \tag{4.4a}$$

$$\frac{d}{du}(\boldsymbol{a} \cdot \boldsymbol{b}) = \frac{d\boldsymbol{a}}{du} \cdot \boldsymbol{b} + \boldsymbol{a} \cdot \frac{d\boldsymbol{b}}{du}, \tag{4.4b}$$

$$\frac{d}{du}(\boldsymbol{a} \times \boldsymbol{b}) = \frac{d\boldsymbol{a}}{du} \times \boldsymbol{b} + \boldsymbol{a} \times \frac{d\boldsymbol{b}}{du}. \tag{4.4c}$$

Hinzu kommt die Quotientenregel

$$\frac{d}{du}\left(\frac{\boldsymbol{a}}{\Phi}\right) = \frac{\frac{d\boldsymbol{a}}{du}\Phi - \boldsymbol{a}\frac{d\Phi}{du}}{\Phi^2}. \tag{4.5}$$

Die Kettenregel lautet für Schachtelfunktionen

- vom vektoriellen Typ $\boldsymbol{a}[u(t)]$

$$\frac{d\boldsymbol{a}[u(t)]}{dt} = \frac{d\boldsymbol{a}(u)}{du}\frac{du(t)}{dt} = \boldsymbol{a}'\dot{u} \quad \text{und} \tag{4.6}$$

- vom skalaren Typ $u[\boldsymbol{a}(t) \cdot \boldsymbol{b}(t)]$

$$\frac{du[\boldsymbol{a}(t) \cdot \boldsymbol{b}(t)]}{dt} = \frac{du(\boldsymbol{a} \cdot \boldsymbol{b})}{d(\boldsymbol{a} \cdot \boldsymbol{b})}\frac{d[\boldsymbol{a}(t) \cdot \boldsymbol{b}(t)]}{dt} = u'(\dot{\boldsymbol{a}} \cdot \boldsymbol{b} + \boldsymbol{a} \cdot \dot{\boldsymbol{b}}). \tag{4.7}$$

Analoge Formeln gelten für partielle Ableitungen.

Einsvektoren können wegen (1.2) zwar nicht ihrem Betrag, wohl aber ihrer Richtung nach Funktionen sein; so ergibt Differenzieren der Identität $\boldsymbol{e}_a^2(u) = 1$:

$$\boldsymbol{e}_a \cdot \frac{d\boldsymbol{e}_a}{du} = 0 \quad \curvearrowright \quad \boldsymbol{e}_a \perp \frac{d\boldsymbol{e}_a}{du}. \tag{4.8}$$

Aufgabe 4.1 Beweisen Sie analytisch, dass die Abstände (3.5) und (3.7) Minima sind!

Aufgabe 4.2 Differenzieren Sie die Schachtelfunktion $u\left[\sqrt{\boldsymbol{a}^2(t)}\right]$ nach t!

Aufgabe 4.3 Unter welcher Bedingung gilt $\left|\frac{d\boldsymbol{a}(u)}{du}\right| = \frac{d|\boldsymbol{a}(u)|}{du}$?

4.2 Örtliche Differenzialoperationen 1. Ordnung

4.2.1 Gradient

Die Funktionswerte in 2 eng benachbarten Punkten $\boldsymbol{r}$ und $\boldsymbol{r} + d\boldsymbol{r}$ eines räumlichen Skalarfeldes $\Phi = \Phi(x, y, z) \equiv \Phi(\boldsymbol{r})$ unterscheiden sich um das totale Differenzial

$$d\Phi = \Phi(\boldsymbol{r} + d\boldsymbol{r}) - \Phi(\boldsymbol{r}) = \frac{\partial \Phi}{\partial x}dx + \frac{\partial \Phi}{\partial y}dy + \frac{\partial \Phi}{\partial z}dz. \qquad (4.9)$$

Dies lässt sich formal als Punktprodukt zweier Vektoren schreiben:

$$d\Phi = \left(\frac{\partial \Phi}{\partial x}\boldsymbol{e}_x + \frac{\partial \Phi}{\partial y}\boldsymbol{e}_y + \frac{\partial \Phi}{\partial z}\boldsymbol{e}_z\right) \cdot \underbrace{(dx\boldsymbol{e}_x + dy\boldsymbol{e}_y + dz\boldsymbol{e}_z)}_{d\boldsymbol{r}}. \qquad (4.10)$$

Der rechte Vektor ist das kartesische Wegelement; der linke heißt Gradient der Funktion Φ, kurz Gradient von Φ :

$$\boxed{\frac{\partial \Phi}{\partial x}\boldsymbol{e}_x + \frac{\partial \Phi}{\partial y}\boldsymbol{e}_y + \frac{\partial \Phi}{\partial z}\boldsymbol{e}_z \equiv \mathbf{grad}\,\Phi} \qquad (4.11)$$

Damit gewinnt das totale Differenzial die einprägsame Form

$$\boxed{d\Phi = d\boldsymbol{r} \cdot \mathbf{grad}\,\Phi} \qquad (4.12)$$

Sie zeigt die Abhängigkeit von $\measuredangle(d\boldsymbol{r}, \mathbf{grad}\,\Phi)$.

Die geometrische Bedeutung des Gradienten tritt hervor, wenn man irgendeine räumliche Fläche $\Phi(\boldsymbol{r}) = \text{const}$ betrachtet. Auf ihr gilt

$$d\Phi = d\boldsymbol{r} \cdot \mathbf{grad}\,\Phi = 0 \quad \curvearrowright \quad d\boldsymbol{r} \perp \mathbf{grad}\,\Phi, \qquad (4.13)$$

wobei $d\boldsymbol{r}$ als Differenzvektor zwischen den Ortsvektoren $\boldsymbol{r} + d\boldsymbol{r}$ und $\boldsymbol{r}$ zu 2 beliebigen, eng benachbarten Flächenpunkten stets in der Fläche liegt und als Trägervektor einer Tangente durch den Flächenpunkt $\boldsymbol{r}$ gelten darf. Der Gradient steht somit auf jeder Tangente durch $\boldsymbol{r}$ senkrecht, ist also parallel mit der Flächennormale durch $\boldsymbol{r}$.

Drei Musterbeispiele

- Die lineare Gleichung $\Phi = Ax + By + Cz - D = 0$ stellt angesichts (3.24) eine Ebene dar. Ihr Gradient lautet

  $$\mathbf{grad}\,\Phi = A\boldsymbol{e}_x + B\boldsymbol{e}_y + C\boldsymbol{e}_z = \mathbf{const}.$$

  Er ist (3.22) zufolge überall parallel mit der Normalen.

- Die Gleichung $\Phi = x^2 + y^2 + z^2 - R^2 = 0$ beschreibt eine Kugel vom Radius R um den Nullpunkt. Ihr Gradient

$$\mathbf{grad}\,\Phi = 2(x\boldsymbol{e}_x + y\boldsymbol{e}_y + z\boldsymbol{e}_z) = 2\boldsymbol{r} \tag{4.14}$$

steht offenbar überall auf ihr senkrecht.

- Jede Tangentialebene einer räumlichen Fläche $\Phi(\boldsymbol{r}) = \text{const}$ steht im Berührungspunkt $\boldsymbol{r}_1$ senkrecht auf dem örtlichen Gradienten; sie hat daher die Form

$$(\boldsymbol{r} - \boldsymbol{r}_1) \cdot \mathbf{grad}\,\Phi(\boldsymbol{r}_1) = 0 \quad \text{oder kartesisch}$$

$$(x - x_1)\frac{\partial \Phi(x_1, y_1, z_1)}{\partial x} + (y - y_1)\frac{\partial \Phi(x_1, y_1, z_1)}{\partial y} + (z - z_1)\frac{\partial \Phi(x_1, y_1, z_1)}{\partial z} = 0.$$

Aufgabe 4.4 Welche Steigung hat die ebene Kurve $\Phi(\boldsymbol{r}) = 0$ an der Stelle $\boldsymbol{r}_1$? Wenden Sie das Ergebnis auf die Kegelschnitte $\Phi(\boldsymbol{r}) = \frac{x^2}{a^2} \pm \frac{y^2}{b^2} - 1 = 0$ an!

Aufgabe 4.5 Zeigen Sie, dass die von den beiden Brennpunkten F_1 und F_2 einer Hyperbel ausgehenden sog. Brennstrahlen $\boldsymbol{r}_1$ bzw. $\boldsymbol{r}_2$ ihre Tangente im Berührungspunkt unter dem gleichen Winkel $\alpha_1 = \alpha_2$ schneiden! Unter welchen Winkeln schneiden die Brennstrahlen einer Ellipse ihre Tangente im Berührungspunkt?

Aufgabe 4.6 Bestimmen Sie bezüglich des Punkts $\boldsymbol{r}_1$ der Kugel vom Radius R um den Mittelpunkt $\boldsymbol{r}_0$ die Gleichungen 1.) ihrer Tangentialebene und 2.) ihrer Normalen!

Relative Extrema räumlicher Flächen

Die Fläche $\Phi(x, y, z) = 0$ hat relative z-Extrema, wo ihre Normale in z-Richtung zeigt. Dort gelten die notwendigen Bedingungen[4]

$$\mathbf{grad}\,\Phi \| \boldsymbol{e}_z \quad \curvearrowright \quad \frac{\partial \Phi}{\partial x} = 0 \quad \text{und} \quad \frac{\partial \Phi}{\partial y} = 0. \tag{4.15}$$

Wenn eine Nebenbedingung $\Psi(x, y, z) = 0$ hinzutritt, kommen als Extrema nur solche Punkte in Betracht, die sowohl zur Fläche $\Phi(x, y, z) = 0$ als auch zur Fläche $\Psi(x, y, z) = 0$ gehören. Sie liegen auf deren Schnittkurve. Es gilt

$$d\Phi = \mathbf{grad}\,\Phi \cdot d\boldsymbol{r} = 0 \quad \text{und} \quad d\Psi = \mathbf{grad}\,\Psi \cdot d\boldsymbol{r} = 0,$$

[4] Sie gehen ansatzweise auf Fermat (1638) zurück.

wobei $d\boldsymbol{r} = dx\boldsymbol{e}_x + dy\boldsymbol{e}_y + dz\boldsymbol{e}_z$ ein Wegelement der Schnittkurve sei. Ihre z-Extrema zeichnen sich durch $dz = 0$ aus. Dies bedeutet

$$\frac{\partial \Phi}{\partial x}dx + \frac{\partial \Phi}{\partial y}dy = 0 \quad \text{und} \quad \frac{\partial \Psi}{\partial x}dx + \frac{\partial \Psi}{\partial y}dy = 0,$$

so dass sich anstelle (4.15) die Bedingungen

$$\frac{\partial \Phi}{\partial x} - \lambda\frac{\partial \Psi}{\partial x} = 0 \quad \text{und} \quad \frac{\partial \Phi}{\partial y} - \lambda\frac{\partial \Psi}{\partial y} = 0$$

ergeben, wobei der sog. lagrangesche Multiplikator λ eine belanglose Proportionalitätskonstante ist. Das Lösungsverfahren läuft also formal darauf hinaus, die Extrema der Hilfsfunktion $\hat{\Phi} \equiv \Phi - \lambda\Psi = 0$ zu bestimmen. Die Bedingungen gewinnen damit die elegante Form

$$\frac{\partial \hat{\Phi}}{\partial x} = 0 \quad \text{und} \quad \frac{\partial \hat{\Phi}}{\partial y} = 0. \tag{4.16}$$

Aufgabe 4.7 Bemessen Sie die Katheten a und b eines rechtwinkligen Dreiecks mit gegebener Hypotenuse c so, dass der Inhaltsbetrag S maximal wird!

Aufgabe 4.8 Bestimmen Sie Radius r und Höhe h desjenigen Zylinders, der bei gegebenem Volumen V die kleinste Oberfläche O hat!

4.2.2 Divergenz

Strömungsfelder $\boldsymbol{a}(x, y, z)$ können Gebiete mit positiven und negativen Quellen enthalten. Dort fließt mehr bzw. weniger heraus als herein. Ein Maß für die

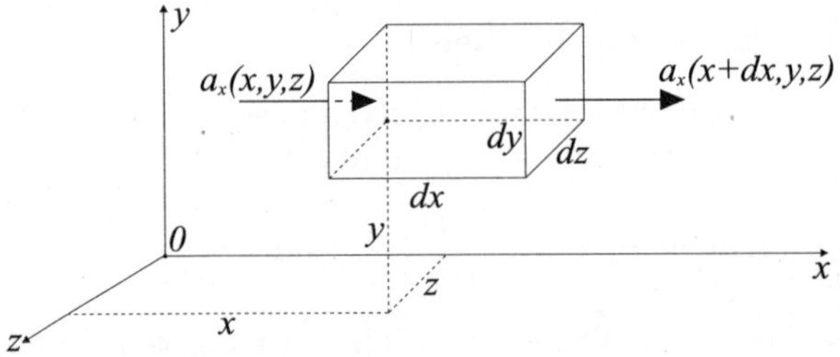

Fig. 4.2

örtliche Quelldichte lässt sich anhand der Fig. 4.2 leicht gewinnen.

In x-Richtung tritt die Vektorflusskomponente $a_x(x, y, z)\,dy\,dz$ durch die Stirnfläche $dy\,dz$ in den gedachten, ortsfesten Elementarquader mit den Kantenlängen dx, dy, dz ein, während die Vektorflusskomponente $a_x(x + dx, y, z)\,dy\,dz$

durch die entgegengesetzte Stirnfläche austritt. Die Differenz beträgt nach Taylor[5] bis auf vernachlässigbar kleine Größen höherer Ordnung

$$[a_x(x + dx, y, z) - a_x(x, y, z)]dy\,dz = \frac{\partial a_x}{\partial x} dx\,dy\,dz. \tag{4.17}$$

Mitsamt den analogen Differenzen in y- und z-Richtung summiert sich der Überschuss zur sog. Ergiebigkeit des Elementarquaders

$$\left(\frac{\partial a_x}{\partial x} + \frac{\partial a_y}{\partial y} + \frac{\partial a_z}{\partial z}\right) dx\,dy\,dz. \tag{4.18}$$

Der auf das Quadervolumen $d\tau = dx\,dy\,dz$ bezogene Überschuss heißt Divergenz von $\boldsymbol{a}$ und lautet

$$\boxed{\operatorname{div} \boldsymbol{a} \equiv \frac{\partial a_x}{\partial x} + \frac{\partial a_y}{\partial y} + \frac{\partial a_z}{\partial z}} \tag{4.19}$$

Sie ist eine skalare Ortsfunktion und dient als Maß für die örtliche Quelldichte.

Das anschauliche Modell des Strömungsfelds mit seinen Stromlinien und Quellen findet sogar Anwendung auf Vektorfelder, wo in mechanischem Sinn nichts strömt, sondern lediglich Feldlinien verlaufen; so treten z. B. in elektrostatischen Feldern positive und negative Ladungen an die Stelle von positiven und negativen Quellen.

Als einfaches Rechenbeispiel (vgl. Aufgabe 4.9) diene das *räumliche* Radialfeld $\boldsymbol{a}(\boldsymbol{r}) = \boldsymbol{r}$. Seine Quelldichte beträgt wegen (1.23) überall

$$\operatorname{div} \boldsymbol{r} = 3. \tag{4.20}$$

Ein *ebenes* Radialfeld, etwa mit dem Merkmal $\frac{\partial}{\partial z} = 0$, hat dagegen überall nur

$$\operatorname{div} \boldsymbol{r} = 2. \tag{4.21}$$

Anwendung in der Gasdynamik

Wir betrachten eine Gasströmung der Geschwindigkeit $\boldsymbol{v}(\boldsymbol{r}, t)$ und der Dichte $\varrho(\boldsymbol{r}, t)$. Dann ist $\varrho\boldsymbol{v}$ die je Zeit- und Querschnittseinheit transportierte Gasmasse, die sog. Massestromdichte. Sie differiert an Aus- und Eingang des Elementarquaders der Fig. 4.2 im Zeitpunkt t um den Betrag $\operatorname{div} \varrho\boldsymbol{v}\, d\tau$, so dass dem Elementarquader binnen dt ein Masseüberschuss $\operatorname{div} \varrho\boldsymbol{v}\, d\tau dt$ entquillt. Ihm muss nach dem Prinzip von der Erhaltung der Masse innerhalb des Quaders ein Masseschwund $-\frac{\partial \varrho}{\partial t}\, d\tau dt$ entsprechen. Dies führt zur sog. Kontinuitätsgleichung

$$\boxed{\operatorname{div} \varrho\boldsymbol{v} = -\frac{\partial \varrho}{\partial t}} \tag{4.22}$$

[5] Brook Taylor (1685-1731), englischer Mathematiker und Philosoph

Aufgabe 4.9 Bestätigen Sie (4.20) anhand des Modells einer gedachten Kugelschale im Vektorfeld!

4.2.3 Rotor

Viele Vektorfelder $\boldsymbol{a}(\boldsymbol{r})$ enthalten Wirbel. Anschauliche Beispiele sind Strudel in Flüssigkeits- und Zyklone in Luftströmungen. Wirbel spielen aber auch in elektromagnetischen Feldern eine große Rolle.

Wirbel erzeugen im Vektorfeld eine sog. Zirkulation. Zur Erläuterung betrachten wir an der Stelle y, z der Ebene $x = \text{const}$ ein achssymmetrisches, elementares Rechteck (Fig. 4.3) des Inhalts

$$d\boldsymbol{S}_x = dy\,\boldsymbol{e}_y \times dz\,\boldsymbol{e}_z = dy\,dz\,\boldsymbol{e}_x. \tag{4.23}$$

Zirkulation $d\Gamma_x$ heißt dort die sog. Randsumme der Punktprodukte $\boldsymbol{a}(\boldsymbol{r}) \cdot d\boldsymbol{r}$

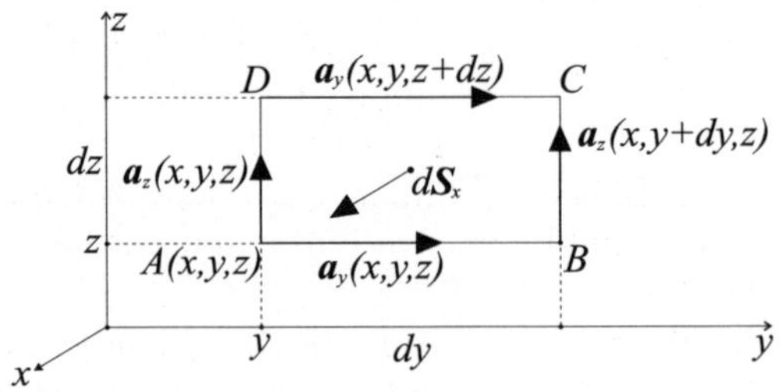

Fig. 4.3

auf dem Wege von A über B, C, D nach A zurück, also beim Umlauf über den Rechteckrand gegen den Uhrzeigersinn; damit bilden Umlaufsinn und Flächeninhalt $d\boldsymbol{S}_x$ eine Rechtsschraube. Die Fig. 4.3 zeigt die 4 maßgebenden $\boldsymbol{a}$-Teilvektoren, von denen 2 in Umlauf-, 2 in Gegenrichtung weisen. Somit ergibt sich für die Zirkulation

$$\begin{aligned} d\Gamma_x &= a_y(x,y,z)\,dy + a_z(x,y+dy,z)\,dz - a_y(x,y,z+dz)\,dy \\ &\quad - a_z(x,y,z)\,dz = \left(\frac{\partial a_z}{\partial y} - \frac{\partial a_y}{\partial z}\right) dy\,dz = \left(\frac{\partial a_z}{\partial y} - \frac{\partial a_y}{\partial z}\right) \boldsymbol{e}_x \cdot d\boldsymbol{S}_x. \end{aligned}$$

Analoge Überlegungen führen zu den Zirkulationen $d\Gamma_y$ und $d\Gamma_z$ in den Ebenen $y = \text{const}$ bzw. $z = \text{const}$. Zusammenfassend erhält man

$$\begin{aligned} d\Gamma &= d\Gamma_x + d\Gamma_y + d\Gamma_z \\ &= \left(\frac{\partial a_z}{\partial y} - \frac{\partial a_y}{\partial z}\right) \boldsymbol{e}_x \cdot d\boldsymbol{S}_x + \left(\frac{\partial a_x}{\partial z} - \frac{\partial a_z}{\partial x}\right) \boldsymbol{e}_y \cdot d\boldsymbol{S}_y \\ &\qquad + \left(\frac{\partial a_y}{\partial x} - \frac{\partial a_x}{\partial y}\right) \boldsymbol{e}_z \cdot d\boldsymbol{S}_z \equiv \textbf{rot}\,\boldsymbol{a} \cdot d\boldsymbol{S}. \end{aligned} \tag{4.24}$$

Der so als Faktor des Flächenelements $\boldsymbol{dS} \equiv \boldsymbol{dS}_x + \boldsymbol{dS}_y + \boldsymbol{dS}_z$ definierte Wirbeldichtevektor $\mathbf{rot}\,\boldsymbol{a}$ heißt Rotor von $\boldsymbol{a}$. Er lautet in kartesischer Form

$$\mathbf{rot}\,\boldsymbol{a} = \left(\frac{\partial a_z}{\partial y} - \frac{\partial a_y}{\partial z}\right)\boldsymbol{e}_x + \left(\frac{\partial a_x}{\partial z} - \frac{\partial a_z}{\partial x}\right)\boldsymbol{e}_y + \left(\frac{\partial a_y}{\partial x} - \frac{\partial a_x}{\partial y}\right)\boldsymbol{e}_z \tag{4.25}$$

und in der einprägsamen Determinantenschreibweise

$$\mathbf{rot}\,\boldsymbol{a} = \begin{vmatrix} \boldsymbol{e}_x & \boldsymbol{e}_y & \boldsymbol{e}_z \\ \frac{\partial}{\partial x} & \frac{\partial}{\partial y} & \frac{\partial}{\partial z} \\ a_x & a_y & a_z \end{vmatrix} \tag{4.26}$$

Die Rotoren ebener Vektorfelder der Form $\boldsymbol{a}(\boldsymbol{r}) = a_x(x,y)\boldsymbol{e}_x + a_y(x,y)\boldsymbol{e}_y$ haben die Eigenschaft $\mathbf{rot}\,\boldsymbol{a} \perp \boldsymbol{a}$ (vgl. Aufgabe 4.10).

4.2.4 Besondere Vektorfelder

Wirbel- und wirbelfreie Felder

Ein Vektorfeld $\boldsymbol{a}(\boldsymbol{r})$ mit dem Merkmal $\mathbf{rot}\,\boldsymbol{a} \neq 0$ heißt mathematisch Wirbelfeld, im Ausnahmefall $\mathbf{rot}\,\boldsymbol{a} \equiv 0$ wirbelfrei. In diesem Fall lässt sich $\boldsymbol{a}(\boldsymbol{r})$ wegen (4.11) und (4.26) als Gradientenfeld $\boldsymbol{a}(\boldsymbol{r}) = \mathbf{grad}\,\Phi$ darstellen:

$$\mathbf{rot}\,\boldsymbol{a} = \mathbf{rot}\,\mathbf{grad}\,\Phi = \begin{vmatrix} \boldsymbol{e}_x & \boldsymbol{e}_y & \boldsymbol{e}_z \\ \frac{\partial}{\partial x} & \frac{\partial}{\partial y} & \frac{\partial}{\partial z} \\ \frac{\partial}{\partial x} & \frac{\partial}{\partial y} & \frac{\partial}{\partial z} \end{vmatrix} \Phi \equiv 0. \tag{4.27}$$

Speziell gilt für das Ortsvektorfeld $\boldsymbol{r}$ angesichts (4.14):

$$\mathbf{rot}\,\boldsymbol{r} \equiv 0. \tag{4.28}$$

Echte und unechte Wirbelfelder

Nicht alle mathematisch getauften Wirbelfelder enthalten echte Wirbel im physikalischen Sinne. Unechte Wirbelfelder sind z. B.

- das von den Massepunkten eines starren Kreisels beschriebene, aus konzentrischen Kreisen um die Drehachse bestehende Geschwindigkeitsfeld (siehe Kap. 6.2.1) und
- das Geschwindigkeitsfeld $\boldsymbol{v} = v(x)\boldsymbol{e}_y$ einer laminaren Parallelströmung in der Grenzschicht einer Wand in der Ebene $x = 0$ mit dem Rotor

$$\mathbf{rot}\,\boldsymbol{v} = \frac{\partial v(x)}{\partial x}\boldsymbol{e}_z.$$

Sein Betrag ist das Geschwindigkeitsgefälle quer zur Strömungsrichtung. Von Wirbeln keine Spur.[6]

Beide Felder sind physikalisch wirbel-, mathematisch aber „nicht rotorfrei".

Umgekehrt wird uns in Kap. 8.5.1 ein echtes Wirbelfeld $\boldsymbol{a}(\boldsymbol{r})$ begegnen, das sich – von einer singulären Stelle abgesehen – durch $\mathbf{rot}\,\boldsymbol{a} = 0$ auszeichnet.

Quellenfreie Felder

Vektorfelder $\boldsymbol{a}(\boldsymbol{r})$ mit dem Merkmal $\operatorname{div} \boldsymbol{a} \equiv 0$ heißen quellenfrei; sie sind stets (4.19) und (4.26) zufolge als Rotorfelder $\boldsymbol{a}(\boldsymbol{r}) = \mathbf{rot}\,\boldsymbol{v}$ darstellbar:

$$\operatorname{div} \boldsymbol{a} = \operatorname{div} \mathbf{rot}\,\boldsymbol{v} = \begin{vmatrix} \frac{\partial}{\partial x} & \frac{\partial}{\partial y} & \frac{\partial}{\partial z} \\ \frac{\partial}{\partial x} & \frac{\partial}{\partial y} & \frac{\partial}{\partial z} \\ v_x & v_y & v_z \end{vmatrix} \equiv 0. \tag{4.29}$$

Aufgabe 4.10 Zeigen Sie, dass der Rotor des ebenen Vektorfelds

$$\boldsymbol{a} = (\boldsymbol{e}_x + i\boldsymbol{e}_y)e^{ikz}$$

diesem überall proportional ist!

4.2.5 Nabla-Operator

Systematisch gesehen sind **grad**, div und **rot** Rechenvorschriften (Operatoren), die zwischen Feldern lineare Differenzialbeziehungen herstellen[7]. So transformieren

- **grad** ein Skalar- in ein Vektorfeld,
- div ein Vektor- in ein Skalarfeld und
- **rot** ein Vektor- in ein Vektorfeld.

Diese Verknüpfungen lassen sich mit Hilfe des sog. Nabla-Operators[8]

$$\boxed{\boldsymbol{\nabla} \equiv \boldsymbol{e}_x \frac{\partial}{\partial x} + \boldsymbol{e}_y \frac{\partial}{\partial y} + \boldsymbol{e}_z \frac{\partial}{\partial z}} \tag{4.30}$$

[6] Gleichwohl würde ein treibender Körper um die z-Achse rotieren (vgl. Aufgabe 8.3).

[7] In diesem Sinne entsteht die elementare Ableitung $y' = \frac{dy}{dx}$ durch Anwendung des skalaren Differenzialoperators $\frac{d}{dx}$ auf die skalare Funktion $y(x)$.

[8] Name und Symbol des von Hamilton eingeführten Begriffs stammen von einem antiken Saiteninstrument.

formal vereinfachen. Er vereint die Eigenschaften eines „symbolischen" Vektors ohne bestimmte Richtung und Betrag mit denen eines linearen Differenzialoperators 1. Ordnung, so dass er stets *vor* der Funktion stehen muss, auf die er wirken soll.

Damit lauten die Definitionen (4.11), (4.19) und (4.25):

$$\mathbf{grad}\,\Phi = \boldsymbol{\nabla}\,\Phi, \quad \operatorname{div}\boldsymbol{a} = \boldsymbol{\nabla}\cdot\boldsymbol{a}, \quad \mathbf{rot}\,\boldsymbol{a} = \boldsymbol{\nabla}\times\boldsymbol{a}. \tag{4.31}$$

Diese Schreibweise lässt zweierlei rasch erkennen:

1.) $\mathbf{rot}\,\mathbf{grad}\,\Phi = \boldsymbol{\nabla}\times\boldsymbol{\nabla}\,\Phi = 0$ (Kreuzprodukt paraller Vektoren; vgl. 4.27) und

2.) $\operatorname{div}\mathbf{rot}\,\boldsymbol{a} = \boldsymbol{\nabla}\cdot(\boldsymbol{\nabla}\times\boldsymbol{a}) = 0$ (Punktprodukt senkrechter Vektoren; vgl. 4.29).

Aber Vorsicht: Im Spatprodukt $\boldsymbol{a}\cdot(\boldsymbol{\nabla}\times\boldsymbol{a}) = \boldsymbol{\nabla}\cdot(\boldsymbol{a}\times\boldsymbol{a}_c)$ darf man z. B. nicht von einer Parallelität des Operanden $\boldsymbol{a}$ mit dem nach Ausweis des Index c konstant zu haltenden Vektor $\boldsymbol{a}_c$ ausgehen.

Das totale Differenzial einer *skalaren* Ortsfunktion $\Phi = \Phi(\boldsymbol{r})$ schreibt sich nun mit Hilfe von (4.30) anstelle (4.12):

$$d\Phi(\boldsymbol{r}) = (d\boldsymbol{r}\cdot\boldsymbol{\nabla})\Phi(\boldsymbol{r}). \tag{4.32}$$

Analog erhält man für eine *vektorielle* Ortsfunktion $\boldsymbol{a} = \boldsymbol{a}(\boldsymbol{r})$:

$$d\boldsymbol{a}(\boldsymbol{r}) = \frac{\partial\boldsymbol{a}}{\partial x}dx + \frac{\partial\boldsymbol{a}}{\partial y}dy + \frac{\partial\boldsymbol{a}}{\partial z}dz \tag{4.33}$$

$$= \underbrace{(dx\boldsymbol{e}_x + dy\boldsymbol{e}_y + dz\boldsymbol{e}_z)}_{d\boldsymbol{r}}\cdot\underbrace{\left(\frac{\partial}{\partial x}\boldsymbol{e}_x + \frac{\partial}{\partial y}\boldsymbol{e}_y + \frac{\partial}{\partial z}\boldsymbol{e}_z\right)}_{\boldsymbol{\nabla}}\boldsymbol{a} \tag{4.34}$$

$$= (d\boldsymbol{r}\cdot\boldsymbol{\nabla})\boldsymbol{a}(\boldsymbol{r}). \tag{4.35}$$

Diesem Muster folgen alle auf Ortsfunktionen anwendbaren Differenzierregeln. So hat z. B. die Kettenregel für örtliche Schachtelfunktionen die Formen

$$\frac{\partial\Phi[\boldsymbol{r}(u,v)]}{\partial u} = \frac{\partial\boldsymbol{r}(u,v)}{\partial u}\cdot\boldsymbol{\nabla}\,\Phi(\boldsymbol{r}), \quad \frac{\partial\boldsymbol{a}[\boldsymbol{r}(u,v)]}{\partial v} = \left(\frac{\partial\boldsymbol{r}(u,v)}{\partial v}\cdot\boldsymbol{\nabla}\right)\boldsymbol{a}(\boldsymbol{r}), \tag{4.36}$$

$$\boldsymbol{\nabla}\,\Phi[\Psi(\boldsymbol{r})] = \frac{d\Phi(\Psi)}{d\Psi}\,\boldsymbol{\nabla}\,\Psi(\boldsymbol{r}) = \Phi'\,\mathbf{grad}\,\Psi. \tag{4.37}$$

Aufgabe 4.11 Zeigen Sie, dass die Ableitungen $\frac{\partial\boldsymbol{a}}{\partial u}$ und $\frac{\partial\boldsymbol{a}}{\partial v}$ der vektoriellen Schachtelfunktion $\boldsymbol{a}[\boldsymbol{r}(u,v)]$ die Symmetriebedingung

$$\left(\frac{\partial\boldsymbol{r}}{\partial u}\cdot\boldsymbol{\nabla}\right)\frac{\partial\boldsymbol{a}}{\partial v} = \left(\frac{\partial\boldsymbol{r}}{\partial v}\cdot\boldsymbol{\nabla}\right)\frac{\partial\boldsymbol{a}}{\partial u}$$

erfüllen!

4.2.6 Nabla-Kalkül

Die Anwendung des Differenzialoperators $\boldsymbol{\nabla}$ unterliegt grundsätzlich allen Regeln der gewöhnlichen Differenzialrechnung. So gilt z. B. für örtlich konstante Skalare k und örtlich konstante Vektoren $\boldsymbol{k}$

$$\boldsymbol{\nabla}\, k = \mathbf{grad}\, k = 0, \quad (\boldsymbol{a}\cdot\boldsymbol{\nabla})k = 0, \tag{4.38}$$

$$\boldsymbol{\nabla}\cdot\boldsymbol{k} = \operatorname{div}\boldsymbol{k} = 0, \quad \boldsymbol{\nabla}\times\boldsymbol{k} = \mathbf{rot}\,\boldsymbol{k} = 0, \quad (\boldsymbol{a}\cdot\boldsymbol{\nabla})\,\boldsymbol{k} = 0 \tag{4.39}$$

sowie für Summen (Differenzen) von Ortsfunktionen

$$\boldsymbol{\nabla}(\Phi \pm \Psi) = \boldsymbol{\nabla}\,\Phi \pm \boldsymbol{\nabla}\,\Psi \quad \curvearrowright \quad \mathbf{grad}(\Phi \pm \Psi) = \mathbf{grad}\,\Phi \pm \mathbf{grad}\,\Psi, \tag{4.40}$$

$$\boldsymbol{\nabla}\cdot(\boldsymbol{a} \pm \boldsymbol{b}) = \boldsymbol{\nabla}\cdot\boldsymbol{a} \pm \boldsymbol{\nabla}\cdot\boldsymbol{b} \quad \curvearrowright \quad \operatorname{div}(\boldsymbol{a} \pm \boldsymbol{b}) = \operatorname{div}\boldsymbol{a} \pm \operatorname{div}\boldsymbol{b}, \tag{4.41}$$

$$\boldsymbol{\nabla}\times(\boldsymbol{a} \pm \boldsymbol{b}) = \boldsymbol{\nabla}\times\boldsymbol{a} \pm \boldsymbol{\nabla}\times\boldsymbol{b} \quad \curvearrowright \quad \mathbf{rot}(\boldsymbol{a} \pm \boldsymbol{b}) = \mathbf{rot}\,\boldsymbol{a} \pm \mathbf{rot}\,\boldsymbol{b}. \tag{4.42}$$

Die bekannte Produktregel lautet in der Nabla-Schreibweise

$$\boldsymbol{\nabla}(\Phi\Psi) = \boldsymbol{\nabla}(\Phi\Psi_c) + \boldsymbol{\nabla}(\Phi_c\Psi), \tag{4.43}$$

$$(\boldsymbol{d}\cdot\boldsymbol{\nabla})(\boldsymbol{a}\cdot\boldsymbol{b}) = (\boldsymbol{d}\cdot\boldsymbol{\nabla})(\boldsymbol{a}\cdot\boldsymbol{b}_c) + (\boldsymbol{d}\cdot\boldsymbol{\nabla})(\boldsymbol{a}_c\cdot\boldsymbol{b}). \tag{4.44}$$

Zweckmäßig zieht man die konstant zu haltenden Faktoren $\Psi_c, \Phi_c, \boldsymbol{b}_c, \boldsymbol{a}_c$ vor den Differenzialoperator $\boldsymbol{\nabla}$ bzw. $(\boldsymbol{d}\cdot\boldsymbol{\nabla})$, also aus seinem Wirkungsbereich heraus, und schreibt

$$\boldsymbol{\nabla}(\Phi\Psi) = \Psi\,\boldsymbol{\nabla}\,\Phi + \Phi\,\boldsymbol{\nabla}\,\Psi \quad \curvearrowright \quad \mathbf{grad}(\Phi\Psi) = \Psi\,\mathbf{grad}\,\Phi + \Phi\,\mathbf{grad}\,\Psi, \tag{4.45}$$

$$(\boldsymbol{d}\cdot\boldsymbol{\nabla})(\boldsymbol{a}\cdot\boldsymbol{b}) = \boldsymbol{b}\cdot(\boldsymbol{d}\cdot\boldsymbol{\nabla})\,\boldsymbol{a} + \boldsymbol{a}\cdot(\boldsymbol{d}\cdot\boldsymbol{\nabla})\,\boldsymbol{b}. \tag{4.46}$$

Daraus folgt unmittelbar wegen (4.39)

$$\boldsymbol{\nabla}(k\Phi) = k\,\boldsymbol{\nabla}\,\Phi \quad \curvearrowright \quad \mathbf{grad}(k\Phi) = k\,\mathbf{grad}\,\Phi, \tag{4.47}$$

$$(\boldsymbol{d}\cdot\boldsymbol{\nabla})(\boldsymbol{k}\cdot\boldsymbol{a}) = \boldsymbol{k}\cdot(\boldsymbol{d}\cdot\boldsymbol{\nabla})\,\boldsymbol{a}. \tag{4.48}$$

Die geläufige Quotientenregel hat hier die Form

$$\boldsymbol{\nabla}\left(\frac{\Phi}{\Psi}\right) = \frac{\Psi\,\boldsymbol{\nabla}\,\Phi - \Phi\,\boldsymbol{\nabla}\,\Psi}{\Psi^2} \quad \curvearrowright \quad \mathbf{grad}\left(\frac{\Phi}{\Psi}\right) = \frac{\Psi\,\mathbf{grad}\,\Phi - \Phi\,\mathbf{grad}\,\Psi}{\Psi^2}. \tag{4.49}$$

Die Nabla-Anwendung auf Vektoren unterliegt zusätzlich den Produktregeln (Kap. 2). Dies bedeutet z. B. für Punkt- und Kreuzprodukte

$$\boldsymbol{\nabla}\cdot(\Phi\boldsymbol{a}) = \underbrace{\boldsymbol{\nabla}\cdot(\Phi\boldsymbol{a}_c)}_{\boldsymbol{a}\cdot\boldsymbol{\nabla}\,\Phi} + \underbrace{\boldsymbol{\nabla}\cdot(\Phi_c\boldsymbol{a})}_{\Phi\,\boldsymbol{\nabla}\cdot\boldsymbol{a}} \quad \curvearrowright \quad \operatorname{div}(\Phi\boldsymbol{a}) = \boldsymbol{a}\cdot\mathbf{grad}\,\Phi + \Phi\operatorname{div}\boldsymbol{a}, \tag{4.50}$$

$$\boldsymbol{\nabla}\cdot(k\boldsymbol{a}) = k\,\boldsymbol{\nabla}\cdot\boldsymbol{a} \quad \curvearrowright \quad \operatorname{div}(k\boldsymbol{a}) = k\operatorname{div}\boldsymbol{a}, \tag{4.51}$$

$$\boldsymbol{\nabla}\cdot(\Phi\boldsymbol{k}) = \boldsymbol{k}\cdot\boldsymbol{\nabla}\,\Phi \quad \curvearrowright \quad \operatorname{div}(\Phi\boldsymbol{k}) = \boldsymbol{k}\cdot\mathbf{grad}\,\Phi, \tag{4.52}$$

$$\nabla\times(\Phi\boldsymbol{a}) = \underbrace{\nabla\times(\Phi\boldsymbol{a}_c)}_{-\boldsymbol{a}\times\nabla\Phi} + \underbrace{\nabla\times(\Phi_c\boldsymbol{a})}_{\Phi(\nabla\times\boldsymbol{a})}$$

$$\curvearrowright\quad \mathbf{rot}(\Phi\boldsymbol{a}) = \Phi\,\mathbf{rot}\,\boldsymbol{a} - \boldsymbol{a}\times\mathbf{grad}\,\Phi. \qquad (4.53)$$

Jeder skalare Differenzialoperator $(\boldsymbol{a}\cdot\nabla)$ transformiert den Ortsvektor im Sinne (Aufgabe 4.13)

$$(\boldsymbol{a}\cdot\nabla)\,\boldsymbol{r} = \boldsymbol{a}. \qquad (4.54)$$

Besondere Umsicht verlangt das Rechnen mit Formen, wo ∇ zusammen mit 2 oder mehr Vektoren auftritt. Fehler kommen vor, wenn (2.15) missachtet wird oder Operanden vor das ∇-Symbol geraten; z. B. gilt gemäß (2.64)

$$\boldsymbol{a}\times\underbrace{(\nabla\times\boldsymbol{b})}_{\mathbf{rot}\,\boldsymbol{b}} = \nabla(\boldsymbol{a}_c\cdot\boldsymbol{b}) - (\boldsymbol{a}\cdot\nabla)\,\boldsymbol{b}. \qquad (4.55)$$

Die Schreibweise berücksichtigt, dass $\boldsymbol{b}$, aber nicht $\boldsymbol{a}$ zu differenzieren ist. Vor der Idee, $\nabla(\boldsymbol{a}_c\cdot\boldsymbol{b})$ etwa in $(\boldsymbol{a}\cdot\nabla)\,\boldsymbol{b}$ oder $\boldsymbol{a}(\nabla\cdot\boldsymbol{b})$ umzuformen, sei wegen (2.15) gewarnt.

Analog erhält man

$$\boldsymbol{b}\times\underbrace{(\nabla\times\boldsymbol{a})}_{\mathbf{rot}\,\boldsymbol{a}} = \nabla(\boldsymbol{b}_c\cdot\boldsymbol{a}) - (\boldsymbol{b}\cdot\nabla)\,\boldsymbol{a}. \qquad (4.56)$$

Addition führt wegen $\nabla(\boldsymbol{a}_c\cdot\boldsymbol{b}) + \nabla(\boldsymbol{a}\cdot\boldsymbol{b}_c) = \nabla(\boldsymbol{a}\cdot\boldsymbol{b})$ zu der wichtigen Formel

$$\mathbf{grad}(\boldsymbol{a}\cdot\boldsymbol{b}) = (\boldsymbol{a}\cdot\nabla)\,\boldsymbol{b} + (\boldsymbol{b}\cdot\nabla)\,\boldsymbol{a} + \boldsymbol{a}\times\mathbf{rot}\,\boldsymbol{b} + \boldsymbol{b}\times\mathbf{rot}\,\boldsymbol{a}. \qquad (4.57)$$

Daraus folgt für $\boldsymbol{b} = \boldsymbol{a}$ unmittelbar

$$\mathbf{grad}\,\frac{\boldsymbol{a}^2}{2} = (\boldsymbol{a}\cdot\nabla)\,\boldsymbol{a} + \boldsymbol{a}\times\mathbf{rot}\,\boldsymbol{a}, \qquad (4.58)$$

ferner für $\boldsymbol{b} = \boldsymbol{r}$ wegen (4.54), (4.28) und (4.55)

$$\mathbf{grad}(\boldsymbol{a}\cdot\boldsymbol{r}) = \boldsymbol{a} + (\boldsymbol{r}\cdot\nabla)\,\boldsymbol{a} + \boldsymbol{r}\times\mathbf{rot}\,\boldsymbol{a} = \boldsymbol{a} + \nabla(\boldsymbol{r}_c\cdot\boldsymbol{a}) \qquad (4.59)$$

sowie für $\boldsymbol{a} = \boldsymbol{k}$ und $\boldsymbol{b} = \mathbf{grad}\,\Phi$ angesichts (4.39)

$$\mathbf{grad}(\boldsymbol{k}\cdot\mathbf{grad}\,\Phi) = (\boldsymbol{k}\cdot\nabla)\ \mathbf{grad}\,\Phi \qquad (4.60)$$

und speziell für $\mathbf{grad}\,\Phi = \boldsymbol{r}$ wegen (4.54)

$$\mathbf{grad}(\boldsymbol{k}\cdot\boldsymbol{r}) = \boldsymbol{k}. \qquad (4.61)$$

Die $\boldsymbol{\nabla}$-Anwendung auf Kreuzprodukte spielt in der Praxis ebenfalls eine große Rolle. So gilt z. B. unter Beachtung der Vertauschungsregeln für Spatprodukte

$$\boldsymbol{\nabla}\cdot(\boldsymbol{a}\times\boldsymbol{b}) = \underbrace{\boldsymbol{\nabla}\cdot(\boldsymbol{a}\times\boldsymbol{b}_c)}_{\boldsymbol{b}\cdot(\boldsymbol{\nabla}\times\boldsymbol{a})} + \underbrace{\boldsymbol{\nabla}\cdot(\boldsymbol{a}_c\times\boldsymbol{b})}_{-\boldsymbol{a}\cdot(\boldsymbol{\nabla}\times\boldsymbol{b})} \tag{4.62}$$

$$\curvearrowright\quad \operatorname{div}(\boldsymbol{a}\times\boldsymbol{b}) = \boldsymbol{b}\cdot\mathbf{rot}\,\boldsymbol{a} - \boldsymbol{a}\cdot\mathbf{rot}\,\boldsymbol{b}. \tag{4.63}$$

Daraus ergibt sich speziell

$$\operatorname{div}(\boldsymbol{k}\times\boldsymbol{r}) = 0. \tag{4.64}$$

Auf (2.69) beruht der Satz

$$(\boldsymbol{c}\times\boldsymbol{b})\cdot\underbrace{(\boldsymbol{\nabla}\times\boldsymbol{a})}_{\mathbf{rot}\,\boldsymbol{a}} = \boldsymbol{b}\cdot(\boldsymbol{c}\cdot\boldsymbol{\nabla})\boldsymbol{a} - \boldsymbol{c}\cdot(\boldsymbol{b}\cdot\boldsymbol{\nabla})\boldsymbol{a}. \tag{4.65}$$

Ebenso wie auf der linken darf auch auf der rechten Seite nur $\boldsymbol{a}$ im Wirkungsbereich des $\boldsymbol{\nabla}$-Operators stehen.

Das zweifache Kreuzprodukt $\boldsymbol{\nabla}\times(\boldsymbol{a}\times\boldsymbol{b})$ lautet im Sinne von (2.64)

$$\boldsymbol{\nabla}\times(\boldsymbol{a}\times\boldsymbol{b}) = (\boldsymbol{\nabla}\cdot\boldsymbol{b})\boldsymbol{a} - (\boldsymbol{\nabla}\cdot\boldsymbol{a})\boldsymbol{b}, \tag{4.66}$$

wobei zum Ausdruck kommt, dass sowohl $\boldsymbol{a}$ als auch $\boldsymbol{b}$ Operanden sind, also im $\boldsymbol{\nabla}$-Wirkungsbereich hinter dem $\boldsymbol{\nabla}$-Symbol verbleiben müssen. Die Produktregel der Differenzialrechnung führt schließlich zu

$$\boldsymbol{\nabla}\times(\boldsymbol{a}\times\boldsymbol{b}) = \underbrace{(\boldsymbol{\nabla}\cdot\boldsymbol{b})\boldsymbol{a}_c}_{\boldsymbol{a}(\boldsymbol{\nabla}\cdot\boldsymbol{b})} + \underbrace{(\boldsymbol{\nabla}\cdot\boldsymbol{b}_c)\boldsymbol{a}}_{(\boldsymbol{b}\cdot\boldsymbol{\nabla})\boldsymbol{a}} - \underbrace{(\boldsymbol{\nabla}\cdot\boldsymbol{a})\boldsymbol{b}_c}_{\boldsymbol{b}(\boldsymbol{\nabla}\cdot\boldsymbol{a})} - \underbrace{(\boldsymbol{\nabla}\cdot\boldsymbol{a}_c)\boldsymbol{b}}_{(\boldsymbol{a}\cdot\boldsymbol{\nabla})\boldsymbol{b}} \tag{4.67}$$

$$\curvearrowright\quad \mathbf{rot}(\boldsymbol{a}\times\boldsymbol{b}) = \boldsymbol{a}\operatorname{div}\boldsymbol{b} - \boldsymbol{b}\operatorname{div}\boldsymbol{a} + (\boldsymbol{b}\cdot\boldsymbol{\nabla})\boldsymbol{a} - (\boldsymbol{a}\cdot\boldsymbol{\nabla})\boldsymbol{b}. \tag{4.68}$$

Daraus folgt mühelos

$$\mathbf{rot}(\boldsymbol{k}\times\boldsymbol{r}) = \boldsymbol{k}\underbrace{\operatorname{div}\boldsymbol{r}}_{3} - \underbrace{(\boldsymbol{k}\cdot\boldsymbol{\nabla})\boldsymbol{r}}_{\boldsymbol{k}} = 2\boldsymbol{k}. \tag{4.69}$$

Die Anwendung des $\boldsymbol{\nabla}$-Operators auf Produkte, die selbst $\boldsymbol{\nabla}$-Operatoren enthalten, muss sorgfältig berücksichtigen, welche Operatoren auf welche Funktionen wirken. So gilt z. B. gemäß (4.57)

$$\boldsymbol{\nabla}(\boldsymbol{r}\cdot\boldsymbol{\nabla}) = (\boldsymbol{r}\cdot\boldsymbol{\nabla})\,\boldsymbol{\nabla} + \underbrace{(\boldsymbol{\nabla}\cdot\boldsymbol{\nabla})\,\boldsymbol{r}}_{\boldsymbol{\nabla}} + \boldsymbol{r}\times\underbrace{\mathbf{rot}\,\boldsymbol{\nabla}}_{0} + \boldsymbol{\nabla}\times\underbrace{\mathbf{rot}\,\boldsymbol{r}}_{0}. \tag{4.70}$$

Wer im 2. Glied rechts flott $\boldsymbol{\nabla}\cdot\boldsymbol{\nabla} = \boldsymbol{\nabla}^2$ setzt, lässt außer Acht, dass nicht beide Operatoren auf $\boldsymbol{r}$ wirken, sondern nur einer. Daher resultiert wegen (4.54) ein neuer vektorieller Differenzialoperator

$$\boldsymbol{\nabla}(\boldsymbol{r}\cdot\boldsymbol{\nabla}) = (\boldsymbol{r}\cdot\boldsymbol{\nabla})\,\boldsymbol{\nabla} + \boldsymbol{\nabla}. \tag{4.71}$$

Seine Anwendung auf einen Skalar $\varPhi$ oder einen Vektor $\boldsymbol{a}$ führt zu

$$\nabla(\boldsymbol{r}\cdot\nabla)\varPhi = (\boldsymbol{r}\cdot\nabla)\,\nabla\varPhi + \nabla\varPhi \tag{4.72}$$

$$\curvearrowright\ \mathbf{grad}[(\boldsymbol{r}\cdot\nabla)\varPhi] = (\boldsymbol{r}\cdot\nabla)\,\mathbf{grad}\,\varPhi + \mathbf{grad}\,\varPhi, \tag{4.73}$$

$$\nabla(\boldsymbol{r}\cdot\nabla)\cdot\boldsymbol{a} = (\boldsymbol{r}\cdot\nabla)(\nabla\cdot\boldsymbol{a}) + \nabla\cdot\boldsymbol{a} \tag{4.74}$$

$$\curvearrowright\ \mathrm{div}[(\boldsymbol{r}\cdot\nabla)\,\boldsymbol{a}] = \boldsymbol{r}\cdot\mathbf{grad}\,\mathrm{div}\,\boldsymbol{a} + \mathrm{div}\,\boldsymbol{a}. \tag{4.75}$$

Aufgabe 4.12 Beweisen Sie die Quotientenregel (4.49)!

Aufgabe 4.13 Beweisen Sie die Transformation (4.54)!

Aufgabe 4.14 Beweisen Sie die Identitäten

$$1.)\ (\nabla\cdot\boldsymbol{a})\boldsymbol{b} = \boldsymbol{b}\,\mathrm{div}\,\boldsymbol{a} + (\boldsymbol{a}\cdot\nabla)\boldsymbol{b} \quad \text{und} \quad 2.)\ (\boldsymbol{a}\times\nabla)\times\boldsymbol{r} = -2\boldsymbol{a}\,!$$

Aufgabe 4.15 Leiten Sie (4.65) aus (4.56) ab!

Aufgabe 4.16 Beweisen Sie die Gleichung

$$(\boldsymbol{c}\times\boldsymbol{b})\cdot\mathbf{rot}\,\boldsymbol{a} = (\boldsymbol{c}\cdot\nabla)(\boldsymbol{a}\cdot\boldsymbol{b}) - (\boldsymbol{b}\cdot\nabla)(\boldsymbol{a}\cdot\boldsymbol{c})$$

unter der Voraussetzung $(\boldsymbol{c}\cdot\nabla)\boldsymbol{b} = (\boldsymbol{b}\cdot\nabla)\boldsymbol{c}$!

Aufgabe 4.17 Beweisen Sie die Gleichungen

$$1.)\quad \boldsymbol{a}\cdot(\boldsymbol{b}\cdot\nabla)(\boldsymbol{c}\times\boldsymbol{d}) = (\boldsymbol{c}\times\boldsymbol{d})\cdot\mathbf{rot}(\boldsymbol{a}_c\times\boldsymbol{b}) \quad \text{und}$$

$$2.)\quad (\boldsymbol{b}\cdot\nabla)[\boldsymbol{a}\cdot(\boldsymbol{c}\times\boldsymbol{d})] = (\boldsymbol{c}\times\boldsymbol{d})\cdot[\mathbf{rot}(\boldsymbol{a}\times\boldsymbol{b}) + \boldsymbol{b}\,\mathrm{div}\,\boldsymbol{a}]$$

unter den Symmetriebedingungen

$$(\boldsymbol{b}\cdot\nabla)\boldsymbol{c} = (\boldsymbol{c}\cdot\nabla)\boldsymbol{b} \quad \text{und} \quad (\boldsymbol{b}\cdot\nabla)\boldsymbol{d} = (\boldsymbol{d}\cdot\nabla)\boldsymbol{b}\,!$$

Aufgabe 4.18 Was bedeutet (4.61) geometrisch?

Aufgabe 4.19 Beweisen Sie die Identität

$$\mathbf{rot}(\boldsymbol{r}\times\boldsymbol{a}) + \mathbf{grad}(\boldsymbol{r}\cdot\boldsymbol{a}) + \boldsymbol{a} = \boldsymbol{r}\,\mathrm{div}\,\boldsymbol{a} + \boldsymbol{r}\times\mathbf{rot}\,\boldsymbol{a}\,!$$

Aufgabe 4.20 Bestimmen Sie den Rotor des Wirbelfelds $\boldsymbol{a}(\boldsymbol{r}) = \boldsymbol{b}(\boldsymbol{r})\times\boldsymbol{r}$ im Nullpunkt!

Aufgabe 4.21 Wenden Sie den Nabla-Operator auf die Beträge von $\boldsymbol{r}$ und $\boldsymbol{r}\times\boldsymbol{k}$ an!

4.3 Anwendungen in Mathematik und Physik

4.3.1 Orthogonaltrajektorien

Zwei Kurvenscharen $\Phi(\boldsymbol{r}, c) = 0$ und $\Psi(\boldsymbol{r}, C) = 0$ mit den individuellen Parametern c bzw. C bilden ein sog. Orthogonaltrajektorienfeld, wenn jede Kurve der einen Schar jede Kurve der anderen Schar rechtwinklig schneidet. Ein Beispiel sind die Meridiane und Breitenkreise auf der Kugel.

In der x, y-Ebene findet man die $\Phi(\boldsymbol{r}, c) = 0$ entsprechende Kurvenschar $\Psi(\boldsymbol{r}, C) = 0$ aus der Bedingung

$$\mathbf{grad}\,\Phi(\boldsymbol{r}, c) \cdot \mathbf{grad}\,\Psi(\boldsymbol{r}, C) = 0 \quad \curvearrowright \quad \frac{\partial \Phi(\boldsymbol{r}, c)}{\partial x}\, y' - \frac{\partial \Phi(\boldsymbol{r}, c)}{\partial y} = 0. \tag{4.76}$$

Hieraus folgt in Verbindung mit $\Phi(\boldsymbol{r}, c) = 0$ eine c-freie Gleichung für die Steigung y' der gesuchten Kurvenschar. Ihre Integration führt zu der Lösung $y = y(x, C)$ oder implizit $\Psi(\boldsymbol{r}, C) = 0$ mit der Integrationskonstanten C.

Das Verfahren sei am Beispiel der zur x-Achse symmetrischen Parabelschar mit der Scheitelgleichung $\Phi(\boldsymbol{r}, c) = y^2 - 2cx = 0$ erläutert (Fig. 4.4). Mit ihrem Gradienten $\mathbf{grad}\,\Phi(\boldsymbol{r}, c) = -2c\boldsymbol{e}_x + 2y\boldsymbol{e}_y$ ergibt sich die Orthogonalitätsbedingung $cy' + y = 0$. Nach Einsetzen von $c = \frac{y^2}{2x}$ entsteht die c-freie Differenzialgleichung $y(yy' + 2x) = 0$ mit der singulären Lösung $y = 0$. Im Übrigen führt ihre Integration zu der konzentrischen Ellipsenschar mit der Hauptachsengleichung

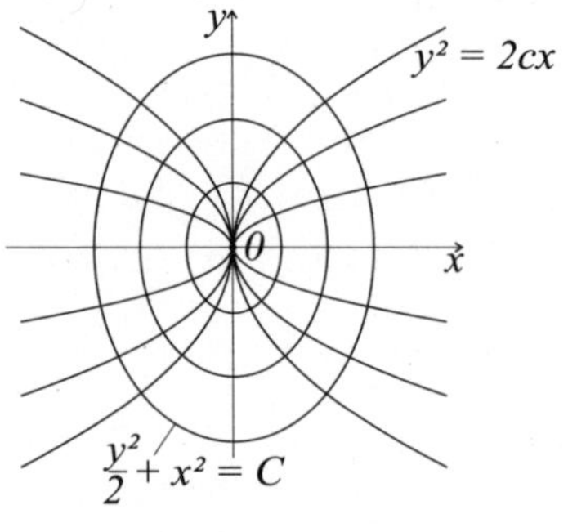

Fig. 4.4

$$\Psi(\boldsymbol{r}, C) = \frac{y^2}{2} + x^2 - C = 0. \tag{4.77}$$

Die singuläre Lösung stellt geometrisch die x-Achse dar; sie schneidet alle Parabeln unter rechtem Winkel im Scheitelpunkt.

Aufgabe 4.22 Mit welcher ebenen Kurvenschar $\Psi(\boldsymbol{r}, C) = 0$ bildet die konzentrische Kreisschar $(\boldsymbol{r} - \boldsymbol{r}_0)^2 = c^2$ ein Orthogonaltrajektorienfeld?

Aufgabe 4.23 Zeigen Sie, dass die konzentrische Kugelschar $(\boldsymbol{r} - \boldsymbol{r}_0)^2 = R^2$ mit dem Parameter R und die Ebenenschar $(\boldsymbol{r}-\boldsymbol{r}_0)\cdot\boldsymbol{e}_n = 0$ mit dem Parameter $\boldsymbol{e}_n$ ein räumliches Orthogonaltrajektorienfeld bilden!

4.3.2 Einhüllende

Manche Kurvenschar $\Phi(\boldsymbol{r}, c) = 0$ mit dem individuellen Parameter c hat eine sog. Einhüllende, d. h. eine Hüllkurve, die in jedem ihrer Punkte eine andere Kurve der Schar tangential berührt (Fig. 4.5). Jeder Punkt $\boldsymbol{r}$ der Einhüllenden

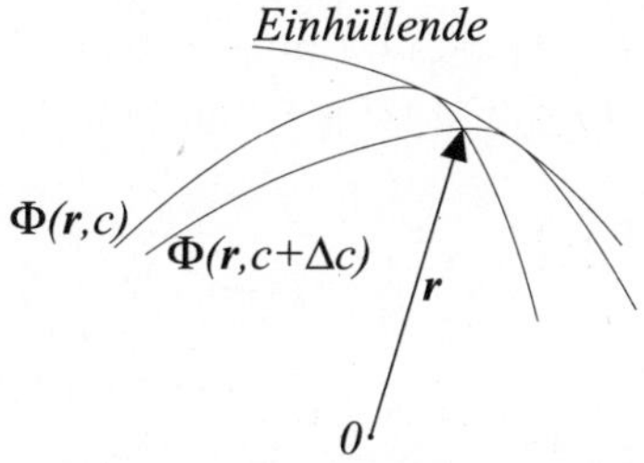

Fig. 4.5

entsteht aus einem Schnittpunkt zweier eng benachbarter, durch c bzw. $c + \Delta c$ markierter Kurven für $\Delta c \to 0$. Die maßgebende Bedingung lautet

$$\Phi(\boldsymbol{r}, c) = \Phi(\boldsymbol{r}, c + \Delta c) \quad \curvearrowright \quad \frac{\partial\Phi(\boldsymbol{r}, c)}{\partial c}\Delta c = 0. \tag{4.78}$$

Der Grenzfall $\Delta c = 0$ scheidet aus, weil die beiden Kurven dann, statt sich zu schneiden, zusammenfallen würden. Daraus folgt $\frac{\partial\Phi(\boldsymbol{r},c)}{\partial c} = 0$, was die Einhüllende auch unabhängig von c macht.

Man gewinnt jetzt eine etwa vorhandene Einhüllende durch Eliminieren von c aus den beiden Gleichungen

$$\Phi(\boldsymbol{r}, c) = 0 \quad \text{und} \quad \frac{\partial\Phi(\boldsymbol{r}, c)}{\partial c} = 0. \tag{4.79}$$

Dies Verfahren führt allerdings lediglich zu einer Kurve aus lauter Berührungspunkten, die ebenso gut tangential berührt wie singulär sein können. Insofern bedarf der Prüfung, ob das Ergebnis wirklich eine Einhüllende darstellt.

Als Beispiel suchen wir die Einhüllende der Geradenschar $y = 2cx - c^2$ aus den Bedingungen

$$\Phi(\boldsymbol{r}, c) = y - 2cx + c^2 = 0 \quad \text{und} \quad \frac{\partial\Phi(\boldsymbol{r}, c)}{\partial c} = -2x + 2c = 0. \tag{4.80}$$

Eliminieren von c ergibt die Parabel $y = x^2$.

Jede Kurve $y = y(x)$ ist übrigens die Einhüllende ihrer Tangentenschar $y = (x - c)y'(c) + y(c)$, wie sich leicht beweisen lässt.

Aufgabe 4.24 Bestimmen Sie die Einhüllende der Kreisschar

$$(x-c)^2 + y^2 = (kc)^2$$

mit der Konstanten $|k| < 1$!

Aufgabe 4.25 Hat die Kurvenschar $(y+c)^2 = x^3$ eine Einhüllende?

4.3.3 Taylorsche Reihe

Uns interessiert die skalare Ortsfunktion $\Phi(\boldsymbol{r})$ an der Stelle $\boldsymbol{r} + \Delta\boldsymbol{r}$. Dazu entwickeln wir $\Phi(\boldsymbol{r} + s\Delta\boldsymbol{r})$ in die taylorsche Reihe für die Veränderliche s

$$\Phi(\boldsymbol{r} + s\Delta\boldsymbol{r}) = \sum_{n=0}^{\infty} \frac{C_n}{n!}\, s^n, \tag{4.81}$$

um nachher $s = 1$ zu setzen. Die Koeffizienten C_n berechnen sich zu

$$C_0 = \Phi(\boldsymbol{r}), \quad C_1 = \left.\frac{d\Phi}{ds}\right|_{s=0} = (\Delta\boldsymbol{r}\cdot\boldsymbol{\nabla})\Phi(\boldsymbol{r}),$$

$$\cdots\cdots\cdots\cdots\cdots\cdots$$

$$C_n = \left.\frac{d^n\Phi}{ds^n}\right|_{s=0} = (\Delta\boldsymbol{r}\cdot\boldsymbol{\nabla})^n\Phi(\boldsymbol{r}).$$

Damit gewinnen wir die für $s = 1$ gesuchte Reihe

$$\boxed{\Phi(\boldsymbol{r} + \Delta\boldsymbol{r}) = \sum_{n=0}^{\infty} \frac{1}{n!}(\Delta\boldsymbol{r}\cdot\boldsymbol{\nabla})^n\Phi(\boldsymbol{r})} \tag{4.82}$$

Sie erlaubt die Extrapolation der Funktion $\Phi(\boldsymbol{r} + \Delta\boldsymbol{r})$ mit beliebiger Genauigkeit, wenn die Funktion mit allen Ableitungen an der Stelle $\boldsymbol{r}$ bekannt ist. Die analoge Reihe für eine vektorielle Ortsfunktion $\boldsymbol{a}(\boldsymbol{r})$ lautet

$$\boxed{\boldsymbol{a}(\boldsymbol{r} + \Delta\boldsymbol{r}) = \sum_{n=0}^{\infty} \frac{1}{n!}(\Delta\boldsymbol{r}\cdot\boldsymbol{\nabla})^n\boldsymbol{a}(\boldsymbol{r})} \tag{4.83}$$

Oft kommen Funktionen vor, die zusätzlich von der Zeit abhängen. Die Funktionsänderungen bleiben überschaubar, wenn Zeit und Ort nur infinitesimal variieren. Zum Beispiel misst ein bewegter Beobachter zur Zeit t am Ort $\boldsymbol{r}$ das Skalarfeld $\Phi(t, \boldsymbol{r})$ und eine winzige Zeitspanne dt später am eng benachbarten

Ort $\boldsymbol{r} + d\boldsymbol{r}$ das Skalarfeld $\Phi(t + dt, \boldsymbol{r} + d\boldsymbol{r})$. Der Unterschied (das totale Differenzial) $d\Phi$ beträgt bis auf vernachlässigbar kleine Größen höherer Ordnung

$$d\Phi = \Phi(t + dt, \boldsymbol{r} + d\boldsymbol{r}) - \Phi(t, \boldsymbol{r}) = \frac{\partial \Phi}{\partial t} dt + d\boldsymbol{r} \cdot \boldsymbol{\nabla}\, \Phi \tag{4.84}$$

und bezogen auf die verstrichene Zeit dt

$$\frac{d\Phi}{dt} = \frac{\partial \Phi}{\partial t} + \boldsymbol{v} \cdot \boldsymbol{\nabla}\, \Phi, \tag{4.85}$$

wobei $\boldsymbol{v} = \frac{d\boldsymbol{r}}{dt}$ die Relativgeschwindigkeit des Beobachters zum Feld sei.

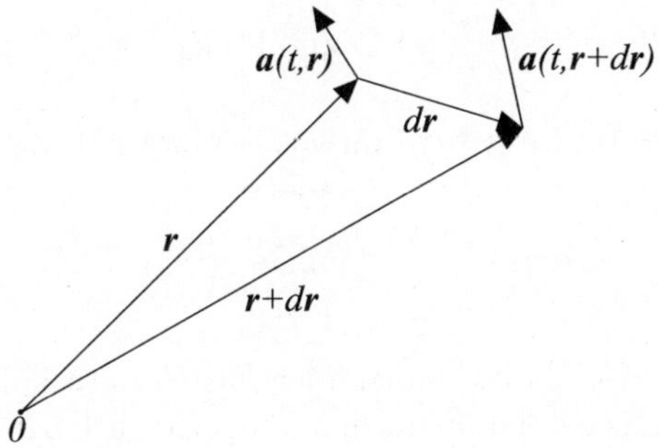

Fig. 4.6

Die analoge Überlegung für ein Vektorfeld $\boldsymbol{a}(t, \boldsymbol{r})$ ergibt (Fig. 4.6)

$$\frac{d\boldsymbol{a}}{dt} = \frac{\partial \boldsymbol{a}}{\partial t} + (\boldsymbol{v} \cdot \boldsymbol{\nabla})\, \boldsymbol{a}. \tag{4.86}$$

Aufgabe 4.26 Bestätigen Sie (4.32) und (4.35) mit Hilfe (4.82)!

Aufgabe 4.27 Entwickeln Sie $\Phi(u + du, v + dv)$ in eine taylorsche Reihe!

Aufgabe 4.28 Für welche Dichtefunktion $\varrho(\boldsymbol{r}, t)$ folgt aus der Kontinuitätsgleichung (4.22) die sog. Inkompressibilitätsbedingung $\operatorname{div} \boldsymbol{v} = 0$?

4.3.4 Energiesatz der klassischen Dynamik

Von den vielerlei Kraftfeldern $\boldsymbol{F}(\boldsymbol{r}, t)$ spielen die sog. konservativen eine besondere Rolle; sie sind sowohl stationär als auch wirbelfrei:

$$\frac{\partial \boldsymbol{F}}{\partial t} = 0 \quad \text{und} \quad \textbf{rot}\, \boldsymbol{F} = 0. \tag{4.87}$$

Diese Kraftfelder lassen sich wegen (4.27) als Gradient eines skalaren, zeitfreien Potenzials[9] $\Phi(\boldsymbol{r})$ darstellen:

$$\boldsymbol{F}(\boldsymbol{r}) = -\,\mathbf{grad}\,\Phi(\boldsymbol{r}). \tag{4.88}$$

Das willkürliche Minuszeichen bewirkt, dass die Kraft in die Richtung des größten Potenzialgefälles zeigt. In der Mechanik hat das Potenzial die Dimension einer Energie und heißt deshalb potenzielle Energie $\Phi = W_{\text{pot}}$, unter der man sich physikalisch die *gegen* das Kraftfeld geleistete Arbeit vorstellen kann.

Daher gilt in Anwendung des 2. newtonschen Axioms (1687) auf einen Körper der Masse m mit der Geschwindigkeit $\boldsymbol{v}$

$$m\frac{d\boldsymbol{v}}{dt} = -\,\mathbf{grad}\,W_{\text{pot}}. \tag{4.89}$$

Punktweise Multiplikation mit dem integrierenden Faktor $\boldsymbol{v}$ führt zu

$$m\boldsymbol{v}\frac{d\boldsymbol{v}}{dt} = -\boldsymbol{v}\,\mathbf{grad}\,W_{\text{pot}} \quad \curvearrowright \quad \frac{d}{dt}\left(m\frac{v^2}{2} + W_{\text{pot}}\right) = 0. \tag{4.90}$$

Dies ist der 1847 von Helmholtz[10] formulierte Energie(erhaltungs)satz der klassischen Mechanik, besser bekannt in der integrierten Form

$$\boxed{m\frac{v^2}{2} + W_{\text{pot}} = \text{const}} \tag{4.91}$$

Das 1. Glied beschreibt die kinetische Energie W_{kin} des Körpers.

Zu den konservativen Kräften zählen insbesondere alle stationären Zentralkräfte, z. B. die Wechselwirkungskräfte zwischen Massen (Newton, 1687) oder elektischen Ladungen (Coulomb[11], 1785). Diese sind, vorausgesetzt der Nullpunkt liegt in einem Kraftzentrum, parallel mit dem Ortsvektor:

$$\boldsymbol{F} \times \boldsymbol{r} = 0 \quad \curvearrowright \quad \operatorname{div}(\boldsymbol{F} \times \boldsymbol{r}) = 0, \tag{4.92}$$

was wegen (4.63) und (4.28) ihre Eigenschaft $\mathbf{rot}\,\boldsymbol{F} = 0$ bestätigt.

---

[9] Was Green 1828 Potenzialfunktion nannte, hieß 1839/40 bei Gauß, der nichts von Green wusste, Potenzial.

[10] Hermann v. Helmholtz (1821-1894), deutscher Physiologie-Professor in Königsberg, Bonn und Heidelberg, ab 1870 Physik-Professor in Berlin, ab 1888 Präsident der Physikalisch-Technischen Reichsanstalt in Berlin-Charlottenburg.

[11] Charles Augustin de Coulomb (1736-1806), französischer Physiker, begründete die Elektro- und Magnetostatik.

4.3.5 Poyntingscher Satz der Elektrodynamik

Die maxwellschen Gleichungen (1873) verknüpfen die Rotoren des elektrischen und magnetischen Feldes $\boldsymbol{E}(\boldsymbol{r},t)$ bzw. $\boldsymbol{H}(\boldsymbol{r},t)$ mit der magnetischen und elektrischen Flussdichte $\boldsymbol{B}(\boldsymbol{r},t)$ bzw. $\boldsymbol{D}(\boldsymbol{r},t)$ sowie der elektrischen Stromdichte $\boldsymbol{J}(t,\boldsymbol{r})$. Sie lauten in Differenzialform

$$\mathbf{rot}\,\boldsymbol{E} = -\dot{\boldsymbol{B}} \quad \text{und} \quad \mathbf{rot}\,\boldsymbol{H} = \dot{\boldsymbol{D}} + \boldsymbol{J}. \tag{4.93}$$

Der poyntingsche[12] Vektor $\boldsymbol{S} \equiv \boldsymbol{E} \times \boldsymbol{H}$ ist ein Maß für die einem System entquellende elektromagnetische Energiestromdichte. Sie hat gemäß (4.63) die Divergenz

$$\operatorname{div} \boldsymbol{S} = \boldsymbol{H} \cdot \mathbf{rot}\,\boldsymbol{E} - \boldsymbol{E} \cdot \mathbf{rot}\,\boldsymbol{H}. \tag{4.94}$$

Einsetzung der maxwellschen Gleichungen führt zum sog. poyntingschen Satz

$$\boxed{\operatorname{div} \boldsymbol{S} + \boldsymbol{E} \cdot \boldsymbol{J} = -\boldsymbol{H} \cdot \dot{\boldsymbol{B}} - \boldsymbol{E} \cdot \dot{\boldsymbol{D}}} \tag{4.95}$$

Dieser ist gewissermaßen die Kontinuitätsgleichung der Elektrodynamik und gilt als ihr Erhaltungssatz. Er besagt z. B. für $\operatorname{div} \boldsymbol{S} > 0$, dass die je Zeit- und Raumeinheit ausgestrahlte Energie und erzeugte joulesche[13] Wärme $(\boldsymbol{E} \cdot \boldsymbol{J})$ mit Abnahme der magnetischen und elektrischen Energie $(-\boldsymbol{H} \cdot \dot{\boldsymbol{B}})$ bzw. $(-\boldsymbol{E} \cdot \dot{\boldsymbol{D}})$ im System einhergehen.

4.3.6 Grundlagen der Hydrodynamik

Eine mit der Geschwindigkeit $\boldsymbol{v}(\boldsymbol{r},t)$ strömende, reibungsfreie Flüssigkeit der Dichte ϱ erfährt dort eine Beschleunigung, wo eine äußere, massebezogene Kraft $\boldsymbol{f}$ und/oder ein örtlicher Abfall des Drucks p wirken. Die eulersche Grundgleichung (1755)

$$\frac{d\boldsymbol{v}}{dt} = \boldsymbol{f} - \frac{1}{\varrho}\,\mathbf{grad}\,p \tag{4.96}$$

gewinnt mit Hilfe von (4.86) und (4.58) die Form

$$\boxed{\frac{\partial \boldsymbol{v}}{\partial t} + \mathbf{grad}\,\frac{\boldsymbol{v}^2}{2} - \boldsymbol{v} \times \mathbf{rot}\,\boldsymbol{v} = \boldsymbol{f} - \frac{1}{\varrho}\,\mathbf{grad}\,p} \tag{4.97}$$

Wir setzen nun voraus, dass $\boldsymbol{f}$ im Sinne von $\boldsymbol{f} = -\,\mathbf{grad}\,U$ ein Potenzial U hat und die Flüssigkeit gemäß $\varrho = \text{const}$ inkompressibel ist; dies bedeutet (4.22) zufolge (vgl. Aufgabe 4.28) $\operatorname{div} \boldsymbol{v} = 0$. Dann gilt

$$\frac{\partial \boldsymbol{v}}{\partial t} = -\,\mathbf{grad}\left(U + \frac{\boldsymbol{v}^2}{2} + \frac{p}{\varrho}\right) + \boldsymbol{v} \times \mathbf{rot}\,\boldsymbol{v}. \tag{4.98}$$

[12] John Henry Poynting (1852-1914), englischer Physiker

[13] James Prescott Joule (1818-1889), englischer Bierbrauer und Physik-Liebhaber. Er fand 1843 unabhängig von Robert Mayer den Erhaltungssatz der Energie

Kreuzweise Multiplikation mit $\boldsymbol{\nabla}$ ergibt wegen (4.27), (4.29) und (4.68)

$$\begin{aligned}\frac{\partial\,\mathbf{rot}\,\boldsymbol{v}}{\partial t} &= \mathbf{rot}(\boldsymbol{v}\times\mathbf{rot}\,\boldsymbol{v})\\ &= \boldsymbol{v}\underbrace{\operatorname{div}\mathbf{rot}\,\boldsymbol{v}}_{0}-\mathbf{rot}\,\boldsymbol{v}\underbrace{\operatorname{div}\boldsymbol{v}}_{0}+(\mathbf{rot}\,\boldsymbol{v}\cdot\boldsymbol{\nabla})\boldsymbol{v}-(\boldsymbol{v}\cdot\boldsymbol{\nabla})\,\mathbf{rot}\,\boldsymbol{v}\end{aligned}$$

$$\curvearrowright\quad \frac{d\,\mathbf{rot}\,\boldsymbol{v}}{dt} = (\mathbf{rot}\,\boldsymbol{v}\cdot\boldsymbol{\nabla})\boldsymbol{v}. \tag{4.99}$$

Mit dem sog. Wirbelvektor[14] $\boldsymbol{w}\equiv\frac{1}{2}\,\mathbf{rot}\,\boldsymbol{v}$, der die Drehgeschwindigkeit eines Flüssigkeitselements am Ort $\boldsymbol{r}$ um die „eigene Achse" bezeichnet (vgl. Aufgaben 4.20 und 8.3), erhält man schließlich die Differenzialform des helmholtzschen Wirbelsatzes (1858)[15]:

$$\boxed{\frac{d\boldsymbol{w}}{dt} = (\boldsymbol{w}\cdot\boldsymbol{\nabla})\boldsymbol{v}} \tag{4.100}$$

In einer reibungsfreien, inkompressiblen Flüssigkeit können demnach weder alte Wirbel vergehen noch neue Wirbel entstehen (Aufgabe 4.29).

Wenn die Strömung einer reibungsfreien Flüssigkeit konstanter Dichte stationär, kräfte- und wirbelfrei ist, folgt aus (4.97) wegen $\frac{\partial \boldsymbol{v}}{\partial t}=\boldsymbol{f}=\mathbf{rot}\,\boldsymbol{v}=0$ die bernoullische[16] Gleichung (1738):

$$\mathbf{grad}\left(\frac{\boldsymbol{v}^2}{2}+\frac{p}{\varrho}\right)=0 \quad\curvearrowright\quad \boxed{p+\varrho\frac{\boldsymbol{v}^2}{2}=\text{const}} \tag{4.101}$$

Die Summe aus statischem Druck p und Staudruck $\varrho\frac{\boldsymbol{v}^2}{2}$ ist dann überall gleich.

Aufgabe 4.29 Was besagt (4.100) über wirbelfreie Gebiete?

4.4 Örtliche Differenzialoperationen 2. Ordnung

4.4.1 Laplace-Operator

Die zweifache $\boldsymbol{\nabla}$-Anwendung auf eine skalare Ortsfunktion $\varPhi$ lautet

$$\boxed{\boldsymbol{\nabla}\cdot(\boldsymbol{\nabla}\,\varPhi)\equiv\operatorname{div}\mathbf{grad}\,\varPhi\equiv\Delta\varPhi} \tag{4.102}$$

[14] Nicht zu verwechseln mit dem Wirbeldichtevektor $\mathbf{rot}\,\boldsymbol{v}$!

[15] Entsprechende Sätze fanden sich im Nachlass des deutschen Mathematikers Dirichlet.

[16] Daniel I. Bernoulli (1700-1782), Sohn des Johann Bernoulli, Schweizer Mediziner und Naturwissenschaftler, wirkte zunächst als Professor in St. Petersburg, dann in Basel ab 1733 als Professor für Anatomie und Botanik und 1750-1777 als Physik-Professor. Mit seinem 1738 erschienenen Werk „Hydrodynamica sive de viribus et motibus fluidorum commentarii" begründete er die Hydrodynamik.

wobei der skalare lineare Differenzialoperator 2. Ordnung Δ laplacescher Operator heißt.

Bei Verwendung kartesischer Koordinaten – und zwar nur dann – gilt

$$\boldsymbol{\nabla}\cdot(\boldsymbol{\nabla})\Phi = \boldsymbol{\nabla}^2\,\Phi = \frac{\partial^2\Phi}{\partial x^2} + \frac{\partial^2\Phi}{\partial y^2} + \frac{\partial^2\Phi}{\partial z^2} = \Delta\Phi = \operatorname{div}\mathbf{grad}\,\Phi. \tag{4.103}$$

Näheres folgt in Kap. 6.1.1.

Die Produktregel (4.45) führt zu

$$\begin{aligned}
\underbrace{\boldsymbol{\nabla}\cdot[\boldsymbol{\nabla}(\Phi\Psi)]}_{\Delta(\Phi\Psi)} &= \boldsymbol{\nabla}[\Psi(\boldsymbol{\nabla}\,\Phi) + \Phi(\boldsymbol{\nabla}\,\Psi)] \\
&= \boldsymbol{\nabla}[\Psi(\boldsymbol{\nabla}\,\Phi)_c + \Psi_c(\boldsymbol{\nabla}\,\Phi) + \Phi(\boldsymbol{\nabla}\,\Psi)_c + \Phi_c(\boldsymbol{\nabla}\,\Psi)] \\
&= \boldsymbol{\nabla}\Psi\cdot\boldsymbol{\nabla}\Phi + \Psi\Delta\Phi + \boldsymbol{\nabla}\Phi\cdot\boldsymbol{\nabla}\Psi + \Phi\Delta\Psi
\end{aligned}$$

$$\curvearrowright\quad \Delta(\Phi\Psi) = \Psi\Delta\Phi + \Phi\Delta\Psi + 2\,\mathbf{grad}\,\Psi\cdot\mathbf{grad}\,\Phi. \tag{4.104}$$

Aus dem skalaren Charakter des Δ-Operators folgen sogleich die Identitäten

$$\Delta(\boldsymbol{k}\cdot\boldsymbol{a}) = \boldsymbol{k}\cdot\Delta\boldsymbol{a}, \tag{4.105}$$

$$\Delta(\boldsymbol{k}\times\boldsymbol{a}) = \boldsymbol{k}\times\Delta\boldsymbol{a}. \tag{4.106}$$

Die Δ-Anwendung auf Vektoren lässt sich allgemein mit Hilfe des Kreuz-Kreuz-Produkts (2.64) definieren:

$$\underbrace{(\boldsymbol{\nabla}\cdot\boldsymbol{\nabla})\boldsymbol{a}}_{\Delta\boldsymbol{a}} = \boldsymbol{\nabla}(\boldsymbol{\nabla}\cdot\boldsymbol{a}) - \boldsymbol{\nabla}\times(\boldsymbol{\nabla}\times\boldsymbol{a}) = \mathbf{grad}\operatorname{div}\boldsymbol{a} - \mathbf{rot}\,\mathbf{rot}\,\boldsymbol{a}. \tag{4.107}$$

Daraus ergeben sich die Formeln

$$\Delta(\Phi\boldsymbol{r}) = \boldsymbol{r}\,\Delta\Phi + 2\,\mathbf{grad}\,\Phi, \tag{4.108}$$

$$\Delta(\boldsymbol{a}\cdot\boldsymbol{r}) = \boldsymbol{r}\cdot\Delta\boldsymbol{a} + 2\operatorname{div}\boldsymbol{a}, \tag{4.109}$$

$$\Delta[(\boldsymbol{k}_1\times\boldsymbol{r})\cdot(\boldsymbol{k}_2\times\boldsymbol{r})] = 4\boldsymbol{k}_1\cdot\boldsymbol{k}_2. \tag{4.110}$$

4.4.2 Anwendung in der Potenzialtheorie

Euler entwickelte 1755-1769 in 4 Arbeiten über Hydrodynamik Ansätze einer Potenzialtheorie. Er fand bereits 1752 die homogene Differenzialgleichung $\Delta\Phi = 0$, die dann bei Laplace ab 1782 eine große Rolle spielen sollte. Dessen 5-bändiges, 1799-1825 erschienenes Hauptwerk „Traité de Mécanique Céleste" enthielt u. a. eine Potenzialtheorie der Mechanik, die Poisson[17] 1813 ergänzte, um dann von Green[18] 1828 und Gauß 1839/40 auf die Elektrostatik ausgedehnt zu werden.

[17] Siméon Denis Poisson (1781-1840), französischer Mathematik-Professor an der Pariser École Polytechnique

[18] George Green (1793-1841), englischer Bäcker und Mathematik-Liebhaber

Skalares Potenzial

Wir suchen ein überall *wirbelfreies* Vektorfeld $\boldsymbol{a}(\boldsymbol{r})$, dessen Quellen alle in einem begrenzten Gebiet (Quellgebiet) τ liegen, wo $\operatorname{div}\boldsymbol{a} = q(\boldsymbol{r})$ gegeben sei. Dann gilt angesichts (4.27)

$$\mathbf{rot}\,\boldsymbol{a} = 0 \quad \curvearrowright \quad \boldsymbol{a} = -\,\mathbf{grad}\,\Phi, \tag{4.111}$$

$$\operatorname{div}\boldsymbol{a} = \begin{cases} q(\boldsymbol{r}) & \text{für } \boldsymbol{r} \in \tau \\ 0 & \text{für } \boldsymbol{r} \notin \tau \end{cases}. \tag{4.112}$$

Die Ortsfunktion $\Phi(\boldsymbol{r})$ heißt skalares Potenzial(feld). Das willkürliche Minuszeichen dient lediglich der physikalischen Anschaulichkeit (vgl. Kap. 4.3.4).

Zusammenfassend ergibt sich wegen (4.102) eine partielle, lineare und inhomogene Differenzialgleichung 2. Ordnung

$$\Delta\Phi = -\begin{cases} q(\boldsymbol{r}) & \text{für } \boldsymbol{r} \in \tau \\ 0 & \text{für } \boldsymbol{r} \notin \tau \end{cases}. \tag{4.113}$$

Die Eigenschaften des Quellgebiets τ bestimmen ersichtlich das gesamte Φ- und $\boldsymbol{a}$-Feld.

Vektorpotenzial

Wir suchen nun ein überall *quellenfreies* Vektorfeld $\boldsymbol{a}(\boldsymbol{r})$, dessen Wirbel alle in einem begrenzten Gebiet (Wirbelgebiet) τ liegen, wo $\mathbf{rot}\,\boldsymbol{a} = \boldsymbol{p}(\boldsymbol{r})$ gegeben sei. In diesem Fall lauten die Feldbedingungen wegen (4.29)

$$\operatorname{div}\boldsymbol{a} = 0 \quad \curvearrowright \quad \boldsymbol{a} = \mathbf{rot}\,\boldsymbol{A}, \tag{4.114}$$

$$\mathbf{rot}\,\boldsymbol{a} = \begin{cases} \boldsymbol{p}(\boldsymbol{r}) & \text{für } \boldsymbol{r} \in \tau \\ 0 & \text{für } \boldsymbol{r} \notin \tau \end{cases}. \tag{4.115}$$

Hierbei heißt $\boldsymbol{A}(\boldsymbol{r})$ Vektorpotenzial(feld). Seine prinzipielle Unbestimmtheit $\mathbf{rot}\,\boldsymbol{A} = \mathbf{rot}(\boldsymbol{A} + \mathbf{grad}\,\Theta)$ bis auf irgendeine Ortsfunktion Θ lässt sich durch die zweckmäßige Nebenbedingung $\operatorname{div}\boldsymbol{A} = 0$ einschränken. Zusammenfassend erhält man so für $\boldsymbol{A}$ mit Blick auf (4.107) wieder eine partielle, lineare und inhomogene Differenzialgleichung 2. Ordnung

$$\Delta\boldsymbol{A} = -\begin{cases} \boldsymbol{p}(\boldsymbol{r}) & \text{für } \boldsymbol{r} \in \tau \\ 0 & \text{für } \boldsymbol{r} \notin \tau \end{cases}. \tag{4.116}$$

Hier bestimmen die Eigenschaften des Wirbelgebiets τ das gesamte $\boldsymbol{A}$- und $\boldsymbol{a}$-Feld.

Bedeutung der Potenziale

Poisson führte 1813 die Differenzialgleichungen (4.113) und (4.116) ein; sie beherrschen die Potenzialtheorie und heißen in der Physik kurz Potenzialgleichungen. Die aus ihren Integralen ableitbaren Vektorfelder heißen ungeachtet ihrer physikalischen Bedeutung gemeinhin Potenzialströmungen. Sie spielen vor allem in der Mechanik, Elektrostatik und Strömungslehre eine wichtige Rolle.

Außerhalb der Quell- und Wirbelgebiete τ, die durchaus Singularitäten sein können, sind Potenzialströmungen sowohl quellen- als auch wirbelfrei. Dort befriedigen sie die homogenen, sog. laplaceschen Differenzialgleichungen (1782)

$$\Delta\Phi = 0, \quad \Delta\boldsymbol{A} = 0. \tag{4.117}$$

Ihre Integration bedeutet in aller Regel die Lösung eines mathematischen Randwertproblems, wenn auf der Hülle des maßgebenden Gebiets τ Innen- und Außenfeld stetig ineinander übergehen sollen.

Potenziale dienen gewissermaßen als Stammfunktionen von Vektorfeldern $\boldsymbol{a}$. Sie haben den unschätzbaren Vorteil, dass sie – anders als $\boldsymbol{a}$ – aus einem geläufigen mathematischen Verfahren hervorgehen. Anschließende Anwendung des Nabla-Operators ($-\boldsymbol{\nabla}\Phi$ bzw. $\boldsymbol{\nabla}\times\boldsymbol{A}$) führt bequem zu den gesuchten Vektorfeldern. Näheres folgt in Kap. 8.6.

4.4.3 Anwendung in der Funktionentheorie

Jede komplexe Funktion $f(x \pm iy) = u(x,y) \pm iv(x,y)$ ist dort, wo ihr Realteil $u(x,y)$ und Imaginärteil $v(x,y)$ die cauchy-riemannschen[19] Differenzialgleichungen[20]

$$\boxed{\frac{\partial u}{\partial x} = \pm\frac{\partial v}{\partial y}} \quad \text{und} \quad \boxed{\frac{\partial u}{\partial y} = \mp\frac{\partial v}{\partial x}} \tag{4.118}$$

erfüllen, regulär und damit eine Lösung der 2-dimensionalen laplaceschen Differenzialgleichung

$$\boxed{\Delta f = 0, \quad \Delta u = 0, \quad \Delta v = 0} \tag{4.119}$$

Man sieht leicht ein, dass die ebenen Kurvenscharen $u(x,y) = \text{const}_1$ und $v(x,y) = \text{const}_2$ Orthogonaltrajektorien sind (Aufgabe 4.30). Sie leisten z. B. in der Strömungslehre als Äquipotenzial- bzw. Stromlinien wegen ihrer Anschaulichkeit gute Dienste.

[19] Augustin-Louis Cauchy (1789-1857), französischer Mathematik-Professor an École Polytechnique, Sorbonne und Collège de France in Paris. Er ging nach der Julirevolution 1830 lieber in die Verbannung als dem neuen König Louis Philippe den Treueid zu leisten. Erst nach 8 Jahren durfte er heimkehren.

[20] Cauchy fand sie 1825 analytisch, Riemann 1851 geometrisch.

Für ein ebenes Vektorfeld $\boldsymbol{p} = u\boldsymbol{e}_x \mp v\boldsymbol{e}_y$ mit den reellen Komponenten $p_x = u$ und $p_y = \mp v$ besagen die cauchy-riemannschen Differenzialgleichungen

$$\frac{\partial p_x}{\partial x} + \frac{\partial p_y}{\partial y} = 0 \quad \curvearrowright \quad \operatorname{div} \boldsymbol{p} = 0, \tag{4.120a}$$

$$\frac{\partial p_x}{\partial y} - \frac{\partial p_y}{\partial x} = 0 \quad \curvearrowright \quad \mathbf{rot}\, \boldsymbol{p} = 0. \tag{4.120b}$$

Das so konstruierte reelle Vektorfeld $\boldsymbol{p}$ ist in jedem x, y-Regularitätsgebiet von $f(x \pm iy)$ quellen- und wirbelfrei.

Aufgabe 4.30 Zeigen Sie, dass Realteil $u(x, y)$ und Imaginärteil $v(x, y)$ einer regulären komplexen Funktion $f(x \pm iy) = \text{const}$ Orthogonaltrajektorien sind!

4.4.4 Anwendung in der Wellenoptik

Im Vakuum sind die elektrischen und magnetischen Flussdichten $\boldsymbol{D}$ bzw. $\boldsymbol{B}$ den elektrischen und magnetischen Feldstärken $\boldsymbol{E}$ bzw. $\boldsymbol{H}$ proportional. Es gilt

$$\boldsymbol{D} = \varepsilon_0 \boldsymbol{E} \quad \text{und} \quad \boldsymbol{B} = \mu_0 \boldsymbol{H}, \tag{4.121}$$

wobei ε_0 die elektrische und μ_0 die magnetische Feldkonstante bedeuten. Damit gewinnen die maxwellschen Gleichungen (4.93) im Vakuum ($\boldsymbol{J} = 0$) die symmetrische Form

$$\mathbf{rot}\, \boldsymbol{E} = -\mu_0 \dot{\boldsymbol{H}} \quad \text{und} \quad \mathbf{rot}\, \boldsymbol{H} = \varepsilon_0 \dot{\boldsymbol{E}}. \tag{4.122}$$

Wir differenzieren die 1. Gleichung partiell nach t, wenden auf die 2. Gleichung den Operator **rot** an und erhalten

$$\mathbf{rot}\, \dot{\boldsymbol{E}} = -\mu_0 \ddot{\boldsymbol{H}} \quad \text{und} \quad \underbrace{\mathbf{rot}\,\mathbf{rot}\, \boldsymbol{H}}_{\mathbf{grad}\, \operatorname{div} \boldsymbol{H} - \Delta \boldsymbol{H}} = \varepsilon_0 \underbrace{\mathbf{rot}\, \dot{\boldsymbol{E}}}_{-\mu_0 \ddot{\boldsymbol{H}}}. \tag{4.123}$$

Wegen der Quellenfreiheit des Magnetfelds im Vakuum ($\operatorname{div} \boldsymbol{H} = 0$) folgerte Maxwell 1864

$$\boxed{\Delta \boldsymbol{H} = \varepsilon_0 \mu_0 \ddot{\boldsymbol{H}}} \quad \text{und analog} \quad \boxed{\Delta \boldsymbol{E} = \varepsilon_0 \mu_0 \ddot{\boldsymbol{E}}} \tag{4.124}$$

Diese beiden partiellen Differenzialgleichungen beschreiben elektromagnetische Wellen, die angesichts des 1856 von Wilhelm Weber[21] experimentell entdeckten Zusammenhangs

$$\frac{1}{\sqrt{\varepsilon_0 \mu_0}} = c \tag{4.125}$$

[21] Wilhelm Eduard Weber (1804-1891), deutscher Physiker

mit der universalen Lichtgeschwindigkeit c fortschreiten. Dies sensationelle Ergebnis der maxwellschen Theorie stützte damals die Auffassung, dass Licht ein elektromagnetisches Phänomen und keine Ätherschwingung sei, erst recht, als Heinrich Hertz[22] in den Jahren 1886-1888 Erzeugung und Nachweis derartiger Wellen gelang.

Übrigens gehen (4.124) für harmonische Feldschwingungen der Form

$$\boldsymbol{H}(\boldsymbol{r},t) = \boldsymbol{H}_0(\boldsymbol{r})e^{\pm i\omega t} \quad \text{und} \quad \boldsymbol{E}(\boldsymbol{r},t) = \boldsymbol{E}_0(\boldsymbol{r})e^{\pm i\omega t} \tag{4.126}$$

mit der Kreisfrequenz $\omega = \text{const}$ in die helmholtzschen Differenzialgleichungen

$$\Delta \boldsymbol{H}_0(\boldsymbol{r}) + \frac{\omega^2}{c^2}\boldsymbol{H}_0(\boldsymbol{r}) = 0 \quad \text{bzw.} \quad \Delta \boldsymbol{E}_0(\boldsymbol{r}) + \frac{\omega^2}{c^2}\boldsymbol{E}_0(\boldsymbol{r}) = 0 \tag{4.127}$$

über; sie lauten mit der Wellenzahl $k \equiv \frac{\omega}{c}$ in der symbolischen Operatorschreibweise

$$(\Delta + k^2)\boldsymbol{H}_0(\boldsymbol{r}) = 0 \quad \text{bzw.} \quad (\Delta + k^2)\boldsymbol{E}_0(\boldsymbol{r}) = 0. \tag{4.128}$$

Aufgabe 4.31 Berechnen Sie $\boldsymbol{\nabla} |\boldsymbol{r} - \boldsymbol{k}|^n$ und $\Delta |\boldsymbol{r} - \boldsymbol{k}|^n$ in räumlichen sowie $\Delta \ln |\boldsymbol{r} - \boldsymbol{k}|$ in ebenen Koordinaten!

Aufgabe 4.32 Wenden Sie die Operatoren $\boldsymbol{\nabla}$ und Δ auf eine beliebige Funktion des Arguments $|\boldsymbol{r} - \boldsymbol{r}_0|$ an!

Aufgabe 4.33 Beweisen Sie (4.108)!

Aufgabe 4.34 Beweisen Sie (4.109) und (4.110)!

Aufgabe 4.35 Beweisen Sie $\textbf{grad}(\boldsymbol{k} \cdot \textbf{grad}\,\frac{1}{r}) = -\,\textbf{rot}(\boldsymbol{k} \times \textbf{grad}\,\frac{1}{r})$ für $r > 0$!

[22] Heinrich Rudolf Hertz (1857-1894), Schüler Helmholtz', deutscher Physik-Professor in Karlsruhe und Bonn

5 Differenzialgeometrie

Nach Ansätzen u. a. von Clairaut[1] schuf besonders Monge[2] 1795-1809 mit seiner Theorie der Kurven und Flächen die Grundlagen der Differenzialgeometrie; sie wurde 1827 von Gauß, angeregt durch seine Vermessung des Königreichs Hannover, weiterentwickelt und dann vor allem am Pariser Collège de France durch die französischen Mathematiker Liouville[3], Frenet[4], Serret[5] und Darboux[6] ausgebaut. Letzterer gab 1887-1896 ein 4-bändiges Standardlehrbuch heraus.

5.1 Räumliche Kurven und Bahnen

Der von einem beliebigen reellen Parameter t funktional abhängige Ortsvektor beschreibt geometrisch eine räumliche Kurve

$$\boldsymbol{r} = \boldsymbol{r}(t) = x(t)\boldsymbol{e}_x + y(t)\boldsymbol{e}_y + z(t)\boldsymbol{e}_z, \tag{5.1}$$

wo jeder t-Wert einen individuellen Punkt markiert. Damit verbindet man gerne die anschauliche Vorstellung einer Bahn, auf der ein Punkt P den Ort $\boldsymbol{r}$ zur

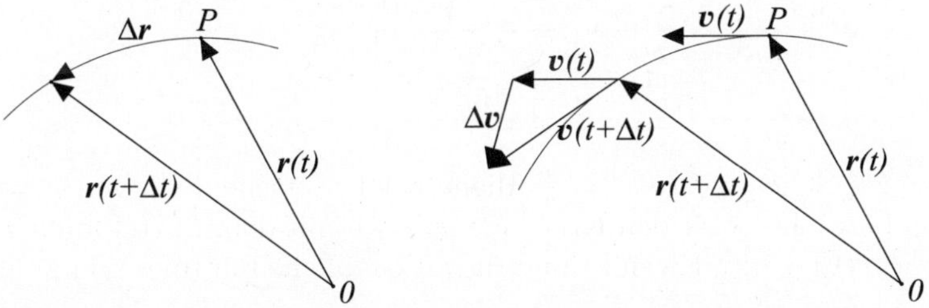

Fig. 5.1

[1] Alexis Claude Clairaut (1713-1765), französischer Mathematiker

[2] Gaspard Monge (1746-1818), französischer Mathematik-Professor. Der Sohn eines Hausierers lehrte in Mézières an der Militärakademie, seit 1780 in Paris an der Académie des sciences, war während der Französischen Revolution zeitweise Marineminister (1792/93) und leitete ab 1794 die neu gegründete École Polytechnique. Nach dem Sturz Napoleons (1814) verlor er alle Ämter und starb im Elend.

[3] Joseph Liouville (1809-1882)

[4] Jean-Frédéric Frenet (1816-1900)

[5] Joseph Alfred Serret (1819-1885)

[6] Gaston Darboux (1842-1917)

Zeit t mit der Geschwindigkeit

$$\boldsymbol{v} \equiv \frac{d\boldsymbol{r}}{dt} = \lim_{\Delta t \to 0} \frac{\boldsymbol{r}(t+\Delta t) - \boldsymbol{r}(t)}{\Delta t} = \dot{\boldsymbol{r}}(t) \tag{5.2}$$

und der Beschleunigung

$$\dot{\boldsymbol{v}} \equiv \frac{d\boldsymbol{v}}{dt} = \lim_{\Delta t \to 0} \frac{\boldsymbol{v}(t+\Delta t) - \boldsymbol{v}(t)}{\Delta t} = \ddot{\boldsymbol{r}}(t) \tag{5.3}$$

durchläuft (Fig. 5.1). Der Ortsvektor $\boldsymbol{r} = \boldsymbol{r}(t)$ heißt dann Fahrstrahl.

Als Parameter taugen zwar besonders Größen wie Zeit, Winkel oder Linienlänge, er ist aber eine prinzipiell frei wählbare Laufzahl (vgl. Kap. 4.1.2).

Aufgabe 5.1 Stellen Sie die Kettenlinie $y = a \cosh \frac{x}{a}$ in je einer Parameterform $x = x(t),\ y = y(t)$ für 1.) $t \geq 0$ und 2.) $t \geq 1$ dar!

5.1.1 Tangentenvektor

Der infinitesimale Differenzvektor $d\boldsymbol{r} = \dot{\boldsymbol{r}}(t)dt$ hat in jedem Kurvenpunkt $\boldsymbol{r}$ die Richtung der Tangente. Sein Betrag

$$ds = |d\boldsymbol{r}| = \sqrt{dx^2 + dy^2 + dz^2} = \sqrt{\dot{x}^2 + \dot{y}^2 + \dot{z}^2}\, dt \tag{5.4}$$

heißt Linienelement, wobei die übliche Schreibweise dx^2 für $(dx)^2$ steht. Damit lautet der Einsvektor in Tangentenrichtung, der sog. Tangentenvektor

$$\boxed{\boldsymbol{t} \equiv \frac{d\boldsymbol{r}}{ds} \equiv \frac{\dot{\boldsymbol{r}}}{|\dot{\boldsymbol{r}}|} \equiv \boldsymbol{r}'} \tag{5.5}$$

Der hochgesetzte Strich wie in $\boldsymbol{r}' = \frac{d\boldsymbol{r}}{ds}$ diene zur Unterscheidung von $\dot{\boldsymbol{r}} = \frac{d\boldsymbol{r}}{dt}$.

Zur Übung betrachten wir den Kreis $|\boldsymbol{r} - \boldsymbol{r}_0| = a$ mit dem Mittelpunkt $\boldsymbol{r}_0$ in der Ebene $z = 0$ (Fig. 5.2). Hierfür taugt die anschauliche Parameterdarstellung

$$\boldsymbol{r} - \boldsymbol{r}_0 = a \cos\varphi\, \boldsymbol{e}_x + a \sin\varphi\, \boldsymbol{e}_y \quad \curvearrowright \quad d\boldsymbol{r} = (-a \sin\varphi\, \boldsymbol{e}_x + a\cos\varphi\, \boldsymbol{e}_y)\, d\varphi \tag{5.6}$$

mit dem Winkel φ. Daraus ergeben sich das Linienelement $ds = a\, d\varphi$ und der Tangentenvektor $\boldsymbol{t} = -\sin\varphi\, \boldsymbol{e}_x + \cos\varphi\, \boldsymbol{e}_y$, wobei die Lage des Mittelpunkts ersichtlich keine Rolle spielt.

Aufgabe 5.2 Bestimmen Sie die Gleichung der Tangente an die räumliche Kurve $\boldsymbol{r} = \boldsymbol{r}(t)$ im Punkt $\boldsymbol{r}_1$! Wie lautet ihre Projektion $y = y(x)$ in die Ebene $z = \text{const}$?

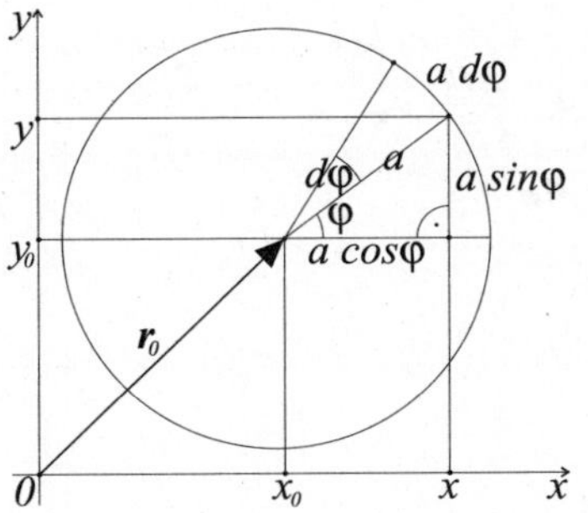

Fig. 5.2

Aufgabe 5.3 Zwei Kreise mit den Radien a und b haben die Mittelpunkte 0 bzw. $c\boldsymbol{e}_x$. Wo berühren sie ihre gemeinsamen Tangenten?

Aufgabe 5.4 Bestimmen Sie die Schnittkurve von

$$\text{Zylinder } x^2 + y^2 = a^2 \quad \text{und Wendelfläche } z = b \arctan \frac{y}{x}$$

mit den Konstanten a, b sowie ihren Tangentenvektor in kartesischer und Parameterform!

Aufgabe 5.5 Wie lautet in kartesischen und Polarkoordinaten die ebene Kurvenschar, die jeden vom Punkt $F(x_0, 0)$ ausgehenden Fahrstrahl $\boldsymbol{r}$ in x-Richtung reflektiert!

Aufgabe 5.6 Bestätigen Sie, dass die Tangentenvektoren der in Kap. 4.3.1 behandelten Parabel- und Ellipsenschar orthogonale Richtungsfelder bilden!

5.1.2 Hauptnormalenvektor und Krümmung

Aus $\boldsymbol{t}^2 = 1$ folgt unmittelbar

$$\boldsymbol{t} \cdot \boldsymbol{t}' = 0 \quad \curvearrowright \quad \boldsymbol{t}' \perp \boldsymbol{t}. \tag{5.7}$$

Der so abgeleitete, auf der Tangente senkrecht stehende Vektor

$$\boldsymbol{t}' = \boldsymbol{r}'' = \frac{\dot{\boldsymbol{t}}}{\dot{s}} = \frac{(\dot{\boldsymbol{r}} \times \ddot{\boldsymbol{r}}) \times \dot{\boldsymbol{r}}}{|\dot{\boldsymbol{r}}|^4} \tag{5.8}$$

zeigt ins Innere des zum Kurvenpunkt $\boldsymbol{r}$ gehörigen Krümmungskreises (Fig. 5.3). Der Einsvektor

$$\boxed{\boldsymbol{n} \equiv \frac{\boldsymbol{r}''}{|\boldsymbol{r}''|} = \frac{(\dot{\boldsymbol{r}} \times \ddot{\boldsymbol{r}}) \times \dot{\boldsymbol{r}}}{|\dot{\boldsymbol{r}} \times \ddot{\boldsymbol{r}}|\,|\dot{\boldsymbol{r}}|} \perp \boldsymbol{t}} \tag{5.9}$$

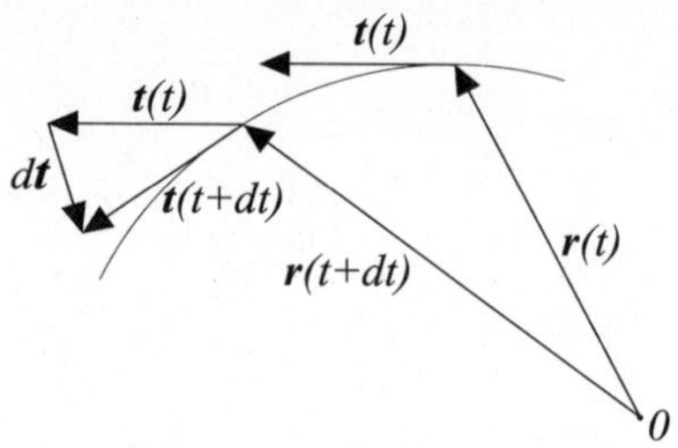

Fig. 5.3

heißt Hauptnormalenvektor. Eine durchweg glatte Kurve hat an allen Punkten nur je eine Tangente, aber unzählige Normalen. Davon heißt diejenige Hauptnormale, die in der Ebene der benachbarten Tangenten liegt.

Der Betrag

$$\boxed{|\boldsymbol{r}''| = \frac{|\dot{\boldsymbol{r}} \times \ddot{\boldsymbol{r}}|}{|\dot{\boldsymbol{r}}|^3} \equiv \frac{\sqrt{\dot{\boldsymbol{r}}^2\ddot{\boldsymbol{r}}^2 - (\dot{\boldsymbol{r}} \cdot \ddot{\boldsymbol{r}})^2}}{|\dot{\boldsymbol{r}}|^3} = \kappa(\boldsymbol{r})} \tag{5.10}$$

definiert die örtliche Krümmung der Kurve, ihr Kehrwert $\kappa^{-1} \equiv \rho$ den örtlichen Krümmungsradius, also den Radius des zugehörigen Krümmungskreises. Bezogen auf den Kreis (5.6) gilt z. B.

$$\boldsymbol{r}' = -\sin\varphi \boldsymbol{e}_x + \cos\varphi \boldsymbol{e}_y, \quad \boldsymbol{r}'' = -\frac{\cos\varphi \boldsymbol{e}_x + \sin\varphi \boldsymbol{e}_y}{a} \quad \curvearrowright \quad \kappa = |\boldsymbol{r}''| = \frac{1}{a}.$$

Der Kreis ist mithin sein eigener Krümmungskreis ($\rho = a$).

Übrigens folgt aus der Orthogonalität $\boldsymbol{t} \cdot \boldsymbol{n} = 0 \curvearrowright \boldsymbol{r}' \cdot \boldsymbol{r}'' = 0$ allgemein

$$\underbrace{\boldsymbol{r}''^2}_{\kappa^2} + \boldsymbol{r}' \cdot \boldsymbol{r}''' = 0 \quad \curvearrowright \quad \kappa^2 = -\boldsymbol{r}' \cdot \boldsymbol{r}'''. \tag{5.11}$$

Aufgabe 5.7 Bestimmen Sie Krümmung κ und Krümmungsradius ρ einer ebenen Kurve $y = y(x)$!

Aufgabe 5.8 Beweisen Sie die Gleichung $\boldsymbol{r} \cdot \boldsymbol{r}'' = -1$ für die Hauptnormale $\boldsymbol{r}''$ jeder Kurve $\boldsymbol{r} = \boldsymbol{r}(s)$ auf der Kugel $r = \text{const}$!

Aufgabe 5.9 Vergleichen Sie Normale $\boldsymbol{n}$ und Gradient im Punkt $P(x, y)$ der Ellipse $\frac{x^2}{a^2} + \frac{y^2}{b^2} = 1$! Wie groß ist dort die Krümmung?

Aufgabe 5.10 Welche Kurve $\boldsymbol{r}_e(t)$ besteht aus genau allen Krümmungsmittelpunkten der ebenen Kurve $\boldsymbol{r} = \boldsymbol{r}(t)$ und speziell der in Aufgabe 5.9 behandelten Ellipse?

Aufgabe 5.11 Bestätigen Sie die allgemeine Beziehung

$$\boldsymbol{n}\kappa = -\boldsymbol{t} \times \mathbf{rot}\,\boldsymbol{t}$$

für eine Kurvenschar mit dem Tangentenvektorfeld $\boldsymbol{t}(\boldsymbol{r})$!

5.1.3 Binormalenvektor und Windung

Der durch

$$\boxed{\boldsymbol{b} \equiv \boldsymbol{t} \times \boldsymbol{n} = \frac{\boldsymbol{r}' \times \boldsymbol{r}''}{|\boldsymbol{r}''|}} \tag{5.12}$$

definierte Einsvektor heißt Binormalenvektor. Er steht sowohl auf dem Tangentenvektor $\boldsymbol{t}$ als auch auf dem Hauptnormalenvektor $\boldsymbol{n}$ senkrecht. Das zwar starr orthogonale, aber keineswegs raumfeste Vektorentripel

$$\boldsymbol{t} = \boldsymbol{n} \times \boldsymbol{b}, \quad \boldsymbol{n} = \boldsymbol{b} \times \boldsymbol{t}, \quad \boldsymbol{b} = \boldsymbol{t} \times \boldsymbol{n} \tag{5.13}$$

bildet wegen $[\boldsymbol{t}, \boldsymbol{n}, \boldsymbol{b}] = (\boldsymbol{t} \times \boldsymbol{n})^2 = +1$ ein Rechtssystem und heißt das begleitende Dreibein der Kurve. Im Bahnmodell begleitet es den laufenden Punkt und bewegt sich dabei in einer bahnspezifischen Weise.

Es liegen die Vektorenpaare

- $\boldsymbol{t}$ und $\boldsymbol{n}$ in der sog. Schmiegebene,
- $\boldsymbol{n}$ und $\boldsymbol{b}$ in der sog. Normalebene,
- $\boldsymbol{b}$ und $\boldsymbol{t}$ in der sog. Streckebene.

Der aus (5.12) durch Ableitung nach s hervorgehende Vektor

$$\boldsymbol{b}' = \underbrace{\boldsymbol{t}' \times \boldsymbol{n}}_{\sim(\boldsymbol{r}'' \times \boldsymbol{r}'')=0} + \boldsymbol{t} \times \boldsymbol{n}' \tag{5.14}$$

steht offenbar senkrecht auf $\boldsymbol{t}$ und als Differenzialquotient des Einsvektors $\boldsymbol{b}$ auch senkrecht auf diesem, ist also parallel mit $\boldsymbol{n}$. Man setzt nun

$$\boldsymbol{b}' = -\tau \boldsymbol{n} \quad \curvearrowright \quad \tau = -\boldsymbol{n} \cdot \boldsymbol{b}' = \underbrace{-(\boldsymbol{n} \times \boldsymbol{t})}_{\boldsymbol{b}} \cdot \boldsymbol{n}', \tag{5.15}$$

nennt τ die Windung der Kurve und spricht bei $\tau > 0$ von Rechts-, bei $\tau < 0$ von Linkswindung.

Aus (5.9) ergibt sich

$$\boldsymbol{n}' = \frac{\boldsymbol{r}''^2 \boldsymbol{r}''' - \boldsymbol{r}''(\boldsymbol{r}'' \cdot \boldsymbol{r}''')}{|\boldsymbol{r}''|^3} = \frac{(\boldsymbol{r}'' \times \boldsymbol{r}''') \times \boldsymbol{r}''}{|\boldsymbol{r}''|^3} = \frac{\boldsymbol{n} \times \boldsymbol{r}'''}{\kappa} \times \boldsymbol{n}, \tag{5.16}$$

was oben eingesetzt zu der übersichtlichen Windungsformel

$$\boxed{\tau = \frac{\boldsymbol{r}' \times \boldsymbol{r}''}{|\boldsymbol{r}''|} \cdot \frac{\boldsymbol{r}'''}{|\boldsymbol{r}''|} = \frac{[\boldsymbol{r}', \boldsymbol{r}'', \boldsymbol{r}''']}{|\boldsymbol{r}''|^2}} \tag{5.17}$$

führt.

Ebene Kurven haben das Merkmal $\tau = 0$. Es gibt krumme Kurven ohne Windung, aber keine gewundenen Kurven ohne Krümmung. Geraden zeichnen sich durch die Eigenschaft $\boldsymbol{r}'' \equiv 0$ aus. Sie haben keine (eindeutige) Hauptnormale, keine Krümmung und keine Windung.

Aufgabe 5.12 Zeigen Sie, dass Geschwindigkeit $\boldsymbol{v}$ und Beschleunigung $\boldsymbol{b}$ eines Massepunkts auf seiner Bahn $\boldsymbol{r} = \boldsymbol{r}(t)$ in der örtlichen Schmiegebene liegen!

Aufgabe 5.13 Bestimmen Sie die Bahn $\boldsymbol{r} = \boldsymbol{r}(t)$ aus der Bedingung $\dot{\boldsymbol{r}} = t\ddot{\boldsymbol{r}}$!

5.1.4 Frenetsche Formeln

Der in (5.16) auftretende Faktor $\frac{\boldsymbol{n}\times\boldsymbol{r}'''}{\kappa} \equiv \boldsymbol{d} \perp \boldsymbol{n}$ heißt darbouxscher Vektor. Er lässt sich offenbar vollständig in Teilvektoren parallel mit $\boldsymbol{t}$ und $\boldsymbol{b}$ zerlegen:

$$\frac{\boldsymbol{n} \times \boldsymbol{r}'''}{\kappa} = \boldsymbol{t}\Big(\boldsymbol{t} \cdot \frac{\boldsymbol{n} \times \boldsymbol{r}'''}{\kappa}\Big) + \boldsymbol{b}\Big(\boldsymbol{b} \cdot \frac{\boldsymbol{n} \times \boldsymbol{r}'''}{\kappa}\Big) \equiv \boldsymbol{d}. \tag{5.18}$$

Seine einschlägigen Komponenten lauten

$$\boldsymbol{t} \cdot \frac{\boldsymbol{n} \times \boldsymbol{r}'''}{\kappa} = \frac{\boldsymbol{r}' \cdot (\boldsymbol{r}'' \times \boldsymbol{r}''')}{\kappa^2} = \tau, \tag{5.19}$$

$$\boldsymbol{b} \cdot \frac{\boldsymbol{n} \times \boldsymbol{r}'''}{\kappa} = \underbrace{(\boldsymbol{b} \times \boldsymbol{n})}_{-\boldsymbol{t}=-\boldsymbol{r}'} \cdot \frac{\boldsymbol{r}'''}{\kappa} = -\frac{\boldsymbol{r}' \cdot \boldsymbol{r}'''}{\kappa} = \kappa, \tag{5.20}$$

$$\curvearrowright \quad \boldsymbol{d} = \tau\boldsymbol{t} + \kappa\boldsymbol{b}. \tag{5.21}$$

Einsetzung in (5.16) führt zu

$$\boldsymbol{n}' = \boldsymbol{d} \times \boldsymbol{n} = \tau \underbrace{(\boldsymbol{t} \times \boldsymbol{n})}_{\boldsymbol{b}} + \kappa \underbrace{(\boldsymbol{b} \times \boldsymbol{n})}_{-\boldsymbol{t}} = \tau\boldsymbol{b} - \kappa\boldsymbol{t}. \tag{5.22}$$

Somit gelten für die Einsvektoren $\boldsymbol{t}, \boldsymbol{n}, \boldsymbol{b}$ die frenetschen Formeln (1847):

$$\boldsymbol{t}' = \kappa\boldsymbol{n}, \quad \boldsymbol{n}' = -\kappa\boldsymbol{t} + \tau\boldsymbol{b}, \quad \boldsymbol{b}' = -\tau\boldsymbol{n}. \tag{5.23}$$

Sie bilden ein System linearer Differenzialgleichungen 1. Ordnung, darstellbar mit Hilfe einer schiefsymmetrischen Matrix in der eleganten Form

$$\boxed{\begin{pmatrix} \boldsymbol{t}' \\ \boldsymbol{n}' \\ \boldsymbol{b}' \end{pmatrix} = \begin{pmatrix} 0 & \kappa & 0 \\ -\kappa & 0 & \tau \\ 0 & -\tau & 0 \end{pmatrix} \begin{pmatrix} \boldsymbol{t} \\ \boldsymbol{n} \\ \boldsymbol{b} \end{pmatrix}} \tag{5.24}$$

Die 3 Ableitungen sind wegen $\boldsymbol{t}' \| \boldsymbol{b}'$ komplanar; übrigens findet man leicht mit Hilfe des darbouxschen Vektors die symmetrische Darstellung :

$$\boxed{\boldsymbol{t}' = \boldsymbol{d} \times \boldsymbol{t}, \quad \boldsymbol{n}' = \boldsymbol{d} \times \boldsymbol{n}, \quad \boldsymbol{b}' = \boldsymbol{d} \times \boldsymbol{b}} \tag{5.25}$$

Offensichtlich beschreibt $\boldsymbol{d}$ die Drehung des begleitenden Dreibeins beim Wandern des Kurvenpunkts.

Aufgabe 5.14 Zeigen Sie, dass die Evolute $\boldsymbol{r}_e(t)$ der ebenen Kurve $\boldsymbol{r} = \boldsymbol{r}(t)$ die Einhüllende ihrer Normalenschar ist!

Aufgabe 5.15 Analysieren Sie die in Aufgabe 5.4 gefundene Schraubenlinie als Bahn mit $\dot{\varphi} = \text{const}$!

5.2 Krumme Flächen

5.2.1 Darstellungsformen

Fläche sei hier der Sammelbegriff für 2-dimensionale Flächen*typen* (z. B. Ebene, Kugel, Zylinder, Dreh- oder Wendelfläche), zu unterscheiden von Flächen*maßen* wie Inhalt oder Oberfläche und Flächen*teilen* wie Grund-, Mantel- oder Stirnfläche. Leider sind die Begriffe Fläche im Deutschen ebenso wie surface im Englischen und Französischen doppeldeutig.

Jede Fläche lässt sich analytisch in

- expliziter Form $z = z(x, y)$ oder
- impliziter Form $\Phi(\boldsymbol{r}) = 0$ oder
- Parameterform $\boldsymbol{r} = \boldsymbol{r}(u, v)$

darstellen. Letztere verdient wegen ihrer Anschaulichkeit in der Differenzialgeometrie besonderes Augenmerk. Sie ist beliebig wählbar, solange sie die implizite Form identisch befriedigt:

$$\Phi[\boldsymbol{r}(u, v)] \equiv 0. \tag{5.26}$$

5.2.2 1. Grundform der Flächentheorie

Man kann sich jeden Punkt $\boldsymbol{r} = \boldsymbol{r}(u, v)$ auf der Fläche durch das zugehörige Wertepaar u, v markiert denken, so dass die Parameter u, v als Flächenkoordinaten gelten dürfen.

Der Ortsvektor $\boldsymbol{r}$ beschreibt je nach der Funktion $v = v(u)$ eine individuelle, gänzlich in der Fläche liegende Flächenkurve $\boldsymbol{r}[u, v(u)]$; sie ist in den Fällen

- $v = v_0$ eine u-Koordinatenlinie $\boldsymbol{r}(u, v_0)$ mit dem Wegelement $\frac{\partial \boldsymbol{r}}{\partial u} du$ und
- $u = u_0$ eine v-Koordinatenlinie $\boldsymbol{r}(u_0, v)$ mit dem Wegelement $\frac{\partial \boldsymbol{r}}{\partial v} dv$.

Beide Linien schneiden sich – geeignete Parameterwahl ($\frac{\partial \boldsymbol{r}}{\partial u} \times \frac{\partial \boldsymbol{r}}{\partial v} \neq 0$) vorausgesetzt – im Punkt $\boldsymbol{r}_0 = \boldsymbol{r}(u_0, v_0)$. So gehören zu allen Wertepaaren $v = \text{const}_1, u = \text{const}_2$ individuelle u- bzw. v-Koordinatenlinien, die gemeinsam ein flächendeckendes Netz bilden. Selbst bei Verwendung rechtwinkliger Raumkoordinaten u, v, w sind die Flächenkoordinaten u, v i. Allg. schiefwinklig.

Eng benachbarte Flächenpunkte

$$\boldsymbol{r}(u, v) \quad \text{und} \quad \boldsymbol{r}(u + du, v + dv) = \boldsymbol{r}(u, v) + \underbrace{\frac{\partial \boldsymbol{r}}{\partial u} du + \frac{\partial \boldsymbol{r}}{\partial v} dv}_{d\boldsymbol{r}} \tag{5.27}$$

haben den Abstand $ds = |d\boldsymbol{r}|$, eingeführt als Linienelement (5.4). Sein Quadrat

$$ds^2 = \left(\frac{\partial \boldsymbol{r}}{\partial u}\right)^2 du^2 + 2\frac{\partial \boldsymbol{r}}{\partial u} \cdot \frac{\partial \boldsymbol{r}}{\partial v} du\, dv + \left(\frac{\partial \boldsymbol{r}}{\partial v}\right)^2 dv^2 \tag{5.28}$$

geht mit den sog. metrischen Koeffizienten

$$E(u, v) \equiv \left(\frac{\partial \boldsymbol{r}}{\partial u}\right)^2, \quad F(u, v) \equiv \frac{\partial \boldsymbol{r}}{\partial u} \cdot \frac{\partial \boldsymbol{r}}{\partial v}, \quad G(u, v) \equiv \left(\frac{\partial \boldsymbol{r}}{\partial v}\right)^2 \tag{5.29}$$

in die 1. Grundform der Flächentheorie über:

$$\boxed{ds^2 = E\, du^2 + 2F\, du\, dv + G\, dv^2} \tag{5.30}$$

Wo $F = 0$ ist, sind die u- und v-Koordinatenlinien rechtwinklig (Aufgabe 5.18).

Die Form (5.30) bestimmt die individuelle, i. Allg. nichteuklidische Geometrie auf der Fläche und gilt als ihre Metrik. Sie bleibt unverändert, wenn die Fläche im Raum verlagert und/oder längentreu (d. h. ohne Dehnung oder Stauchung) verbogen wird. Dabei bleiben ja überall die Längenelemente ds, du, dv und damit auch die metrischen Koeffizienten E, F, G erhalten. Die Geometrie der Fläche ist also eine allein auf ihr selbst messbare Eigenschaft.

Offensichtlich gilt (5.30) auch in den Fassungen

$$\dot{s}^2 = E\dot{u}^2 + 2F\dot{u}\dot{v} + G\dot{v}^2 \quad \text{und} \quad 1 = Eu'^2 + 2Fu'v' + Gv'^2. \tag{5.31}$$

Aufgabe 5.16 Wie lauten die metrischen Koeffizienten E, F, G der Fläche $z = z(x, y)$? Wo ist $F = 0$?

Aufgabe 5.17 Welchen Bedingungen unterliegen Geschwindigkeit und Beschleunigung eines Massepunkts auf einer Bahn in der Fläche $\varPhi(\boldsymbol{r}) = 0$?

5.2.3 Anwendung der Metrik

In Kenntnis der (örtlich variablen) metrischen Koeffizienten E, F, G lassen sich auf allen Flächen Längen, Winkel und Oberflächen berechnen.

Längen

Aus (5.31) folgt für den Abstand zweier Flächenpunkte $u(t_1) = u_1$, $v(t_1) = v_1$ und $u(t_2) = u_2$, $v(t_2) = v_2$

$$s = \int_{t_1}^{t_2} \dot{s}\, dt = \int_{t_1}^{t_2} \sqrt{E\dot{u}^2 + 2F\dot{u}\dot{v} + G\dot{v}^2}\, dt \tag{5.32}$$

oder mit der Steigung $v' \equiv \frac{\dot{v}}{\dot{u}}$ der verbindenden Flächenkurve $v = v(u)$

$$s = \int_{u_1}^{u_2} \sqrt{E + 2Fv' + Gv'^2}\, du. \tag{5.33}$$

Winkel

Der von den Tangenten zweier Bahnen $\boldsymbol{r} = \boldsymbol{r}[u(t), v(t)]$ und $\boldsymbol{r}^* = \boldsymbol{r}[u^*(t), v^*(t)]$ eingeschlossene Winkel $\measuredangle(\dot{\boldsymbol{r}}, \dot{\boldsymbol{r}}^*)$ berechnet sich aus

$$\cos\measuredangle(\dot{\boldsymbol{r}}, \dot{\boldsymbol{r}}^*) = \frac{\dot{\boldsymbol{r}} \cdot \dot{\boldsymbol{r}}^*}{\dot{s}\dot{s}^*} = \frac{E\dot{u}\dot{u}^* + F(\dot{u}\dot{v}^* + \dot{u}^*\dot{v}) + G\dot{v}\dot{v}^*}{\sqrt{E\dot{u}^2 + 2F\dot{u}\dot{v} + G\dot{v}^2}\sqrt{E\dot{u}^{*2} + 2F\dot{u}^*\dot{v}^* + G\dot{v}^{*2}}}.$$

Offensichtlich kommt es nur auf die Verhältnisse $\frac{\dot{v}}{\dot{u}} = \frac{dv}{du}$ und $\frac{\dot{v}^*}{\dot{u}^*} = \frac{dv^*}{du^*}$ an. Im Zähler steht die sog. Bilinearform der 1. Grundform. Sie entsteht aus der quadratischen Form (5.31), wenn man $\dot{u}^2$ durch $\dot{u}\dot{u}^*$, $\dot{v}^2$ durch $\dot{v}\dot{v}^*$ und $\dot{u}\dot{v}$ durch $\frac{1}{2}(\dot{u}\dot{v}^* + \dot{u}^*\dot{v})$ ersetzt.

Oberflächen

Das elementare Parallelogramm an der Stelle $\boldsymbol{r} = \boldsymbol{r}(u, v)$ mit den Seiten $\frac{\partial \boldsymbol{r}}{\partial u} du$ und $\frac{\partial \boldsymbol{r}}{\partial v} dv$ hat den Inhalt (Fig. 5.4)

$$\boxed{d\boldsymbol{S} = \left(\frac{\partial \boldsymbol{r}}{\partial u} \times \frac{\partial \boldsymbol{r}}{\partial v}\right) du\, dv} \tag{5.34}$$

Er gibt die Richtung der örtlichen Flächennormale an und beträgt

$$|d\boldsymbol{S}| = \left|\frac{\partial \boldsymbol{r}}{\partial u} \times \frac{\partial \boldsymbol{r}}{\partial v}\right| du\,dv = \underbrace{\sqrt{\left(\frac{\partial \boldsymbol{r}}{\partial u}\right)^2 \left(\frac{\partial \boldsymbol{r}}{\partial v}\right)^2 - \left(\frac{\partial \boldsymbol{r}}{\partial u} \cdot \frac{\partial \boldsymbol{r}}{\partial v}\right)^2}}_{\sqrt{EG-F^2}} \, du\,dv. \qquad (5.35)$$

In vorgegebenen Grenzen führt die Integration

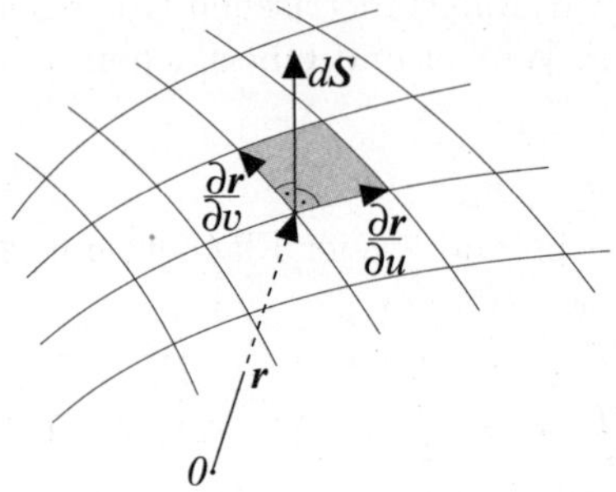

Fig. 5.4

- über alle Elemente $d\boldsymbol{S}$ zur *vektoriellen* Oberfläche,
- über alle Elemente $|d\boldsymbol{S}|$ zur *skalaren* Oberfläche.

Wenn die Fläche eben ist, heißt ihr Maß gewöhnlich Inhalt statt Oberfläche.

Aufgabe 5.18 Wie groß ist der Winkel zwischen den Koordinatenlinien $v = \text{const}_1$ und $u = \text{const}_2$ auf der Fläche $\boldsymbol{r} = \boldsymbol{r}(u, v)$?

Aufgabe 5.19 Bestimmen Sie den Normalen-Einsvektor $\boldsymbol{e}_n$ der Fläche $\boldsymbol{r} = \boldsymbol{r}(u, v)$!

Aufgabe 5.20 Zeigen Sie, dass Gradient und Normale $\frac{\partial \boldsymbol{r}}{\partial x} \times \frac{\partial \boldsymbol{r}}{\partial y}$ der Fläche $\Phi(\boldsymbol{r}) = z - z(x, y) \equiv 0$ gleich sind!

5.2.4 2. Grundform der Flächentheorie

Es liegt nahe, Maße für die örtliche Krümmung von Flächen aus den Krümmungen geeigneter Flächenkurven zu gewinnen. Dazu untersuchen wir die allgemeine Flächenkurve $\boldsymbol{r} = \boldsymbol{r}[u(s), v(s)]$. Ihr Tangentenvektor $\boldsymbol{t} = \boldsymbol{r}'$ steht in jedem Kurvenpunkt auf dem örtlichen Normalen-Einsvektor $\boldsymbol{e}_n$ der Fläche senkrecht: $\boldsymbol{r}' \cdot \boldsymbol{e}_n = 0$. Daraus folgt durch Differenzieren

$$\boldsymbol{r}'' \cdot \boldsymbol{e}_n + \boldsymbol{r}' \cdot \frac{d\boldsymbol{e}_n}{ds} = 0. \qquad (5.36)$$

Hierbei ist gemäß (5.9 f) $\boldsymbol{r}'' = \frac{\boldsymbol{n}}{\varrho}$. Mit dem Winkel ϑ zwischen Kurven-Hauptnormale $\boldsymbol{n}$ und Flächennormale $\boldsymbol{e}_n$ gilt $\boldsymbol{n} \cdot \boldsymbol{e}_n = \cos\vartheta$ und nach Einsetzung

$$\frac{\cos\vartheta}{\varrho} = -\boldsymbol{r}' \cdot \frac{d\boldsymbol{e}_n}{ds} = -\left(\frac{\partial \boldsymbol{r}}{\partial u}\frac{du}{ds} + \frac{\partial \boldsymbol{r}}{\partial v}\frac{dv}{ds}\right) \cdot \left(\frac{\partial \boldsymbol{e}_n}{\partial u}\frac{du}{ds} + \frac{\partial \boldsymbol{e}_n}{\partial v}\frac{dv}{ds}\right) \tag{5.37}$$

$$= -\frac{\partial \boldsymbol{r}}{\partial u} \cdot \frac{\partial \boldsymbol{e}_n}{\partial u} u'^2 - \left(\frac{\partial \boldsymbol{r}}{\partial u} \cdot \frac{\partial \boldsymbol{e}_n}{\partial v} + \frac{\partial \boldsymbol{r}}{\partial v} \cdot \frac{\partial \boldsymbol{e}_n}{\partial u}\right) u'v' - \frac{\partial \boldsymbol{r}}{\partial v} \cdot \frac{\partial \boldsymbol{e}_n}{\partial v} v'^2. \tag{5.38}$$

Mit den Abkürzungen

$$L \equiv -\frac{\partial \boldsymbol{r}}{\partial u} \cdot \frac{\partial \boldsymbol{e}_n}{\partial u}, \; 2M \equiv -\left(\frac{\partial \boldsymbol{r}}{\partial u} \cdot \frac{\partial \boldsymbol{e}_n}{\partial v} + \frac{\partial \boldsymbol{r}}{\partial v} \cdot \frac{\partial \boldsymbol{e}_n}{\partial u}\right), \; N \equiv -\frac{\partial \boldsymbol{r}}{\partial v} \cdot \frac{\partial \boldsymbol{e}_n}{\partial v} \tag{5.39}$$

ergibt sich die 2. Grundform der Flächentheorie

$$\boxed{\frac{\cos\vartheta}{\varrho} = Lu'^2 + 2Mu'v' + Nv'^2} \tag{5.40}$$

aus der alle Krümmungsmerkmale der Fläche hervorgehen. An irgendeinem festen Flächenpunkt $P(u,v)$, wo also die Ortsfunktionen L, M, N feste Werte haben, hängt die rechte Seite lediglich von u' und v', d. h. von der örtlichen Tangentenrichtung $\boldsymbol{r}'$ der Flächenkurve ab. Der Kurvenverlauf abseits P ist belanglos.

Aufgabe 5.21 Zeigen Sie mit Hilfe der Lösung von Aufgabe 5.19

$$L = \frac{\partial^2 \boldsymbol{r}}{\partial u^2} \cdot \boldsymbol{e}_n, \quad M = \frac{\partial^2 \boldsymbol{r}}{\partial u \partial v} \cdot \boldsymbol{e}_n, \quad N = \frac{\partial^2 \boldsymbol{r}}{\partial v^2} \cdot \boldsymbol{e}_n\,!$$

Wie lauten diese Größen bezüglich der Fläche $z = z(x,y)$?

5.2.5 Satz von Meusnier

Nach (5.40) gilt für alle Flächenkurven mit gleicher Tangentenrichtung $\boldsymbol{r}'$ im Punkt P (Fig. 5.5)

$$\boxed{\frac{\cos\vartheta}{\varrho} = \frac{1}{R} \quad \curvearrowright \quad \varrho = R\cos\vartheta} \tag{5.41}$$

wobei $\pm R$ den Krümmungsradius derjenigen Flächenkurve bezeichnen möge, deren Hauptnormale $\boldsymbol{n}$ an der Stelle P mit der örtlichen Flächennormale $\boldsymbol{e}_n$ gleich- bzw. gegensinnig parallel ist ($\vartheta = 0$ bzw. π). In Sattelpunkten, wo Flächen beidseitig konkav sind, kann eine Drehung der Kurventangente um die

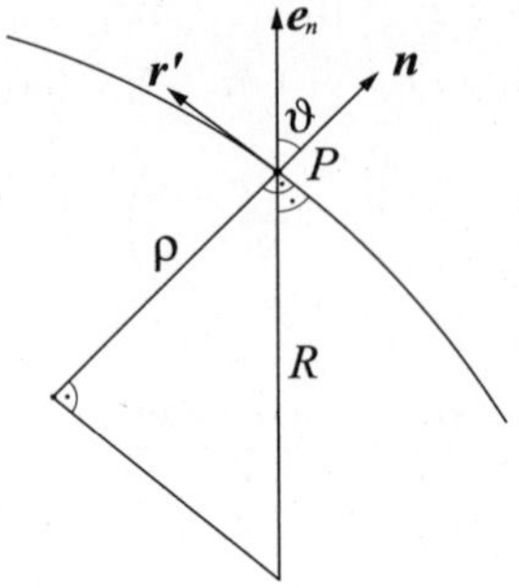

Fig. 5.5

Flächennormale $\boldsymbol{e}_n$ die Hauptnormalenrichtung $\boldsymbol{n}$ umkehren. Dann gehen $\cos\vartheta$ in $-\cos\vartheta$ und R in $-R$ über, so dass der Krümmungsmittelpunkt von einer zur anderen Seite der Fläche wechselt.

Wir beschränken uns im Folgenden auf *ebene* Flächenkurven, also Schnittkurven ihrer Schmiegebene mit der Fläche. Solche ebenen Schnittkurven heißen kurz Schnitte, und zwar

- Normalschnitte (mit Krümmungsradius $\pm R$), wenn die Schmiegebene die Flächennormale $\boldsymbol{e}_n$ enthält ($\vartheta = 0$ bzw. π), andernfalls
- schiefe Schnitte (mit Krümmungsradius ϱ).

In einem beliebigen Punkt P gehören zu jedem Tangentenvektor $\boldsymbol{r}'$ ein einziger Normalschnitt, aber unzählige schiefe Schnitte. So formuliert (5.41) den Satz von Meusnier[7] (1776): Der Krümmungsradius ϱ jedes schiefen Schnitts ist die Projektion von R auf die Schmiegebene dieses schiefen Schnitts, so dass die Krümmungskreise aller Schnitte mit gemeinsamer Flächentangente auf einer Kugel liegen.

Aufgabe 5.22 Gilt der Satz (5.41) ausschließlich für Flächenkurven oder für alle Raumkurven mit gleicher Tangentenrichtung $\boldsymbol{r}'$ im Punkt $\boldsymbol{r}$?

5.2.6 Krümmungsmaße

Zusammenfassung von (5.40) und (5.41) ergibt für den Krümmungsradius R eines Normalschnitts durch irgendeinen festen Flächenpunkt $P(u, v)$ mit der Tangentenrichtung u', v' unter Berücksichtigung der örtlichen Metrik (5.31) die quadratische Gleichung

$$(RL - E)u'^2 + 2(RM - F)u'v' + (RN - G)v'^2 = 0. \qquad (5.42)$$

[7] Jean-Baptiste Meusnier de la Place (1754-1793), französischer General, gefallen als Festungskommandant von Mainz-Kastel

Sie lässt erwarten, dass R bei Drehung des Normalschnitts um den festen Flächenpunkt $P(u, v)$ bei 2 Tangentenrichtungen extreme Werte R_1 und R_2 annimmt. Ihre Kehrwerte $\frac{1}{R_1}$ bzw. $\frac{1}{R_2}$ heißen Hauptkrümmungen; beide zusammen bilden ein Maß für die örtliche Krümmung der Fläche.

Aus den Bedingungen $\frac{\partial R}{\partial u'} = 0$ und $\frac{\partial R}{\partial v'} = 0$ folgen für die gesuchten Extrema die beiden linearen Gleichungen

$$(RL - E)u' + (RM - F)v' = 0, \tag{5.43a}$$

$$(RM - F)u' + (RN - G)v' = 0, \tag{5.43b}$$

deren nichttriviale Lösbarkeit hinsichtlich u', v' bekanntlich

$$\begin{vmatrix} RL - E & RM - F \\ RM - F & RN - G \end{vmatrix} = 0 \tag{5.44}$$

voraussetzt. Somit genügen die R-Extrema der quadratischen Gleichung

$$\frac{1}{R^2} - \frac{LG - 2FM + EN}{EG - F^2} \cdot \frac{1}{R} + \frac{LN - M^2}{EG - F^2} = 0. \tag{5.45}$$

Hier legt der vietasche[8] Wurzelsatz 2 bequeme Krümmungsmaße nahe, und zwar die sog. gaußsche Krümmung

$$\boxed{K \equiv \frac{1}{R_1} \cdot \frac{1}{R_2} = \frac{LN - M^2}{EG - F^2}} \tag{5.46}$$

sowie die sog. mittlere Krümmung

$$\boxed{H \equiv \frac{1}{2}\left(\frac{1}{R_1} + \frac{1}{R_2}\right) = \frac{LG - 2FM + EN}{2(EG - F^2)}} \tag{5.47}$$

Um die R_1 und R_2 entsprechenden Richtungen der Normalschnitttangente zu finden, eliminieren wir R aus (5.43) und erhalten die quadratische Gleichung

$$(FN - MG)v'^2 + (EN - LG)v'u' + (EM - LF)u'^2 = 0, \tag{5.48}$$

darstellbar durch die übersichtliche Determinante

$$\begin{vmatrix} v'^2 & -v'u' & u'^2 \\ E & F & G \\ L & M & N \end{vmatrix} = 0. \tag{5.49}$$

[8] François Viète (1540-1603), französischer Rechtsanwalt und Mathematik-Liebhaber, nannte sich in seinen Schriften Franciscus Vieta. Er führte die Buchstabenalgebra ein.

Nach Vieta ergibt sich für die beiden Richtungen $\frac{dv}{du} = \frac{v'}{u'}$ extremer Krümmung, die sog. Hauptkrümmungsrichtungen, im Flächenpunkt $P(u, v)$

$$\left(\frac{dv}{du}\right)_1 \cdot \left(\frac{dv}{du}\right)_2 = \frac{EM - LF}{FN - MG} \text{ und } \left(\frac{dv}{du}\right)_1 + \left(\frac{dv}{du}\right)_2 = \frac{LG - EN}{FN - MG}. \quad (5.50)$$

Die individuellen Hauptkrümmungsrichtungen bilden ein überall flächendeckendes Richtungsfeld. Die dazu passenden Flächenkurven, die keine Normalschnitte sein müssen, heißen Krümmungslinien; sie stehen überall paarweise aufeinander senkrecht, sind also Orthogonaltrajektorien (Aufgabe 5.23). Krümmungslinien sind z. B. auf Drehflächen die Meridiane und Parallelkreise. Auf Kugel und Ebene ist sogar jede Flächenkurve eine Krümmungslinie.

Aufgabe 5.23 Zeigen Sie, dass Krümmungslinien überall paarweise aufeinander senkrecht stehen!

5.2.7 Satz von Euler

Uns interessiert der funktionale Zusammenhang zwischen Krümmung $\frac{1}{R}$ und Tangentenrichtung $\boldsymbol{r}' = \frac{\partial \boldsymbol{r}}{\partial u}u' + \frac{\partial \boldsymbol{r}}{\partial v}v'$ eines Normalschnitts im Flächenpunkt $P(u, v)$. Am besten macht man die Krümmungs- zu Koordinatenlinien $v = \text{const}_1$ bzw. $u = \text{const}_2$, die als Lösungen der Differenzialgleichung (5.49) $F = M = 0$ bedingen. Dadurch gewinnen die gaußsche und mittlere Krümmung die einprägsamen Formen

$$K = \frac{1}{R_1} \cdot \frac{1}{R_2} = \frac{LN}{EG}, \quad H = \frac{1}{2}\left(\frac{1}{R_1} + \frac{1}{R_2}\right) = \frac{L}{2E} + \frac{N}{2G}, \quad (5.51)$$

aus denen die Hauptkrümmungen unmittelbar hervorgehen:

$$\frac{1}{R_1} = \frac{L}{E}, \quad \frac{1}{R_2} = \frac{N}{G}. \quad (5.52)$$

Weiterhin machen wir P sowohl zum Nullpunkt eines kartesischen Bezugssystems als auch zum Berührungspunkt der Fläche $z = z(x, y)$ mit der Ebene $z = 0$. Deshalb gilt dort allgemein (vgl. Aufgabe 5.16).

$$\frac{\partial z}{\partial x} = \frac{\partial z}{\partial y} = 0 \quad \curvearrowright \quad E = G = 1. \quad (5.53)$$

Die x- und y-Achse seien speziell so gerichtet, dass sie in P die u- bzw. v-Koordinatenlinien berühren:

$$\lim_{x \to 0} \frac{dx}{ds} = \frac{du}{ds}, \quad \lim_{y \to 0} \frac{dy}{ds} = \frac{dv}{ds}. \quad (5.54)$$

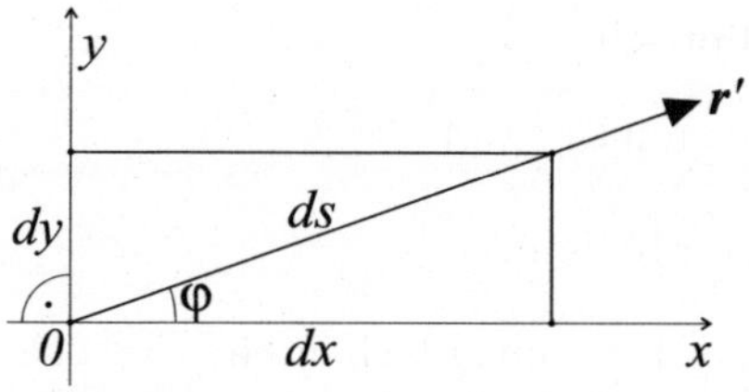

Fig. 5.6

Damit folgt aus (5.40) und (5.41) die gesuchte Krümmung in der Form

$$\frac{1}{R} = \frac{1}{R_1}\left(\frac{dx}{ds}\right)^2 + \frac{1}{R_2}\left(\frac{dy}{ds}\right)^2, \tag{5.55}$$

die durch Einführung des Winkels φ (Fig. 5.6) gemäß

$$\frac{dx}{ds} = \boldsymbol{r}' \cdot \boldsymbol{e}_x = \cos\varphi \quad \text{und} \quad \frac{dy}{ds} = \boldsymbol{r}' \cdot \boldsymbol{e}_y = \sin\varphi \tag{5.56}$$

in den Satz von Euler übergeht:

$$\boxed{\frac{1}{R} = \frac{\cos^2\varphi}{R_1} + \frac{\sin^2\varphi}{R_2}} \tag{5.57}$$

Er zeigt im Punkt P die Abhängigkeit der Krümmung $\frac{1}{R}$ von der Tangentenrichtung $\boldsymbol{r}'$ eines Normalschnitts. Besonderes Interesse verdienen die Achsen- und Symmetralenrichtungen:

$$\boldsymbol{r}' \| \boldsymbol{e}_x : \quad \frac{1}{R} = \frac{1}{R_1}, \qquad \boldsymbol{r}' \| \boldsymbol{e}_y : \quad \frac{1}{R} = \frac{1}{R_2}, \tag{5.58}$$

$$\boldsymbol{r}' \| (\boldsymbol{e}_x \pm \boldsymbol{e}_y) : \quad \frac{1}{R} = \frac{1}{2}\left(\frac{1}{R_1} + \frac{1}{R_2}\right) \equiv H. \tag{5.59}$$

In sog. Nabelpunkten, definiert durch $R_1 = R_2$, gilt unabhängig von φ

$$\frac{1}{R} = \frac{1}{R_1} = \frac{1}{R_2}. \tag{5.60}$$

Dort haben alle Normalschnitte die gleiche Krümmung.

5.2.8 Geometrieklassen

Die gaußsche Krümmung K bestimmt die Geometrie der Flächen. Das K-Vorzeichen hängt gemäß (5.46) wegen $EG - F^2 > 0$ von $LN - M^2$ ab. Nach der Einteilung im berühmten Erlanger Programm (1872) des 23-jährigen Felix Klein[9] heißt die Geometrie auf Flächen(teilen) mit den Merkmalen

[9]Felix Klein (1849-1925), deutscher Mathematik-Professor in Erlangen und Göttingen

- $LN - M^2 > 0$ elliptisch,
- $LN - M^2 = 0$ parabolisch und
- $LN - M^2 < 0$ hyperbolisch.

Entsprechend nennt man Flächen, Flächenteile, ja sogar Flächenpunkte elliptisch, parabolisch oder hyperbolisch gekrümmt.

Musterbeispiele für elliptische Krümmung sind alle Ellipsoide. Die Hauptkrümmungen haben überall das gleiche Vorzeichen; alle Krümmungsmittelpunkte liegen im Innern der Fläche. Die elliptische Krümmung ist nur auf Kugeln überall gleich.

Parabolisch gekrümmt sind Flächen dort, wo wenigstens eine Hauptkrümmung verschwindet; dies gilt z. B. für alle Zylinder- und Kegelpunkte. Beide Hauptkrümmungen verschwinden nur auf Ebenen. Die Geometrie auf parabolisch gekrümmten Flächen ist euklidisch : Es gilt der Lehrsatz des Pythagoras; ein Kreis vom Radius a hat den Umfang $2\pi a$ und den Inhalt πa^2; die Winkelsumme im Dreieck ist $180°$.

Hyperbolisch gekrümmt sind Flächen dort, wo die Krümmungsmittelpunkte auf entgegengesetzten Seiten liegen, etwa in der Umgebung von Sattelpunkten. Überall hyperbolisch gekrümmt sind z. B. das hyperbolische Paraboloid (Aufgabe 5.24), das 1-schalige Hyperboloid, die Wendelfläche (Aufgabe 5.4) und die Pseudosphäre (Fig. 5.7, Aufgabe 6.10).

Punkte mit elliptischer, parabolischer und hyperbolischer Krümmung können gemeinsam auf ein und derselben Fläche (z. B. Torus) vorkommen.

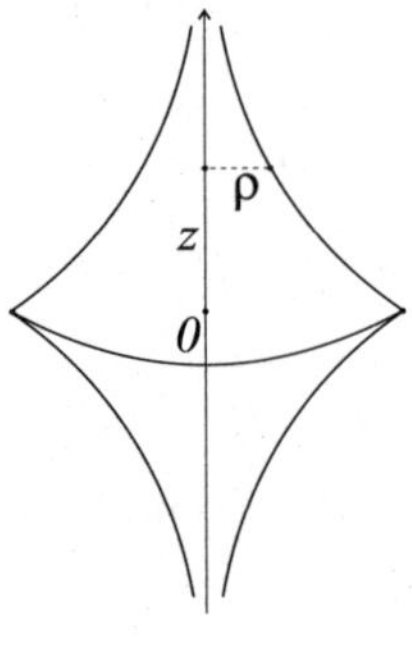

Fig. 5.7

Aufgabe 5.24 Wie lauten die gaußsche und mittlere Krümmung

1. des hyperbolischen Paraboloids (Sattelfläche) $z = xy$ und
2. der Kugel $z = \sqrt{a^2 - x^2 - y^2}$?

5.2.9 Satz von Rodrigues

Eine Krümmungslinie mit der (Haupt-)Krümmung $\frac{1}{R}$ am Ort $\boldsymbol{r}(u,v)$ genügt gemäß (5.36) für $\vartheta = 0$ der Bedingung

$$\frac{1}{R} + \boldsymbol{r}' \cdot \frac{d\boldsymbol{e}_n}{ds} = 0, \tag{5.61}$$

die nach Multiplikation mit dem Tangentenvektor $\boldsymbol{r}'$ wegen $\boldsymbol{r}' \| \frac{d\boldsymbol{e}_n}{ds}$ in

$$\frac{\boldsymbol{r}'}{R} + \frac{d\boldsymbol{e}_n}{ds} - \underbrace{\left(\boldsymbol{r}' \times \frac{d\boldsymbol{e}_n}{ds}\right)}_{0} \times \boldsymbol{r}' = 0 \tag{5.62}$$

übergeht und die Form des Satzes von Rodrigues[10] (1815) gewinnt:

$$\boxed{d\boldsymbol{r} + R\, d\boldsymbol{e}_n = 0} \tag{5.63}$$

Die Krümmungslinien Nr. 1 und Nr. 2 mögen mit den Koordinatenlinien $v = v_1$ bzw. $u = u_2$ zusammenfallen; sie haben die Richtungen

$$d\boldsymbol{r}_1 = \frac{\partial \boldsymbol{r}}{\partial u}\, du = -R_1 \frac{\partial \boldsymbol{e}_n}{\partial u}\, du \quad \text{bzw.} \quad d\boldsymbol{r}_2 = \frac{\partial \boldsymbol{r}}{\partial v}\, dv = -R_2 \frac{\partial \boldsymbol{e}_n}{\partial v}\, dv \tag{5.64}$$

und bilden im Sinne von (5.34) das Flächenelement

$$d\boldsymbol{S} = \left(\frac{\partial \boldsymbol{r}}{\partial u} \times \frac{\partial \boldsymbol{r}}{\partial v}\right) du\, dv = R_1 R_2 \left(\frac{\partial \boldsymbol{e}_n}{\partial u} \times \frac{\partial \boldsymbol{e}_n}{\partial v}\right) du\, dv. \tag{5.65}$$

Hierbei heißt

$$d\hat{\boldsymbol{S}} \equiv \left(\frac{\partial \boldsymbol{e}_n}{\partial u} \times \frac{\partial \boldsymbol{e}_n}{\partial v}\right) du\, dv \tag{5.66}$$

das sphärische Abbild von $d\boldsymbol{S}$. Damit fand Gauß für die *Flächen*krümmung K gemäß (5.46) eine der *Kurven*krümmung $\kappa = \left|\frac{d\boldsymbol{t}}{ds}\right| = \frac{d\boldsymbol{t}}{ds} \cdot \boldsymbol{n}$ gemäß (5.10) analoge Definition

$$K = \frac{d\hat{\boldsymbol{S}} \cdot \boldsymbol{e}_n}{d\boldsymbol{S} \cdot \boldsymbol{e}_n} = \frac{[\frac{\partial \boldsymbol{e}_n}{\partial u}, \frac{\partial \boldsymbol{e}_n}{\partial v}, \boldsymbol{e}_n]}{[\frac{\partial \boldsymbol{r}}{\partial u}, \frac{\partial \boldsymbol{r}}{\partial v}, \boldsymbol{e}_n]} = \frac{1}{R_1 R_2}, \tag{5.67}$$

wobei ihm auffiel, dass diese Herleitung von K ohne die „Krümmungsgrößen" L, M, N auskam. Er forschte nach und entdeckte mit seinem berühmten Theorema egregium, dass die Krümmung K – ebenso wie der Betrag $|H|$ der mittleren Krümmung, aber nicht H selbst – allein von den alle geometrischen Merkmale bestimmenden Ortsfunktionen E, F, G, nicht etwa von Bezugssystem oder Flächenlage abhängt, mithin eine echte, allein auf der Fläche selbst messbare geometrische Größe darstellt.

[10] Olinde Rodrigues (1794-1850), französischer Mathematiker, Sozialphilosoph und Bankier

Aufgabe 5.25 Zerlegen Sie $\frac{\partial \boldsymbol{e}_n}{\partial u}$ und $\frac{\partial \boldsymbol{e}_n}{\partial v}$ in Teilvektoren parallel mit den Koordinatenlinien!

Aufgabe 5.26 Leiten Sie das Gleichungspaar (5.43) aus dem Satz von Rodrigues her!

5.2.10 Theorema egregium

Aus den in Aufgabe 5.21 hergeleiteten Formeln für L, M, N folgt die Identität

$$\underbrace{(EG-F^2)(LN-M^2)}_{(EG-F^2)^2 K} = \left[\frac{\partial^2 \boldsymbol{r}}{\partial u^2}, \frac{\partial \boldsymbol{r}}{\partial u}, \frac{\partial \boldsymbol{r}}{\partial v}\right] \cdot \left[\frac{\partial^2 \boldsymbol{r}}{\partial v^2}, \frac{\partial \boldsymbol{r}}{\partial u}, \frac{\partial \boldsymbol{r}}{\partial v}\right] - \left[\frac{\partial^2 \boldsymbol{r}}{\partial u \partial v}, \frac{\partial \boldsymbol{r}}{\partial u}, \frac{\partial \boldsymbol{r}}{\partial v}\right]^2 .$$

Sie lautet gemäß den in Aufgabe 2.31 bewiesenen Produktregeln in Determinantenform

$$\begin{aligned}(EG-F^2)^2 K = &\begin{vmatrix} \frac{\partial^2 \boldsymbol{r}}{\partial u^2} \cdot \frac{\partial^2 \boldsymbol{r}}{\partial v^2} & \frac{\partial^2 \boldsymbol{r}}{\partial u^2} \cdot \frac{\partial \boldsymbol{r}}{\partial u} & \frac{\partial^2 \boldsymbol{r}}{\partial u^2} \cdot \frac{\partial \boldsymbol{r}}{\partial v} \\ \frac{\partial \boldsymbol{r}}{\partial u} \cdot \frac{\partial^2 \boldsymbol{r}}{\partial v^2} & E & F \\ \frac{\partial \boldsymbol{r}}{\partial v} \cdot \frac{\partial^2 \boldsymbol{r}}{\partial v^2} & F & G \end{vmatrix} \\ &- \begin{vmatrix} \left(\frac{\partial^2 \boldsymbol{r}}{\partial u \partial v}\right)^2 & \frac{\partial^2 \boldsymbol{r}}{\partial u \partial v} \cdot \frac{\partial \boldsymbol{r}}{\partial u} & \frac{\partial^2 \boldsymbol{r}}{\partial u \partial v} \cdot \frac{\partial \boldsymbol{r}}{\partial v} \\ \frac{\partial \boldsymbol{r}}{\partial u} \cdot \frac{\partial^2 \boldsymbol{r}}{\partial u \partial v} & E & F \\ \frac{\partial \boldsymbol{r}}{\partial v} \cdot \frac{\partial^2 \boldsymbol{r}}{\partial u \partial v} & F & G \end{vmatrix}\end{aligned} \qquad (5.68)$$

oder nach einer Umstellung in der 1. Zeile

$$\begin{aligned} = &\begin{vmatrix} \frac{\partial^2 \boldsymbol{r}}{\partial u^2} \cdot \frac{\partial^2 \boldsymbol{r}}{\partial v^2} - \left(\frac{\partial^2 \boldsymbol{r}}{\partial u \partial v}\right)^2 & \frac{\partial^2 \boldsymbol{r}}{\partial u^2} \cdot \frac{\partial \boldsymbol{r}}{\partial u} & \frac{\partial^2 \boldsymbol{r}}{\partial u^2} \cdot \frac{\partial \boldsymbol{r}}{\partial v} \\ \frac{\partial \boldsymbol{r}}{\partial u} \cdot \frac{\partial^2 \boldsymbol{r}}{\partial v^2} & E & F \\ \frac{\partial \boldsymbol{r}}{\partial v} \cdot \frac{\partial^2 \boldsymbol{r}}{\partial v^2} & F & G \end{vmatrix} \\ &- \begin{vmatrix} 0 & \frac{\partial^2 \boldsymbol{r}}{\partial u \partial v} \cdot \frac{\partial \boldsymbol{r}}{\partial u} & \frac{\partial^2 \boldsymbol{r}}{\partial u \partial v} \cdot \frac{\partial \boldsymbol{r}}{\partial v} \\ \frac{\partial \boldsymbol{r}}{\partial u} \cdot \frac{\partial^2 \boldsymbol{r}}{\partial u \partial v} & E & F \\ \frac{\partial \boldsymbol{r}}{\partial v} \cdot \frac{\partial^2 \boldsymbol{r}}{\partial u \partial v} & F & G \end{vmatrix} .\end{aligned} \qquad (5.69)$$

Durch Differenzieren der Definitionen (5.29) ergibt sich mühelos

$$\frac{1}{2}\frac{\partial E}{\partial u} = \frac{\partial \boldsymbol{r}}{\partial u} \cdot \frac{\partial^2 \boldsymbol{r}}{\partial u^2}, \quad \frac{1}{2}\frac{\partial E}{\partial v} = \frac{\partial \boldsymbol{r}}{\partial u} \cdot \frac{\partial^2 \boldsymbol{r}}{\partial u \partial v}, \quad \frac{1}{2}\frac{\partial^2 E}{\partial v^2} = \left(\frac{\partial^2 \boldsymbol{r}}{\partial u \partial v}\right)^2 + \frac{\partial \boldsymbol{r}}{\partial u} \cdot \frac{\partial^3 \boldsymbol{r}}{\partial u \partial v^2},$$

$$\frac{1}{2}\frac{\partial G}{\partial u} = \frac{\partial \boldsymbol{r}}{\partial v} \cdot \frac{\partial^2 \boldsymbol{r}}{\partial u \partial v}, \quad \frac{1}{2}\frac{\partial G}{\partial v} = \frac{\partial \boldsymbol{r}}{\partial v} \cdot \frac{\partial^2 \boldsymbol{r}}{\partial v^2}, \quad \frac{1}{2}\frac{\partial^2 G}{\partial u^2} = \left(\frac{\partial^2 \boldsymbol{r}}{\partial u \partial v}\right)^2 + \frac{\partial \boldsymbol{r}}{\partial v} \cdot \frac{\partial^3 \boldsymbol{r}}{\partial u^2 \partial v},$$

$$\frac{\partial F}{\partial u} = \frac{\partial^2 \boldsymbol{r}}{\partial u^2} \cdot \frac{\partial \boldsymbol{r}}{\partial v} + \underbrace{\frac{\partial \boldsymbol{r}}{\partial u} \cdot \frac{\partial^2 \boldsymbol{r}}{\partial u \partial v}}_{\frac{1}{2}\frac{\partial E}{\partial v}}, \quad \frac{\partial F}{\partial v} = \underbrace{\frac{\partial^2 \boldsymbol{r}}{\partial u \partial v} \cdot \frac{\partial \boldsymbol{r}}{\partial v}}_{\frac{1}{2}\frac{\partial G}{\partial u}} + \frac{\partial \boldsymbol{r}}{\partial u} \cdot \frac{\partial^2 \boldsymbol{r}}{\partial v^2}, \qquad (5.70)$$

$$\frac{\partial^2 F}{\partial u \partial v} - \frac{1}{2}\frac{\partial^2 E}{\partial v^2} = \underbrace{\frac{\partial^3 \boldsymbol{r}}{\partial u^2 \partial v} \cdot \frac{\partial \boldsymbol{r}}{\partial v}}_{\frac{1}{2}\frac{\partial^2 G}{\partial u^2} - \left(\frac{\partial^2 \boldsymbol{r}}{\partial u \partial v}\right)^2} + \frac{\partial^2 \boldsymbol{r}}{\partial u^2} \cdot \frac{\partial^2 \boldsymbol{r}}{\partial v^2}, \tag{5.71}$$

$$\curvearrowright \quad -\frac{1}{2}\frac{\partial^2 G}{\partial u^2} + \frac{\partial^2 F}{\partial u \partial v} - \frac{1}{2}\frac{\partial^2 E}{\partial v^2} = \frac{\partial^2 \boldsymbol{r}}{\partial u^2} \cdot \frac{\partial^2 \boldsymbol{r}}{\partial v^2} - \left(\frac{\partial^2 \boldsymbol{r}}{\partial u \partial v}\right)^2. \tag{5.72}$$

Gauß setzte diese Ausdrücke in (5.69) ein und fand sein Theorema egregium

$$(EG - F^2)^2 K = \begin{vmatrix} -\frac{1}{2}\frac{\partial^2 E}{\partial v^2} + \frac{\partial^2 F}{\partial u \partial v} - \frac{1}{2}\frac{\partial^2 G}{\partial u^2} & \frac{1}{2}\frac{\partial E}{\partial u} & \frac{\partial F}{\partial u} - \frac{1}{2}\frac{\partial E}{\partial v} \\ \frac{\partial F}{\partial v} - \frac{1}{2}\frac{\partial G}{\partial u} & E & F \\ \frac{1}{2}\frac{\partial G}{\partial v} & F & G \end{vmatrix} - \begin{vmatrix} 0 & \frac{1}{2}\frac{\partial E}{\partial v} & \frac{1}{2}\frac{\partial G}{\partial u} \\ \frac{1}{2}\frac{\partial E}{\partial v} & E & F \\ \frac{1}{2}\frac{\partial G}{\partial u} & F & G \end{vmatrix} \tag{5.73}$$

Später brachte Frobenius[11] diesen Hauptsatz der Flächentheorie mit der Abkürzung $W \equiv \sqrt{EG - F^2}$ in die handliche Form

$$K = -\frac{1}{4W^4}\begin{vmatrix} E & F & G \\ \frac{\partial E}{\partial u} & \frac{\partial F}{\partial u} & \frac{\partial G}{\partial u} \\ \frac{\partial E}{\partial v} & \frac{\partial F}{\partial v} & \frac{\partial G}{\partial v} \end{vmatrix} + \frac{1}{2W}\left(\frac{\partial}{\partial u}\frac{\frac{\partial F}{\partial v} - \frac{\partial G}{\partial u}}{W} + \frac{\partial}{\partial v}\frac{\frac{\partial F}{\partial u} - \frac{\partial E}{\partial v}}{W}\right) \tag{5.74}$$

Abbildungen einer Fläche auf eine andere sind überall isometrisch, d. h. längen-, winkel- und flächentreu, wo die metrischen Koeffizienten E, F, G beider Flächen in denselben Koordinaten übereinstimmen. Dort haben beide Flächen nicht nur dieselbe Metrik, sondern nach dem Theorema egregium auch dieselbe gaußsche Krümmung, also dieselbe Geometrie.

Aufgabe 5.27 Welche Krümmung K hat eine Fläche mit den metrischen Koeffizienten $E(u, v) \equiv G(u, v)$ und $F \equiv 0$? Was folgt für $E(u, v)$ im Fall euklidischer Geometrie? Zu welcher Geometrie führt die Metrik $ds^2 = \frac{a^2(du^2+dv^2)}{v^2}$?

5.2.11 Regelflächen und Torsen

Eine Gerade der Richtung $\boldsymbol{a}$ durch den Punkt $\boldsymbol{r}_0$, darstellbar in der Parameterform $\boldsymbol{r} = \boldsymbol{r}_0 + \lambda \boldsymbol{a}$, ist im Raum frei beweglich, wenn Ortsvektor $\boldsymbol{r}_0$ und Trägervektor $\boldsymbol{a}$ Zeitfunktionen sind. Der geradenfeste Punkt $\boldsymbol{r}_0$ wandert dann

[11] Georg Frobenius (1849-1917), deutscher Mathematik-Professor in Berlin und Zürich

auf einer Bahn $\boldsymbol{r}_0 = \boldsymbol{r}_0(t)$, während sich die so in Richtung $\dot{\boldsymbol{r}}_0$ verlagernde Gerade gemäß $\boldsymbol{a} = \boldsymbol{a}(t)$ dreht; sie erzeugt dabei eine sog. Regelfläche

$$\boldsymbol{r}(t, \lambda) = \boldsymbol{r}_0(t) + \lambda \boldsymbol{a}(t). \tag{5.75}$$

In dieser Form lautet z. B. das hyperbolische Paraboloid $z = xy$ mit den willkürlich gewählten Parametern $t = x$ und $\lambda = y$:

$$\boldsymbol{r}(t, \lambda) = \underbrace{t\boldsymbol{e}_x}_{\boldsymbol{r}_0(t)} + \lambda \underbrace{(\boldsymbol{e}_y + t\boldsymbol{e}_z)}_{\boldsymbol{a}(t)}. \tag{5.76}$$

Mit vertauschten Parametern $t = y$ und $\lambda = x$ ergibt sich alternativ:

$$\boldsymbol{r}(\lambda, t) = \underbrace{t\boldsymbol{e}_y}_{\boldsymbol{r}_0(t)} + \lambda \underbrace{(\boldsymbol{e}_x + t\boldsymbol{e}_z)}_{\boldsymbol{a}(t)}. \tag{5.77}$$

Weitere Regelflächen sind u. a. Zylinder, Kegel und 1-schaliges Hyperboloid.

Von allen Geraden verdient die Tangente der Bahn $\boldsymbol{r}_0(t)$ besonderes Interesse. Sie zeichnet sich durch $\dot{\boldsymbol{r}}_0 \times \boldsymbol{a} = 0$ aus und erzeugt eine Regelfläche mit den Merkmalen (vgl. Aufgabe 5.21)

$$\frac{\partial \boldsymbol{r}}{\partial t} = \dot{\boldsymbol{r}}_0 + \lambda \dot{\boldsymbol{a}}, \quad \frac{\partial \boldsymbol{r}}{\partial \lambda} = \boldsymbol{a}, \quad \frac{\partial^2 \boldsymbol{r}}{\partial t \partial \lambda} = \dot{\boldsymbol{a}}, \quad \frac{\partial^2 \boldsymbol{r}}{\partial \lambda^2} = 0, \tag{5.78}$$

$$\boldsymbol{e}_n = \frac{\dot{\boldsymbol{a}} \times \boldsymbol{a}}{|\dot{\boldsymbol{a}} \times \boldsymbol{a}|}, \quad M = \dot{\boldsymbol{a}} \cdot \frac{\dot{\boldsymbol{a}} \times \boldsymbol{a}}{|\dot{\boldsymbol{a}} \times \boldsymbol{a}|} = 0, \quad N = 0 \quad \curvearrowright \quad K \equiv 0. \tag{5.79}$$

Regelflächen mit überall verschwindender gaußscher Krümmung heißen Torsen, die zugehörigen Bahnen $\boldsymbol{r}_0(t)$ ihre Gratlinien. Deren Schmiegebenen werden durch die Torse eingehüllt.

Man kann jede Torse auf jede andere Torse isometrisch abbilden oder – mechanisch gesehen – durch Verbiegen in jede andere Torse überführen. Insbesondere lassen sich alle Torsen in die Ebene abwickeln.

Wenn die Gratlinie zu einem singulären Punkt $\boldsymbol{r}_0 = \mathbf{const}$ im Endlichen entartet, entsteht eine kegelförmige Torse. Sie hat Zylinderform, wenn $\boldsymbol{r}_0$ im Unendlichen liegt. Auf die Kegel- und Zylinderquerschnitte kommt es nicht an.

Als anschauliches Beispiel für die isometrische Abbildung von Torsen betrachten wir die beiden sich entlang der z-Achse berührenden Zylinder

$$x^2 + (y - a_1)^2 = a_1^2 \quad \text{und} \quad x^2 + (y - a_2)^2 = a_2^2. \tag{5.80}$$

Ihre Ortsvektoren $\boldsymbol{r}_1$ und $\boldsymbol{r}_2$ lauten in einer eleganten Parameterdarstellung

$$\boldsymbol{r}_1(u, v) = a_1 \sin \frac{u}{a_1} \boldsymbol{e}_x + a_1 \Big(1 - \cos \frac{u}{a_1}\Big) \boldsymbol{e}_y + v\boldsymbol{e}_z, \tag{5.81}$$

$$\boldsymbol{r}_2(u, v) = a_2 \sin \frac{u}{a_2} \boldsymbol{e}_x + a_2 \Big(1 - \cos \frac{u}{a_2}\Big) \boldsymbol{e}_y + v\boldsymbol{e}_z. \tag{5.82}$$

Beide Zylinder haben trotz ihrer unterschiedlichen Biegezustände die gleiche Metrik und die gleiche gaußsche Krümmung:

$$|d\boldsymbol{r}_1(u,v)|^2 = |d\boldsymbol{r}_2(u,v)|^2 = du^2+dv^2 \quad \curvearrowright \quad E \equiv G \equiv 1, \quad F \equiv K \equiv 0. \tag{5.83}$$

Dasselbe gilt für die Ebene $z = 0$, wie aus der Darstellung

$$\boldsymbol{r}_3(u,v) = u\boldsymbol{e}_x + v\boldsymbol{e}_z \quad \curvearrowright \quad |d\boldsymbol{r}_3(u,v)|^2 = du^2 + dv^2 \tag{5.84}$$

hervorgeht. Mithin lassen sich die beiden Zylinder nicht nur isometrisch aufeinander abbilden, sondern auch in die Ebene $z = 0$ abwickeln, was man sich anschaulich leicht vorstellen kann, erscheint die Ebene hier doch lediglich als 3. Zylinder mit unendlich großem Radius.

6 Krummlinige rechtwinklige Koordinaten u, v, w

Koordinaten – zwar erst von Leibniz[1] so genannt – kannte man schon um 3500 v. Chr. in Ägypten. Ptolemaios[2] bestimmte Punkte auf der Erde bereits durch geografische Länge und Breite, womit er die Kartografie begründete.

Zweckmäßige Formulierung und geschickte Lösung geometrisch-physikalischer Probleme beginnen mit der Wahl zur jeweiligen Symmetrie passender, gerad- oder krummliniger Koordinaten, wobei man meistens mit *rechtwinkligen* auskommt. *Dreidimensionale* gehören zum elementaren Rüstzeug jedes Praktikers; aber schon die einsteinsche Relativitätstheorie erschließt sich nur demjenigen, der auch den Umgang mit *vierdimensionalen* Koordinaten beherrscht.

6.1 Transformation von x, y, z zu u, v, w

6.1.1 Geometrische Grundlagen

Wir gehen vom kartesischen Bezugssystem S mit den Koordinaten x, y, z – kurz $S(x, y, z)$ – vermittels eines umkehrbaren Transformators

$$x = x(u, v, w), \quad y = y(u, v, w), \quad z = z(u, v, w) \tag{6.1}$$

zu einem ebenfalls rechtwinkligen, aber krummlinigen Bezugssystem S' mit den Koordinaten u, v, w – kurz $S'(u, v, w)$ – über und teilen so den Raum anders ein. Die krummen Koordinatenflächen $u = \text{const}_1$, $v = \text{const}_2$, $w = \text{const}_3$ schneiden sich überall paarweise unter rechten Winkeln, ebenso ihre krummen Schnittlinien, die u, v, w-Koordinatenlinien heißen.

Jeder Vektor hat in den Bezugssystemen S und S' spezifische Teilvektorentripel. So gilt für das Differenzial $d\boldsymbol{r}$ des Ortsvektors die Zerlegung

$$d\boldsymbol{r} = dx\,\boldsymbol{e}_x + dy\,\boldsymbol{e}_y + dz\,\boldsymbol{e}_z = \frac{\partial \boldsymbol{r}}{\partial u}du + \frac{\partial \boldsymbol{r}}{\partial v}dv + \frac{\partial \boldsymbol{r}}{\partial w}dw. \tag{6.2}$$

[1]Gottfried Wilhelm Leibniz (1646-1716), deutscher Universalgelehrter, studierte bei Huygens in Paris, war seit 1673 Mitglied der Royal Society in London, seit 1676 Hofrat des Welfenhauses in Hannover und wurde 1700 Gründungspräsident der Akademie in Berlin.

[2]Ptolemaios von Alexandria (etwa 85-165 n. Chr.), griechischer Astronom

Das kartesische Grundvektorentripel $\boldsymbol{e}_x, \boldsymbol{e}_y, \boldsymbol{e}_z$ transformiert sich in das rechtwinklige Grundvektorentripel $\frac{\partial \boldsymbol{r}}{\partial u}, \frac{\partial \boldsymbol{r}}{\partial v}, \frac{\partial \boldsymbol{r}}{\partial w}$. Dies bedeutet

$$|d\boldsymbol{r}|^2 = \left|\frac{\partial \boldsymbol{r}}{\partial u}\right|^2 du^2 + \left|\frac{\partial \boldsymbol{r}}{\partial v}\right|^2 dv^2 + \left|\frac{\partial \boldsymbol{r}}{\partial w}\right|^2 dw^2 \tag{6.3}$$

und führt mit den spezifischen S'-Merkmalen

$$U(u,v,w) \equiv \left|\frac{\partial \boldsymbol{r}}{\partial u}\right|^{-1}, \quad V(u,v,w) \equiv \left|\frac{\partial \boldsymbol{r}}{\partial v}\right|^{-1}, \quad W(u,v,w) \equiv \left|\frac{\partial \boldsymbol{r}}{\partial w}\right|^{-1} \tag{6.4}$$

zu der übersichtlichen Form

$$\boxed{|d\boldsymbol{r}|^2 = \frac{du^2}{U^2} + \frac{dv^2}{V^2} + \frac{dw^2}{W^2}} \tag{6.5}$$

Der Fall $U \equiv V \equiv W \equiv 1$ kennzeichnet ein kartesisches Bezugssystem.

Die neuen, überall rechtwinkligen, aber ortsabhängigen Einsvektoren

$$\boldsymbol{e}_u = U\frac{\partial \boldsymbol{r}}{\partial u}, \quad \boldsymbol{e}_v = V\frac{\partial \boldsymbol{r}}{\partial v}, \quad \boldsymbol{e}_w = W\frac{\partial \boldsymbol{r}}{\partial w} \tag{6.6}$$

weisen in Richtung der u, v, w-Koordinatenlinien. Wegen $\boldsymbol{e}_u^2 = \boldsymbol{e}_v^2 = \boldsymbol{e}_w^2 = 1$

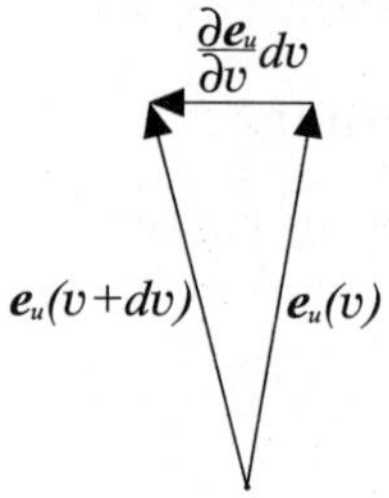

Fig. 6.1

gilt für $\boldsymbol{e}_u$ (Fig. 6.1), analog für $\boldsymbol{e}_v$ und $\boldsymbol{e}_w$ (vgl. 4.8)

$$\boldsymbol{e}_u \cdot \frac{\partial \boldsymbol{e}_u}{\partial u} = 0, \quad \boldsymbol{e}_u \cdot \frac{\partial \boldsymbol{e}_u}{\partial v} = 0, \quad \boldsymbol{e}_u \cdot \frac{\partial \boldsymbol{e}_u}{\partial w} = 0. \tag{6.7}$$

Die Einsvektoren genügen in einem Rechtssystem der Bedingung

$$\boxed{[\boldsymbol{e}_u, \boldsymbol{e}_v, \boldsymbol{e}_w] = UVW\left[\frac{\partial \boldsymbol{r}}{\partial u}, \frac{\partial \boldsymbol{r}}{\partial v}, \frac{\partial \boldsymbol{r}}{\partial w}\right] = +1} \tag{6.8}$$

wobei das Spatprodukt

$$\left[\frac{\partial \boldsymbol{r}}{\partial u}, \frac{\partial \boldsymbol{r}}{\partial v}, \frac{\partial \boldsymbol{r}}{\partial w}\right] = \begin{vmatrix} \frac{\partial x}{\partial u} & \frac{\partial y}{\partial u} & \frac{\partial z}{\partial u} \\ \frac{\partial x}{\partial v} & \frac{\partial y}{\partial v} & \frac{\partial z}{\partial v} \\ \frac{\partial x}{\partial w} & \frac{\partial y}{\partial w} & \frac{\partial z}{\partial w} \end{vmatrix} \equiv \frac{\partial(x,y,z)}{\partial(u,v,w)} \tag{6.9}$$

hierzulande Funktionaldeterminante, im angloamerikanischen Schrifttum vielfach Jacobi zu Ehren jacobische Determinante[3] heißt.

Die Differenziale der Koordinatenflächen $u = \text{const}_1$, $v = \text{const}_2$, $w = \text{const}_3$ lauten

$$d\boldsymbol{S}_u = \left(\frac{\partial \boldsymbol{r}}{\partial v} \times \frac{\partial \boldsymbol{r}}{\partial w}\right) dv\, dw = \frac{dv}{V}\frac{dw}{W}\, \boldsymbol{e}_u, \tag{6.10a}$$

$$d\boldsymbol{S}_v = \left(\frac{\partial \boldsymbol{r}}{\partial w} \times \frac{\partial \boldsymbol{r}}{\partial u}\right) dw\, du = \frac{dw}{W}\frac{du}{U}\, \boldsymbol{e}_v, \tag{6.10b}$$

$$d\boldsymbol{S}_w = \left(\frac{\partial \boldsymbol{r}}{\partial u} \times \frac{\partial \boldsymbol{r}}{\partial v}\right) du\, dv = \frac{du}{U}\frac{dv}{V}\, \boldsymbol{e}_w, \tag{6.10c}$$

während an die Stelle von $dx\, dy\, dz$ das neue Raumelement (Fig. 6.2)

$$\boxed{d\tau = \left[\frac{\partial \boldsymbol{r}}{\partial u}, \frac{\partial \boldsymbol{r}}{\partial v}, \frac{\partial \boldsymbol{r}}{\partial w}\right] du\, dv\, dw = \frac{du}{U}\frac{dv}{V}\frac{dw}{W}} \tag{6.11}$$

tritt. Dies ist ein leicht verformter elementarer Quader mit krummen Kanten und Seiten. Gegenüberliegende Seiten sind i. Allg. hinsichtlich ihres vektoriellen Inhalts etwas verschieden. Dennoch differieren die Volumina des leicht verform-

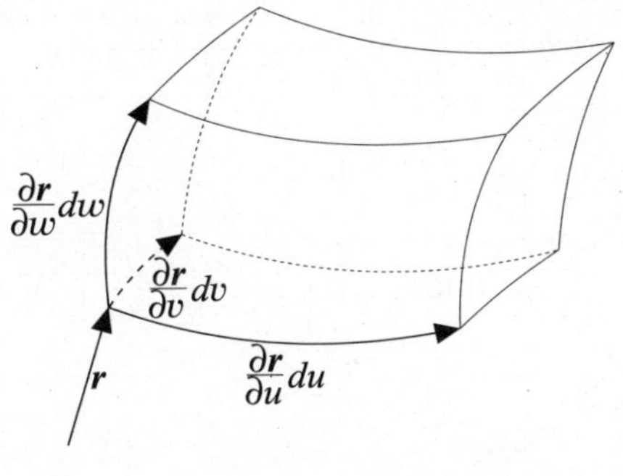

Fig. 6.2

ten und des idealen Quaders nur um vernachlässigbar kleine Größen höherer Ordnung (Aufgabe 6.2).

Aufgabe 6.1 Zeigen Sie, dass jedes elementare Viereck mit den Eckpunkten

$$P_1(u, v),\ P_2(u + du, v),\ P_3(u + du, v + dv),\ P_4(u, v + dv) \tag{6.12}$$

auf der Koordinatenfläche $w = \text{const}$ ein Parallelogramm ist, wenn man kleine Größen 2. und höherer Ordnung vernachlässigt!

[3] Diese Widmung stammt wie viele andere vom englischen Mathematiker James Joseph Sylvester (1814-1897).

Aufgabe 6.2 Zeigen Sie, dass jedes von 6 eng benachbarten (nicht notwendig orthogonalen) Koordinatenflächen

$$u = \text{const}_1, \quad u + du = \text{const}_2, \quad v = \text{const}_3, \quad v + dv = \text{const}_4,$$
$$w = \text{const}_5, \quad w + dw = \text{const}_6$$

begrenzte Raumelement bis auf vernachlässigbar kleine Größen ein Spat ist!

Aufgabe 6.3 Beweisen Sie $\frac{\partial(x,y,z)}{\partial(u,v,w)} \cdot \frac{\partial(u,v,w)}{\partial(x,y,z)} = 1\,!$

6.1.2 Gradient

Der Nabla-Operator hat jetzt die Teilvektoren

$$\boldsymbol{e}_u(\boldsymbol{e}_u \cdot \boldsymbol{\nabla}) = \boldsymbol{e}_u U \underbrace{\left(\frac{\partial \boldsymbol{r}}{\partial u} \cdot \boldsymbol{\nabla}\right)}_{\frac{\partial}{\partial u}} = \boldsymbol{e}_u U \frac{\partial}{\partial u}, \quad \boldsymbol{e}_v V \frac{\partial}{\partial v}, \quad \boldsymbol{e}_w W \frac{\partial}{\partial w}. \tag{6.13}$$

Damit erhält man in Anwendung auf ein Skalarfeld $\Phi(\boldsymbol{r})$

$$\boxed{\textbf{grad}\, \Phi = \boldsymbol{e}_u U \frac{\partial \Phi}{\partial u} + \boldsymbol{e}_v V \frac{\partial \Phi}{\partial v} + \boldsymbol{e}_w W \frac{\partial \Phi}{\partial w}} \tag{6.14}$$

Aufgabe 6.4 Bestätigen Sie die Identitäten

$$1.)\ \boldsymbol{\nabla}\, u = \frac{\frac{\partial \boldsymbol{r}}{\partial v} \times \frac{\partial \boldsymbol{r}}{\partial w}}{\left[\frac{\partial \boldsymbol{r}}{\partial u}, \frac{\partial \boldsymbol{r}}{\partial v}, \frac{\partial \boldsymbol{r}}{\partial w}\right]} \quad \text{und} \quad 2.)\ \left[\frac{\partial \boldsymbol{r}}{\partial u}, \frac{\partial \boldsymbol{r}}{\partial v}, \frac{\partial \boldsymbol{r}}{\partial w}\right] (\boldsymbol{\nabla}\, u, \boldsymbol{\nabla}\, v, \boldsymbol{\nabla}\, w) = 1\,!$$

6.1.3 Divergenz

Wir addieren zum formalen Punktprodukt

$$\underbrace{\boldsymbol{\nabla} \cdot \boldsymbol{a}}_{\text{div}\, \boldsymbol{a}} = \boldsymbol{e}_u U \cdot \frac{\partial \boldsymbol{a}}{\partial u} + \boldsymbol{e}_v V \cdot \frac{\partial \boldsymbol{a}}{\partial v} + \boldsymbol{e}_w W \cdot \frac{\partial \boldsymbol{a}}{\partial w} \tag{6.15}$$

$$= UVW \left(\frac{\boldsymbol{e}_u}{VW} \cdot \frac{\partial \boldsymbol{a}}{\partial u} + \frac{\boldsymbol{e}_v}{WU} \cdot \frac{\partial \boldsymbol{a}}{\partial v} + \frac{\boldsymbol{e}_w}{UV} \cdot \frac{\partial \boldsymbol{a}}{\partial w} \right) \tag{6.16}$$

die angesichts (6.10) leicht beweisbare Identität

$$0 = UVW\, \boldsymbol{a} \cdot \left[\frac{\partial}{\partial u}\left(\frac{\boldsymbol{e}_u}{VW}\right) + \frac{\partial}{\partial v}\left(\frac{\boldsymbol{e}_v}{WU}\right) + \frac{\partial}{\partial w}\left(\frac{\boldsymbol{e}_w}{UV}\right) \right] \tag{6.17}$$

und erhalten mit $\boldsymbol{a} = a_u \boldsymbol{e}_u + a_v \boldsymbol{e}_v + a_w \boldsymbol{e}_w$ mühelos

$$\boxed{\operatorname{div} \boldsymbol{a} = UVW \left[\frac{\partial}{\partial u} \left(\frac{a_u}{VW} \right) + \frac{\partial}{\partial v} \left(\frac{a_v}{WU} \right) + \frac{\partial}{\partial w} \left(\frac{a_w}{UV} \right) \right]} \tag{6.18}$$

In Verbindung mit (6.10 f) folgt die anschauliche Formel

$$\operatorname{div} \boldsymbol{a}\, d\tau = \frac{\partial}{\partial u}(\boldsymbol{a} \cdot d\boldsymbol{S}_u)\, du + \frac{\partial}{\partial v}(\boldsymbol{a} \cdot d\boldsymbol{S}_v)\, dv + \frac{\partial}{\partial w}(\boldsymbol{a} \cdot d\boldsymbol{S}_w)\, dw. \tag{6.19}$$

Rechts steht die Änderung der Vektorflusskomponenten $\boldsymbol{a} \cdot d\boldsymbol{S}_u$, $\boldsymbol{a} \cdot d\boldsymbol{S}_v$, $\boldsymbol{a} \cdot d\boldsymbol{S}_w$ im Raumelement $d\tau$ (vgl. Kap. 4.2.2).

6.1.4 Rotor

Zur Berechnung der u-Komponente des Rotors von $\boldsymbol{a}$ betrachten wir die Zirkulation $d\Gamma_u$ von $\boldsymbol{a}$ auf dem Rand des Flächenelements $d\boldsymbol{S}_u$ (Fig. 6.3). Die

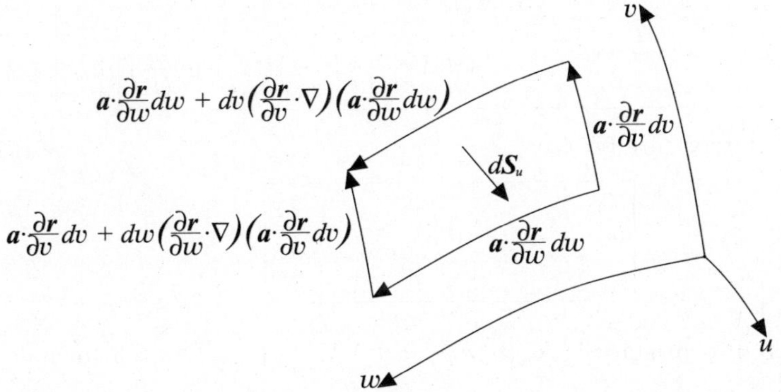

Fig. 6.3

Randsumme im Sinne der Rechtsschraubenregel, also gegen den Uhrzeigersinn, beträgt analog Kap. 4.2.3

$$d\Gamma_u = dv \underbrace{\left(\frac{\partial \boldsymbol{r}}{\partial v} \cdot \boldsymbol{\nabla} \right)}_{\frac{\partial}{\partial v}} \left(\boldsymbol{a} \cdot \frac{\partial \boldsymbol{r}}{\partial w} dw \right) - dw \underbrace{\left(\frac{\partial \boldsymbol{r}}{\partial w} \cdot \boldsymbol{\nabla} \right)}_{\frac{\partial}{\partial w}} \left(\boldsymbol{a} \cdot \frac{\partial \boldsymbol{r}}{\partial v} dv \right) \tag{6.20a}$$

$$= \frac{\partial}{\partial v} \left(\frac{a_w}{W} \right) dv\, dw - \frac{\partial}{\partial w} \left(\frac{a_v}{V} \right) dv\, dw \tag{6.20b}$$

$$= VW \left[\frac{\partial}{\partial v} \left(\frac{a_w}{W} \right) - \frac{\partial}{\partial w} \left(\frac{a_v}{V} \right) \right] \boldsymbol{e}_u \cdot d\boldsymbol{S}_u. \tag{6.20c}$$

Hinzu kommen die analogen Beiträge $d\Gamma_v$ und $d\Gamma_w$ der Flächenelemente $d\boldsymbol{S}_v$ und $d\boldsymbol{S}_w$. Zusammenfassend erhält man

$$d\Gamma = d\Gamma_u + d\Gamma_v + d\Gamma_w \tag{6.21}$$

$$\begin{aligned} &= VW\left[\frac{\partial}{\partial v}\left(\frac{a_w}{W}\right) - \frac{\partial}{\partial w}\left(\frac{a_v}{V}\right)\right]\boldsymbol{e}_u \cdot d\boldsymbol{S}_u \\ &+ WU\left[\frac{\partial}{\partial w}\left(\frac{a_u}{U}\right) - \frac{\partial}{\partial u}\left(\frac{a_w}{w}\right)\right]\boldsymbol{e}_v \cdot d\boldsymbol{S}_v \\ &+ UV\left[\frac{\partial}{\partial u}\left(\frac{a_v}{V}\right) - \frac{\partial}{\partial v}\left(\frac{a_u}{U}\right)\right]\boldsymbol{e}_w \cdot d\boldsymbol{S}_w \equiv \mathbf{rot}\,\boldsymbol{a} \cdot d\boldsymbol{S}. \end{aligned} \tag{6.22}$$

Der Faktor des Flächenelements $d\boldsymbol{S} = d\boldsymbol{S}_u + d\boldsymbol{S}_v + d\boldsymbol{S}_w$ ist definitionsgemäß der gesuchte Rotor:

$$\boxed{\begin{aligned} \mathbf{rot}\,\boldsymbol{a} = VW&\left[\frac{\partial}{\partial v}\left(\frac{a_w}{W}\right) - \frac{\partial}{\partial w}\left(\frac{a_v}{V}\right)\right]\boldsymbol{e}_u \\ &+ WU\left[\frac{\partial}{\partial w}\left(\frac{a_u}{U}\right) - \frac{\partial}{\partial u}\left(\frac{a_w}{W}\right)\right]\boldsymbol{e}_v \\ &+ UV\left[\frac{\partial}{\partial u}\left(\frac{a_v}{V}\right) - \frac{\partial}{\partial v}\left(\frac{a_u}{U}\right)\right]\boldsymbol{e}_w \end{aligned}} \tag{6.23}$$

Er lautet in Matrixschreibweise

$$\boxed{\mathbf{rot}\,\boldsymbol{a} = UVW\begin{vmatrix} \frac{\boldsymbol{e}_u}{U} & \frac{\boldsymbol{e}_v}{V} & \frac{\boldsymbol{e}_w}{W} \\ \frac{\partial}{\partial u} & \frac{\partial}{\partial v} & \frac{\partial}{\partial w} \\ \frac{a_u}{U} & \frac{a_v}{V} & \frac{a_w}{W} \end{vmatrix}} \tag{6.24}$$

Aufgabe 6.5 Bestätigen Sie $\boldsymbol{\nabla}\cdot(a_u\boldsymbol{e}_u) = UVW\frac{\partial}{\partial u}\left(\frac{a_u}{VW}\right)$ durch formale $\boldsymbol{\nabla}$-Anwendung!

Aufgabe 6.6 Bestätigen Sie $\boldsymbol{e}_u \cdot \mathbf{rot}\,\boldsymbol{a}$ durch formale $\boldsymbol{\nabla}$-Anwendung!

6.1.5 Laplace-Operator

Angesichts (4.102) führt die Zusammenfassung von (6.14) und (6.18) zu

$$\boxed{\Delta\Phi = UVW\left[\frac{\partial}{\partial u}\left(\frac{U}{VW}\frac{\partial\Phi}{\partial u}\right) + \frac{\partial}{\partial v}\left(\frac{V}{WU}\frac{\partial\Phi}{\partial v}\right) + \frac{\partial}{\partial w}\left(\frac{W}{UV}\frac{\partial\Phi}{\partial w}\right)\right]} \tag{6.25}$$

Ein Blick auf (6.14) bestätigt übrigens, dass die Gleichung $\boldsymbol{\nabla}^2 = \Delta$ nur bei Verwendung kartesischer Koordinaten ($U = V = W = 1$) gilt (vgl. Kap. 4.4.1).

6.2 Spezielle Koordinaten

Für besondere Probleme gibt es auch besondere Koordinaten, z. B. elliptische, parabolische, bipolare, Dreiecks-, Ring-, Spindel- und Kegelkoordinaten. Dem Praktiker genügen i. Allg. kartesische, Polar-, Zylinder- und Kugelkoordinaten.

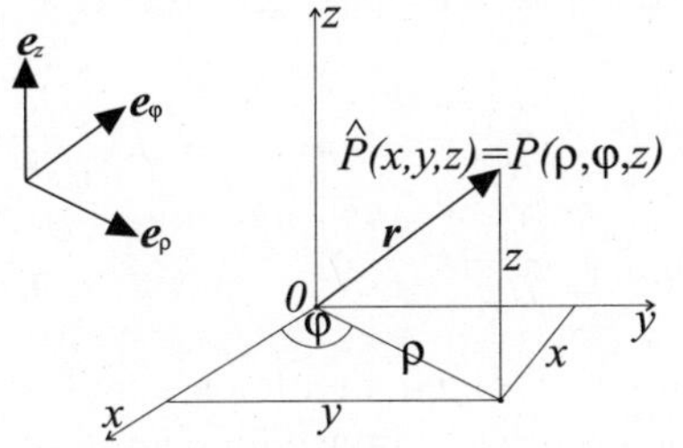

Fig. 6.4

6.2.1 Zylinderkoordinaten ($u = \rho$, $v = \varphi$, $w = z$)

Es handelt sich lediglich um die Transformation der beiden ebenen kartesischen Koordinaten x, y in die Polarkoordinaten ρ, φ. Die kartesische z-Koordinate bleibt unverändert. Der Transformator lautet (Fig. 6.4)

$$x = \rho\cos\varphi, \qquad \rho = \sqrt{x^2 + y^2}, \tag{6.26a}$$

$$y = \rho\sin\varphi, \qquad \varphi = \arctan\frac{y}{x}, \tag{6.26b}$$

$$z = z. \tag{6.26c}$$

Daraus folgt unmittelbar

$$\boldsymbol{r}(\rho, \varphi, z) = \underbrace{\rho\cos\varphi\,\boldsymbol{e}_x + \rho\sin\varphi\,\boldsymbol{e}_y}_{\rho\boldsymbol{e}_\rho} + z\,\boldsymbol{e}_z, \tag{6.27}$$

$$\frac{\partial \boldsymbol{r}}{\partial \rho} = \cos\varphi\,\boldsymbol{e}_x + \sin\varphi\,\boldsymbol{e}_y = \boldsymbol{e}_\rho \qquad \curvearrowright \quad U = \left|\frac{\partial \boldsymbol{r}}{\partial \rho}\right|^{-1} = 1, \tag{6.28a}$$

$$\frac{\partial \boldsymbol{r}}{\partial \varphi} = -\rho\sin\varphi\,\boldsymbol{e}_x + \rho\cos\varphi\,\boldsymbol{e}_y \qquad \curvearrowright \quad V = \left|\frac{\partial \boldsymbol{r}}{\partial \varphi}\right|^{-1} = \frac{1}{\rho}, \tag{6.28b}$$

$$\frac{\partial \boldsymbol{r}}{\partial z} = \boldsymbol{e}_z \qquad \curvearrowright \quad W = \left|\frac{\partial \boldsymbol{r}}{\partial z}\right|^{-1} = 1, \tag{6.28c}$$

$$|d\boldsymbol{r}|^2 = d\rho^2 + \rho^2 d\varphi^2 + dz^2. \tag{6.29}$$

Zylinderkoordinaten haben den Wertevorrat

$$0 \leq \rho \leq \infty, \quad 0 \leq \varphi \leq 2\pi, \quad -\infty \leq z \leq \infty. \tag{6.30}$$

Für die beiden ortsabhängigen Einsvektoren und ihre Ableitungen ergibt sich

$$\boldsymbol{e}_\rho = \cos\varphi\,\boldsymbol{e}_x + \sin\varphi\,\boldsymbol{e}_y, \quad \boldsymbol{e}_\varphi = -\sin\varphi\,\boldsymbol{e}_x + \cos\varphi\,\boldsymbol{e}_y, \tag{6.31}$$

$$\frac{\partial \boldsymbol{e}_\rho}{\partial \rho} = 0, \qquad \frac{\partial \boldsymbol{e}_\rho}{\partial \varphi} = \boldsymbol{e}_\varphi, \qquad \frac{\partial \boldsymbol{e}_\rho}{\partial z} = 0, \tag{6.32a}$$

$$\frac{\partial \boldsymbol{e}_\varphi}{\partial \rho} = 0, \qquad \frac{\partial \boldsymbol{e}_\varphi}{\partial \varphi} = -\boldsymbol{e}_\rho, \qquad \frac{\partial \boldsymbol{e}_\varphi}{\partial z} = 0. \tag{6.32b}$$

Die Einsvektoren $\boldsymbol{e}_\rho$ und $\boldsymbol{e}_\varphi$ zeigen in diejenigen Richtungen, wo ρ bzw. φ zunehmen. Es beschreiben die Koordinatenflächen

- $\rho = \text{const}_1$ einen zur z-Achse symmetrischen Kreiszylinder,
- $\varphi = \text{const}_2$ eine durch die z-Achse berandete Halbebene,
- $z = \text{const}_3$ eine zur z-Achse senkrechte Ebene.

Dazu gehören analog (6.10) die Flächenelemente

$$d\boldsymbol{S}_\rho = \left(\frac{\partial \boldsymbol{r}}{\partial \varphi} \times \frac{\partial \boldsymbol{r}}{\partial z}\right) d\varphi\, dz = \rho\, d\varphi\, dz\, \boldsymbol{e}_\rho, \tag{6.33a}$$

$$d\boldsymbol{S}_\varphi = \left(\frac{\partial \boldsymbol{r}}{\partial z} \times \frac{\partial \boldsymbol{r}}{\partial \rho}\right) dz\, d\rho = dz\, d\rho\, \boldsymbol{e}_\varphi, \tag{6.33b}$$

$$d\boldsymbol{S}_z = \left(\frac{\partial \boldsymbol{r}}{\partial \rho} \times \frac{\partial \boldsymbol{r}}{\partial \varphi}\right) d\rho\, d\varphi = \rho\, d\rho\, d\varphi\, \boldsymbol{e}_z. \tag{6.33c}$$

Funktionaldeterminante und Raumelement gewinnen die Formen

$$\frac{\partial(x, y, z)}{\partial(\rho, \varphi, z)} = \rho, \quad d\tau = \rho\, d\rho\, d\varphi\, dz. \tag{6.34}$$

Die Differenzialoperationen lauten nunmehr

$$\boxed{\mathbf{grad}\,\Phi = \frac{\partial \Phi}{\partial \rho}\,\boldsymbol{e}_\rho + \frac{1}{\rho}\frac{\partial \Phi}{\partial \varphi}\,\boldsymbol{e}_\varphi + \frac{\partial \Phi}{\partial z}\,\boldsymbol{e}_z} \tag{6.35}$$

$$\boxed{\operatorname{div} \boldsymbol{a} = \frac{1}{\rho}\frac{\partial(\rho a_\rho)}{\partial \rho} + \frac{1}{\rho}\frac{\partial a_\varphi}{\partial \varphi} + \frac{\partial a_z}{\partial z}} \tag{6.36}$$

$$\boxed{\begin{aligned}\mathbf{rot}\,\boldsymbol{a} = &\left[\frac{1}{\rho}\frac{\partial a_z}{\partial \varphi} - \frac{\partial a_\varphi}{\partial z}\right]\boldsymbol{e}_\rho \\ &+ \left[\frac{\partial a_\rho}{\partial z} - \frac{\partial a_z}{\partial \rho}\right]\boldsymbol{e}_\varphi \\ &+ \frac{1}{\rho}\left[\frac{\partial(\rho a_\varphi)}{\partial \rho} - \frac{\partial a_\rho}{\partial \varphi}\right]\boldsymbol{e}_z\end{aligned}} \tag{6.37}$$

$$\boxed{\Delta\Phi = \frac{1}{\rho}\frac{\partial}{\partial\rho}\left(\rho\frac{\partial\Phi}{\partial\rho}\right) + \frac{1}{\rho^2}\frac{\partial^2\Phi}{\partial\varphi^2} + \frac{\partial^2\Phi}{\partial z^2}} \tag{6.38}$$

Anwendung in der Kreiseltheorie

Ein starrer Körper rotiere so um die z-Achse, dass die Zylinderkoordinaten ρ (Abstand zur Drehachse) und z (Abstand zur Ebene $z = 0$) irgendeines Körper-

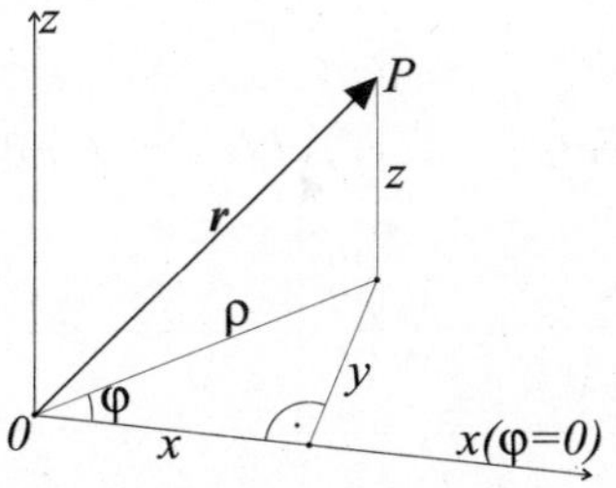

Fig. 6.5

punkts $P(\boldsymbol{r})$ konstant bleiben (Fig. 6.5). Dieser beschreibt wegen $\boldsymbol{r} = \rho\boldsymbol{e}_\rho + z\boldsymbol{e}_z$ eine Kreisbahn mit der Geschwindigkeit

$$\boldsymbol{v} = \frac{d\boldsymbol{r}}{dt} = \rho\frac{d\boldsymbol{e}_\rho}{dt} = \rho\frac{d\boldsymbol{e}_\rho}{d\varphi}\dot{\varphi} = \rho\dot{\varphi}\boldsymbol{e}_\varphi, \tag{6.39}$$

die mit Hilfe der Identität $\boldsymbol{e}_\varphi = \boldsymbol{e}_z \times \boldsymbol{e}_\rho$ die Form $\boldsymbol{v} = \dot{\varphi}\boldsymbol{e}_z \times \rho\boldsymbol{e}_\rho$ gewinnt. Der Vektor $\dot{\varphi}\boldsymbol{e}_z \equiv \boldsymbol{w}$ heißt Drehgeschwindigkeit. Damit gilt nach Euler

$$\boldsymbol{v} = \boldsymbol{w} \times \boldsymbol{r}. \tag{6.40}$$

Die Bahnen aller Körperpunkte bilden gemeinsam ein koaxiales Drehfeld. Dessen Rotor lautet wegen der $\boldsymbol{w}$-Homogenität gemäß (4.69) oder (6.37)

$$\mathbf{rot}\,\boldsymbol{v} = \mathbf{rot}(\boldsymbol{w} \times \boldsymbol{r}) = 2\boldsymbol{w}. \tag{6.41}$$

Er ist also parallel mit $\boldsymbol{w}$ und ebenfalls homogen. Dieses Drehfeld ist trotz des mathematischen Merkmals $\mathbf{rot}\,\boldsymbol{v} \neq 0$ physikalisch wirbelfrei, also ein unechtes Wirbelfeld (Kap. 4.2.4).

Aufgabe 6.7 Bestätigen Sie $d\boldsymbol{e}_\rho = d\varphi\, \boldsymbol{e}_\varphi$ und $d\boldsymbol{e}_\varphi = -d\varphi\, \boldsymbol{e}_\rho$ durch eine geometrische Überlegung!

Aufgabe 6.8 Bestimmen Sie in reellen und komplexen Polarkoordinaten Geschwindigkeit $\boldsymbol{v}$ und Beschleunigung $\boldsymbol{b}$ eines Massepunkts auf irgendeiner ebenen Bahn!

Aufgabe 6.9 Beweisen Sie für einen Kreis $(\boldsymbol{r} - \boldsymbol{r}_0)^2 = a^2$ in der Ebene $z = 0$ den Zusammenhang $\boldsymbol{r}'' = \frac{\boldsymbol{e}_z \times \boldsymbol{r}'}{a}$!

Aufgabe 6.10 Beschreiben Sie in Worten die Merkmale der Pseudosphäre $z = a \cdot \operatorname{ar\,cosh} \frac{a}{\rho} - \sqrt{a^2 - \rho^2}$ und berechnen Sie ihre gaußsche Krümmung!

6.2.2 Kugelkoordinaten ($u = r$, $v = \vartheta$, $w = \varphi$)

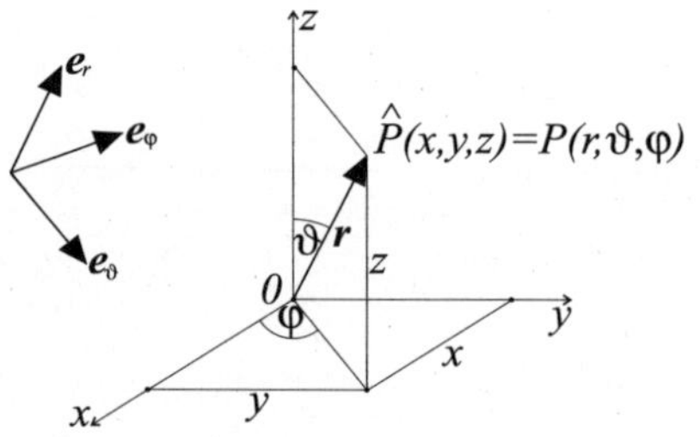

Fig. 6.6

Es bezeichnen die Kugelkoordinaten (Fig. 6.6)

- $r = |\boldsymbol{r}|$ den Abstand zum Nullpunkt,
- ϑ den sog. Polabstand auf der Einheitskugel und
- φ (ebenso wie die gleichnamige Zylinderkoordinate) das sog. Azimut.

Sie haben den Wertevorrat

$$0 \le r \le \infty, \quad 0 \le \vartheta \le \pi, \quad 0 \le \varphi \le 2\pi. \tag{6.42}$$

Die Transformationsgleichungen lauten

$$x = r \sin\vartheta \cos\varphi, \qquad r = \sqrt{x^2 + y^2 + z^2}, \tag{6.43a}$$

$$y = r \sin\vartheta \sin\varphi, \qquad \vartheta = \arctan \frac{\sqrt{x^2 + y^2}}{z}, \tag{6.43b}$$

$$z = r \cos\vartheta, \qquad \varphi = \arctan \frac{y}{x} \tag{6.43c}$$

oder zusammengefasst

$$\boldsymbol{r}(r,\vartheta,\varphi) \equiv r\boldsymbol{e}_r = r\sin\vartheta\cos\varphi\,\boldsymbol{e}_x + r\sin\vartheta\sin\varphi\,\boldsymbol{e}_y + r\cos\vartheta\,\boldsymbol{e}_z. \tag{6.44}$$

Damit erhält man

$$\frac{\partial \boldsymbol{r}}{\partial r} = \sin\vartheta\cos\varphi\,\boldsymbol{e}_x + \sin\vartheta\sin\varphi\,\boldsymbol{e}_y + \cos\vartheta\,\boldsymbol{e}_z = \boldsymbol{e}_r \qquad \curvearrowright \quad U = \left|\frac{\partial \boldsymbol{r}}{\partial r}\right|^{-1} = 1,$$

$$\frac{\partial \boldsymbol{r}}{\partial \vartheta} = r\cos\vartheta\cos\varphi\,\boldsymbol{e}_x + r\cos\vartheta\sin\varphi\,\boldsymbol{e}_y - r\sin\vartheta\,\boldsymbol{e}_z \qquad \curvearrowright \quad V = \left|\frac{\partial \boldsymbol{r}}{\partial \vartheta}\right|^{-1} = \frac{1}{r},$$

$$\frac{\partial \boldsymbol{r}}{\partial \varphi} = -r\sin\vartheta\sin\varphi\,\boldsymbol{e}_x + r\sin\vartheta\cos\varphi\,\boldsymbol{e}_y \qquad \curvearrowright \quad W = \left|\frac{\partial \boldsymbol{r}}{\partial \varphi}\right|^{-1} = \frac{1}{r\sin\vartheta},$$

$$|d\boldsymbol{r}|^2 = dr^2 + r^2 d\vartheta^2 + r^2\sin^2\vartheta\,d\varphi^2. \tag{6.45}$$

Die zugehörigen Einsvektoren und ihre Ableitungen berechnen sich zu

$$\boldsymbol{e}_r = \sin\vartheta\cos\varphi\,\boldsymbol{e}_x + \sin\vartheta\sin\varphi\,\boldsymbol{e}_y + \cos\vartheta\,\boldsymbol{e}_z, \tag{6.46}$$

$$\boldsymbol{e}_\vartheta = \cos\vartheta\cos\varphi\,\boldsymbol{e}_x + \cos\vartheta\sin\varphi\,\boldsymbol{e}_y - \sin\vartheta\,\boldsymbol{e}_z, \tag{6.47}$$

$$\boldsymbol{e}_\varphi = -\sin\varphi\,\boldsymbol{e}_x + \cos\varphi\,\boldsymbol{e}_y, \tag{6.48}$$

$$\frac{\partial \boldsymbol{e}_r}{\partial r} = 0, \qquad \frac{\partial \boldsymbol{e}_r}{\partial \vartheta} = \boldsymbol{e}_\vartheta, \qquad \frac{\partial \boldsymbol{e}_r}{\partial \varphi} = \sin\vartheta\,\boldsymbol{e}_\varphi, \tag{6.49}$$

$$\frac{\partial \boldsymbol{e}_\vartheta}{\partial r} = 0, \qquad \frac{\partial \boldsymbol{e}_\vartheta}{\partial \vartheta} = -\boldsymbol{e}_r, \qquad \frac{\partial \boldsymbol{e}_\vartheta}{\partial \varphi} = \cos\vartheta\,\boldsymbol{e}_\varphi, \tag{6.50}$$

$$\frac{\partial \boldsymbol{e}_\varphi}{\partial r} = 0, \qquad \frac{\partial \boldsymbol{e}_\varphi}{\partial \vartheta} = 0, \qquad \frac{\partial \boldsymbol{e}_\varphi}{\partial \varphi} = -\sin\vartheta\,\boldsymbol{e}_r - \cos\vartheta\,\boldsymbol{e}_\vartheta. \tag{6.51}$$

In jedem Punkt $P(r,\vartheta,\varphi)$ schneiden sich je 3 individuelle Koordinatenflächen. Davon beschreiben

- $r = \text{const}_1$ eine Kugel mit dem Mittelpunkt 0,
- $\vartheta = \text{const}_2$ einen zur z-Achse symmetrischen Kreiskegel mit der Spitze in 0 und
- $\varphi = \text{const}_3$ eine durch die z-Achse berandete Meridianhalbebene.

Nunmehr lauten die entsprechenden Flächenelemente

$$d\boldsymbol{S}_r = r^2\sin\vartheta\,d\vartheta\,d\varphi\,\boldsymbol{e}_r, \quad d\boldsymbol{S}_\vartheta = r\sin\vartheta\,d\varphi\,dr\,\boldsymbol{e}_\vartheta, \quad d\boldsymbol{S}_\varphi = r\,dr\,d\vartheta\,\boldsymbol{e}_\varphi. \tag{6.52}$$

Die Einheitskugel ($r = 1$) hat das skalare Flächenelement

$$|d\boldsymbol{S}_r| = \sin\vartheta\,d\vartheta\,d\varphi \equiv d\Omega, \tag{6.53}$$

definiert als Raumwinkelelement $d\Omega$, und damit die Oberfläche

$$\oint |d\boldsymbol{S}_r| = \int_0^{2\pi}\int_0^{\pi} \sin\vartheta\, d\vartheta\, d\varphi = \int_0^{4\pi} d\Omega = 4\pi. \tag{6.54}$$

Für Funktionaldeterminante und Raumelement gilt

$$\frac{\partial(x,y,z)}{\partial(r,\vartheta,\varphi)} = r^2\sin\vartheta, \quad d\tau = r^2 \sin\vartheta\, dr\, d\vartheta\, d\varphi. \tag{6.55}$$

Die Differenzialoperationen gewinnen die Form

$$\boxed{\mathbf{grad}\,\Phi = \frac{\partial\Phi}{\partial r}\boldsymbol{e}_r + \frac{1}{r}\frac{\partial\Phi}{\partial\vartheta}\boldsymbol{e}_\vartheta + \frac{1}{r\sin\vartheta}\frac{\partial\Phi}{\partial\varphi}\boldsymbol{e}_\varphi} \tag{6.56}$$

$$\boxed{\operatorname{div}\boldsymbol{a} = \frac{1}{r^2}\frac{\partial(r^2 a_r)}{\partial r} + \frac{1}{r\sin\vartheta}\frac{\partial(\sin\vartheta\, a_\vartheta)}{\partial\vartheta} + \frac{1}{r\sin\vartheta}\frac{\partial a_\varphi}{\partial\varphi}} \tag{6.57}$$

$$\boxed{\begin{aligned}\mathbf{rot}\,\boldsymbol{a} = \frac{1}{r\sin\vartheta}\left[\frac{\partial(\sin\vartheta\, a_\varphi)}{\partial\vartheta} - \frac{\partial a_\vartheta}{\partial\varphi}\right]\boldsymbol{e}_r + \frac{1}{r}\left[\frac{1}{\sin\vartheta}\frac{\partial a_r}{\partial\varphi} - \frac{\partial(r a_\varphi)}{\partial r}\right]\boldsymbol{e}_\vartheta \\ + \frac{1}{r}\left[\frac{\partial(r a_\vartheta)}{\partial r} - \frac{\partial a_r}{\partial\vartheta}\right]\boldsymbol{e}_\varphi\end{aligned}} \tag{6.58}$$

$$\boxed{\Delta\Phi = \frac{1}{r^2}\frac{\partial}{\partial r}\left(r^2\frac{\partial\Phi}{\partial r}\right) + \frac{1}{r^2\sin\vartheta}\frac{\partial}{\partial\vartheta}\left(\sin\vartheta\frac{\partial\Phi}{\partial\vartheta}\right) + \frac{1}{r^2\sin^2\vartheta}\frac{\partial^2\Phi}{\partial\varphi^2}} \tag{6.59}$$

Aufgabe 6.11 Wie lauten Linienelement ds und Tangentenvektor $\boldsymbol{t}$ einer allgemeinen Bahn $\boldsymbol{r} = \boldsymbol{r}(t)$ 1.) auf einem Zylinder und 2.) auf einer Kugel?

Aufgabe 6.12 Ein Beobachter, der sich im Pol $\vartheta = 0$ einer Riesenkugel $r = R$ befindet, aber auf einer Ebene wähnt, möge den Umfang l des Breitenkreises $\vartheta = \vartheta_0$ messen und aus dem Polabstand berechnen. Was findet er?

Aufgabe 6.13 Ein Beobachter, der sich im Punkt P_0 eines Riesenzylinders $\rho = a$ befindet, aber auf einer Ebene wähnt, möge den Umfang derjenigen Linie berechnen und messen, die überall den gleichen Abstand s zu P_0 hat. Was findet er?

Aufgabe 6.14 Berechnen Sie $\frac{\partial^2 \boldsymbol{e}_r}{\partial\vartheta^2}$, $\frac{\partial^2 \boldsymbol{e}_\vartheta}{\partial\vartheta^2}$, $\frac{\partial^2 \boldsymbol{e}_\varphi}{\partial\varphi^2}$!

Aufgabe 6.15 Bestimmen Sie das Raumelement in Kugelkoordinaten mit Hilfe der Definition $\boldsymbol{r} = r\boldsymbol{e}_r$!

7 Vektorielle Integrale

Differenzieren und Integrieren sind in der Vektor- ebenso wie in der skalaren Analysis umgekehrte Operationen. Integrale über Kurven und Flächen lassen sich vektoriell besonders anschaulich darstellen und elegant auswerten.

7.1 Grundregeln

Für vektorielle Integranden gilt – skalaren analog – allgemein

$$\int \underbrace{\dot{\boldsymbol{a}}(t)dt}_{d\boldsymbol{a}(t)} = \boldsymbol{a}(t) + \mathbf{const}. \tag{7.1}$$

Die bestimmte Integration von t_1 bis t_2 ergibt

$$\int_{t_1}^{t_2} \dot{\boldsymbol{a}}(t)dt = \left[\boldsymbol{a}(t) + \mathbf{const}\right]_{t_1}^{t_2} = \boldsymbol{a}(t_2) - \boldsymbol{a}(t_1). \tag{7.2}$$

Konstante Faktoren darf man vor das Integral ziehen:

$$\int \boldsymbol{k} \cdot d\boldsymbol{a} = \boldsymbol{k} \cdot \int d\boldsymbol{a} \quad \text{oder} \quad \int \boldsymbol{k} \times d\boldsymbol{a} = \boldsymbol{k} \times \int d\boldsymbol{a}. \tag{7.3}$$

Die Regeln der partiellen Integration entsprechen den Ableitungsregeln (4.4):

$$\int \boldsymbol{a}\, d\Phi = \Phi \boldsymbol{a} - \int \Phi\, d\boldsymbol{a}, \tag{7.4a}$$

$$\int \boldsymbol{a} \cdot d\boldsymbol{b} = \boldsymbol{a} \cdot \boldsymbol{b} - \int \boldsymbol{b} \cdot d\boldsymbol{a}, \tag{7.4b}$$

$$\int \boldsymbol{a} \times d\boldsymbol{b} = \boldsymbol{a} \times \boldsymbol{b} - \int d\boldsymbol{a} \times \boldsymbol{b} = \boldsymbol{a} \times \boldsymbol{b} + \int \boldsymbol{b} \times d\boldsymbol{a}. \tag{7.4c}$$

Integrale über eine Summe zerfallen in eine Summe von Integralen:

$$\int (\boldsymbol{a} + \boldsymbol{b})\, d\Phi = \int \boldsymbol{a}\, d\Phi + \int \boldsymbol{b}\, d\Phi, \tag{7.5a}$$

$$\int (\boldsymbol{a} + \boldsymbol{b}) \cdot d\boldsymbol{c} = \int \boldsymbol{a} \cdot d\boldsymbol{c} + \int \boldsymbol{b} \cdot d\boldsymbol{c}, \tag{7.5b}$$

$$\int (\boldsymbol{a}+\boldsymbol{b}) \times d\boldsymbol{c} = \int \boldsymbol{a} \times d\boldsymbol{c} + \int \boldsymbol{b} \times d\boldsymbol{c}. \tag{7.5c}$$

Die Differenziale sind häufig Kurven- oder Flächenelemente.

Aufgabe 7.1 Berechnen Sie das Volumen einer Kugel vom Radius a in kartesischen, Zylinder- und Kugelkoordinaten!

Aufgabe 7.2 Bestimmen Sie das Volumen eines Drehellipsoids mit den Halbachsen a und $b < a$ in Zylinder- und Kugelkoordinaten!

7.2 Linien- und Umlaufintegrale

Integrale über den Abschnitt einer räumlichen Kurve heißen Linien- oder Kurvenintegrale. So beträgt z. B. die Arbeit W des Kraftfelds $\boldsymbol{F}(\boldsymbol{r})$ auf einem beliebigen Weg von $\boldsymbol{r}_1$ nach $\boldsymbol{r}_2$ definitionsgemäß

$$W = \int_{\boldsymbol{r}_1}^{\boldsymbol{r}_2} \boldsymbol{F}(\boldsymbol{r}) \cdot d\boldsymbol{r}. \tag{7.6}$$

Solche Integrale hängen i. Allg. vom (Integrations-)Weg zwischen $\boldsymbol{r}_1$ und $\boldsymbol{r}_2$ ab. Wegunabhängig sind sie nur unter der Bedingung (vgl. Kap. 4.3.4)

$$\mathbf{rot}\, \boldsymbol{F}(\boldsymbol{r}) = 0 \quad \curvearrowright \quad \boldsymbol{F}(\boldsymbol{r}) = -\,\mathbf{grad}\, \Phi(\boldsymbol{r}). \tag{7.7}$$

Dann kommt es nur noch auf die Integrationsgrenzen (Wegenden) $\boldsymbol{r}_1, \boldsymbol{r}_2$ an:

$$W = \int_{\boldsymbol{r}_1}^{\boldsymbol{r}_2} \boldsymbol{F}(\boldsymbol{r}) \cdot d\boldsymbol{r} = -\int_{\boldsymbol{r}_1}^{\boldsymbol{r}_2} \underbrace{\mathbf{grad}\, \Phi(\boldsymbol{r}) \cdot d\boldsymbol{r}}_{d\Phi(\boldsymbol{r})} = \Phi(\boldsymbol{r}_1) - \Phi(\boldsymbol{r}_2). \tag{7.8}$$

Besonderes Interesse verdienen Linienintegrale über eine geschlossene Kurve ($\boldsymbol{r}_1 = \boldsymbol{r}_2$), kenntlich an einem Ring im Integralzeichen. Sie heißen Umlauf- oder auch Randintegrale, wenn der Integrationsweg eine bestimmte Fläche umrandet. Ein wichtiges Beispiel ist die Zirkulation (vgl. Kap. 4.2.3 und 6.1.4)

$$\Gamma \equiv \oint \boldsymbol{a}(\boldsymbol{r}) \cdot d\boldsymbol{r}. \tag{7.9}$$

Eindeutige Funktionen $\Phi(\boldsymbol{r})$ genügen der Bedingung

$$\boxed{\oint \mathbf{grad}\, \Phi(\boldsymbol{r}) \cdot d\boldsymbol{r} = 0} \tag{7.10}$$

Nicht eindeutig ist z. B. das ebene Potenzial $\Phi(\boldsymbol{r}) = \varphi$. Integration gegen den Uhrzeigersinn über irgendeine den Nullpunkt umschlingende Kurve führt ja zu

$$\oint d\Phi = (\varphi_0 + 2\pi) - \varphi_0 = 2\pi. \tag{7.11}$$

Näheres folgt in Kap. 8.5.1.

Für geschlossene Kurven in der Ebene $z = \text{const}$ gilt allgemein

$$\oint \boldsymbol{e}_z \times d\boldsymbol{r} = \boldsymbol{e}_z \times \underbrace{\oint d\boldsymbol{r}}_{0} = 0, \tag{7.12}$$

was geometrisch besagt, dass ihre Hauptnormalenelemente ebenfalls eine geschlossene Kurve bilden. Sie heißt Evolute.

Der Umfang einer geschlossenen Kurve hat wegen (5.4) die Form

$$s = \oint |d\boldsymbol{r}| = \oint \sqrt{\dot{x}^2 + \dot{y}^2 + \dot{z}^2}\, dt. \tag{7.13}$$

Wir finden z. B. für den Kreis $|\boldsymbol{r} - \boldsymbol{r}_0| = a$ in der Ebene $z = 0$ mit Hilfe des Linienelements $ds = a\, d\varphi$ (Kap. 5.1.1) mühelos

$$s = \oint ds = a \int_0^{2\pi} d\varphi = 2\pi a. \tag{7.14}$$

Nicht alle Aufgaben sind so einfach. Schon die Berechnung des Ellipsenumfangs führt zu einem sog. elliptischen Integral 2. Gattung, was sich nicht geschlossen auswerten lässt.

Aufgabe 7.3 Was folgt aus der Bedingung

$$\oint A\, dx + B\, dy + C\, dz = 0$$

für die Funktionen $A(\boldsymbol{r}), B(\boldsymbol{r}), C(\boldsymbol{r})$?

Aufgabe 7.4 Bestimmen Sie die Länge derjenigen Kurve, die auf der Kugel vom Radius a Nord- und Südpol verbindet und alle Meridiane unter demselben Winkel α schneidet!

Aufgabe 7.5 Beweisen Sie für beliebige glatte Kurven die Ungleichung

$$\left| \int_{t_1}^{t_2} \dot{\boldsymbol{r}}(t)\, dt \right| \leq \int_{t_1}^{t_2} |\dot{\boldsymbol{r}}(t)|\, dt\,!$$

7.3 Flächen- und Hüllenintegrale

7.3.1 Inhalte ebener Flächen

In der Ebene $z = 0$ lautet jede geschlossene doppelpunktfreie[1] Kurve, die den Nullpunkt umschlingt, in Zylinderkoordinaten $\rho = \rho(\varphi)$ mit $0 \leq \varphi \leq 2\pi$. Ein Element der umrandeten ebenen Fläche hat gemäß (6.33) den Inhalt

$$d\boldsymbol{S} = \left(\frac{\partial \boldsymbol{r}}{\partial \rho} \times \frac{\partial \boldsymbol{r}}{\partial \varphi}\right) d\rho\, d\varphi = (\boldsymbol{e}_\rho \times \rho \boldsymbol{e}_\varphi)\, d\rho\, d\varphi, \tag{7.15}$$

so dass man für die gesamte Fläche

$$\boldsymbol{S} = \int_0^{2\pi} \int_0^{\rho(\varphi)} (\boldsymbol{e}_\rho \times \rho \boldsymbol{e}_\varphi)\, d\rho\, d\varphi \tag{7.16}$$

erhält. Integration über ρ ergibt mühelos

$$\boldsymbol{S} = \int_0^{2\pi} (\boldsymbol{e}_\rho \times \boldsymbol{e}_\varphi) \frac{\rho^2(\varphi)}{2}\, d\varphi = \frac{1}{2} \int_0^{2\pi} [\underbrace{\rho(\varphi)\boldsymbol{e}_\rho}_{\boldsymbol{r}(\varphi)} \times \underbrace{\rho(\varphi)\, d\varphi \boldsymbol{e}_\varphi}_{d\boldsymbol{r}(\varphi) - d\rho(\varphi)\boldsymbol{e}_\rho}]$$

$$= \frac{1}{2} \oint \boldsymbol{r}(\varphi) \times d\boldsymbol{r}(\varphi). \tag{7.17}$$

Das Element $d\boldsymbol{r}(\varphi)$ des Randes bestimmt die Integrationsrichtung entgegen dem Uhrzeigersinn, so dass die Innenfläche zur Linken liegt. Dieser Umlaufsinn heißt mathematisch positiv und bildet mit $\boldsymbol{S} = S\boldsymbol{e}_z$ eine Rechtsschraube.

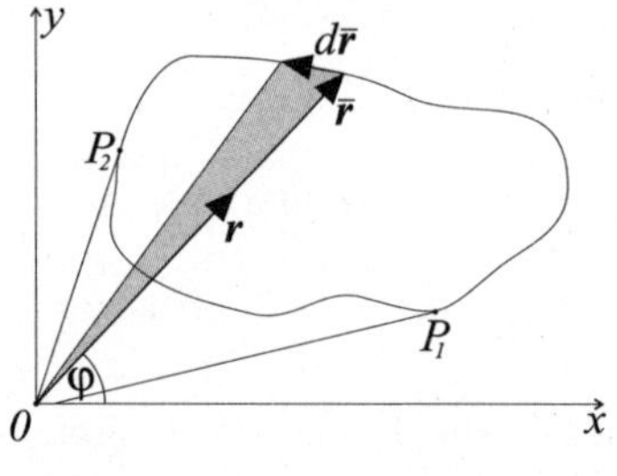

Fig. 7.1

Man überzeugt sich anhand der Fig. 7.1 leicht, dass (7.17) auch dann gilt, wenn die Kurve den Nullpunkt nicht umschlingt. Der Inhalt $d\boldsymbol{S}$ des schraffierten Dreiecks ist der halbe Inhalt des von $\boldsymbol{r}(\varphi)$ und $d\boldsymbol{r}(\varphi)$ aufgespannten Parallelogramms:

$$d\boldsymbol{S} = \frac{1}{2}[\boldsymbol{r}(\varphi) \times d\boldsymbol{r}(\varphi)]. \tag{7.18}$$

[1] Eine Kurve heißt doppelpunktfrei, wenn sie sich nirgends selbst schneidet.

Der Fahrstrahl $\boldsymbol{r}(\varphi)$ überstreicht bei einem Umlauf entlang des Randes den Sektor P_2OP_1 zweimal in entgegengesetzter Richtung, was seinen Beitrag vektoriell verschwinden und nur den Beitrag der Innenfläche übrig lässt. Die Lage des Nullpunkts spielt also keine Rolle.

Gewöhnlich schreibt man statt (7.17) der Einfachheit halber

$$\boxed{\begin{aligned} &\boldsymbol{S} = \frac{1}{2}\oint \boldsymbol{r} \times d\boldsymbol{r} \\ \curvearrowright\quad &S = \frac{1}{2}\oint \boldsymbol{e}_z(\boldsymbol{r} \times d\boldsymbol{r}) = \frac{1}{2}\oint (x\,dy - y\,dx) = \frac{1}{2}\oint \rho^2\,d\varphi \end{aligned}} \tag{7.19}$$

behält aber im Auge, dass die Integranden zum Rand gehören.

Die zeitliche Ableitung

$$\dot{\boldsymbol{S}} = \frac{1}{2}(\boldsymbol{r} \times \dot{\boldsymbol{r}}) \tag{7.20}$$

heißt Flächengeschwindigkeit und bedeutet die zeitliche Änderung des (vektoriellen) Inhalts der vom Fahrstrahl überstrichenen Fläche.

Zur Anwendung bestimmen wir den Inhalt der Ellipse mit den Halbachsen a und b. Aus der Parameterdarstellung (Aufgabe 3.9)

$$\boldsymbol{r} = a\cos t\,\boldsymbol{e}_x + b\sin t\,\boldsymbol{e}_y \quad (0 \le t \le 2\pi) \tag{7.21}$$

folgt mühelos

$$d\boldsymbol{r} = (-a\sin t\,\boldsymbol{e}_x + b\cos t\,\boldsymbol{e}_y)\,dt, \tag{7.22}$$

$$\boldsymbol{r} \times d\boldsymbol{r} = \boldsymbol{e}_z(ab\cos^2 t + ab\sin^2 t)\,dt = \boldsymbol{e}_z ab\,dt, \tag{7.23}$$

$$\boldsymbol{S} = \frac{\boldsymbol{e}_z}{2}ab\int_0^{2\pi} dt = \pi ab\boldsymbol{e}_z, \qquad S = \pi ab. \tag{7.24}$$

Aufgabe 7.6 Bestimmen Sie den Inhalt S eines ebenen Dreiecks $P_1P_2P_3$ mit Hilfe von (7.19) in kartesischen Koordinaten!

7.3.2 Oberflächen krummer Flächen

Nach Kap. 5.2.3 hat eine krumme Fläche $\boldsymbol{r} = \boldsymbol{r}(u, v)$ die *vektorielle* Oberfläche

$$\boldsymbol{S} = \int d\boldsymbol{S} = \iint \left(\frac{\partial \boldsymbol{r}}{\partial u} \times \frac{\partial \boldsymbol{r}}{\partial v}\right) du\,dv \tag{7.25}$$

und die *skalare* Oberfläche

$$O = \int |d\boldsymbol{S}| = \iint \left|\frac{\partial \boldsymbol{r}}{\partial u} \times \frac{\partial \boldsymbol{r}}{\partial v}\right| du\,dv \ge |\boldsymbol{S}|\,. \tag{7.26}$$

Gewöhnlich lassen sich glatte Flächen elegant mit Kugelkoordinaten berechnen. Dann hat eine Fläche der allgemeinen Form

$$r = r(\vartheta, \varphi) \quad \curvearrowright \quad \boldsymbol{r} = r(\vartheta, \varphi)\boldsymbol{e}_r \equiv \boldsymbol{r}(\vartheta, \varphi)$$

das nach außen gerichtete Flächenelement

$$d\boldsymbol{S} = \left(\frac{\partial \boldsymbol{r}}{\partial \vartheta} \times \frac{\partial \boldsymbol{r}}{\partial \varphi}\right) d\vartheta\, d\varphi \equiv \frac{1}{2}\frac{\partial}{\partial \vartheta}\left(\boldsymbol{r} \times \frac{\partial \boldsymbol{r}}{\partial \varphi}\right) d\vartheta\, d\varphi - \frac{1}{2}\frac{\partial}{\partial \varphi}\left(\boldsymbol{r} \times \frac{\partial \boldsymbol{r}}{\partial \vartheta}\right) d\vartheta\, d\varphi.$$

Die resultierende Oberfläche $\boldsymbol{S}$ folgt daraus durch Integration bis zu einem gewissen Rand $\vartheta = \vartheta(\varphi)$:

$$\boldsymbol{S} = \frac{1}{2}\int_0^{2\pi}\int_0^{\vartheta(\varphi)} \frac{\partial}{\partial \vartheta}\left(\boldsymbol{r} \times \frac{\partial \boldsymbol{r}}{\partial \varphi}\right) d\vartheta\, d\varphi - \frac{1}{2}\int_0^{2\pi}\int_0^{\vartheta(\varphi)} \frac{\partial}{\partial \varphi}\left(\boldsymbol{r} \times \frac{\partial \boldsymbol{r}}{\partial \vartheta}\right) d\vartheta\, d\varphi. \tag{7.27}$$

Für die ϑ-Integrale gilt im Einzelnen

$$\int_0^{\vartheta(\varphi)} \frac{\partial}{\partial \vartheta}\left(\boldsymbol{r} \times \frac{\partial \boldsymbol{r}}{\partial \varphi}\right) d\vartheta = \boldsymbol{r}[\vartheta(\varphi), \varphi] \times \frac{\partial \boldsymbol{r}[\vartheta(\varphi), \varphi]}{\partial \varphi} - \boldsymbol{r}(0, \varphi) \times \underbrace{\frac{\partial \boldsymbol{r}(0, \varphi)}{\partial \varphi}}_{0},$$

$$\int_0^{\vartheta(\varphi)} \frac{\partial}{\partial \varphi}\left(\boldsymbol{r} \times \frac{\partial \boldsymbol{r}}{\partial \vartheta}\right) d\vartheta = \frac{d}{d\varphi}\int_0^{\vartheta(\varphi)} \left(\boldsymbol{r} \times \frac{\partial \boldsymbol{r}}{\partial \vartheta}\right) d\vartheta - \boldsymbol{r}[\vartheta(\varphi), \varphi] \times \frac{\partial \boldsymbol{r}[\vartheta(\varphi), \varphi]}{\partial \vartheta}\vartheta'(\varphi).$$

Somit erhält man zusammenfassend

$$\boldsymbol{S} = \frac{1}{2}\int_0^{2\pi} \left\{\boldsymbol{r}[\vartheta(\varphi), \varphi] \times \left(\frac{\partial \boldsymbol{r}[\vartheta(\varphi), \varphi]}{\partial \varphi} + \frac{\partial \boldsymbol{r}[\vartheta(\varphi), \varphi]}{\partial \vartheta}\vartheta'(\varphi)\right)\right\} d\varphi$$
$$+ \underbrace{\int_0^{\vartheta(\varphi)} \left(\boldsymbol{r} \times \frac{\partial \boldsymbol{r}}{\partial \vartheta}\right) d\vartheta \Bigg|_{\varphi=0}^{\varphi=2\pi}}_{0}. \tag{7.28}$$

Der erste Term ist ein Linienintegral über den Flächenrand; der letzte Term verschwindet, weil wir dem Flächenrand die Periodizität $\vartheta(\varphi) = \vartheta(\varphi \pm 2\pi)$ einer geschlossenen Kurve unterstellen.

Das mit (7.19) formal übereinstimmende Ergebnis lautet also

$$\boldsymbol{S} = \frac{1}{2}\oint \boldsymbol{r} \times d\boldsymbol{r}, \tag{7.29}$$

gültig nunmehr auch für krumme Flächen mit räumlichen Rändern, wobei es auf die Lage des Nullpunkts nicht ankommt. Hierbei fällt auf, dass allein das Linienintegral über den Flächenrand die resultierende Oberfläche $\boldsymbol{S}$ bestimmt, folglich $\boldsymbol{S}$ für alle Flächen mit gleichem Rand gleich ist.

Wenn der Rand auf einen Punkt zusammenschrumpft, schließt sich die Fläche zu einer sog. Hülle. Dann gilt

$$\boxed{\boldsymbol{S} = \oint d\boldsymbol{S} = 0} \tag{7.30}$$

Flächenintegrale über Hüllen heißen Hüllenintegrale und tragen ebenso wie Randintegrale einen Ring im Integralzeichen.

Als einfache Beispiele berechnen wir die vektorielle und skalare Oberfläche einer vom Breitenkreis $\vartheta = \vartheta_1$ umrandeten Kugelkappe (Fig. 7.2). Mit $\boldsymbol{r} = r\boldsymbol{e}_r$ und $d\boldsymbol{r} = r \sin\vartheta_1 d\varphi \boldsymbol{e}_\varphi$ lautet (7.29):

$$\boldsymbol{S} = \frac{1}{2} \int_0^{2\pi} \underbrace{(\boldsymbol{e}_r \times \boldsymbol{e}_\varphi)}_{-\boldsymbol{e}_\vartheta} r^2 \sin\vartheta_1 \, d\varphi = -\frac{r^2 \sin\vartheta_1}{2} \int_0^{2\pi} \boldsymbol{e}_\vartheta \, d\varphi. \tag{7.31}$$

Angesichts (6.46) erhält man rasch

$$\boldsymbol{S} = -\frac{r^2 \sin\vartheta_1 \cos\vartheta_1}{2} \underbrace{\int_0^{2\pi} (\cos\varphi \boldsymbol{e}_x + \sin\varphi \boldsymbol{e}_y) \, d\varphi}_{0} + \frac{r^2 \sin^2\vartheta_1 \boldsymbol{e}_z}{2} \int_0^{2\pi} d\varphi. \tag{7.32}$$

Die x- und y-Teilvektoren verschwinden wegen der φ-Symmetrie, so dass nur

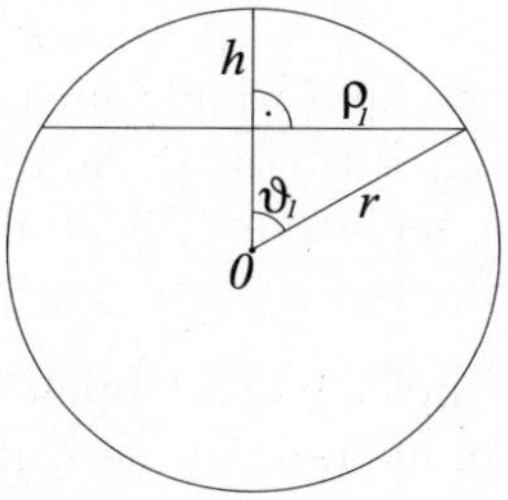

Fig. 7.2

die z-Komponente übrig bleibt:

$$\boldsymbol{S} = \pi r^2 \sin^2\vartheta_1 \boldsymbol{e}_z = \pi \rho_1^2 \boldsymbol{e}_z. \tag{7.33}$$

Die resultierende Oberfläche $\boldsymbol{S}$ ist ersichtlich der Inhalt des Randkreises, also der Kugelkappen-Grundfläche.

Ebenso mühelos findet man die skalare Oberfläche

$$O = \int |d\boldsymbol{S}_r| = r^2 \int\limits_0^{\vartheta_1} \sin\vartheta \, d\vartheta \int\limits_0^{2\pi} d\varphi = r^2(1-\cos\vartheta_1)2\pi, \tag{7.34}$$

die angesichts des Zusammenhangs $\cos\vartheta_1 = 1 - \frac{h}{r}$ mit der Höhe h die geläufige Form $O = 2\pi r h$ annimmt. Die Ungleichung $O \geq |\boldsymbol{S}|$ bestätigt sich wegen

$$2(1-\cos\vartheta_1) \geq \sin^2\vartheta_1 \quad \curvearrowright \quad 1 \geq \cos^2\frac{\vartheta_1}{2}. \tag{7.35}$$

7.3.3 Anwendung in der Astronomie

Die von Kepler[2] 1609-1618 empirisch entdeckten 3 Gesetze beschreiben die gemeinsamen Merkmale, aber nicht die Ursache der Planetenbahnen. Erst 1684 konnte Newton sie als Wirkung einer universalen, von der Sonne ausgehenden Anziehungskraft $\boldsymbol{F}$ erklären, nachdem er das nötige mathematische Werkzeug mühsam vervollkommnet hatte.

Zweckmäßig wählen wir das Sonnenzentrum als Nullpunkt unseres Bezugssystems. Dann sind die Beschleunigung $\ddot{\boldsymbol{r}} \sim \boldsymbol{F}$ jedes Planetenschwerpunkts und sein Fahrstrahl $\boldsymbol{r}$ (gegensinnig) parallel. Somit gilt die Differenzialgleichung

$$\boldsymbol{r} \times \ddot{\boldsymbol{r}} = 0 \quad \text{oder} \quad \boldsymbol{r} \times \ddot{\boldsymbol{r}} = \frac{d}{dt}(\boldsymbol{r} \times \dot{\boldsymbol{r}}) - \underbrace{\dot{\boldsymbol{r}} \times \dot{\boldsymbol{r}}}_{0} = 0 \tag{7.36}$$

mit der intermediären Lösung

$$\boldsymbol{r} \times \dot{\boldsymbol{r}} = \boldsymbol{k} \quad \curvearrowright \quad \boldsymbol{k} \cdot \boldsymbol{r} = 0. \tag{7.37}$$

Sie bedeutet zweierlei:

- Der konstante Vektor $\boldsymbol{k}$ ist die Normale einer Ebene durch den Nullpunkt; in ihr liegt jeder Fahrstrahl, also die gesamte Planetenbahn. Es empfiehlt sich daher, $\boldsymbol{k} = k\boldsymbol{e}_z$ zu setzen und die Bahn in der Ebene $z = 0$ mit Polarkoordinaten $\boldsymbol{r}(\rho, \varphi)$ zu analysieren.

- Nach (7.20) bedeutet $\boldsymbol{k}$ zugleich die doppelte Flächengeschwindigkeit des Planeten. Sein Fahrstrahl überstreicht je Zeiteinheit eine Fläche konstanten Inhalts:

$$2\dot{\boldsymbol{S}} = (\rho\boldsymbol{e}_\rho \times \rho\dot{\varphi}\boldsymbol{e}_\varphi) = \rho^2\dot{\varphi}\boldsymbol{e}_z = \boldsymbol{k} \quad \curvearrowright \quad \rho^2\dot{\varphi} = k. \tag{7.38}$$

Dies bestätigt den sog. Flächensatz (2. keplersches Gesetz).

[2] Johannes Kepler (1571-1630), deutscher Astronom, wirkte als kaiserlicher Hofmathematiker 1600-1612 in Prag, später in Linz.

Die im Schwerpunkt $\boldsymbol{r}$ eines Planeten der Masse m angreifende Anziehungskraft $\boldsymbol{F}$ bewirkt nach Binet[3] die radiale Beschleunigung (Aufgabe 6.8)

$$\frac{\boldsymbol{F}}{m} = \ddot{\boldsymbol{r}} = (\ddot{\rho} - \rho\dot{\varphi}^2)\boldsymbol{e}_\rho. \tag{7.39}$$

Das 1. keplersche Gesetz beschreibt jede Planetenbahn als Ellipse, in deren einem Brennpunkt die Sonne steht. Dies bedeutet im Sinne von (3.41)

$$\frac{1}{\rho} = \frac{1 - \varepsilon(\boldsymbol{e}_x \cdot \boldsymbol{e}_\rho)}{p} \quad \curvearrowright \quad -\frac{\dot{\rho}}{\rho^2} = -\frac{\varepsilon(\boldsymbol{e}_x \cdot \dot{\boldsymbol{e}}_\rho)}{p} \tag{7.40}$$

und wegen $\dot{\boldsymbol{e}}_\rho = \dot{\varphi}\boldsymbol{e}_\varphi = \frac{k}{\rho^2}\boldsymbol{e}_\varphi$ weiter

$$\dot{\rho} = \frac{k\varepsilon(\boldsymbol{e}_x \cdot \boldsymbol{e}_\varphi)}{p} \quad \curvearrowright \quad \ddot{\rho} = \frac{k\varepsilon(\boldsymbol{e}_x \cdot \dot{\boldsymbol{e}}_\varphi)}{p}, \tag{7.41}$$

was angesichts $\dot{\boldsymbol{e}}_\varphi = -\dot{\varphi}\boldsymbol{e}_\rho = -\frac{k}{\rho^2}\boldsymbol{e}_\rho$ zu

$$\ddot{\rho} = -\frac{k^2\varepsilon(\boldsymbol{e}_x \cdot \boldsymbol{e}_\rho)}{p\rho^2} \tag{7.42}$$

führt. Somit lauten die Planetenbeschleunigung

$$\ddot{\boldsymbol{r}} = -\frac{k^2}{\rho^2}\underbrace{\left[\frac{\varepsilon(\boldsymbol{e}_x \cdot \boldsymbol{e}_\rho)}{p} + \frac{1}{\rho}\right]}_{\frac{1}{p}}\boldsymbol{e}_\rho = -\frac{k^2}{p\rho^2}\boldsymbol{e}_\rho \tag{7.43}$$

und die entsprechende Anziehungskraft

$$\boxed{\boldsymbol{F} = -\frac{k^2}{p} \cdot \frac{m}{\rho^2}\boldsymbol{e}_\rho} \tag{7.44}$$

mit dem noch zu bestimmenden Koeffizienten $\frac{k^2}{p}$. Der Fahrstrahl $\boldsymbol{r}$ überstreicht während der Planeten-Umlaufzeit T den Ellipseninhalt $\boldsymbol{S} \cdot \boldsymbol{e}_z = \frac{k}{2}T = \pi ab$, wobei a und b die große bzw. kleine Halbachse sein mögen. Mit Hilfe der geometrischen Identität $p = \frac{b^2}{a}$ ergibt sich für den gesuchten Koeffizienten der nach dem 3. keplerschen Gesetz für alle Planeten gleiche Wert $\frac{k^2}{p} = \frac{4\pi^2a^3}{T^2}$. Deshalb darf $\boldsymbol{F}$ als universale Kraft gelten; sie heißt Schwerkraft.

Aufgabe 7.7 Bestimmen Sie den Oberflächenbetrag eines Elements der Fläche $z = z(x, y)$ und prüfen Sie das Ergebnis (7.34)!

[3] Jacques-Philippe-Marie Binet (1786-1856), französischer Mathematiker

Aufgabe 7.8 Beweisen Sie die Ungleichung

$$\left|\int d\boldsymbol{S}\right| \leq \int |d\boldsymbol{S}|$$

für alle Flächen $z = z(x, y)$, deren Rand ihre Projektion in die Ebene $z = \text{const}$ umschließt!

Aufgabe 7.9 Zeigen Sie, dass die Binormale des ebenen Randes einer beliebigen krummen Fläche mit deren vektorieller Oberfläche parallel ist!

Aufgabe 7.10 Beweisen Sie (7.30) für eine glatte, den Nullpunkt umschließende Hülle $r = r(\vartheta, \varphi)$ durch Doppelintegration über

$$d\boldsymbol{S} = \left(\frac{\partial \boldsymbol{r}}{\partial \vartheta} \times \frac{\partial \boldsymbol{r}}{\partial \varphi}\right) d\vartheta\, d\varphi\,!$$

7.4 Schwerpunkte

7.4.1 Körperschwerpunkt

Als Massemittelpunkt r_0 eines Körpers der Masse m gilt der mit den örtlichen Masseelementen dm gewichtete Mittelwert

$$\boxed{\boldsymbol{r}_0 = \frac{\int \boldsymbol{r}\, dm}{\int dm}} \quad \curvearrowright \quad \int (\boldsymbol{r} - \boldsymbol{r}_0)\, dm = 0. \tag{7.45}$$

Er heißt in der Mechanik Schwerpunkt[4]. Allein um ihn verschwindet das resultierende Drehmoment, erzeugt durch die an allen Masseelementen angreifende Schwerkraft. Es gibt allein bezüglich $\boldsymbol{r}_0$ keine Unwucht.

Mit der örtlichen Materialdichte $\sigma(\boldsymbol{r})$ gilt wegen $dm = \sigma(\boldsymbol{r})\, d\tau$ allgemein

$$\boldsymbol{r}_0 = \frac{1}{m} \int \boldsymbol{r}\sigma(\boldsymbol{r})\, d\tau. \tag{7.46}$$

Der Schwerpunkt liegt übrigens häufig außerhalb des Integrationsgebiets; man denke nur an Ring- und Hohlkörper oder gar Planetensysteme.

Dazu betrachten wir als anschauliches Beispiel eine im Nullpunkt zentrierte Kugelschale vom Innenradius a und Außenradius b mit der radialsymmetrischen Dichte $\sigma(r)$. Hier berechnet sich der Schwerpunkt in Kugelkoordinaten

[4]Der Begriff geht auf den griechischen Naturforscher Archimedes von Syrakus (287?-212 v. Chr.) zurück.

angesichts (6.55) und (6.53)

$$\boldsymbol{r}_0 = \int_0^{4\pi}\int_a^b \boldsymbol{e}_r \sigma(r) r^3 \, dr \, d\Omega = \int_a^b \sigma(r) r^3 \, dr \underbrace{\int_0^{4\pi} \boldsymbol{e}_r \, d\Omega}_{0} = 0.$$

Schwerpunkt und geometrisches Symmetriezentrum fallen bei symmetrischer Dichteverteilung zusammen.

Anwendung in der Stereomechanik

Ein schiefer Kraftstoß auf einen starren Körper der Masse m möge u. a. den relativen, vom Schwerpunkt $\boldsymbol{r}_0$ zu einem anderen Körperpunkt $\boldsymbol{r}$ weisenden Ortsvektor $\boldsymbol{r} - \boldsymbol{r}_0$, dessen Betrag ja konstant bleibt, mit einer Drehgeschwindigkeit $\boldsymbol{w}$ um $\boldsymbol{r}_0$ drehen:

$$\dot{\boldsymbol{r}} - \dot{\boldsymbol{r}}_0 = \boldsymbol{w} \times (\boldsymbol{r} - \boldsymbol{r}_0).$$

Integration über alle mit den örtlichen Masseelementen dm behafteten Körperpunkte ergibt

$$\int (\dot{\boldsymbol{r}} - \dot{\boldsymbol{r}}_0) \, dm = \boldsymbol{w} \times \int (\boldsymbol{r} - \boldsymbol{r}_0) \, dm.$$

Wegen (7.45) verschwindet das rechte Integral; die Drehung trägt also zum Impuls des Körpers nichts bei. Daraus folgt der Schwerpunktsatz (1788) von Lagrange:

$$\int \dot{\boldsymbol{r}} \, dm = \dot{\boldsymbol{r}}_0 m.$$

Er begründet das bequeme Modell des „Massepunkts", wo der mit m behaftete Schwerpunkt $\boldsymbol{r}_0$ kinematisch den gesamten Körper vertritt; daher gilt die Punktmechanik sogar für Planetenbahnen.

7.4.2 Flächenschwerpunkt

Für eine Fläche $S = \boldsymbol{S} \cdot \boldsymbol{e}_z$ in der Ebene $z = 0$ definiert man analog (7.45):

$$\boxed{\bar{\boldsymbol{r}} \equiv \frac{\int \boldsymbol{r} \, dS}{\int dS}} \tag{7.47}$$

In Polarkoordinaten gilt mit dem Flächenelement $dS = \rho \, d\rho \, d\varphi$

$$\bar{\boldsymbol{r}} = \frac{1}{S} \int_0^{\rho(\varphi)} \int_0^{2\pi} \boldsymbol{e}_\rho \rho^2 \, d\rho \, d\varphi = \frac{1}{S} \oint \underbrace{\boldsymbol{e}_\rho \rho(\varphi)}_{\boldsymbol{r}(\varphi)} \frac{\rho^2(\varphi)}{3} \, d\varphi, \tag{7.48}$$

was wegen $\rho^2(\varphi)\,d\varphi = \boldsymbol{e}_z \cdot [\boldsymbol{r}(\varphi) \times d\boldsymbol{r}(\varphi)]$ zu der wichtigen Formel

$$\bar{\boldsymbol{r}} = \frac{1}{3S} \oint \boldsymbol{r}[\boldsymbol{e}_z(\boldsymbol{r} \times d\boldsymbol{r})] \tag{7.49}$$

führt.

Als bequemes Beispiel suchen wir den Flächenschwerpunkt der im Nullpunkt zentrierten Ellipse (7.21) und finden erwartungsgemäß

$$\bar{\boldsymbol{r}} = \frac{1}{3\pi ab} \oint (a \cos t\boldsymbol{e}_x + b \sin t\boldsymbol{e}_y)ab\,dt = 0. \tag{7.50}$$

Aufgabe 7.11 Bestätigen Sie (1.35) mit Hilfe der Formel (7.49)!

8 Integralsätze

Die folgenden Sätze verknüpfen 3-dimensionale Raum- mit 2-dimensionalen Hüllen- und 2-dimensionale Flächen- mit 1-dimensionalen Randintegralen. Sie taugen vorzüglich zur eleganten Integration wichtiger linearer Differenzialgleichungen und spielen daher in Strömungslehre, Elektrodynamik und Wellenoptik eine große Rolle.

8.1 Satz von Stokes

8.1.1 Herleitung

Eine Fläche S sei in Kugelkoordinaten r, ϑ, φ durch die Gleichung $r = r(\vartheta, \varphi)$ beschrieben (Fig. 8.1). Ihre tangentialen Wegelemente $\frac{\partial \boldsymbol{r}(\vartheta,\varphi)}{\partial \vartheta} d\vartheta$ und $\frac{\partial \boldsymbol{r}(\vartheta,\varphi)}{\partial \varphi} d\varphi$

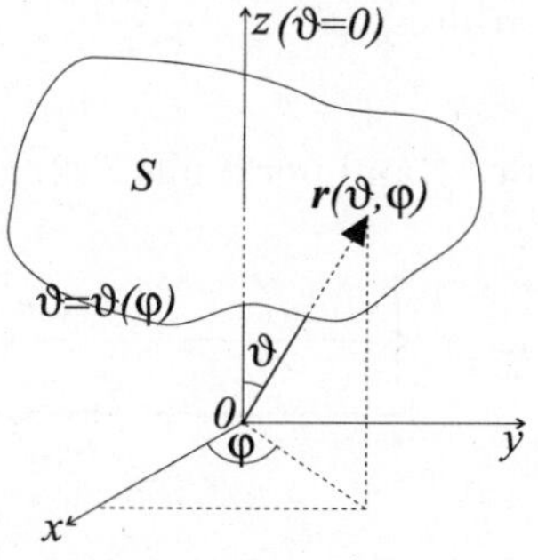

Fig. 8.1

spannen ein vektorielles Flächenelement

$$d\boldsymbol{S} = \left[\frac{\partial \boldsymbol{r}(\vartheta,\varphi)}{\partial \vartheta} \times \frac{\partial \boldsymbol{r}(\vartheta,\varphi)}{\partial \varphi}\right] d\vartheta\, d\varphi \tag{8.1}$$

auf. Punktweise Multiplikation mit dem Rotor eines Vektors $\boldsymbol{a}(\vartheta, \varphi)$ ergibt gemäß (4.65)

$$\mathbf{rot}\, \boldsymbol{a} \cdot d\boldsymbol{S} = \frac{\partial \boldsymbol{r}}{\partial \varphi} \cdot \underbrace{\left(\frac{\partial \boldsymbol{r}}{\partial \vartheta} \cdot \boldsymbol{\nabla}\right)}_{\frac{\partial}{\partial \vartheta}} \boldsymbol{a}\, d\vartheta\, d\varphi - \frac{\partial \boldsymbol{r}}{\partial \vartheta} \cdot \underbrace{\left(\frac{\partial \boldsymbol{r}}{\partial \varphi} \cdot \boldsymbol{\nabla}\right)}_{\frac{\partial}{\partial \varphi}} \boldsymbol{a}\, d\vartheta\, d\varphi \tag{8.2}$$

$$= \frac{\partial}{\partial\vartheta}\left(\boldsymbol{a}\cdot\frac{\partial\boldsymbol{r}}{\partial\varphi}\right)d\vartheta\,d\varphi - \frac{\partial}{\partial\varphi}\left(\boldsymbol{a}\cdot\frac{\partial\boldsymbol{r}}{\partial\vartheta}\right)d\vartheta\,d\varphi. \tag{8.3}$$

Integration über die Fläche S innerhalb eines geschlossenen Randes $\vartheta = \vartheta(\varphi)$ bedeutet

$$\int_S \mathbf{rot}\,\boldsymbol{a}\cdot d\boldsymbol{S} = \int_0^{2\pi}\int_0^{\vartheta(\varphi)}\left[\frac{\partial}{\partial\vartheta}\left(\boldsymbol{a}\cdot\frac{\partial\boldsymbol{r}}{\partial\varphi}\right) - \frac{\partial}{\partial\varphi}\left(\boldsymbol{a}\cdot\frac{\partial\boldsymbol{r}}{\partial\vartheta}\right)\right]d\vartheta\,d\varphi. \tag{8.4}$$

Das 1. innere Integral führt zu

$$\begin{aligned}\int_0^{\vartheta(\varphi)}\frac{\partial}{\partial\vartheta}\left(\boldsymbol{a}\cdot\frac{\partial\boldsymbol{r}}{\partial\varphi}\right)d\vartheta &= \boldsymbol{a}\cdot\frac{\partial\boldsymbol{r}}{\partial\varphi}\bigg|_{\vartheta=0}^{\vartheta=\vartheta(\varphi)}\\ &= \boldsymbol{a}[\vartheta(\varphi),\varphi]\cdot\frac{\partial\boldsymbol{r}[\vartheta(\varphi),\varphi]}{\partial\varphi} - \boldsymbol{a}(0,\varphi)\cdot\underbrace{\frac{\partial\boldsymbol{r}(0,\varphi)}{\partial\varphi}}_{0},\end{aligned}$$

während sich das 2. nach einer elementaren Regel umformen lässt:

$$-\int_0^{\vartheta(\varphi)}\frac{\partial}{\partial\varphi}\left(\boldsymbol{a}\cdot\frac{\partial\boldsymbol{r}}{\partial\vartheta}\right)d\vartheta = \boldsymbol{a}[\vartheta(\varphi),\varphi]\cdot\frac{\partial\boldsymbol{r}[\vartheta(\varphi),\varphi]}{\partial\vartheta}\,\vartheta'(\varphi) - \frac{d}{d\varphi}\int_0^{\vartheta(\varphi)}\boldsymbol{a}\cdot\frac{\partial\boldsymbol{r}}{\partial\vartheta}\,d\vartheta.$$

Damit erhalten wir wegen des Randmerkmals $\vartheta(2\pi) = \vartheta(0)$ zusammenfassend

$$\begin{aligned}\int_S \mathbf{rot}\,\boldsymbol{a}\cdot d\boldsymbol{S} &= \int_0^{2\pi}\boldsymbol{a}[\vartheta(\varphi),\varphi]\cdot\underbrace{\left\{\frac{\partial\boldsymbol{r}[\vartheta(\varphi),\varphi]}{\partial\varphi} + \frac{\partial\boldsymbol{r}[\vartheta(\varphi),\varphi]}{\partial\vartheta}\vartheta'(\varphi)\right\}d\varphi}_{d\boldsymbol{r}[\vartheta(\varphi),\varphi]}\\ &\quad\underbrace{-\int_0^{\vartheta(\varphi)}\boldsymbol{a}\cdot\frac{\partial\boldsymbol{r}}{\partial\vartheta}\,d\vartheta\bigg|_{\varphi=0}^{\varphi=2\pi}}_{0}.\end{aligned}$$

Das Ergebnis heißt Satz von Stokes[1]

$$\boxed{\int_S \mathbf{rot}\,\boldsymbol{a}\cdot d\boldsymbol{S} = \oint \boldsymbol{a}\cdot d\boldsymbol{r} = \Gamma} \tag{8.5}$$

[1]Der Satz wurde lange dem irischen Mathematik-Professor George Gabriel Stokes (1819-1903) zugeschrieben, weil er 1854 in Cambridge für seinen Beweis einen Preis ausgeschrieben hatte; aber Stokes kannte ihn seit Juli 1850 aus einem Brief von William Thomson.

Links steht das Flächenintegral über den Rotor eines Vektorfelds $\boldsymbol{a}$, rechts die Zirkulation in diesem Vektorfeld auf dem Flächenrand, wobei Integrationsrichtung/Umlaufsinn $\boldsymbol{e}_\varphi$ und resultierende Oberfläche $\boldsymbol{S}$ eine Rechtsschraube bilden.

Ersichtlich spielen die Eigenschaften der Fläche (Integrationsgebiet) keine Rolle; es kommt nur auf ihren Rand $\vartheta = \vartheta(\varphi)$ an.

Zum besseren Verständnis des stokesschen Satzes denke man sich die Fläche S in lauter elementare Rechtecke eingeteilt. Für dasjenige mit dem Inhalt $d\boldsymbol{S}$ gilt gemäß Kap. 4.2.3 die Definition $\mathbf{rot}\,\boldsymbol{a} \cdot d\boldsymbol{S} = d\Gamma$, wobei $d\Gamma$ die Zirkulation auf seinem Rand bedeutet. Das Integral über die gesamte Fläche S ist dann die

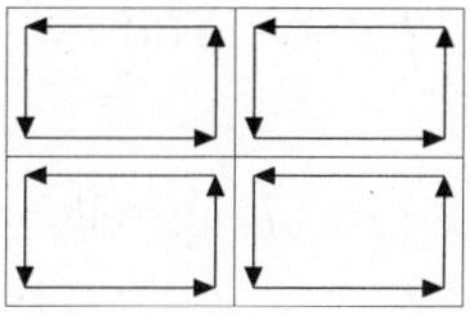

Fig. 8.2

Summe der Zirkulationen auf allen Rechteckrändern. Dazu tragen die Rechteck-Binnengrenzen nichts bei, weil sie je zweimal gegensinnig durchlaufen werden (Fig. 8.2). Übrig bleiben die Integrationswege über die Rechteck-Außengrenzen, also über den Rand der Fläche S.

Bisher wurde stillschweigend vorausgesetzt, dass die Fläche S nur einen äußeren, aber keine inneren Ränder hat, also z. B. keine Ringfläche ist. In einem solchen Fall müsste man das Integrationsgebiet durch geeignete Schnitte teilen und dann den stokesschen Satz auf die Teilflächen anwenden.

8.1.2 Folgerungen

- Für $\boldsymbol{a} = \mathbf{grad}\,\Phi$ folgt aus (4.27) und (7.10)

$$\int_S \mathbf{rot}\,\mathbf{grad}\,\Phi \cdot d\boldsymbol{S} = \oint \mathbf{grad}\,\Phi \cdot d\boldsymbol{r} = 0. \tag{8.6}$$

- Wenn sich die Fläche S zu einer Hülle schließt, schrumpft ihr Rand auf den Punkt $\vartheta = \pi$ zusammen. Dann gewinnt der stokessche Satz wegen $d\boldsymbol{r}(\pi, \varphi) = 0$ die spezielle Form

$$\oint \mathbf{rot}\,\boldsymbol{a} \cdot d\boldsymbol{S} = 0. \tag{8.7}$$

Auf einer Hülle kompensieren sich alle Zirkulationen gegenseitig.

- Zum Vektorfeld $\boldsymbol{a} = \boldsymbol{k} \times \boldsymbol{r}$ gehört gemäß (4.69) der homogene Rotor $2\boldsymbol{k}$. Damit lautet der stokessche Satz

$$2\boldsymbol{k} \cdot \int d\boldsymbol{S} = \oint (\boldsymbol{k} \times \boldsymbol{r}) \cdot d\boldsymbol{r} = \boldsymbol{k} \cdot \oint \boldsymbol{r} \times d\boldsymbol{r} \quad \curvearrowright \quad \boldsymbol{S} = \frac{1}{2} \oint \boldsymbol{r} \times d\boldsymbol{r}, \tag{8.8}$$

was (7.29) formal bestätigt.

- Das Vektorfeld $\boldsymbol{a} = \boldsymbol{k}\Phi(\boldsymbol{r})$ führt angesichts (4.53) zu

$$-\int_S (\boldsymbol{k} \times \mathbf{grad}\,\Phi) \cdot d\boldsymbol{S} = -\boldsymbol{k} \cdot \int_S \mathbf{grad}\,\Phi \times d\boldsymbol{S} = \boldsymbol{k} \cdot \oint \Phi\, d\boldsymbol{r}$$

$$\curvearrowright \quad \int_S d\boldsymbol{S} \times \mathbf{grad}\,\Phi = \oint \Phi\, d\boldsymbol{r}. \tag{8.9}$$

- Einsetzung des Vektorfelds $\boldsymbol{a} \times \boldsymbol{k}$ anstelle $\boldsymbol{a}$ ergibt zunächst

$$\int_S [\boldsymbol{\nabla} \times (\boldsymbol{a} \times \boldsymbol{k})] \cdot d\boldsymbol{S} = \oint (\boldsymbol{a} \times \boldsymbol{k}) \cdot d\boldsymbol{r} = \boldsymbol{k} \cdot \oint d\boldsymbol{r} \times \boldsymbol{a}$$

und nach elementarer Umstellung

$$[\boldsymbol{\nabla} \times (\boldsymbol{a} \times \boldsymbol{k})] \cdot d\boldsymbol{S} = (d\boldsymbol{S} \times \boldsymbol{\nabla}) \cdot (\boldsymbol{a} \times \boldsymbol{k}) = [(d\boldsymbol{S} \times \boldsymbol{\nabla}) \times \boldsymbol{a}] \cdot \boldsymbol{k}$$

schließlich die nützliche Formel

$$\int_S (d\boldsymbol{S} \times \boldsymbol{\nabla}) \times \boldsymbol{a} = \oint d\boldsymbol{r} \times \boldsymbol{a}. \tag{8.10}$$

8.1.3 Anwendung in der Elektrodynamik

Uns interessiert das Magnetfeld innerhalb und außerhalb eines geraden Stromleiters. Dazu betrachten wir einen unendlich langen, zylindrischen, zur z-Achse symmetrischen Draht des Querschnitts $\pi\bar{\rho}^2$. Die Stromdichte $\boldsymbol{J} = |\boldsymbol{J}|\,\boldsymbol{e}_z$ sei konstant. Der Leiter schneide eine beliebige gedachte Fläche mit der resultierenden Oberfläche $\boldsymbol{S} = |\boldsymbol{S}|\,\boldsymbol{e}_z$ und dem Kreisrand $|\boldsymbol{r}| = \rho = \text{const}$. Zur Bestimmung des Magnetfelds $\boldsymbol{H}$ setzt man zweckmäßig das ampèresche[2] Durchflutungsgesetz (1826) in der maxwellschen Fassung $\mathbf{rot}\,\boldsymbol{H} = \boldsymbol{J}$ in den stokesschen Satz ein und erhält wegen $|\boldsymbol{J}| = 0$ für $\rho > \bar{\rho}$

$$\int \mathbf{rot}\,\boldsymbol{H} \cdot d\boldsymbol{S} = \oint \boldsymbol{H} \cdot d\boldsymbol{r} = \int \boldsymbol{J} \cdot d\boldsymbol{S} = \begin{cases} |\boldsymbol{J}|\,\pi\rho^2 & \text{für } \rho \le \bar{\rho} \\ |\boldsymbol{J}|\,\pi\bar{\rho}^2 & \text{für } \rho \ge \bar{\rho} \end{cases}. \tag{8.11}$$

[2] André Marie Ampère (1775-1836) wirkte ab 1804 als Mathematik-Professor an der École Polytechnique, ab 1826 als Physik-Professor am Collège de France in Paris. Er gab 1826 das erste Lehrbuch der Elektrodynamik heraus.

Aus der polaren Symmetrie $\frac{\partial}{\partial\varphi} = 0$ des Modells folgt $\oint \boldsymbol{H} \cdot d\boldsymbol{r} = (\boldsymbol{H} \cdot \boldsymbol{e}_\varphi)\, 2\pi\rho$. Mit der Stromstärke $I = |\boldsymbol{J}|\, \pi\bar{\rho}^2$ ergibt sich schließlich die bekannte Formel

$$\boxed{\boldsymbol{H} \cdot \boldsymbol{e}_\varphi = \begin{cases} \frac{I}{2\pi}\frac{\rho}{\bar{\rho}^2} & \text{für } \rho \le \bar{\rho} \\ \frac{I}{2\pi\rho} & \text{für } \rho \ge \bar{\rho} \end{cases}} \tag{8.12}$$

Hier tritt das Verfahren, eine lineare Differenzialgleichung mit Hilfe eines Integralsatzes unmittelbar zu lösen, deutlich hervor.

Aufgabe 8.1 Berechnen Sie aus dem Vektorpotenzial $\boldsymbol{A}$ und der magnetischen Flussdichte $\boldsymbol{B} = \mathbf{rot}\,\boldsymbol{A}$ den magnetischen Fluss $\Phi = \int \boldsymbol{B} \cdot d\boldsymbol{S}$ durch eine begrenzte krumme Fläche S!

Aufgabe 8.2 Wie groß ist die Zirkulation Γ um ein beliebiges Gebiet des Inhalts $\boldsymbol{S}$ im Geschwindigkeitsfeld $\boldsymbol{v}(\boldsymbol{r})$ eines starren, mit der Drehgeschwindigkeit $\boldsymbol{w}$ rotierenden Körpers?

Aufgabe 8.3 Bestimmen Sie die Drehgeschwindigkeit $\boldsymbol{w}$ eines kreisförmigen Flächenelements im Strömungsfeld $\boldsymbol{v}$ anhand des stokesschen Satzes!

8.2 Satz von Gauß

8.2.1 Herleitung

Die 2. Lösung der Aufgabe 4.17 gewinnt in Kugelkoordinaten $\boldsymbol{r}(r, \vartheta, \varphi)$ mit $\boldsymbol{b} = \frac{\partial \boldsymbol{r}}{\partial r}\, dr$, $\boldsymbol{c} = \frac{\partial \boldsymbol{r}}{\partial \vartheta}\, d\vartheta$, $\boldsymbol{d} = \frac{\partial \boldsymbol{r}}{\partial \varphi}\, d\varphi$ die Form

$$\underbrace{\left(\frac{\partial \boldsymbol{r}}{\partial r} \cdot \boldsymbol{\nabla}\right)}_{\frac{\partial}{\partial r}} \left[\boldsymbol{a}(\boldsymbol{r}) \cdot \left(\frac{\partial \boldsymbol{r}}{\partial \vartheta} \times \frac{\partial \boldsymbol{r}}{\partial \varphi}\right)\right] dr\, d\vartheta\, d\varphi$$

$$= \mathbf{rot}\left[\boldsymbol{a}(\boldsymbol{r}) \times \frac{\partial \boldsymbol{r}}{\partial r}\right] \cdot \left(\frac{\partial \boldsymbol{r}}{\partial \vartheta} \times \frac{\partial \boldsymbol{r}}{\partial \varphi}\right) dr\, d\vartheta\, d\varphi$$

$$+ \underbrace{\left[\frac{\partial \boldsymbol{r}}{\partial r}, \frac{\partial \boldsymbol{r}}{\partial \vartheta}, \frac{\partial \boldsymbol{r}}{\partial \varphi}\right] dr\, d\vartheta\, d\varphi}_{d\tau}\ \operatorname{div} \boldsymbol{a}.$$

Integration über einen den Nullpunkt umschließenden Raum mit der Hülle $r = r(\vartheta, \varphi)$ ergibt unter Verwendung des vektoriellen, nach außen gerichteten Hüllenelements (8.1):

$$\oint \left[\boldsymbol{a}(\boldsymbol{r}) \cdot \left(\frac{\partial \boldsymbol{r}}{\partial \vartheta} \times \frac{\partial \boldsymbol{r}}{\partial \varphi}\right)\right]_{r=0}^{r=r(\vartheta,\varphi)} d\vartheta\, d\varphi = \oint \boldsymbol{a} \cdot d\boldsymbol{S}$$

$$= \int_0^{r(\vartheta,\varphi)} \underbrace{\oint \mathbf{rot}\left[\boldsymbol{a}(\boldsymbol{r}) \times \frac{\partial \boldsymbol{r}}{\partial r}\right] \cdot \left(\frac{\partial \boldsymbol{r}}{\partial \vartheta} \times \frac{\partial \boldsymbol{r}}{\partial \varphi}\right) d\vartheta\, d\varphi}_{0}\, dr + \int \operatorname{div} \boldsymbol{a}\, d\tau.$$

Das innere Hüllenintegral verschwindet gemäß (8.7) unabhängig von r. Es folgt schließlich der wichtige Satz von Gauß (1813)

$$\boxed{\oint \boldsymbol{a} \cdot d\boldsymbol{S} = \int \operatorname{div} \boldsymbol{a}\, d\tau} \tag{8.13}$$

Die Punktprodukte $\boldsymbol{a} \cdot d\boldsymbol{S} \gtrless 0$ beschreiben die elementaren Vektorflüsse ins Äußere bzw. Innere des Integrationsgebiets τ. Das Hüllenintegral bildet die Bilanz, also den überschießenden Vektorfluss nach außen. Das Raumintegral ist ein Maß für die gesamte Ergiebigkeit der im Innern liegenden Quellen.

Ähnlich wie der stokessche leuchtet auch der gaußsche Satz anhand eines anschaulichen Modells leicht ein. Dazu denken wir uns den umhüllten Raum in lauter Elementarquader eingeteilt. Integration gemäß (8.13) über den umhüllten Raum bedeutet dann Summierung der Vektorflüsse durch je 6 Seitenflächen aller Elementarquader. An allen Binnenflächen grenzen je 2 Elementarquader aneinander; dort heben sich die Vektorflüsse paarweise gegenseitig auf, tragen also zur Summe nichts bei. Es bleiben nur die Vektorflüsse durch die Außenflächen übrig. Ihre Summe ist der überschießende Vektorfluss durch die Hülle nach außen.

8.2.2 Folgerungen

- Wir ersetzen in (8.13) $\boldsymbol{a}$ durch $\mathbf{rot}\,\boldsymbol{a}$ und finden wegen (4.29) im Einklang mit (8.7) $\oint \mathbf{rot}\,\boldsymbol{a} \cdot d\boldsymbol{S} = 0$.
- Einsetzung von $\boldsymbol{a} = \mathbf{grad}\,\Phi$ führt wegen (4.102) zu

$$\oint \mathbf{grad}\,\Phi \cdot d\boldsymbol{S} = \int \Delta\Phi\, d\tau. \tag{8.14}$$

- Im Vektorfeld $\boldsymbol{a} = \boldsymbol{k}\Phi(\boldsymbol{r})$ gilt angesichts (4.52)

$$\oint \Phi\, d\boldsymbol{S} = \int \mathbf{grad}\,\Phi\, d\tau \tag{8.15}$$

  und im Fall $\Phi(\boldsymbol{r}) = \text{const}$ speziell $\oint d\boldsymbol{S} = 0$, was (7.30) bestätigt.
- Aus (8.13) folgt mit $\boldsymbol{a} \times \boldsymbol{k}$ anstelle $\boldsymbol{a}$ wegen (4.63)

$$\oint \underbrace{(\boldsymbol{a} \times \boldsymbol{k}) \cdot d\boldsymbol{S}}_{\boldsymbol{k}\cdot(d\boldsymbol{S}\times\boldsymbol{a})} = \int \boldsymbol{k} \cdot \mathbf{rot}\,\boldsymbol{a}\, d\tau \quad \curvearrowright \quad \oint d\boldsymbol{S} \times \boldsymbol{a} = \int \mathbf{rot}\,\boldsymbol{a}\, d\tau. \tag{8.16}$$

- (8.13) lautet angewandt auf das Vektorfeld $(\boldsymbol{k}\cdot\boldsymbol{a})\boldsymbol{b}$ statt $\boldsymbol{a}$

$$\oint(\boldsymbol{k}\cdot\boldsymbol{a})\boldsymbol{b}\cdot d\boldsymbol{S}=\int \operatorname{div}[(\boldsymbol{k}\cdot\boldsymbol{a})\boldsymbol{b}]\,d\tau \tag{8.17}$$

und gewinnt mit Hilfe der Identität

$$\boldsymbol{\nabla}\cdot[(\boldsymbol{k}\cdot\boldsymbol{a})\boldsymbol{b}]=\underbrace{(\boldsymbol{b}\cdot\boldsymbol{\nabla})(\boldsymbol{k}\cdot\boldsymbol{a})}_{\boldsymbol{k}\cdot(\boldsymbol{b}\cdot\boldsymbol{\nabla})\boldsymbol{a}}+(\boldsymbol{k}\cdot\boldsymbol{a})(\boldsymbol{\nabla}\cdot\boldsymbol{b})=\boldsymbol{k}\cdot[(\boldsymbol{\nabla}\cdot\boldsymbol{b})\boldsymbol{a}] \tag{8.18}$$

die übersichtliche Form

$$\oint \boldsymbol{a}(\boldsymbol{b}\cdot d\boldsymbol{S})=\int(\boldsymbol{\nabla}\cdot\boldsymbol{b})\boldsymbol{a}\,d\tau, \tag{8.19}$$

die speziell für den auf $\boldsymbol{a}$ wirkenden Operator $\boldsymbol{b}=\Phi\,\boldsymbol{\nabla}$ in

$$\oint \Phi(d\boldsymbol{S}\cdot\boldsymbol{\nabla})\boldsymbol{a}=\int(\boldsymbol{\nabla}\cdot\Phi\,\boldsymbol{\nabla})\boldsymbol{a}\,d\tau \tag{8.20}$$

$$=\int[(\mathbf{grad}\,\Phi\cdot\boldsymbol{\nabla})\boldsymbol{a}+\Phi\Delta\boldsymbol{a}]\,d\tau \tag{8.21}$$

übergeht. Daraus folgt für $\Phi=\text{const}$ weiter

$$\oint(d\boldsymbol{S}\cdot\boldsymbol{\nabla})\boldsymbol{a}=\int\Delta\boldsymbol{a}\,d\tau. \tag{8.22}$$

8.2.3 Anwendung in Mechanik und Elektrodynamik

Mit der Dichte ϱ und der Strömungsgeschwindigkeit $\boldsymbol{v}$ beschreibt $\oint\varrho\boldsymbol{v}\cdot d\boldsymbol{S}$ den Überschuss der je Zeiteinheit aus dem (starren) Raum τ hinausströmenden Masse, was dem Massenerhaltungsprinzip zufolge einem gleichzeitigen Schwund der in τ enthaltenen Masse $\int\varrho\,d\tau$ entspricht:

$$\oint\varrho\boldsymbol{v}\cdot d\boldsymbol{S}=-\int\frac{\partial\varrho}{\partial t}\,d\tau. \tag{8.23}$$

Dies führt nach dem gaußschen Satz sogleich zur Kontinuitätsgleichung (4.22)

$$\int\operatorname{div}\varrho\boldsymbol{v}\,d\tau=-\int\frac{\partial\varrho}{\partial t}\,d\tau \quad\curvearrowright\quad \boxed{\operatorname{div}\varrho\boldsymbol{v}+\frac{\partial\varrho}{\partial t}=0}$$

Wenn ϱ die elektrische Ladungsdichte und $\boldsymbol{J}=\varrho\boldsymbol{v}$ die elektrische Stromdichte bedeuten, gilt wegen des Erhaltungsprinzips der Ladung eine analoge Kontinuitätsgleichung

$$\boxed{\operatorname{div}\boldsymbol{J}+\frac{\partial\varrho}{\partial t}=0} \tag{8.24}$$

Sie ergibt sich ebenso durch $\boldsymbol{\nabla}$-Anwendung auf (4.93), wenn man im Ergebnis $0 = \operatorname{div}\dot{\boldsymbol{D}} + \operatorname{div}\boldsymbol{J}$ die Definition $\operatorname{div}\boldsymbol{D} \equiv \varrho$ berücksichtigt.

Die Kontinuitätsgleichungen sind eigentlich Erhaltungssätze für die Masse bzw. elektrische Ladung.

Aufgabe 8.4 Bestimmen Sie für einen beliebigen konstanten Vektor $\boldsymbol{h}$ die Hüllenintegrale

$$\oint (\boldsymbol{h}\cdot\boldsymbol{r})\,d\boldsymbol{S} \quad \text{und} \quad \oint \boldsymbol{r}(\boldsymbol{h}\cdot d\boldsymbol{S})\,!$$

Aufgabe 8.5 Beweisen Sie die Identität

$$\oint (d\boldsymbol{S}\cdot\boldsymbol{\nabla})\boldsymbol{a} = \oint \operatorname{div}\boldsymbol{a}\,d\boldsymbol{S} + \oint \mathbf{rot}\,\boldsymbol{a}\times d\boldsymbol{S} = \int \Delta\boldsymbol{a}\,d\tau\,!$$

Aufgabe 8.6 Wandeln Sie die Hüllenintegrale

$$\oint \boldsymbol{b}\times(\boldsymbol{a}\times d\boldsymbol{S}) \quad \text{und} \quad \oint \boldsymbol{a}(\boldsymbol{a}\cdot d\boldsymbol{S}) - \frac{\boldsymbol{a}^2}{2}d\boldsymbol{S}$$

in Raumintegrale um!

8.3 Formel von Gauß

8.3.1 Herleitung

Für ebene Probleme, gekennzeichnet durch $\boldsymbol{k}\cdot\boldsymbol{a} = 0$ und $\boldsymbol{k}\cdot\boldsymbol{\nabla} = 0$, lässt sich der Satz von Gauß vereinfachen. Dazu wählen wir als Hülle zweckmäßig einen geraden Zylinder der Höhe $\boldsymbol{k}$ mit beliebigem Querschnitt, was Vektorflüsse durch

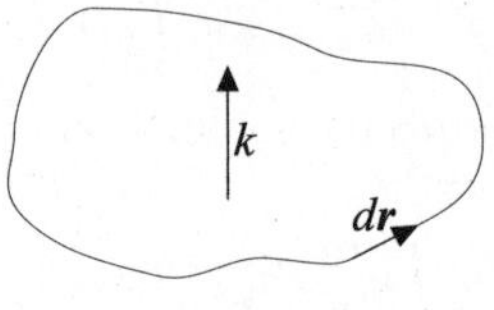

Fig. 8.3

die beiden Stirnflächen ausschließt. Somit gewinnt der Satz von Gauß mit dem Querschnittselement $d\boldsymbol{S}\|\boldsymbol{k}$, dem Mantelelement $d\boldsymbol{r}\times\boldsymbol{k}$ und dem Raumelement $d\tau = d\boldsymbol{S}\cdot\boldsymbol{k}$ die spezielle Form

$$\oint \boldsymbol{a}\cdot(d\boldsymbol{r}\times\boldsymbol{k}) = \int \operatorname{div}\boldsymbol{a}\,d\boldsymbol{S}\cdot\boldsymbol{k}, \tag{8.25}$$

die unmittelbar in die Formel von Gauß

$$\boxed{\oint \boldsymbol{a} \times d\boldsymbol{r} = \int \operatorname{div} \boldsymbol{a}\, d\boldsymbol{S}} \tag{8.26}$$

übergeht. Hierbei bilden die Vektoren $d\boldsymbol{r}$ (Integrationsrichtung/Umlaufsinn) und $d\boldsymbol{S}$ eine Rechtsschraube (Fig. 8.3). Links steht der Überschuss des 2-dimensionalen Vektorflusses über den Rand einer ebenen Fläche nach außen, rechts die gesamte Ergiebigkeit der eingeschlossenen Quellen.

Aufgabe 8.7 Welches ebene Flächenstück hat bei gegebenem Inhalt S den kleinsten Umfang U?

8.3.2 Folgerungen

Mit $\boldsymbol{a} = \mathbf{grad}\, \Phi$ erhält man unschwer

$$\oint \mathbf{grad}\, \Phi \times d\boldsymbol{r} = \int \Delta\Phi\, d\boldsymbol{S}. \tag{8.27}$$

Durch Einsetzen von $\boldsymbol{a} \times \boldsymbol{k}\Phi$ anstelle $\boldsymbol{a}$ in (8.26) folgt wegen $\boldsymbol{k} \cdot d\boldsymbol{r} = 0$ angesichts (4.63) und (4.53)

$$\oint \boldsymbol{k}\Phi(\boldsymbol{a} \cdot d\boldsymbol{r}) = \int \operatorname{div}(\boldsymbol{a} \times \boldsymbol{k}\Phi) d\boldsymbol{S} \tag{8.28}$$

$$= \int [\boldsymbol{k}\Phi \cdot \mathbf{rot}\, \boldsymbol{a} + \boldsymbol{a} \cdot (\boldsymbol{k} \times \mathbf{grad}\, \Phi)] d\boldsymbol{S}. \tag{8.29}$$

Man erhält mit Blick auf die Lösung der Aufgabe 2.32 schließlich

$$\oint \Phi(\boldsymbol{a} \cdot d\boldsymbol{r}) = \int [\Phi\, \mathbf{rot}\, \boldsymbol{a} - (\boldsymbol{a} \times \mathbf{grad}\, \Phi)] \cdot d\boldsymbol{S} = \int \mathbf{rot}\, \Phi \boldsymbol{a} \cdot d\boldsymbol{S}. \tag{8.30}$$

Daraus ergeben sich unmittelbar

- für $\Phi = \text{const}$ der Satz von Stokes und
- für $\boldsymbol{a} = \mathbf{const}$ dessen Folgerung (8.9).

Umgekehrt gewinnt man (8.26) leicht aus (8.10) unter der Bedingung $\boldsymbol{k} \cdot \boldsymbol{a} = 0$.

Somit darf die Formel von Gauß als Spezialisierung sowohl des gaußschen als auch des stokesschen Satzes auf 2-dimensionale Modelle gelten.

Weiter folgt aus (8.30) für $\Phi = \boldsymbol{h} \cdot \boldsymbol{b}$ mit irgendeinem konstanten Vektor $\boldsymbol{h}$

$$\oint (\boldsymbol{h} \cdot \boldsymbol{b})(\boldsymbol{a} \cdot d\boldsymbol{r}) = \int [\boldsymbol{\nabla} \times (\boldsymbol{h} \cdot \boldsymbol{b})\boldsymbol{a}] \cdot d\boldsymbol{S} = \int [(d\boldsymbol{S} \times \boldsymbol{\nabla}) \cdot \boldsymbol{a}](\boldsymbol{h} \cdot \boldsymbol{b})$$

$$\curvearrowright \quad \oint \boldsymbol{b}(\boldsymbol{a} \cdot d\boldsymbol{r}) = \int [(d\boldsymbol{S} \times \boldsymbol{\nabla}) \cdot \boldsymbol{a}]\boldsymbol{b}. \tag{8.31}$$

8.3.3 Anwendung in der Funktionentheorie

Der Integralsatz von Cauchy[3] (1825)

$$\boxed{\oint f(x \pm iy)(dx + i\,dy) = 0} \tag{8.32}$$

gilt für den Rand jedes Gebiets, in dem $f(x \pm iy)$ regulär ist. Zum Beweis trennen wir Real- und Imaginärteil:

$$\oint (u \pm iv)(dx + i\,dy) = \oint (u\,dx \mp v\,dy) + i \oint (u\,dy \pm v\,dx) = 0. \tag{8.33}$$

Mit Hilfe des in Kap. 4.4.3 konstruierten Vektorfelds $\boldsymbol{p} = u\boldsymbol{e}_x \mp v\boldsymbol{e}_y$ findet man angesichts (8.30) und (8.26) leicht

$$\oint \boldsymbol{p} \cdot d\boldsymbol{r} + i\boldsymbol{e}_z \cdot \oint (\boldsymbol{p} \times d\boldsymbol{r}) = \int \mathbf{rot}\,\boldsymbol{p} \cdot d\boldsymbol{S} + i\boldsymbol{e}_z \cdot \int \operatorname{div} \boldsymbol{p}\, d\boldsymbol{S} = 0, \tag{8.34}$$

sofern $\boldsymbol{p}$ in dem umrandeten Gebiet $\boldsymbol{S}$ überall wirbel- und quellenfrei ist, was der vorausgesetzten Regularität entspricht.

Aufgabe 8.8 Wandeln Sie die Randintegrale

$$\oint \boldsymbol{a} \times (\boldsymbol{b} \times d\boldsymbol{r}) \quad \text{und} \quad \oint \boldsymbol{b}(\boldsymbol{a} \cdot d\boldsymbol{r}) - \frac{1}{2}(\boldsymbol{a} \cdot \boldsymbol{b})d\boldsymbol{r}$$

mit den komplanaren Vektoren $\boldsymbol{a}, \boldsymbol{b}, d\boldsymbol{r}$ in Flächenintegrale um!

8.3.4 Anwendung in der Aerodynamik

Ein Tragflügel der Länge $\boldsymbol{L} = L\boldsymbol{e}_z$ mit konstantem Profil störe eine parallele Luftströmung der Dichte ϱ und der (fernab gemessenen) Geschwindigkeit $\boldsymbol{v}_\infty = v_\infty \boldsymbol{e}_x$ (Fig. 8.4). Dadurch entsteht in seiner Umgebung ein profilabhängiges Störfeld $\tilde{\boldsymbol{v}}$, das sich dem homogenen Feld $\boldsymbol{v}_\infty$ überlagert: $\boldsymbol{v} = \boldsymbol{v}_\infty + \tilde{\boldsymbol{v}}$. Die von den Flügelenden ausgehenden Wirbel seien vernachlässigt, so dass keine Komponente $\tilde{v}_z$ auftritt. Der am Tragflügel rundum wirksame Luftdruck p erzeugt einen resultierenden Auftrieb

$$\boldsymbol{A} = \oint_{\text{Profil}} p(d\boldsymbol{r} \times \boldsymbol{L}). \tag{8.35}$$

[3]Gauß behandelte den Satz bereits 1811 in einem Brief an den Königsberger Astronomen Friedrich Wilhelm Bessel (1784-1846), ohne ihn zu veröffentlichen.

Er gewinnt nach Einsetzung von (4.101) die Form

$$\boldsymbol{A} = \boldsymbol{L} \times \varrho \oint\limits_{\text{Profil}} \frac{\boldsymbol{v}^2}{2} d\boldsymbol{r}. \tag{8.36}$$

Wir betrachten das quellen- und wirbelfreie Strömungsfeld $\boldsymbol{v}(\boldsymbol{r})$ zwischen Pro-

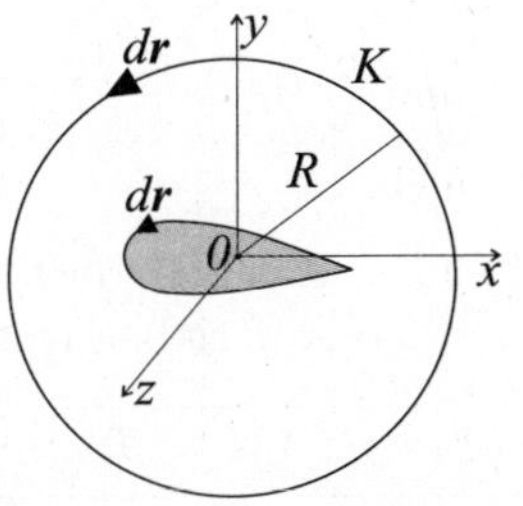

Fig. 8.4

fil und fernem Kreis K, also in einem 2-fach berandeten Gebiet. In diesem Sonderfall folgt aus stokesschem Satz und gaußscher Formel ohne Beweis die Gleichheit folgender Umlaufintegrale über die beiden Ränder (vgl. Kap. 8.1):

$$\oint\limits_{\text{Profil}} \boldsymbol{v}(\boldsymbol{v} \cdot d\boldsymbol{r}) - \frac{\boldsymbol{v}^2}{2} d\boldsymbol{r} = \oint\limits_{K} \boldsymbol{v}(\boldsymbol{v} \cdot d\boldsymbol{r}) - \frac{\boldsymbol{v}^2}{2} d\boldsymbol{r} \quad \text{(vgl. Aufgabe 8.8)}, \tag{8.37}$$

$$\oint\limits_{\text{Profil}} \boldsymbol{v} \times d\boldsymbol{r} = \oint\limits_{K} \boldsymbol{v} \times d\boldsymbol{r} \quad \text{und} \quad \oint\limits_{\text{Profil}} \boldsymbol{v} \cdot d\boldsymbol{r} = \Gamma = \oint\limits_{K} \boldsymbol{v} \cdot d\boldsymbol{r}. \tag{8.38}$$

Die Parallelität von (laminarer) Stromlinie und Integrationsweg ($\boldsymbol{v} \times d\boldsymbol{r} = 0$) auf dem Profil bedeutet

$$\oint\limits_{\text{Profil}} \boldsymbol{v}(\boldsymbol{v} \cdot d\boldsymbol{r}) - \frac{\boldsymbol{v}^2}{2} d\boldsymbol{r} = \oint\limits_{\text{Profil}} \frac{\boldsymbol{v}^2}{2} d\boldsymbol{r} \quad \text{und} \quad 0 = \oint\limits_{K} \boldsymbol{v} \times d\boldsymbol{r} = \oint\limits_{K} \tilde{\boldsymbol{v}} \times d\boldsymbol{r}. \tag{8.39}$$

Auf dem fernen Kreis K mit dem Wegelement $d\boldsymbol{r} = \boldsymbol{e}_\varphi R d\varphi$ gilt die Identität

$$\oint\limits_{K} \boldsymbol{v}(\boldsymbol{v} \cdot d\boldsymbol{r}) - \frac{\boldsymbol{v}^2}{2} d\boldsymbol{r} = \boldsymbol{v}_\infty \underbrace{\oint\limits_{K} \boldsymbol{v} \cdot d\boldsymbol{r}}_{\Gamma} + \oint\limits_{K} \tilde{\boldsymbol{v}}(\tilde{\boldsymbol{v}} \cdot d\boldsymbol{r}) - \frac{\tilde{\boldsymbol{v}}^2}{2} d\boldsymbol{r}$$

$$+ \boldsymbol{v}_\infty \times \underbrace{\oint\limits_{K} \tilde{\boldsymbol{v}} \times d\boldsymbol{r}}_{0} - \frac{\boldsymbol{v}_\infty^2}{2} \underbrace{\oint d\boldsymbol{r}}_{0}.$$

Das Störfeld $\tilde{\boldsymbol{v}}(R,\varphi)$ möge für $R \to \infty$ wie $\tilde{\boldsymbol{v}}(\frac{1}{\frac{1}{R}},\varphi)$ für $\frac{1}{R} \to 0$ in 1. Näherung verschwinden. Der naheliegende Taylor-Ansatz

$$\tilde{\boldsymbol{v}}(R,\varphi) \approx \underbrace{\tilde{\boldsymbol{v}}(\infty,\varphi)}_{0} + \frac{\partial \tilde{\boldsymbol{v}}(\infty,\varphi)}{\partial \frac{1}{R}} \frac{1}{R} \quad \curvearrowright \quad \lim_{R\to\infty} \oint_K \tilde{\boldsymbol{v}}(\tilde{\boldsymbol{v}} \cdot d\boldsymbol{r}) - \frac{\tilde{\boldsymbol{v}}^2}{2} d\boldsymbol{r} = 0 \quad (8.40)$$

lässt von (8.37) allein übrig

$$\oint_{\text{Profil}} \frac{\boldsymbol{v}^2}{2} d\boldsymbol{r} = \boldsymbol{v}_\infty \mathit{\Gamma}. \quad (8.41)$$

Durch Einsetzen in (8.36) folgt schließlich die von Kutta[4] und Joukowski[5] unabhängig voneinander gefundene Auftriebsformel:

$$\boxed{\boldsymbol{A} = (\boldsymbol{L} \times \boldsymbol{v}_\infty)\varrho \mathit{\Gamma} = L v_\infty \varrho \mathit{\Gamma} \boldsymbol{e}_y} \quad (8.42)$$

Danach hängt der Auftrieb eines Tragflügels von der Zirkulation $\mathit{\Gamma}$ seines Störfelds ab und verschwindet bei einem symmetrischen Profil. Freilich kann ein um die z-Achse rotierender, auch symmetrischer Körper die Grenzschicht der Luft mitreißen, dadurch ein unsymmetrisches Störfeld $\tilde{\boldsymbol{v}}$ erzeugen und den Magnus-Effekt[6] bewirken.

8.4 Satz von Green[7]

Der greensche Satz beherrscht nicht nur die Potenzialtheorie, für die er ursprünglich gedacht war, sondern leistet auch sonst in der praktischen, ja sogar in der reinen Mathematik unschätzbare Dienste.

Sein Beweis geht zweckmäßig vom gaußschen Satz aus. Durch Einsetzung des Vektors $\boldsymbol{a} = \mathit{\Phi}\, \mathbf{grad}\, \mathit{\Psi}$ in (8.13) gewinnen wir wegen

$$\operatorname{div} \boldsymbol{a} = \mathbf{grad}\, \mathit{\Phi} \cdot \mathbf{grad}\, \mathit{\Psi} + \mathit{\Phi} \underbrace{\operatorname{div} \mathbf{grad}\, \mathit{\Psi}}_{\Delta \mathit{\Psi}} \quad (8.43)$$

[4] Wilhelm Martin Kutta (1867-1944), deutscher Mathematiker, leitete 1902 in seiner Habilitationsschrift an der T. H. München die Auftriebsformel her; sie wurde 1910 von Joukowski erneut gefunden; beide rechneten mit komplexen Potenzialen.

[5] Nikolaj Jegorowitsch Joukowski (1847-1921), Professor an der Moskauer Universität, gilt als Vater der russischen Luftfahrt.

[6] Heinrich Gustav Magnus (1802-1870), deutscher Physiker, entdeckte 1852 den nach ihm benannten Effekt.

[7] Der englische Bäcker und Mathematik-Liebhaber George Green (1793-1841) entwickelte den Satz im Rahmen seiner 1828 veröffentlichten elektromagnetischen Theorie, ohne den gaußschen Satz oder die Arbeiten des ukrainischen Mathematikers Michael Wassilewitsch Ostrogradski (1801-1862) zu kennen. Die greensche Abhandlung fand erst 1846 allgemeine Aufmerksamkeit, als William Thomson sie in einer Fachzeitschrift nachdrucken ließ.

unmittelbar die sog. unsymmetrische Form des greenschen Satzes

$$\boxed{\oint \varPhi \,\mathbf{grad}\, \varPsi \cdot d\boldsymbol{S} = \int (\mathbf{grad}\, \varPhi \cdot \mathbf{grad}\, \varPsi + \varPhi \Delta \varPsi)\, d\tau} \tag{8.44}$$

Vertauschung von $\varPhi$ und $\varPsi$ ergibt die formal äquivalente Gleichung

$$\oint \varPsi \,\mathbf{grad}\, \varPhi \cdot d\boldsymbol{S} = \int (\mathbf{grad}\, \varPhi \cdot \mathbf{grad}\, \varPsi + \varPsi \Delta \varPhi)\, d\tau, \tag{8.45}$$

die von (8.44) abgezogen zur sog. symmetrischen Form[8] führt:

$$\boxed{\oint (\varPhi \,\mathbf{grad}\, \varPsi - \varPsi \,\mathbf{grad}\, \varPhi) \cdot d\boldsymbol{S} = \int (\varPhi \Delta \varPsi - \varPsi \Delta \varPhi)\, d\tau} \tag{8.46}$$

Zur Übung beweisen wir, dass alle Lösungen der laplaceschen Differenzialgleichung $\Delta\varPhi = 0$ überall in einem umhüllten Raum verschwinden, wenn sie überall auf seiner Hülle verschwinden. Für $\varPsi = \varPhi$ und $\Delta\varPhi = 0$ lautet (8.44):

$$\oint \varPhi \,\mathbf{grad}\, \varPhi \cdot d\boldsymbol{S} = \int \mathbf{grad}^2\, \varPhi \, d\tau. \tag{8.47}$$

Die Bedingung $\varPhi = 0$ auf der Hülle hat im Innenraum zur Folge

$$\mathbf{grad}^2\, \varPhi = 0 \quad \curvearrowright \quad \varPhi = \text{const} \quad \curvearrowright \quad \varPhi = 0. \tag{8.48}$$

Bei ebenen Problemen erhält man analog (8.26) anstelle (8.44) und (8.46)

$$\boxed{\oint \varPhi \,\mathbf{grad}\, \varPsi \times d\boldsymbol{r} = \int (\mathbf{grad}\, \varPhi \cdot \mathbf{grad}\, \varPsi + \varPhi \Delta \varPsi)\, d\boldsymbol{S}} \tag{8.49}$$

$$\boxed{\oint (\varPhi \,\mathbf{grad}\, \varPsi - \varPsi \,\mathbf{grad}\, \varPhi) \times d\boldsymbol{r} = \int (\varPhi \Delta \varPsi - \varPsi \Delta \varPhi)\, d\boldsymbol{S}} \tag{8.50}$$

8.5 Singularitäten im Integrationsgebiet

Im Allgemeinen geht der Praktiker von der hinlänglichen Differenzierbarkeit seiner Funktionen aus, ohne sie näher zu prüfen. Diese Unachtsamkeit kann beim Umgang mit den Integralsätzen irreführen, was drei harmlos scheinende Beispiele aus der Potenzialtheorie zeigen mögen. Dazu betrachten wir drei quellen- und wirbelfreie Potenzialströmungen (Kap. 4.4.2).

[8] 1828 kannte auch Ostrogradski diese Form.

8.5.1 Ebene Zirkulationsströmung

In Zylinderkoordinaten bestimmen das Potenzial $\Phi = -\varphi$ und die polare, überall quellenfreie Geschwindigkeit $\boldsymbol{a} = -\,\mathbf{grad}\,\Phi = \frac{\boldsymbol{e}_\varphi}{\rho}$ ein trotz

$$\mathbf{rot}\,\boldsymbol{a} = -\,\mathbf{rot}\,\mathbf{grad}\,\Phi = 0$$

physikalisch echtes Wirbelfeld, vorstellbar etwa als Strudel (Hohlwirbel) über der Abflussöffnung einer Badewanne. Die Zirkulation auf dem Rand $\boldsymbol{r} = \boldsymbol{r}(t)$ irgendeiner ebenen, den Pol $\rho = 0$ enthaltenden Fläche $S = \boldsymbol{S} \cdot \boldsymbol{e}_z$ beträgt angesichts (8.5)

$$\Gamma = \oint \boldsymbol{a} \cdot d\boldsymbol{r} = -\oint \underbrace{\mathbf{grad}\,\Phi \cdot d\boldsymbol{r}}_{d\Phi} = \int_0^{2\pi} d\varphi = 2\pi = \int_S \mathbf{rot}\,\boldsymbol{a} \cdot d\boldsymbol{S}. \tag{8.51}$$

Demnach kann die Bedingung $\mathbf{rot}\,\boldsymbol{a} = 0$ eines *mathematisch* wirbelfreien Strömungsfelds im Integrationsgebiet S nicht überall herrschen. Tatsächlich ist der Vektor $\boldsymbol{a}$ an der Stelle $\rho = 0$ undifferenzierbar und der Operation $\boldsymbol{\nabla}\times\boldsymbol{a}$ gar nicht zugänglich. Mithin gilt die Aussage $\mathbf{rot}\,\boldsymbol{a} = 0$ nur für $\rho > 0$; $\Phi(\boldsymbol{r})$ ist beim Umlauf um den Pol $\rho = 0$ keine eindeutige Funktion und (7.10) deshalb ungültig.

Daraus folgt für überall quellenfreie Vektorfelder $\boldsymbol{a} = -\,\mathbf{grad}\,\Phi$ streng

$$\oint \boldsymbol{a} \cdot d\boldsymbol{r} = \int_S \mathbf{rot}\,\boldsymbol{a} \cdot d\boldsymbol{S} = 0, \tag{8.52}$$

sofern auf der umrandeten Fläche S *überall* $\mathbf{rot}\,\boldsymbol{a} = 0$ ist.

Es kommt also entscheidend darauf an, ob der singuläre Punkt $\rho = 0$ im Integrationsgebiet S liegt oder nicht. Je nachdem genügt die Funktion $\mathbf{rot}\,\boldsymbol{a}$ den Bedingungen

$$\int_S \mathbf{rot}\,\boldsymbol{a} \cdot d\boldsymbol{S} = \begin{cases} 2\pi & \text{für } \rho = 0 \in S \\ 0 & \text{für } \rho = 0 \notin S \end{cases}. \tag{8.53}$$

Daraus folgt unmittelbar

$$\mathbf{rot}\,\frac{\boldsymbol{e}_\varphi}{\rho} = 2\pi\delta(\rho)\boldsymbol{e}_z, \tag{8.54}$$

wobei $\delta(\rho)$ die 2-dimensionale diracsche Deltafunktion[9] mit den Merkmalen

$$\boxed{\delta(\rho) = \begin{cases} \infty & \text{für } \rho = 0 \\ 0 & \text{für } \rho > 0 \end{cases}} \quad \text{und} \quad \boxed{\int_0^\infty \delta(\rho) 2\pi\rho \, d\rho = 1} \tag{8.55}$$

bezeichnet. Sie wurde von Schwartz[10] für jede an der Stelle $\boldsymbol{r} = \boldsymbol{r}_0$ stetige Funktion $\Phi(\boldsymbol{r})$ streng als Distribution

$$\boxed{\int_S \Phi(\boldsymbol{r})\delta(\boldsymbol{r} - \boldsymbol{r}_0) dS = \begin{cases} \Phi(\boldsymbol{r}_0) & \text{für } \boldsymbol{r}_0 \in S \\ 0 & \text{für } \boldsymbol{r}_0 \notin S \end{cases}} \tag{8.56}$$

definiert. Da es offenbar nur auf den Punkt $\boldsymbol{r} = \boldsymbol{r}_0$ ankommt, gilt $\delta(\boldsymbol{r} - \boldsymbol{r}_0) = \delta(|\boldsymbol{r} - \boldsymbol{r}_0|)$.

Der Ausdruck (8.54) zeigt physikalisch-anschaulich die unendliche, mit der z-Achse zusammenfallende Wirbeldichte („Wirbelfaden").

Dies Modell einer ebenen Zirkulationsströmung passt physikalisch auch zum Magnetfeld $\boldsymbol{H} = \frac{I\boldsymbol{e}_\varphi}{2\pi\rho}$ eines unendlich dünnen, in die z-Achse fallenden Leiters mit der Stromstärke I (vgl. Kap. 8.1.3).

8.5.2 Ebene Quellströmung

In Zylinderkoordinaten folgt aus dem Potenzial $\Phi = -\ln\rho$ die radiale, überall wirbelfreie Geschwindigkeit $\boldsymbol{a} = -\,\mathbf{grad}\,\Phi = \frac{\boldsymbol{e}_\rho}{\rho}$. Der Überschuss des Vektorflusses über den Rand $\boldsymbol{r} = \boldsymbol{r}(t)$ irgendeiner ebenen, den Punkt $\rho = 0$ enthaltenden Fläche S berechnet sich angesichts (8.26) zu

$$\oint \boldsymbol{a} \times d\boldsymbol{r} = \int_0^{2\pi} \frac{\boldsymbol{e}_\rho}{\rho} \times \rho \, d\varphi \boldsymbol{e}_\varphi = 2\pi \boldsymbol{e}_z = \int_S \operatorname{div} \boldsymbol{a} \, d\boldsymbol{S}. \tag{8.57}$$

Daher kann das Kriterium $\operatorname{div}\boldsymbol{a} = -\Delta\Phi = 0$ eines quellenfreien Strömungsfelds nicht im gesamten Gebiet S gelten. Der Vektor $\boldsymbol{a}$ ist ja auch an der Stelle $\rho = 0$ undifferenzierbar und dort der Operation $\boldsymbol{\nabla}\cdot\boldsymbol{a}$ gar nicht zugänglich. Die Bedingung $\operatorname{div}\boldsymbol{a} = 0$ herrscht also nur außerhalb des Pols $\rho = 0$, wo eine unendlich starke Quelle sprudeln muss.

[9] Paul Adrien Maurice Dirac (1902-1984), englischer Physiker und Nobelpreisträger (1933), verwendete die von ihm so genannte Deltafunktion seit 1925 in seiner Quantenmechanik. Sie geht im Prinzip auf Cauchy zurück und findet sich bereits bei Poisson, Hermite, Kirchhoff, Helmholtz und Sommerfeld.

[10] Laurent Schwartz (1915-2002), französischer Mathematiker

Je nachdem, ob die umrandete Fläche S den singulären Punkt $\rho = 0$ enthält oder nicht, gilt

$$\int_S \operatorname{div} \boldsymbol{a}\, d\boldsymbol{S} = \begin{cases} 2\pi \boldsymbol{e}_z & \text{für } \rho = 0 \in S \\ 0 & \text{für } \rho = 0 \notin S \end{cases}. \tag{8.58}$$

Dies führt zu der unendlichen, aber auf die z-Achse beschränkten Quelldichte

$$\operatorname{div} \frac{\boldsymbol{e}_\rho}{\rho} = 2\pi\delta(\rho) = \Delta \ln \rho. \tag{8.59}$$

8.5.3 Räumliche Quellströmung

In Kugelkoordinaten gehört zum sog. newtonschen[11] Potenzial $\Phi = \frac{1}{r}$ das radiale, überall wirbelfreie Geschwindigkeitsfeld $\boldsymbol{a} = -\,\mathbf{grad}\,\Phi = \frac{\boldsymbol{e}_r}{r^2}$. Der Überschuss des Vektorflusses durch die Hülle irgendeines, den Nullpunkt enthaltenden Raums τ beträgt wegen (8.13)

$$\oint \boldsymbol{a} \cdot d\boldsymbol{S} = \int_0^{2\pi} \int_0^{\pi} \sin\vartheta \, d\vartheta \, d\varphi = 4\pi = \int_\tau \operatorname{div} \boldsymbol{a}\, d\tau. \tag{8.60}$$

Augenscheinlich kann die Strömung nicht im gesamten Raum τ quellenfrei sein. Tatsächlich ist $\boldsymbol{a}$ an der Stelle $r = 0$ undifferenzierbar, so dass die Aussage $\operatorname{div} \boldsymbol{a} = -\Delta\Phi = 0$ nur für $r > 0$ gilt. Im Nullpunkt sprudelt eine Quelle unendlich großer Dichte, denn je nachdem, ob der singuläre Nullpunkt im Integrationsgebiet τ liegt oder nicht, unterliegt die Divergenz des Strömungsfelds den Bedingungen

$$\int_\tau \operatorname{div} \boldsymbol{a}\, d\tau = \begin{cases} 4\pi & \text{für } r = 0 \in \tau \\ 0 & \text{für } r = 0 \notin \tau \end{cases} \tag{8.61}$$

$$\curvearrowright \quad \operatorname{div} \frac{\boldsymbol{e}_r}{r^2} = 4\pi\delta(r) = -\Delta \frac{1}{r}, \tag{8.62}$$

wobei $\delta(r)$ die 3-dimensionale diracsche Deltafunktion mit den Merkmalen

$$\boxed{\delta(r) = \begin{cases} \infty & \text{für } r = 0 \\ 0 & \text{für } r > 0 \end{cases}} \quad \text{und} \quad \boxed{\int_0^\infty \delta(r) 4\pi r^2 \, dr = 1} \tag{8.63}$$

bezeichnet. Sie ist analog (8.56) streng definiert durch

$$\boxed{\int_\tau \Phi(\boldsymbol{r})\delta(\boldsymbol{r} - \boldsymbol{r}_0)\, d\tau = \begin{cases} \Phi(\boldsymbol{r}_0) & \text{für } \boldsymbol{r}_0 \in \tau \\ 0 & \text{für } \boldsymbol{r}_0 \notin \tau \end{cases}} \tag{8.64}$$

[11] Die Widmung lässt außer Acht, dass Newton noch keine Potenziale kannte.

Übrigens folgt aus (8.62) angesichts (4.113) die poissonsche Potenzialgleichung

$$\Delta \frac{L}{4\pi r} = -L\delta(r). \tag{8.65}$$

Eine im Nullpunkt ruhende Punktquelle mit der Ergiebigkeit $L = \int L\delta(r)\,d\tau$ und der Divergenz $\operatorname{div} \frac{L\boldsymbol{e}_r}{4\pi r^2} = L\delta(r) = q(\boldsymbol{r})$ erzeugt das Potenzial

$$\Phi = \frac{L}{4\pi r}. \tag{8.66}$$

Die eigentlich anfallende Integrationskonstante spielt hier keine Rolle; sie würde ein überlagerndes, überall konstantes Fremdfeld darstellen, was physikalisch keinen Sinn hätte.

Modellmäßig beschreibt (8.66) z. B. auch das coulombsche Potenzial der elektrischen Flussdichte, die von einer Ladung L im Nullpunkt ausgeht. Die Potenzialtheorie behandelt jeden Punkt, wo Feldlinien anfangen oder enden, als Quelle.

Erläuterung

Die drei behandelten Potenzialströmungen sind partikuläre Integrale der laplaceschen Differenzialgleichung $\Delta\Phi = 0$. Diese gilt bekanntlich nur außerhalb von Quell- und Wirbelgebieten (Kap. 4.4.2), die sich hier auf die singuläre Stelle im Nullpunkt beschränken. Daher sind die drei Potenzialströmungen nur in ihrem Regularitätsgebiet ($\boldsymbol{r} > 0$) sowohl quellen- als auch wirbelfrei.

Aufgabe 8.9 Welchen poissonschen Differenzialgleichungen genügen

1. die ebene Zirkulationsströmung $\boldsymbol{a} = \frac{\boldsymbol{e}_\varphi}{\rho}$,
2. die ebene Quellströmung $\boldsymbol{a} = \frac{\boldsymbol{e}_\rho}{\rho}$, und
3. die räumliche Quellströmung $\boldsymbol{a} = \frac{\boldsymbol{e}_r}{r^2}$?

Aufgabe 8.10 Untersuchen Sie die Zirkulation im ebenen Vektorfeld

$$\boldsymbol{a} = -\frac{\boldsymbol{e}_\rho \sin n\varphi - \boldsymbol{e}_\varphi \cos n\varphi}{\rho^{n+1}}$$

auf einem Weg rings um den Nullpunkt! Hat $\boldsymbol{a}$ ein Potenzial? Ist der stokessche Satz anwendbar?

Aufgabe 8.11 Wie verhält sich im Unendlichen das Potenzial $\Phi(\boldsymbol{r})$ eines überall wirbelfreien Vektorfelds $\boldsymbol{a}(\boldsymbol{r})$ unter dem Einfluss eines begrenzten Quellgebiets τ mit beschränkter Ergiebigkeit L?

Aufgabe 8.12 Fassen Sie die Potenziale der ebenen Quell- und Zirkulationsströmung zu einem komplexen Potenzial Ψ zusammen und wenden Sie den cauchyschen Integralsatz auf die Ableitung Ψ' sowie den komplexen Vektor $\mathbf{grad}\,\Psi$ an!

Aufgabe 8.13 Bestimmen Sie das Hüllenintegral

$$\oint \frac{\boldsymbol{r}-\boldsymbol{a}}{|\boldsymbol{r}-\boldsymbol{a}|^3} \cdot d\boldsymbol{S}\,!$$

8.6 Greensche Funktion

Die symmetrische Form (8.46) des greenschen Satzes taugt vorzüglich zur Integration partieller, linearer Differenzialgleichungen 2. Ordnung für Φ, wenn man ihnen individuelle, je nach Randbedingung passend konstruierte Hilfsfunktionen, sog. greensche Funktionen Ψ, zuordnet. Drei übersichtliche Beispiele mögen das Verfahren zur Lösung von Randwertaufgaben erläutern. Hierbei interessieren die Funktionswerte $\Phi(\bar{\boldsymbol{r}})$ im Innern von Rändern oder Hüllen, auf denen die Funktionswerte $\Phi(\boldsymbol{r})$ vorgegeben sind.

8.6.1 Integration der poissonschen Differenzialgleichung

Anknüpfend an Kap. 4.4.2 zeigt Fig. 8.5 das klassische Modell der Potenzialtheorie: In einem *begrenzten* Quellgebiet τ mit *beschränkter* Ergiebigkeit $L = \int q\, d\tau$ trägt jeder Quellpunkt Q mit seiner individuellen Quelldichte $q(\boldsymbol{r})$ nach Maßgabe der poissonschen Differenzialgleichung (4.113) zum Potenzial $\Phi(\bar{\boldsymbol{r}})$ im Messpunkt P bei. Dieses Potenzial $\Phi(\bar{\boldsymbol{r}})$ verschwindet mit zunehmendem Abstand $|\bar{\boldsymbol{r}}| = R \to \infty$ in der newtonschen Form (Aufgabe 8.11)

$$\lim_{R\to\infty} R\Phi = \frac{L}{4\pi}, \tag{8.67}$$

was die Integration von (4.113) innerhalb einer Kugel K vom Radius $R \to \infty$ mit Hilfe des greenschen Satzes (8.46) nahe legt. Das Verfahren beginnt mit dem Einsetzen von (4.113) in (8.46) und dem Ansatz

$$\Phi(\bar{\boldsymbol{r}}) = \int \Phi(\boldsymbol{r})\Delta\Psi\, d\tau. \tag{8.68}$$

Diese Gleichung definiert $\Delta\Psi$ gemäß (8.64) als Distribution

$$\Delta\Psi = \delta(\boldsymbol{r} - \bar{\boldsymbol{r}}). \tag{8.69}$$

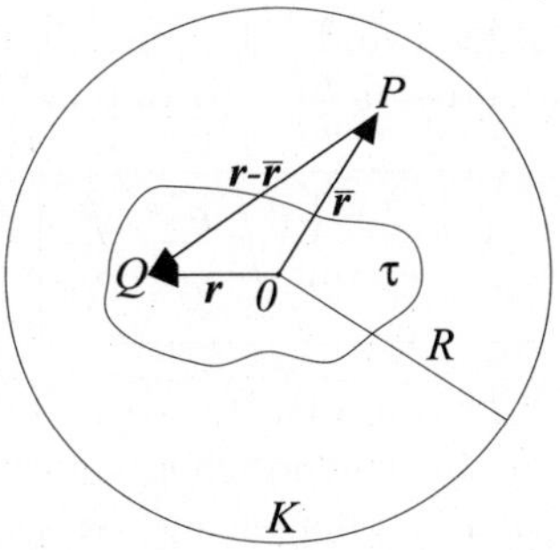

Fig. 8.5

Die greensche Funktion $\Psi = \Psi(\boldsymbol{r}, \bar{\boldsymbol{r}})$ erfüllt also ebenfalls eine poissonsche Differenzialgleichung. Ihre Lösung (vgl. 8.62)

$$\Psi(\boldsymbol{r}, \bar{\boldsymbol{r}}) = -\frac{1}{4\pi\,|\boldsymbol{r} - \bar{\boldsymbol{r}}|} \tag{8.70}$$

beschreibt das von einer fiktiven dimensionslosen Feldquelle im Quellpunkt $Q(\boldsymbol{r})$ erzeugte newtonsche Potenzial im Messpunkt $P(\bar{\boldsymbol{r}})$. Offensichtlich geht $\Psi(\boldsymbol{r}, \bar{\boldsymbol{r}})$ fern von τ wegen $|\boldsymbol{r}| \ll |\bar{\boldsymbol{r}}| = R \to \infty$ in die Form

$$\Psi(\boldsymbol{r}, \bar{\boldsymbol{r}}) = -\frac{1}{4\pi R} \tag{8.71}$$

über und genügt dort analog (8.67) der Randbedingung

$$\lim_{R \to \infty} R\Psi = \text{const.} \tag{8.72}$$

Das Hüllenintegral auf der linken Seite von (8.46) lautet mit dem Raumwinkelelement $d\Omega$

$$\oint_K (\Phi\,\mathbf{grad}\,\Psi - \Psi\,\mathbf{grad}\,\Phi) \cdot \boldsymbol{e}_r R^2 d\Omega = \oint_K \left[R\Phi \frac{d(R\Psi)}{dR} - R\Psi \frac{d(R\Phi)}{dR}\right] d\Omega.$$

Es verschwindet für $R \to \infty$ wegen der Randbedingungen (8.67) und (8.72). Damit folgt aus (8.46) der poissonsche Satz für das skalare Potenzial

$$\boxed{\Phi(\bar{\boldsymbol{r}}) = \int \Psi \Delta\Phi \, d\tau = \frac{1}{4\pi} \int_\tau \frac{q(\boldsymbol{r}) d\tau}{|\boldsymbol{r} - \bar{\boldsymbol{r}}|}} \tag{8.73}$$

Das Raumintegral beschränkt sich auf das Quellgebiet τ, weil $\Delta\Phi$ außerhalb τ verschwindet. Fern vom Quellgebiet τ gilt wegen $|\boldsymbol{r}| \ll |\bar{\boldsymbol{r}}| = R$

$$\Phi(R) \approx \frac{1}{4\pi R} \underbrace{\int_\tau q(\boldsymbol{r})\, d\tau}_{L} \tag{8.74}$$

im Einklang mit (8.66) und der Randbedingung (8.67).

Analog erhält man aus (4.116) das Vektorpotenzial $A(\bar{\boldsymbol{r}})$

$$\boxed{\boldsymbol{A}(\bar{\boldsymbol{r}}) = \frac{1}{4\pi} \int\limits_{\tau} \frac{\boldsymbol{p}(\boldsymbol{r})\, d\tau}{|\boldsymbol{r} - \bar{\boldsymbol{r}}|}} \tag{8.75}$$

Die gefundenen Lösungen sind von allen Integralen der poissonschen Differenzialgleichung die einzigen, die im Unendlichen verschwinden.

Greensche Funktionen $\Psi(\bar{\boldsymbol{r}}, \boldsymbol{r})$ stellen sicher, dass $\Phi(\boldsymbol{r})$ seine Randbedingung erfüllt. Sie genügen einer inhomogenen Differenzialgleichung,

- deren Differenzialoperator mit demjenigen der Differenzialgleichung für $\Phi(\boldsymbol{r})$ übereinstimmt,
- deren Inhomogenität eine δ-Funktion ist und
- deren maßgebende Lösung im Sinne $\Psi(\bar{\boldsymbol{r}}, \boldsymbol{r}) = \Psi(\boldsymbol{r}, \bar{\boldsymbol{r}})$ symmetrisch ist. Eine Feldquelle im Punkt $\boldsymbol{r}$ wirkt an der Stelle $\bar{\boldsymbol{r}}$ genauso wie eine Feldquelle im Punkt $\bar{\boldsymbol{r}}$ an der Stelle $\boldsymbol{r}$. Ursache und Wirkung sind gewissermaßen örtlich vertauschbar.

Es leuchtet ein, dass die greensche Funktion singulär wird, wenn Mess- und Quellpunkt zusammenrücken.

Übrigens lässt sich jedes im Unendlichen verschwindende Vektorfeld $\boldsymbol{a}(\boldsymbol{r})$ mit endlich begrenzten Quell- und Wirbelgebieten eindeutig als Überlagerung eines wirbel- und eines quellenfreien Bestandteils darstellen:

$$\boldsymbol{a} = -\,\mathbf{grad}\,\Phi + \mathbf{rot}\,\boldsymbol{A} \quad \text{mit } \operatorname{div}\boldsymbol{A} = 0. \tag{8.76}$$

Daraus folgt mit Blick auf (8.73) und (8.75) sowie Kap. 4.4.2:

$$\boxed{\boldsymbol{a} = -\,\mathbf{grad} \int \frac{\operatorname{div}\boldsymbol{a}\, d\tau}{4\pi\,|\boldsymbol{r} - \bar{\boldsymbol{r}}|} + \mathbf{rot} \int \frac{\mathbf{rot}\,\boldsymbol{a}\, d\tau}{4\pi\,|\boldsymbol{r} - \bar{\boldsymbol{r}}|}} \tag{8.77}$$

Dieser Fundamentalsatz der Vektoranalysis wurde im Wesentlichen 1849 von Stokes bewiesen und 1858 von Helmholtz ergänzt.

Aufgabe 8.14 Bestimmen Sie die 3- und 2-dimensionale greensche Funktion $\Psi(\boldsymbol{r}, \bar{\boldsymbol{r}})$ der poissonschen Differenzialgleichung durch Integration ohne Randbedingungen!

Aufgabe 8.15 Bestimmen Sie das Potenzial Φ eines kugelförmigen Quellgebiets homogener Quelldichte q!

Aufgabe 8.16 Bestätigen Sie durch Differenzieren, dass

$$\Phi(\bar{\boldsymbol{r}}) = -\int q(\boldsymbol{r})\Psi(\boldsymbol{r},\bar{\boldsymbol{r}})\,d\tau$$

die poissonsche Differenzialgleichung $\Delta\Phi = -q(\boldsymbol{r})$ befriedigt, wenn $\Psi(\boldsymbol{r},\bar{\boldsymbol{r}})$ die zugehörige greensche Funktion ist!

Aufgabe 8.17 Berechnen Sie aus (8.73) den Vektor $\boldsymbol{a} = -\,\mathbf{grad}\,\Phi$ und bestätigen Sie (4.112)!

Aufgabe 8.18 Bestätigen Sie, dass (8.75) der in Kap. 4.4.2 eingeführten Nebenbedingung $\operatorname{div}\boldsymbol{A} = 0$ genügt!

Aufgabe 8.19 Warum gilt der Fundamentalsatz (8.76) der Vektoranalysis ausschließlich für Vektorfelder $\boldsymbol{a}(\boldsymbol{r})$, die im Unendlichen verschwinden?

Anwendung in der Elektrodynamik

Als Beispiel bestimmen wir das Magnetfeld $\boldsymbol{H}$ eines Gleichstroms der Stärke I in einer isotropen Umgebung ($\curvearrowright \boldsymbol{\nabla}\,\mu_0 = 0$). Dort gilt nach Maxwell

$$\mathbf{rot}\,\boldsymbol{H} = \boldsymbol{J} \quad \text{und} \quad \operatorname{div}\boldsymbol{H} = 0, \tag{8.78}$$

wobei μ_0 die magnetische Feldkonstante und $\boldsymbol{J}$ die Stromdichte bezeichnen. Wir ordnen nun dem Magnetfeld $\boldsymbol{H}$ das Vektorpotenzial $\boldsymbol{A}$ zu und erhalten im Sinne des Kap. 4.4.2

$$\boldsymbol{H} = \mathbf{rot}\,\boldsymbol{A}; \quad \Delta\boldsymbol{A} = -\boldsymbol{J} \quad \curvearrowright \quad \boldsymbol{A}(\bar{\boldsymbol{r}}) = \frac{1}{4\pi}\int\limits_{\tau} \frac{\boldsymbol{J}(\boldsymbol{r})\,d\tau}{|\boldsymbol{r}-\bar{\boldsymbol{r}}|}. \tag{8.79}$$

Daraus folgt durch $\boldsymbol{\nabla}$-Anwendung auf die Koordinaten des Messpunkts $\bar{\boldsymbol{r}}$ (vgl. Aufgabe 4.31):

$$\boldsymbol{H}(\bar{\boldsymbol{r}}) = \frac{1}{4\pi}\int \boldsymbol{\nabla}\times\frac{\boldsymbol{J}(\boldsymbol{r})}{|\boldsymbol{r}-\bar{\boldsymbol{r}}|}\,d\tau = -\frac{1}{4\pi}\int \boldsymbol{J}(\boldsymbol{r})\,d\tau \times \boldsymbol{\nabla}\,\frac{1}{|\boldsymbol{r}-\bar{\boldsymbol{r}}|} \tag{8.80}$$

$$= -\frac{1}{4\pi}\int \frac{\boldsymbol{J}(\boldsymbol{r})\times(\boldsymbol{r}-\bar{\boldsymbol{r}})}{|\boldsymbol{r}-\bar{\boldsymbol{r}}|^3}\,d\tau. \tag{8.81}$$

Der Stromleiter τ möge so dünn sein, dass die Näherung $\boldsymbol{J}\,d\tau = I\,d\boldsymbol{r}$ gilt. Damit folgt das biot-savartsche[12] Gesetz (1820)

$$\boxed{\boldsymbol{H}(\bar{\boldsymbol{r}}) = \frac{I}{4\pi}\int\limits_{\text{Leiter}} \frac{(\boldsymbol{r}-\bar{\boldsymbol{r}})\times d\boldsymbol{r}}{|\boldsymbol{r}-\bar{\boldsymbol{r}}|^3}} \tag{8.82}$$

[12] Jean Baptiste Biot (1774-1862) und Félix Savart (1791-1841), französische Physik-Professoren am Pariser Collège de France

Aufgabe 8.20 Berechnen Sie aus (8.82) das Magnetfeld

1.) auf der Achse eines kreisförmigen Leiters vom Radius ρ,

2.) im Abstand ρ von einem geradlinigen, endlosen Leiter!

8.6.2 Integration der laplaceschen Differenzialgleichung

Dirichletsches[13] Kreismodell

Uns interessiert im Innern des Kreises vom Radius R als Lösung der 2-dimensionalen Differenzialgleichung $\Delta\Phi(\boldsymbol{r}) = 0$ allein dasjenige Potenzialfeld $\Phi(\boldsymbol{r})$, das auf dem Kreisrand vorgegebene Werte $\Phi(R, \varphi)$ annimmt. Fig. 8.6 zeigt das Integrationsgebiet S mit dem Quellpunkt $\boldsymbol{r}$, dem Messpunkt $\bar{\boldsymbol{r}}$ sowie dessen Spiegelpunkt $\frac{\boldsymbol{R}^2}{\bar{\boldsymbol{r}}^2}\bar{\boldsymbol{r}}$, der außen liegt. Nach Einsetzen von $\Delta\Phi(\boldsymbol{r}) = 0$ lautet (8.50) mit $d\boldsymbol{r} = \boldsymbol{e}_\varphi R\, d\varphi$ und $d\boldsymbol{S} = \boldsymbol{e}_z\, dS$

$$\oint\limits_{\text{Kreis}} (\Phi\, \mathbf{grad}\, \Psi - \Psi\, \mathbf{grad}\, \Phi) \times \boldsymbol{e}_\varphi R\, d\varphi = \boldsymbol{e}_z \int\limits_S \Phi \Delta \Psi\, dS \tag{8.83}$$

$$\curvearrowright \int\limits_0^{2\pi} \left(\Phi \frac{\partial \Psi}{\partial R} - \Psi \frac{\partial \Phi}{\partial R} \right) R\, d\varphi = \int\limits_S \Phi \Delta \Psi\, dS. \tag{8.84}$$

Mit dem 2-dimensionalen Ansatz

$$\Phi(\bar{\boldsymbol{r}}) = \int\limits_S \Phi(\boldsymbol{r}) \Delta \Psi\, dS \quad \curvearrowright \quad \Delta\Psi = \delta(\boldsymbol{r} - \bar{\boldsymbol{r}}) \tag{8.85}$$

für das gesuchte Potenzial im Messpunkt erhält man die Zwischenlösung

$$\Phi(\bar{\boldsymbol{r}}) = \int\limits_0^{2\pi} \left(\Phi \frac{\partial \Psi}{\partial R} - \Psi \frac{\partial \Phi}{\partial R} \right) R\, d\varphi. \tag{8.86}$$

In Kenntnis von Φ, aber Unkenntnis von $\frac{\partial \Phi}{\partial R}$ auf dem Kreisrand unterwerfen wir die greensche Funktion $\Psi(\boldsymbol{r}, \bar{\boldsymbol{r}})$ zweckmäßig der Randbedingung $\Psi(\boldsymbol{R}, \bar{\boldsymbol{r}}) = 0$. Ihr genügt von allen Lösungen der 2-dimensionalen Differenzialgleichung (8.85) einzig (Aufgabe 8.23, Teil 1):

$$\Psi(\boldsymbol{r}, \bar{\boldsymbol{r}}) = \frac{1}{2\pi} \ln \frac{R\, |\boldsymbol{r} - \bar{\boldsymbol{r}}|}{|\bar{\boldsymbol{r}}| \left| \boldsymbol{r} - \frac{\boldsymbol{R}^2}{\bar{\boldsymbol{r}}^2} \bar{\boldsymbol{r}} \right|}. \tag{8.87}$$

[13]Peter Gustav Lejeune Dirichlet (1805-1859), deutscher Mathematik-Professor, wirkte ab 1831 in Berlin und ab 1855 als Nachfolger Gauß' in Göttingen.

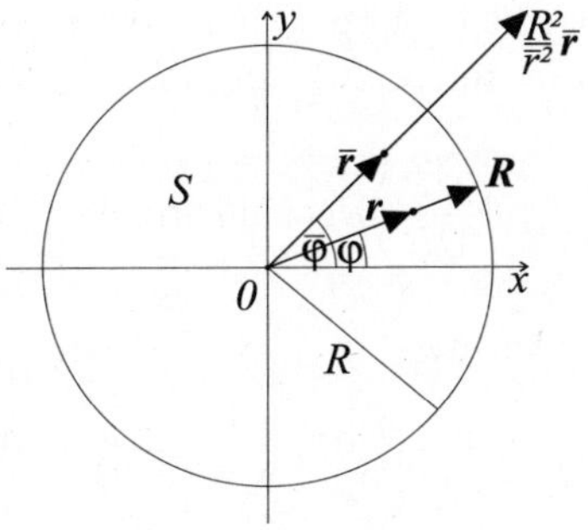

Fig. 8.6

Daraus folgt allgemein (vgl. Aufgabe 4.31)

$$\mathbf{grad}\,\Psi(\boldsymbol{r},\bar{\boldsymbol{r}}) = \frac{1}{2\pi}\left[\frac{\boldsymbol{r}-\bar{\boldsymbol{r}}}{(\boldsymbol{r}-\bar{\boldsymbol{r}})^2} - \frac{\boldsymbol{r}-\frac{\boldsymbol{R}^2}{\bar{\boldsymbol{r}}^2}\bar{\boldsymbol{r}}}{(\boldsymbol{r}-\frac{\boldsymbol{R}^2}{\bar{\boldsymbol{r}}^2}\bar{\boldsymbol{r}})^2}\right] \tag{8.88}$$

und speziell auf dem Kreisrand $\boldsymbol{r} = \boldsymbol{R}$ wegen $\left|\boldsymbol{R} - \frac{\boldsymbol{R}^2}{\bar{\boldsymbol{r}}^2}\bar{\boldsymbol{r}}\right| = \frac{R}{|\bar{\boldsymbol{r}}|}\,|\bar{\boldsymbol{r}} - \boldsymbol{R}|$

$$\frac{\partial\Psi(\boldsymbol{R},\bar{\boldsymbol{r}})}{\partial R} = \frac{1}{2\pi R}\frac{(\boldsymbol{R}^2-\bar{\boldsymbol{r}}^2)}{(\boldsymbol{R}-\bar{\boldsymbol{r}})^2}. \tag{8.89}$$

Einsetzung in die Zwischenlösung führt schließlich zu dem Ergebnis

$$\boxed{\Phi(\bar{\boldsymbol{r}}) = \frac{1}{2\pi}\int_0^{2\pi}\Phi(\boldsymbol{R})\frac{\boldsymbol{R}^2-\bar{\boldsymbol{r}}^2}{(\boldsymbol{R}-\bar{\boldsymbol{r}})^2}\,d\varphi} \tag{8.90}$$

auch aus der Funktionentheorie bekannt als poissonsche Integralformel für den Kreis und geläufig in der skalaren Form

$$\boxed{\Phi(\bar{r},\bar{\varphi}) = \frac{1}{2\pi}\int_0^{2\pi}\Phi(R,\varphi)\frac{(R^2-\bar{r}^2)\,d\varphi}{R^2-2R\bar{r}\cos(\bar{\varphi}-\varphi)+\bar{r}^2}} \tag{8.91}$$

Man erkennt, dass Ψ zwar ebenso wie Φ die Lösung einer Randwertaufgabe verlangt, aber einer vergleichsweise leichten.

Dirichletsches Kugelmodell

Analog suchen wir nun im Innern der Kugel vom Radius R als Lösung der 3-dimensionalen Differenzialgleichung $\Delta\Phi(\boldsymbol{r}) = 0$ allein dasjenige Potenzialfeld

$\Phi(\boldsymbol{r})$, das auf der Kugeloberfläche vorgegebene Werte $\Phi(R,\vartheta,\varphi)$ annimmt. Nach Einsetzen von $\Delta\Phi(\boldsymbol{r})=0$ lautet (8.46) mit $d\boldsymbol{S}=\boldsymbol{e}_r R^2\sin\vartheta\,d\vartheta\,d\varphi$

$$\int_0^{2\pi}\int_0^{\pi}\left(\Phi\frac{\partial\Psi}{\partial R}-\Psi\frac{\partial\Phi}{\partial R}\right)R^2\sin\vartheta\,d\vartheta\,d\varphi=\int\Phi\Delta\Psi\,d\tau. \tag{8.92}$$

Mit dem 3-dimensionalen Ansatz

$$\Phi(\bar{\boldsymbol{r}})=\int\Phi(\boldsymbol{r})\Delta\Psi\,d\tau \quad\curvearrowright\quad \Delta\Psi=\delta(\boldsymbol{r}-\bar{\boldsymbol{r}}) \tag{8.93}$$

für das Potenzial im Messpunkt $\bar{\boldsymbol{r}}$ findet man die Zwischenlösung

$$\Phi(\bar{\boldsymbol{r}})=\int_0^{2\pi}\int_0^{\pi}\left(\Phi\frac{\partial\Psi}{\partial R}-\Psi\frac{\partial\Phi}{\partial R}\right)R^2\sin\vartheta\,d\vartheta\,d\varphi. \tag{8.94}$$

In Kenntnis von Φ, aber Unkenntnis von $\frac{\partial\Phi}{\partial R}$ auf der Kugeloberfläche unterwerfen wir die greensche Funktion $\Psi(\boldsymbol{r},\bar{\boldsymbol{r}})$ zweckmäßig der Randbedingung $\Psi(\boldsymbol{R},\bar{\boldsymbol{r}})=0$. Ihr genügt von allen Lösungen der 3-dimensionalen Differenzialgleichung (8.93) einzig (Aufgabe 8.23, Teil 2):

$$\Psi(\boldsymbol{r},\bar{\boldsymbol{r}})=\frac{1}{4\pi}\frac{R}{|\bar{\boldsymbol{r}}|}\frac{1}{\left|\boldsymbol{r}-\frac{R^2}{\bar{r}^2}\bar{\boldsymbol{r}}\right|}-\frac{1}{4\pi}\frac{1}{|\boldsymbol{r}-\bar{\boldsymbol{r}}|}. \tag{8.95}$$

Daraus folgt allgemein (vgl. Aufgabe 4.31)

$$\mathbf{grad}\,\Psi(\boldsymbol{r},\bar{\boldsymbol{r}})=-\frac{1}{4\pi}\frac{R}{|\bar{\boldsymbol{r}}|}\frac{\boldsymbol{r}-\frac{R^2}{\bar{r}^2}\bar{\boldsymbol{r}}}{\left|\boldsymbol{r}-\frac{R^2}{\bar{r}^2}\bar{\boldsymbol{r}}\right|^3}+\frac{1}{4\pi}\frac{\boldsymbol{r}-\bar{\boldsymbol{r}}}{|\boldsymbol{r}-\bar{\boldsymbol{r}}|^3}$$

und speziell auf der Kugeloberfläche $\boldsymbol{r}=\boldsymbol{R}$

$$\frac{\partial\Psi(\boldsymbol{R},\bar{\boldsymbol{r}})}{\partial R}=\frac{1}{4\pi R}\frac{\boldsymbol{R}^2-\bar{\boldsymbol{r}}^2}{|\boldsymbol{R}-\bar{\boldsymbol{r}}|^3}. \tag{8.96}$$

Damit führt die Zwischenlösung zur poissonschen Integralformel für die Kugel

$$\boxed{\Phi(\bar{\boldsymbol{r}})=\frac{R}{4\pi}\int_0^{2\pi}\int_0^{\pi}\Phi(R,\vartheta,\varphi)\frac{\boldsymbol{R}^2-\bar{\boldsymbol{r}}^2}{|\boldsymbol{R}-\bar{\boldsymbol{r}}|^3}\sin\vartheta\,d\vartheta\,d\varphi} \tag{8.97}$$

Sie gewinnt mit den Ortsvektoren (vgl. 6.44)

$$\begin{aligned}\boldsymbol{R}(R,\vartheta,\varphi)&=R(\sin\vartheta\cos\varphi\,\boldsymbol{e}_x+\sin\vartheta\sin\varphi\,\boldsymbol{e}_y+\cos\vartheta\,\boldsymbol{e}_z)\\ \bar{\boldsymbol{r}}(\bar{r},\bar{\vartheta},\bar{\varphi})&=\bar{r}(\sin\bar{\vartheta}\cos\bar{\varphi}\,\boldsymbol{e}_x+\sin\bar{\vartheta}\sin\bar{\varphi}\,\boldsymbol{e}_y+\cos\bar{\vartheta}\,\boldsymbol{e}_z)\\ \curvearrowright\quad \boldsymbol{R}\cdot\bar{\boldsymbol{r}}&=R\bar{r}[\sin\vartheta\sin\bar{\vartheta}\cos(\varphi-\bar{\varphi})+\cos\vartheta\cos\bar{\vartheta}]\end{aligned}$$

die skalare Form

$$\Phi(\bar{r},\bar{\vartheta},\bar{\varphi}) = \frac{R}{4\pi}\int_0^{2\pi}\int_0^{\pi} \frac{\Phi(R,\vartheta,\varphi)(R^2-\bar{r}^2)\sin\vartheta\,d\vartheta\,d\varphi}{\{R^2-2R\bar{r}[\sin\vartheta\sin\bar{\vartheta}\cos(\varphi-\bar{\varphi})+\cos\vartheta\cos\bar{\vartheta}]+\bar{r}^2\}^{\frac{3}{2}}}$$

Offenbar verschwindet das Potenzialfeld überall im Innern der Kugel, wenn es überall auf deren Oberfläche verschwindet (vgl. Kap. 8.4).

Mittelwertsätze der Potenzialtheorie

Für $\bar{\boldsymbol{r}} = 0$ folgt mit dem Raumwinkelelement (6.53) der Mittelwertsatz

$$\Phi(0) = \frac{1}{4\pi}\oint \Phi(R,\vartheta,\varphi)\,d\Omega \tag{8.98}$$

Er gilt nicht speziell für R, sondern für jeden Radius r. Wir dürfen daher

$$\Phi(0) = \frac{1}{4\pi}\oint \Phi(r,\vartheta,\varphi)\,d\Omega \tag{8.99}$$

schreiben, beidseitig mit r^2 multiplizieren und von 0 bis R integrieren:

$$\Phi(0)\int_0^R r^2\,dr = \frac{1}{4\pi}\int_0^R \oint \Phi(r,\vartheta,\varphi)\underbrace{r^2\,d\Omega}_{d\tau} \tag{8.100}$$

$$\curvearrowright \quad \Phi(0) = \frac{1}{\tau}\int_0^{\tau} \Phi(r,\vartheta,\varphi)\,d\tau \tag{8.101}$$

Somit ist $\Phi(0)$ das arithmetische Mittel

- nicht nur aller mit $d\Omega$ gewichteten Φ-Werte auf der Kugeloberfläche,
- sondern auch aller mit $d\tau$ gewichteten Φ-Werte im Kugelinnern.

Analoge Mittelwerte findet man leicht für das Kreismodell.

Aufgabe 8.21 Bestimmen Sie das Vektorfeld $\boldsymbol{a}(\boldsymbol{r}) = -\,\mathbf{grad}\,\Phi$ mit der Quelldichte $q(\boldsymbol{r}) = L\delta(\boldsymbol{r})$

1. durch Integration der Differenzialgleichung $\operatorname{div}\boldsymbol{a} = L\delta(\boldsymbol{r})$,
2. durch Integration der laplaceschen Differenzialgleichung $\Delta\Phi = 0$,

3. mit Hilfe des poissonschen Satzes!

Aufgabe 8.22 Beweisen Sie die wichtige Identität

$$\boxed{I = \int_0^{2\pi} \frac{d\varphi}{1 + \varepsilon \cos \varphi} = \frac{2\pi}{\sqrt{1 - \varepsilon^2}} \quad \text{für} \quad \varepsilon < 1}$$

1. durch Spezialisierung der poissonschen Integralformel (8.91),
2. durch Umlaufintegration in einer ebenen Zirkulationsströmung und
3. durch Umlaufintegration in der komplexen Zahlenebene!

Aufgabe 8.23 Zeigen Sie, dass die greenschen Funktionen (8.87) und (8.95) der 2- bzw. 3-dimensionalen Differenzialgleichung $\Delta \Psi(\boldsymbol{r}, \bar{\boldsymbol{r}}) = \delta(\boldsymbol{r} - \bar{\boldsymbol{r}})$ genügen, im Sinne $\Psi(\bar{\boldsymbol{r}}, \boldsymbol{r}) = \Psi(\boldsymbol{r}, \bar{\boldsymbol{r}})$ symmetrisch sind und auf der Grenze des Integrationsbereichs verschwinden!

8.6.3 Integration der helmholtzschen Differenzialgleichung

Fig. 8.7 zeigt das klassische Beugungsmodell der Wellenoptik. Es geht um den Einfluss der Bündelbegrenzung auf die Beleuchtung des Messpunkts $P_1(\bar{\boldsymbol{r}})$ im Raum τ, dessen (gedachte) Hülle S nur durch eine kleine Öffnung Licht einfallen lässt, im Übrigen aber zur Beleuchtung des Messpunkts nichts beiträgt. Als Hülle gelte die Ebene $z = 0$ und die unendlich ferne Halbkugel vom Radius $R \to \infty$ um den Nullpunkt, den wir zweckmäßig mitten in die Lichtöffnung legen. Eigentlich müsste man die helmholtzsche Differenzialgleichung (4.128) für das elektromagnetische Feld der Lichtschwingung integrieren; es interessiert aber hauptsächlich ihr Amplitudenquadrat, so dass man den elektischen Feldvektor $\boldsymbol{E}_0(\boldsymbol{r})$ näherungsweise durch eine seiner beiden zur Wellennormale senkrechten Komponenten, also einen Skalar $\Phi(\boldsymbol{r})$ ersetzen darf:

$$\Delta \Phi(\boldsymbol{r}) + k^2 \Phi(\boldsymbol{r}) = 0 \quad \text{oder} \quad (\Delta + k^2)\Phi(\boldsymbol{r}) = 0. \tag{8.102}$$

Hierbei kommt nur eine Lösung $\Phi(\bar{\boldsymbol{r}}) = \Phi(\bar{r}, \bar{\vartheta}, \bar{\varphi})$ in Betracht, die mit zunehmendem Abstand $\bar{r}$ von der Lichtöffnung angesichts eines Zeitfaktors $e^{-i\omega t}$ in eine *ausstrahlende* Kugelwelle

$$\Phi(\bar{r}, \bar{\vartheta}, \bar{\varphi}) = f(\bar{\vartheta}, \bar{\varphi}) \frac{e^{ik\bar{r}}}{\bar{r}} \quad \curvearrowright \quad \frac{\partial \Phi}{\partial \bar{r}} = ik\Phi - f(\bar{\vartheta}, \bar{\varphi}) \frac{e^{ik\bar{r}}}{\bar{r}^2} \tag{8.103}$$

übergeht und für $\bar{r} = R \to \infty$ der sommerfeldschen Ausstrahlungsbedingung

$$\boxed{\lim_{R \to \infty} R \left(\frac{\partial \Phi}{\partial R} - ik\Phi \right) = 0} \tag{8.104}$$

genügt. *Einstrahlende* Kugel- und ebene Wellen scheiden also z. B. aus.

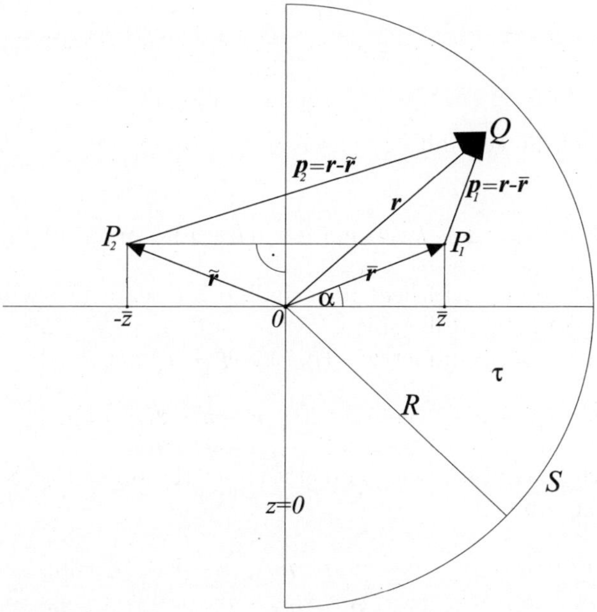

Fig. 8.7

Einsetzung der helmholtzschen Differenzialgleichung (8.102) in (8.46) ergibt

$$\oint (\Phi\,\mathbf{grad}\,\Psi - \Psi\,\mathbf{grad}\,\Phi)\cdot d\boldsymbol{S} = \int \Phi(\boldsymbol{r})(\Delta\Psi + k^2\Psi)d\tau. \tag{8.105}$$

Dies führt mit dem naheliegenden Ansatz

$$\Phi(\bar{\boldsymbol{r}}) = \int \Phi(\boldsymbol{r})(\Delta\Psi + k^2\Psi)d\tau \tag{8.106}$$

zu der inhomogenen helmholtzschen Differenzialgleichung

$$\Delta\Psi + k^2\Psi = (\Delta + k^2)\Psi(\boldsymbol{r},\bar{\boldsymbol{r}}) = \delta(\boldsymbol{r} - \bar{\boldsymbol{r}}) \tag{8.107}$$

für $\Psi = \Psi(\boldsymbol{r},\bar{\boldsymbol{r}})$ und der Zwischenlösung

$$\Phi(\bar{\boldsymbol{r}}) = \oint (\Phi\,\mathbf{grad}\,\Psi - \Psi\,\mathbf{grad}\,\Phi)\cdot d\boldsymbol{S}. \tag{8.108}$$

Unsere Unkenntnis von **grad** Φ auf der Hülle zwingt zu der Bedingung, dass die greensche Funktion $\Psi(\boldsymbol{r},\bar{\boldsymbol{r}})$ auf der gesamten Hülle hinreichend verschwindet. Dies leistet

$$\Psi(\boldsymbol{r},\bar{\boldsymbol{r}}) = -\frac{e^{ik|\boldsymbol{r}-\bar{\boldsymbol{r}}|}}{4\pi\,|\boldsymbol{r}-\bar{\boldsymbol{r}}|} + \frac{e^{ik|\boldsymbol{r}-\tilde{\boldsymbol{r}}|}}{4\pi\,|\boldsymbol{r}-\tilde{\boldsymbol{r}}|}, \tag{8.109}$$

wobei $\tilde{\boldsymbol{r}}$ durch Spiegelung des Messpunkts $\bar{\boldsymbol{r}}$ an der Ebene $z = 0$, also durch den Übergang $\bar{z} \to -\bar{z}$ entsteht:

$$\tilde{\boldsymbol{r}} \equiv \bar{\boldsymbol{r}} - 2\underbrace{(\bar{\boldsymbol{r}} \cdot \boldsymbol{e}_z)}_{\bar{z}}\boldsymbol{e}_z. \tag{8.110}$$

Eigentlich genügt die gewählte greensche Funktion (8.109) der Differenzialgleichung

$$\Delta\Psi + k^2\Psi = (\Delta + k^2)\Psi(\boldsymbol{r}, \bar{\boldsymbol{r}}) = \delta(\boldsymbol{r} - \bar{\boldsymbol{r}}) - \delta(\boldsymbol{r} - \tilde{\boldsymbol{r}}); \tag{8.111}$$

aber der Spiegelpunkt $P_2(\tilde{\boldsymbol{r}})$ liegt außerhalb des Integrationsgebiets τ, so dass der Term $\delta(\boldsymbol{r} - \tilde{\boldsymbol{r}})$ keine Rolle spielt.

Zur Bestätigung der Symmetrie $\Psi(\boldsymbol{r}, \bar{\boldsymbol{r}}) = \Psi(\bar{\boldsymbol{r}}, \boldsymbol{r})$ genügt der Nachweis

$$|\boldsymbol{r} - \tilde{\boldsymbol{r}}| = |\boldsymbol{r} - \bar{\boldsymbol{r}} + 2(\bar{\boldsymbol{r}} \cdot \boldsymbol{e}_z)\boldsymbol{e}_z| = |\bar{\boldsymbol{r}} - \boldsymbol{r} + 2(\boldsymbol{r} \cdot \boldsymbol{e}_z)\boldsymbol{e}_z|, \tag{8.112}$$

der ebenso leicht analytisch wie geometrisch an Hand der Fig. 8.7 gelingt.

Mit den Abkürzungen

$$\boldsymbol{p}_1 \equiv \boldsymbol{r} - \bar{\boldsymbol{r}}, \quad p_1 = |\boldsymbol{r} - \bar{\boldsymbol{r}}| \quad \text{und} \quad \boldsymbol{p}_2 \equiv \boldsymbol{r} - \tilde{\boldsymbol{r}}, \quad p_2 = |\boldsymbol{r} - \tilde{\boldsymbol{r}}| \tag{8.113a}$$

$$\curvearrowright \ \boldsymbol{p}_2 - \boldsymbol{p}_1 = 2\bar{z}\boldsymbol{e}_z \tag{8.113b}$$

gilt allgemein

$$\begin{aligned}\mathbf{grad}\,\Psi(\boldsymbol{r}, \bar{\boldsymbol{r}}) &= -\frac{d}{dp_1}\frac{e^{ikp_1}}{4\pi p_1}\frac{\boldsymbol{p}_1}{p_1} + \frac{d}{dp_2}\frac{e^{ikp_2}}{4\pi p_2}\frac{\boldsymbol{p}_2}{p_2} \\ &= -\left[\frac{(ikp_1 - 1)e^{ikp_1}}{4\pi p_1^2} - \frac{(ikp_2 - 1)e^{ikp_2}}{4\pi p_2^2}\right]\frac{\boldsymbol{p}_2}{p_2} \\ &\quad + \frac{(ikp_1 - 1)e^{ikp_1}}{4\pi p_1^2}\left(\frac{\boldsymbol{p}_2}{p_2} - \frac{\boldsymbol{p}_1}{p_1}\right).\end{aligned}$$

Wir integrieren über die Hülle S des Integrationsgebiets τ in 2 Schritten, erst über die unendlich ferne Halbkugel, dann über die Ebene $z = 0$. Auf der fernen Halbkugel findet man wegen $\boldsymbol{p}_1 \approx \boldsymbol{p}_2 \approx \boldsymbol{r}$ und $r = R \to \infty$ (Fig. 8.8) in guter Näherung

$$\Psi(\boldsymbol{r}, \bar{\boldsymbol{r}}) = -\frac{1}{4\pi R}\left(e^{ikp_1} - e^{ikp_2}\right), \quad \mathbf{grad}\,\Psi(\boldsymbol{r}, \bar{\boldsymbol{r}}) = ik\Psi(\boldsymbol{r}, \bar{\boldsymbol{r}})\boldsymbol{e}_r + ik\bar{z}\frac{e^{ikp_1}}{2\pi R^2}\boldsymbol{e}_z$$

$$\curvearrowright \ \frac{\partial\Psi}{\partial R} - ik\Psi = ik\bar{z}\frac{e^{ikp_1}}{2\pi R^2}(\boldsymbol{e}_z \cdot \boldsymbol{e}_r) \ \text{oder} \ \lim_{R\to\infty} R\left(\frac{\partial\Psi}{\partial R} - ik\Psi\right) = 0. \tag{8.114}$$

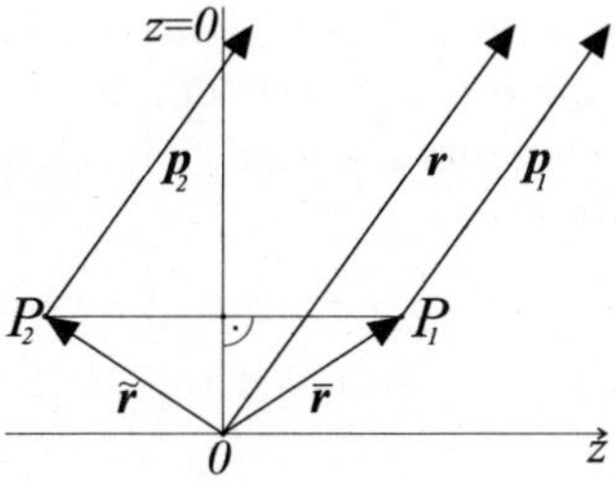

Fig. 8.8

Die greensche Funktion genügt also ebenfalls der sommerfeldschen Ausstrahlungsbedingung.

Das Flächenintegral über die Halbkugel lautet wegen $d\boldsymbol{S} = R^2 d\Omega \boldsymbol{e}_r$, wobei $d\Omega$ wieder das Raumwinkelelement bezeichnen möge:

$$\int \left(\Phi \frac{\partial \Psi}{\partial R} - \Psi \frac{\partial \Phi}{\partial R} \right) R^2 \, d\Omega = \int \left[\Phi \left(\frac{\partial \Psi}{\partial R} - ik\Psi \right) - \Psi \left(\frac{\partial \Phi}{\partial R} - ik\Phi \right) \right] R^2 \, d\Omega .$$

Dieses Integral beschreibt den Beitrag der fernen Halbkugelfläche zur Beleuchtung des Messpunkts $P_1(\bar{\boldsymbol{r}})$. Es verschwindet für $R \to \infty$ infolge der Rand-

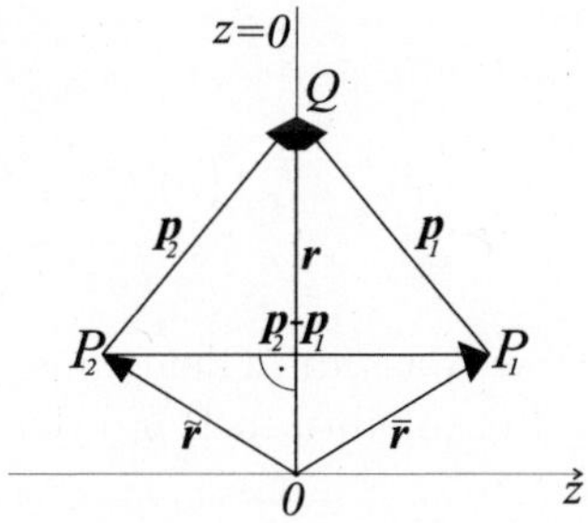

Fig. 8.9

bedingungen (8.104) und (8.114). Von dem Hüllenintegral bleibt also nur das Integral über die Ebene $z = 0$ übrig (Fig. 8.9). Wegen $p_1 = p_2$ gilt

$$\mathbf{grad}\, \Psi(\boldsymbol{r}, \bar{\boldsymbol{r}}) = \frac{(ikp_1 - 1)e^{ikp_1}}{2\pi p_1^3} \bar{z} \boldsymbol{e}_z = \frac{\partial \Psi}{\partial z} \boldsymbol{e}_z , \tag{8.115}$$

womit das Integral wegen der Randwerte $\Psi(\boldsymbol{r}, \bar{\boldsymbol{r}}) = 0$ und $d\boldsymbol{S} = -dx\, dy \boldsymbol{e}_z$ in

$$\Phi(\bar{\boldsymbol{r}}) = \frac{-\bar{z}}{2\pi} \int \Phi(\boldsymbol{r}) \frac{(ikp_1 - 1)e^{ikp_1}}{p_1^3} \, dx\, dy \tag{8.116}$$

übergeht. Licht fällt in den Raum τ allein durch eine kleine Öffnung σ; im Übrigen wirkt die Ebene als Blende:

$$\Phi(x, y, 0) = 0 \quad \text{für} \quad x, y \notin \sigma . \tag{8.117}$$

Außerdem gilt für alle Messpunkte $P_1(\bar{\boldsymbol{r}})$, die der Öffnung nicht gar zu nahe liegen, angesichts der interessierenden Wellenlängen $kp_1 \gg 1$. Diese Vereinfachung führt schließlich zur eleganten sommerfeldschen Formulierung (1895) des huygensschen[14] Prinzips (1690) :

$$\boxed{\Phi(\bar{\boldsymbol{r}}) = \frac{-ik\bar{z}}{2\pi} \int\limits_{\sigma} \Phi(\boldsymbol{r}) \frac{e^{ikp_1}}{p_1^2}\, dx\, dy} \tag{8.118}$$

Danach entsteht das Strahlungsfeld $\Phi(\bar{\boldsymbol{r}})$ durch Überlagerung der allen Quellpunkten $Q(\boldsymbol{r})$ entquellenden individuellen Kugelwellen $\Phi(\boldsymbol{r})\frac{e^{ikp_1}}{p_1}$ nach Maßgabe der Richtung $\frac{\bar{z}}{p_1}$.

Wer nach dem Vorbild Kirchhoffs[15] allein die vom Messpunkt $P_1(\bar{\boldsymbol{r}})$ ausgehende Kugelwelle anstelle (8.109) als greensche Funktion wählt, kann zwar den Rechengang vereinfachen, erhält aber eine weniger handliche Formulierung des huygensschen Prinzips.

Technisches Interesse verdient das Strahlungsfeld vor allem bei großem Abstand zwischen Messpunkt und Lichtöffnung ($p_1 \gg r$), wo die Näherungen $p_1 \approx \bar{r} - (\boldsymbol{r} \cdot \boldsymbol{e}_{\bar{r}})$ und $\frac{\bar{z}}{p_1} \approx \frac{\bar{z}}{\bar{r}} \equiv \cos\bar{\vartheta}$ gelten. Durch Einsetzen in (8.118) folgt im Einklang mit (8.103):

$$\Phi(\bar{\boldsymbol{r}}) = \frac{-ik\cos\bar{\vartheta}\, e^{ik\bar{r}}}{2\pi\bar{r}} \int\limits_{\sigma} \Phi(\boldsymbol{r}) e^{-ik(\boldsymbol{r}\cdot\boldsymbol{e}_{\bar{r}})}\, dx\, dy. \tag{8.119}$$

Aufgabe 8.24 Bestätigen Sie, dass die Gleichung $|\boldsymbol{r} - \bar{\boldsymbol{r}}| = |\boldsymbol{r} - \tilde{\boldsymbol{r}}|$ bei Vertauschung von $\bar{\boldsymbol{r}}$ und $\boldsymbol{r}$ erhalten bleibt, an Hand der Fig. 8.7!

Aufgabe 8.25 Zeigen Sie, dass die gefundene Lösung $\Phi(\bar{\boldsymbol{r}})$ die helmholtzsche Differenzialgleichung befriedigt!

Aufgabe 8.26 Bestimmen Sie das Fernfeld $\Phi(\bar{\boldsymbol{r}})$ einer homogen strahlenden, im Nullpunkt zentrierten Kreisfläche σ vom Radius a!

[14] Christiaan Huygens (1629-1695), niederländischer Mathematiker, Physiker und Astronom, wirkte in den Haag und an der Pariser Académie des Sciences. Er hielt wie Hooke im Gegensatz zu Newton Licht für eine Wellenbewegung im Äther.

[15] Gustav Robert Kirchhoff (1824-1887), deutscher Physik-Professor in Breslau, Heidelberg und Berlin

9 Parameterintegrale

Abweichend von der gewöhnlichen Analysis geht es im Folgenden nicht um Integrale mit parameterabhängigen Grenzen, sondern um Linien- und Flächenintegrale über parameterabhängige Bereiche mit festen Grenzen, z. B. über orts- und formveränderliche Flächenstücke.

9.1 Linienintegrale

Auf der krummen, sich bewegenden Fläche $\boldsymbol{r} = \boldsymbol{r}(t, w, u)$ möge das Linienintegral des Vektors $\boldsymbol{a}(t, \boldsymbol{r})$ entlang der Bahn $\boldsymbol{r} = \boldsymbol{r}[t, w(u), u]$ mit dem Wegelement $d\boldsymbol{r} = \frac{\partial \boldsymbol{r}}{\partial u} du$ zwischen den flächenfesten Punkten $P_1[w(u_1), u_1]$ und $P_2[w(u_2), u_2]$ verlaufen. Somit lautet das Integral ausführlich

$$I(t) = \int\limits_{P_1}^{P_2} \boldsymbol{a} \cdot d\boldsymbol{r} = \int\limits_{u_1}^{u_2} \boldsymbol{a}(t, \boldsymbol{r}) \cdot \frac{\partial \boldsymbol{r}}{\partial u} du. \tag{9.1}$$

Seine zeitliche Ableitung ergibt mit der Geschwindigkeit $\boldsymbol{v} \equiv \frac{\partial \boldsymbol{r}}{\partial t}$ des Wegelements angesichts (4.86) zunächst

$$\frac{dI}{dt} = \int\limits_{P_1}^{P_2} \left[\frac{\partial \boldsymbol{a}}{\partial t} + (\boldsymbol{v} \cdot \boldsymbol{\nabla})\boldsymbol{a} \right] \cdot d\boldsymbol{r} + \int\limits_{u_1}^{u_2} \underbrace{\boldsymbol{a} \cdot \frac{\partial \boldsymbol{v}}{\partial u}}_{(\frac{\partial \boldsymbol{r}}{\partial u} \cdot \boldsymbol{\nabla})(\boldsymbol{v} \cdot \boldsymbol{a}_c)} du \tag{9.2}$$

$$= \int\limits_{P_1}^{P_2} \left[\frac{\partial \boldsymbol{a}}{\partial t} + (\boldsymbol{v} \cdot \boldsymbol{\nabla})\boldsymbol{a} + \boldsymbol{\nabla}(\boldsymbol{v} \cdot \boldsymbol{a}_c) \right] \cdot d\boldsymbol{r} \tag{9.3}$$

und führt mit Hilfe von (4.56) schließlich zur nützlichen Formel

$$\boxed{\frac{d}{dt} \int \boldsymbol{a}(t, \boldsymbol{r}) \cdot d\boldsymbol{r} = \int \left[\frac{\partial \boldsymbol{a}}{\partial t} + \mathbf{grad}(\boldsymbol{v} \cdot \boldsymbol{a}) - \boldsymbol{v} \times \mathbf{rot}\, \boldsymbol{a} \right] \cdot d\boldsymbol{r}} \tag{9.4}$$

9.1.1 Sonderfälle

Aus (9.4) folgt

- für geschlossene Integrationswege ($P_1 = P_2$) wegen (7.10) unmittelbar

$$\boxed{\frac{d}{dt}\oint \boldsymbol{a}(t,\boldsymbol{r})\cdot d\boldsymbol{r} = \oint\left(\frac{\partial \boldsymbol{a}}{\partial t} - \boldsymbol{v}\times\mathbf{rot}\,\boldsymbol{a}\right)\cdot d\boldsymbol{r}} \quad \text{und} \tag{9.5}$$

- für Integranden der Form $\boldsymbol{a} = a\boldsymbol{k}$ wegen (4.53), (2.64) und (4.85)

$$\begin{aligned}\frac{d}{dt}\int a\boldsymbol{k}\cdot d\boldsymbol{r} &= \int\left[\frac{\partial a}{\partial t}\boldsymbol{k} + \boldsymbol{\nabla}(a\boldsymbol{k}\cdot\boldsymbol{v}) + \boldsymbol{v}\times(\boldsymbol{k}\times\boldsymbol{\nabla}\,a)\right]\cdot d\boldsymbol{r}\\ &= \int \frac{da}{dt}\boldsymbol{k}\cdot d\boldsymbol{r} + a(d\boldsymbol{r}\cdot\boldsymbol{\nabla})(\boldsymbol{k}\cdot\boldsymbol{v})\end{aligned}$$

$$\curvearrowright\quad \frac{d}{dt}\int a\,d\boldsymbol{r} = \int\frac{da}{dt}\,d\boldsymbol{r} + a(d\boldsymbol{r}\cdot\boldsymbol{\nabla})\boldsymbol{v}. \tag{9.6}$$

Dies bedeutet im Fall $a = \text{const}$:

$$\frac{d}{dt}\int d\boldsymbol{r} = \int (d\boldsymbol{r}\cdot\boldsymbol{\nabla})\boldsymbol{v}. \tag{9.7}$$

9.1.2 Anwendung in der Strömungslehre

In einer reibungsfreien Strömung der Dichte ϱ und der Geschwindigkeit $\boldsymbol{v}(t,\boldsymbol{r})$ sei $\Gamma = \oint \boldsymbol{v}\cdot d\boldsymbol{r}$ die Zirkulation entlang einer beliebigen mittreibenden Linie. Uns interessiert, welche Änderung Γ dabei erfährt.

Mit Hilfe von (9.5) und (4.97) findet man wegen (7.10) rasch

$$\frac{d\Gamma}{dt} = \oint\left(\boldsymbol{f} - \frac{1}{\varrho}\,\mathbf{grad}\,p\right)\cdot d\boldsymbol{r}. \tag{9.8}$$

Vorausgesetzt, dass $\boldsymbol{f}$ im Sinne von $\boldsymbol{f} = -\,\mathbf{grad}\,U$ ein Potenzial hat und die Dichte ϱ vom Druck p abhängt, ergibt sich unmittelbar die Integralform[1] des helmholtzschen Wirbelsatzes (1858)

$$\boxed{\frac{d\Gamma}{dt} = -\oint \mathbf{grad}\left(U + \int\frac{dp}{\varrho}\right)\cdot d\boldsymbol{r} = 0} \tag{9.9}$$

oft auch benannt nach Thomson[2], der hier 1869 seinen Begriff Zirkulation einführte. In der Tat handelt es sich um einen Erhaltungssatz der Zirkulation.

[1] vgl. Differenzialform in Kap. 4.3.6

[2] William Thomson (1824-1907), seit 1892 Lord Kelvin of Largs, irischer Physiker, wirkte als Professor in Glasgow.

9.2 Flächenintegrale

Wir integrieren den Vektor $\boldsymbol{a}$ über den Bereich S der krummen, sich bewegenden Fläche $\boldsymbol{r} = \boldsymbol{r}(t, w, u)$. Das Flächenintegral lautet angesichts (5.34)

$$J(t) = \int_S \boldsymbol{a} \cdot d\boldsymbol{S} = \iint \boldsymbol{a}(t, \boldsymbol{r}) \cdot \left(\frac{\partial \boldsymbol{r}}{\partial w} \times \frac{\partial \boldsymbol{r}}{\partial u} \right) dw\, du. \tag{9.10}$$

Seine zeitliche Ableitung ergibt wegen (4.86)

$$\frac{dJ}{dt} = \int_S \left[\frac{\partial \boldsymbol{a}}{\partial t} + (\boldsymbol{v} \cdot \boldsymbol{\nabla})\boldsymbol{a} \right] \cdot d\boldsymbol{S} + \iint \left[\boldsymbol{a} \cdot \left(\frac{\partial \boldsymbol{v}}{\partial w} \times \frac{\partial \boldsymbol{r}}{\partial u} + \frac{\partial \boldsymbol{r}}{\partial w} \times \frac{\partial \boldsymbol{v}}{\partial u} \right) \right] dw\, du,$$

wobei $\boldsymbol{v} = \frac{\partial \boldsymbol{r}}{\partial t}$ die Geschwindigkeit des Flächenelements $d\boldsymbol{S}$ bezeichnen möge. Der rechte Integrand lässt sich mit Hilfe von (4.65) und (4.68) umformen:

$$\begin{aligned}
\boldsymbol{a} \cdot & \left(\frac{\partial \boldsymbol{v}}{\partial w} \times \frac{\partial \boldsymbol{r}}{\partial u} + \frac{\partial \boldsymbol{r}}{\partial w} \times \frac{\partial \boldsymbol{v}}{\partial u} \right) \\
&= \frac{\partial \boldsymbol{r}}{\partial u} \left(\frac{\partial \boldsymbol{r}}{\partial w} \cdot \boldsymbol{\nabla} \right) \cdot (\boldsymbol{a}_c \times \boldsymbol{v}) - \frac{\partial \boldsymbol{r}}{\partial w} \left(\frac{\partial \boldsymbol{r}}{\partial u} \cdot \boldsymbol{\nabla} \right) \cdot (\boldsymbol{a}_c \times \boldsymbol{v}) \\
&= \left(\frac{\partial \boldsymbol{r}}{\partial w} \times \frac{\partial \boldsymbol{r}}{\partial u} \right) \cdot \mathbf{rot}(\boldsymbol{a}_c \times \boldsymbol{v}) \\
&= \left(\frac{\partial \boldsymbol{r}}{\partial w} \times \frac{\partial \boldsymbol{r}}{\partial u} \right) \cdot [\mathbf{rot}(\boldsymbol{a} \times \boldsymbol{v}) + \boldsymbol{v} \operatorname{div} \boldsymbol{a} - (\boldsymbol{v} \cdot \boldsymbol{\nabla})\boldsymbol{a}].
\end{aligned}$$

Man findet zusammenfassend schließlich die helmholtzsche Formel

$$\boxed{\frac{d}{dt} \int_S \boldsymbol{a} \cdot d\boldsymbol{S} = \int_S \left[\frac{\partial \boldsymbol{a}}{\partial t} + \mathbf{rot}(\boldsymbol{a} \times \boldsymbol{v}) + \boldsymbol{v} \operatorname{div} \boldsymbol{a} \right] \cdot d\boldsymbol{S}} \tag{9.11}$$

9.2.1 Sonderfälle

- Für Hüllen gilt wegen (8.7)

$$\frac{d}{dt} \oint \boldsymbol{a}(t, \boldsymbol{r}) \cdot d\boldsymbol{S} = \oint \left[\frac{\partial \boldsymbol{a}}{\partial t} + \boldsymbol{v} \operatorname{div} \boldsymbol{a} \right] \cdot d\boldsymbol{S}. \tag{9.12}$$

- Aus (9.11) folgt für Vektoren konstanter Richtung (siehe Aufgabe 9.2):

$$\frac{d}{dt} \int a(t, \boldsymbol{r})\, d\boldsymbol{S} = \int \frac{da}{dt}\, d\boldsymbol{S} - \int a(d\boldsymbol{S} \times \boldsymbol{\nabla}) \times \boldsymbol{v}. \tag{9.13}$$

9.2.2 Anwendung in der Elektrodynamik

Nach dem von Faraday 1831 entdeckten Induktionsgesetz erzeugt eine zeitliche Änderung des magnetischen Flusses durch eine beliebige Fläche auf deren Rand eine elektrische Ringspannung. Maxwell beschreibt den Zusammenhang zwischen magnetischer Flussdichte $\boldsymbol{B}$, Fläche $\boldsymbol{S}$ und induziertem elektrischen Wirbelfeld $\boldsymbol{E}$ durch die anschauliche Formel

$$\frac{d}{dt}\int_S \boldsymbol{B}\cdot d\boldsymbol{S} = -\oint \boldsymbol{E}\cdot d\boldsymbol{r}. \tag{9.14}$$

Daraus folgt wegen der allgemeinen Quellenfreiheit $\operatorname{div}\boldsymbol{B} = 0$ und des Zusammenhangs $\boldsymbol{B} = \mathbf{rot}\,\boldsymbol{A}$ mit einem Vektorpotenzial $\boldsymbol{A}$ durch Anwendung des stokesschen Satzes

$$\oint \left(\frac{\partial \boldsymbol{A}}{\partial t} + \boldsymbol{B}\times\boldsymbol{v}\right)\cdot d\boldsymbol{r} = -\oint \boldsymbol{E}\cdot d\boldsymbol{r} \tag{9.15}$$

$$\curvearrowright \quad \boldsymbol{E} = -\frac{\partial \boldsymbol{A}}{\partial t} + \boldsymbol{v}\times\boldsymbol{B} + \mathbf{grad}\,\Phi, \tag{9.16}$$

wobei Φ das Potenzial eines etwa überlagernden elektrischen Feldes sein möge.

Bei stationärem magnetischen Fluss erhält man das allein durch die zeitliche Änderung der durchflossenen Fläche induzierte elektrische Feld

$$\boxed{\boldsymbol{E} = \boldsymbol{v}\times\boldsymbol{B}} \tag{9.17}$$

das auf eine elektrische Ladung e die sog. Lorentz-Kraft[3] $\boldsymbol{F} = e\boldsymbol{E} = e(\boldsymbol{v}\times\boldsymbol{B})$ ausübt.

Aufgabe 9.1 Was folgt aus (9.11) für konstante Vektoren $\boldsymbol{a}$? Wie lässt sich das Ergebnis geometrisch erläutern?

Aufgabe 9.2 Bestätigen Sie die Formel (9.13)! Wie lautet sie im ebenen Fall $\boldsymbol{S} = S\boldsymbol{e}_z,\ \boldsymbol{a} = a(\boldsymbol{r})\boldsymbol{e}_z,\ \frac{\partial}{\partial z} = 0$?

9.3 Raumintegrale

Wir betrachten in Kugelkoordinaten r, ϑ, φ einen den Nullpunkt einschließenden Raum τ mit der zeitlich variablen Hülle $\boldsymbol{r} = \boldsymbol{R}(t, \vartheta, \varphi)$. Das Raumintegral

[3] Hendrik Antoon Lorentz (1853-1928), niederländischer Physik-Professor in Leiden und Nobelpreisträger (1902)

des Vektors $\boldsymbol{a}$ lautet dann ausführlich

$$\int \boldsymbol{a}\, d\tau = \int_0^{2\pi}\int_0^{\pi}\int_0^{|\boldsymbol{R}(t,\vartheta,\varphi)|} \boldsymbol{a}(t,\boldsymbol{r}) \left[\frac{\partial \boldsymbol{r}}{\partial r} dr \cdot \left(\frac{\partial \boldsymbol{r}}{\partial \vartheta} \times \frac{\partial \boldsymbol{r}}{\partial \varphi}\right)\right] d\vartheta\, d\varphi. \tag{9.18}$$

Seine zeitliche Ableitung führt unmittelbar zu

$$\frac{d}{dt}\int \boldsymbol{a}\, d\tau = \int \frac{\partial \boldsymbol{a}(t,\boldsymbol{r})}{\partial t} d\tau + \oint \boldsymbol{a}(t,\boldsymbol{R})(\boldsymbol{v}\cdot d\boldsymbol{S}), \tag{9.19}$$

wobei $d\boldsymbol{S} = (\frac{\partial \boldsymbol{R}}{\partial \vartheta} \times \frac{\partial \boldsymbol{R}}{\partial \varphi})\, d\vartheta\, d\varphi$ das Flächenelement und $\boldsymbol{v} = \frac{\partial \boldsymbol{R}}{\partial t}$ seine Geschwindigkeit bezeichnen möge. Man erhält schließlich mit Hilfe von (8.19) die Formel

$$\boxed{\frac{d}{dt}\int \boldsymbol{a}\, d\tau = \int \left[\frac{\partial \boldsymbol{a}}{\partial t} + (\boldsymbol{\nabla}\cdot\boldsymbol{v})\boldsymbol{a}\right] d\tau} \tag{9.20}$$

Daraus folgt für den Skalar $a = \boldsymbol{a}\cdot\boldsymbol{k}$

$$\boxed{\frac{d}{dt}\int a\, d\tau = \int \left[\frac{\partial a}{\partial t} + \mathrm{div}(a\boldsymbol{v})\right] d\tau} \tag{9.21}$$

Eine physikalische Anwendung liegt nahe: Wenn a die Dichte des in τ enthaltenen Mediums bezeichnet, ist $\int a\, d\tau$ dessen Masse; soll sie bei Bewegungen der Hülle konstant bleiben, muss der rechte Integrand verschwinden. Diese Bedingung entspricht der Kontinuitätsgleichung (vgl. 4.22).

10 Variationsrechnung

Gewöhnlich hängen Linienintegrale

$$I = \int_{\boldsymbol{r}(t_1)}^{\boldsymbol{r}(t_2)} \boldsymbol{F}(\boldsymbol{r}) \cdot d\boldsymbol{r} = \int_{t_1}^{t_2} \boldsymbol{F}(\boldsymbol{r}) \cdot \dot{\boldsymbol{r}}\, dt \quad \text{oder allgemeiner} \quad I = \int_{t_1}^{t_2} \Phi(\boldsymbol{r}, \dot{\boldsymbol{r}})\, dt$$

vom Integrationsweg $\boldsymbol{r} = \boldsymbol{r}(t)$ ab (Kap. 7.2), so dass sich die Frage stellt, auf welchen Wegen (sog. Extremalen[1]) die Integrale extreme Werte annehmen. Es geht also um die geeignete Spezialisierung der Integranden. Probleme dieser Art behandelt die Variationsrechnung.

10.1 Geschichte

Als Dido, die sagenhafte Königin von Karthago, ihr klassisches Problem (Kap. 10.3.3) stellte, überforderte sie die Mathematiker noch 2000 Jahre später. Selbst die Aufrufe Johann Bernoullis[2] von Juni 1696 und Januar 1697 zur Lösung des vergleichsweise leichten Brachistochronen-Problems (Kap. 10.2.6) führten zwar zu originellen Ergebnissen durch seinen Bruder Jakob Bernoulli[3] sowie Newton, Leibniz und l'Hospital[4] , aber keinen grundlegend neuen Ideen.

Die Geburtsstunde der Variationsrechnung schlug erst 1744, als Euler ihre systematisch-methodischen Grundlagen schuf. Der 19-jährige Lagrange fand die eulersche Darstellung zu umständlich und entwickelte ab 1755 die Variationsrechnung in der eleganten, bis heute üblichen Form.

---

[1] Der Begriff stammt von dem deutschen Mathematiker Adolf Kneser (1862-1930).

[2] Johann Bernoulli (1667-1748), Schweizer Mediziner und Mathematiker, wirkte als Mathematik-Professor ab 1695 in Groningen und ab 1705 als Nachfolger seines älteren Bruders Jakob in Basel.

[3] Jakob Bernoulli (1654-1705), Schweizer Theologe und Mathematiker. Der Spross einer Basler Gelehrtenfamilie wirkte ab 1687 als Mathematik-Professor in Basel.

[4] Guillaume François Antoine Marquis de l'Hospital (1661-1704), französischer Mathematiker

10.2 Probleme ohne Nebenbedingungen

10.2.1 Eulersche Differenzialgleichung

Es geht um denjenigen Weg $\boldsymbol{r} = \boldsymbol{r}(t)$ von $\boldsymbol{r}(t_1) = \boldsymbol{r}_1$ nach $\boldsymbol{r}(t_2) = \boldsymbol{r}_2$, der zu extremen Werten des bestimmten Integrals

$$I = \int_{t_1}^{t_2} \Phi(\boldsymbol{r}, \dot{\boldsymbol{r}}) dt \tag{10.1}$$

führt. Zum Vergleich betrachten wir das Integral

$$I(\epsilon) = \int_{t_1}^{t_2} \Phi[\boldsymbol{r}(t,\epsilon); \dot{\boldsymbol{r}}(t,\epsilon)] \, dt \tag{10.2}$$

über alternative, durch den Parameter ϵ individuell markierte Wege (Fig. 10.1)

$$\boldsymbol{r}(t,\epsilon) \equiv \boldsymbol{r}(t) + \epsilon \boldsymbol{u}(t) \quad \curvearrowright \quad \underline{r}(t,\epsilon) \equiv \underline{r}(t) + \epsilon \underline{u}(t) = \begin{pmatrix} x + \epsilon u_x \\ y + \epsilon u_y \\ z + \epsilon u_z \end{pmatrix} \tag{10.3}$$

von $\boldsymbol{r}(t_1, \epsilon) = \boldsymbol{r}_1$ nach $\boldsymbol{r}(t_2, \epsilon) = \boldsymbol{r}_2$. Dazu genüge die weitgehend beliebige

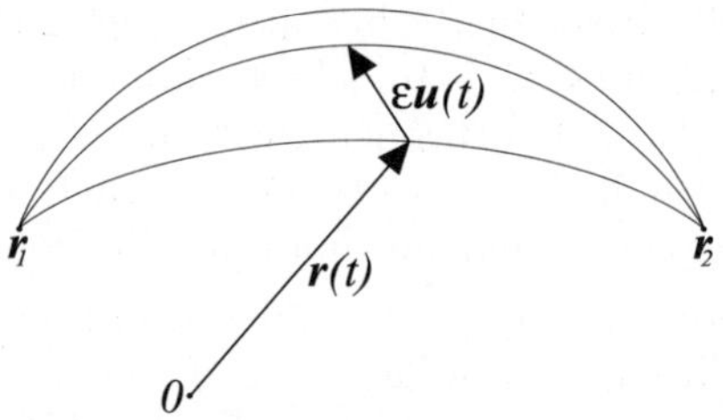

Fig. 10.1

Hilfsfunktion $\boldsymbol{u}(t)$ lediglich den Bedingungen $\boldsymbol{u}(t_1) = \boldsymbol{u}(t_2) = 0$. Somit gilt

$$I(\epsilon) = \int_{t_1}^{t_2} \Phi[\boldsymbol{r}(t) + \epsilon \boldsymbol{u}(t); \dot{\boldsymbol{r}}(t) + \epsilon \dot{\boldsymbol{u}}(t)] \, dt \tag{10.4}$$

$$= \int_{t_1}^{t_2} \Phi(x + \epsilon u_x, y + \epsilon u_y, z + \epsilon u_z; \dot{x} + \epsilon \dot{u}_x, \dot{y} + \epsilon \dot{u}_y, \dot{z} + \epsilon \dot{u}_z) \, dt. \tag{10.5}$$

Der Weg $\boldsymbol{r}(t,0) = \boldsymbol{r}(t)$ sei die gesuchte Extremale, wenn $I(0)$ ein Extremum ist. Das maßgebende Kriterium lautet also

$$\frac{dI(0)}{d\epsilon} = 0 = \int\limits_{t_1}^{t_2} \left(\frac{\partial \Phi}{\partial x} u_x + \frac{\partial \Phi}{\partial y} u_y + \frac{\partial \Phi}{\partial z} u_z + \frac{\partial \Phi}{\partial \dot{x}} \dot{u}_x + \frac{\partial \Phi}{\partial \dot{y}} \dot{u}_y + \frac{\partial \Phi}{\partial \dot{z}} \dot{u}_z \right) dt,$$

was mit Hilfe des zweckmäßigen „Punkt-Nabla"-Operators

$$\underset{\bullet}{\nabla} \equiv \boldsymbol{e}_x \frac{\partial}{\partial \dot{x}} + \boldsymbol{e}_y \frac{\partial}{\partial \dot{y}} + \boldsymbol{e}_z \frac{\partial}{\partial \dot{z}} \tag{10.6}$$

in die vektorielle Form

$$\int\limits_{t_1}^{t_2} (\boldsymbol{u} \cdot \nabla \Phi + \dot{\boldsymbol{u}} \cdot \underset{\bullet}{\nabla} \Phi)\, dt = 0 \tag{10.7}$$

übergeht. Durch partielle Integration

$$\int\limits_{t_1}^{t_2} \dot{\boldsymbol{u}} \cdot \underset{\bullet}{\nabla} \Phi \, dt = \underbrace{\boldsymbol{u} \cdot \underset{\bullet}{\nabla} \Phi \Big|_{t_1}^{t_2}}_{0} - \int\limits_{t_1}^{t_2} \boldsymbol{u} \cdot \frac{d}{dt} \underset{\bullet}{\nabla} \Phi \, dt \tag{10.8}$$

erhält man weiter

$$\int\limits_{t_1}^{t_2} \boldsymbol{u} \cdot \left(\nabla \Phi - \frac{d}{dt} \underset{\bullet}{\nabla} \Phi \right) dt = 0. \tag{10.9}$$

Wegen der weitgehenden Beliebigkeit des Vektors $\boldsymbol{u}$ folgt[5] schließlich die eulersche Differenzialgleichung 2. Ordnung

$$\boxed{\nabla \Phi - \frac{d}{dt} \underset{\bullet}{\nabla} \Phi = 0} \tag{10.10}$$

Sie ist wohlgemerkt eine notwendige, keineswegs hinreichende Existenzbedingung für Extrema; z. B. erfüllt der Integrand $\Phi = \boldsymbol{k} \cdot \dot{\boldsymbol{r}}$ zwar die eulersche Differenzialgleichung, aber das Integral

$$I = \int\limits_{t_1}^{t_2} \boldsymbol{k} \cdot \dot{\boldsymbol{r}} \, dt = \int\limits_{\boldsymbol{r}_1}^{\boldsymbol{r}_2} \boldsymbol{k} \cdot d\boldsymbol{r} = \boldsymbol{k} \cdot (\boldsymbol{r}_2 - \boldsymbol{r}_1) \tag{10.11}$$

hat kein echtes Extremum, weil es vom Integrationsweg überhaupt nicht abhängt.

In der Praxis sind die Extrema der maßgebenden Integrale meistens Minima.

[5] Dies bewies erst 1879 der deutsche Mathematiker Paul Du Bois-Reymond (1831-1889).

10.2.2 Bewegliche Randpunkte

Nachträglich fällt auf, dass die Existenz der eulerschen Differenzialgleichung

$$\text{lediglich } \boldsymbol{u} \cdot \underset{\bullet}{\nabla} \Phi \Big|_{t_1}^{t_2} = 0, \text{ nicht notwendig } \boldsymbol{u}\Big|_{t_1}^{t_2} = 0 \tag{10.12}$$

bedingt. Offenbar genügt, wenn $\boldsymbol{u}$ im Anfangs- und Endpunkt auf $\underset{\bullet}{\nabla} \Phi$ senkrecht steht. Ansonsten spielt die Lage der durch t_1 und t_2 markierten Punkte $\boldsymbol{r}_1$ bzw. $\boldsymbol{r}_2$ in dem Verfahren keine Rolle.

Damit liegt die Idee nahe, $\boldsymbol{r}_1$ und $\boldsymbol{r}_2$ als bewegliche Punkte auf individuellen Raumkurven zu betrachten. So möge z. B. der Endpunkt $\boldsymbol{r}_2$ auf der Kurve $\boldsymbol{r}(t_2, \tau) \equiv \boldsymbol{r}_2(\tau)$ liegen. Die gesuchte Extremale $\boldsymbol{r} = \boldsymbol{r}(t, \tau)$ muss nun im Vergleich mit ihren Nachbarkurven

$$\boldsymbol{r} = \boldsymbol{r}(t, \tau + \epsilon) = \boldsymbol{r}(t, \tau) + \epsilon \frac{\partial \boldsymbol{r}(t, \tau)}{\partial \tau} + \epsilon^2 \ldots \tag{10.13}$$

das maßgebende Integral $I(\epsilon)$ für $\epsilon = 0$ zu einem Extremum machen, also dem Auswahlkriterium $\frac{dI(0)}{d\epsilon} = 0$ genügen. Wer hier $\frac{\partial \boldsymbol{r}(t,\tau)}{\partial \tau} = \boldsymbol{u}(t)$ setzt, kann das Variationsergebnis in Kap. 10.2.1 sogleich übernehmen:

$$\frac{\partial \boldsymbol{r}(t, \tau)}{\partial \tau} \cdot \underset{\bullet}{\nabla} \Phi \Big|_{t_1}^{t_2} + \int_{t_1}^{t_2} \frac{\partial \boldsymbol{r}(t, \tau)}{\partial \tau} \cdot \underbrace{\left(\nabla \Phi - \frac{d}{dt} \underset{\bullet}{\nabla} \Phi \right)}_{0} dt = 0. \tag{10.14}$$

Bei festem Anfangspunkt $\boldsymbol{r}_1$ verschwindet der erste Term wegen $\frac{\partial \boldsymbol{r}(t_1,\tau)}{\partial \tau} \equiv 0$ unter der sog. Transversalitätsbedingung

$$\boxed{\frac{\partial \boldsymbol{r}(t, \tau)}{\partial \tau} \cdot \underset{\bullet}{\nabla} \Phi \Big|_{t=t_2} = 0} \tag{10.15}$$

im Endpunkt $\boldsymbol{r}_2(\tau)$. Dort steht also der Vektor $\underset{\bullet}{\nabla} \Phi[\boldsymbol{r}(t_2, \tau); \frac{\partial \boldsymbol{r}(t_2,\tau)}{\partial t}]$ auf der Kurventangente mit Richtung $\frac{\partial \boldsymbol{r}(t_2,\tau)}{\partial \tau}$ senkrecht.

Wer auch den Anfangspunkt $\boldsymbol{r}_1$ auf einer eigenen Raumkurve $\boldsymbol{r}(t_1, \theta) \equiv \boldsymbol{r}_1(\theta)$ beweglich machen will, muss (10.10) die weitere Transversalitätsbedingung

$$\boxed{\frac{\partial \boldsymbol{r}(t, \theta)}{\partial \theta} \cdot \underset{\bullet}{\nabla} \Phi \Big|_{t=t_1} = 0} \tag{10.16}$$

hinzufügen.

10.2.3 Zweidimensionale Probleme

Eine Extremale, die auf der Fläche $\boldsymbol{r} = \boldsymbol{r}(u, v)$ verläuft und im Flächenpunkt u, v die Steigung $v' \equiv \frac{dv}{du} = \frac{\dot{v}}{\dot{u}}$ hat, möge das vereinfachte Integral

$$I^* = \int_{u_1}^{u_2} \Phi^*(u, v, v')\, du \tag{10.17}$$

zu einem Extremum machen. Wie lautet die entsprechend vereinfachte eulersche Differenzialgleichung?

Ein Vergleich mit (10.1) zeigt wegen $du = \dot{u}\, dt$ die Identität

$$\Phi(u, v, \dot{u}, \dot{v}) = \dot{u}\Phi^*(u, v, v'). \tag{10.18}$$

Ihre Ableitungen

$$\frac{\partial \Phi}{\partial v} = \dot{u}\frac{\partial \Phi^*}{\partial v} \quad \text{und} \quad \frac{\partial \Phi}{\partial \dot{v}} = \dot{u}\frac{\partial \Phi^*}{\partial v'}\frac{\partial v'}{\partial \dot{v}} = \frac{\partial \Phi^*}{\partial v'} \tag{10.19}$$

führen in (10.10) eingesetzt zur 2-dimensionalen Form der eulerschen Differenzialgleichung:

$$\boxed{\frac{\partial \Phi^*}{\partial v} - \frac{d}{du}\frac{\partial \Phi^*}{\partial v'} = 0} \tag{10.20}$$

Die Flächenkoordinaten u, v sind offenbar beliebig wählbar, gerad- oder krummlinig, recht- oder schiefwinklig.

Speziell gilt für Extremalen in der x, y-Ebene

$$\boxed{\frac{\partial \Phi^*}{\partial y} - \frac{d}{dx}\frac{\partial \Phi^*}{\partial y'} = 0} \tag{10.21}$$

Aufgabe 10.1 Zeigen Sie, dass $\Phi - \dot{\boldsymbol{r}} \cdot \dot{\nabla}\, \Phi = \text{const}$ ein intermediäres Integral der eulerschen Differenzialgleichung (10.10) ist!

10.2.4 Anwendung in der Geometrie

Die Kurve $\boldsymbol{r} = \boldsymbol{r}(t)$ mit der kürzesten Linienlänge zwischen $\boldsymbol{r}(t_1) = \boldsymbol{r}_1$ und $\boldsymbol{r}(t_2) = \boldsymbol{r}_2$ genügt wegen (5.4) der Bedingung

$$\int_{t_1}^{t_2} |\dot{\boldsymbol{r}}|\, dt = \text{Extr.!} \quad \text{mit } \Phi(\dot{\boldsymbol{r}}) = |\dot{\boldsymbol{r}}|\,. \tag{10.22}$$

Die eulersche Differenzialgleichung fordert

$$\frac{d}{dt}\frac{\dot{\boldsymbol{r}}}{|\dot{\boldsymbol{r}}|} = 0 \text{ (vgl. Aufgabe 4.21)} \quad \curvearrowright \quad \frac{\dot{\boldsymbol{r}}}{|\dot{\boldsymbol{r}}|} = \mathbf{const} = \frac{\boldsymbol{h}}{|\boldsymbol{h}|}. \tag{10.23}$$

Die gesuchte Extremale hat demnach einen konstanten Tangentenvektor, der sie als Gerade $\boldsymbol{r} = \boldsymbol{r}_1 + (t-t_1)\boldsymbol{h}$ mit dem Trägervektor $\dot{\boldsymbol{r}} = \boldsymbol{h} = \frac{\boldsymbol{r}_2 - \boldsymbol{r}_1}{t_2 - t_1}$ ausweist. Damit führt die Extremalbedingung zu dem Minimum

$$\int_{t_1}^{t_2} |\boldsymbol{h}|\, dt = |\boldsymbol{h}|\,(t_2 - t_1) = |\boldsymbol{r}_2 - \boldsymbol{r}_1|\,. \tag{10.24}$$

Sofern $\boldsymbol{r}_1 = \boldsymbol{b}$ fest vorgegeben ist, $\boldsymbol{r}_2$ hingegen nur irgendwo auf der Geraden $\boldsymbol{r}_2(\tau) = \boldsymbol{r}_0 + \tau\boldsymbol{a} \equiv \boldsymbol{r}(t_2, \tau)$ liegen soll, tritt die Transversalitätsbedingung $\frac{\partial \boldsymbol{r}(t_2,\tau)}{\partial \tau} \cdot \underset{\bullet}{\boldsymbol{\nabla}}\, \Phi(\dot{\boldsymbol{r}}) = \boldsymbol{a} \cdot \frac{\boldsymbol{h}}{|\boldsymbol{h}|} = 0$ hinzu. Dann gilt im Schnittpunkt

$$\boldsymbol{r}(t_2, \tau_2) = \boldsymbol{b} + (t_2 - t_1)\boldsymbol{h} = \boldsymbol{r}_0 + \tau_2\boldsymbol{a} \quad \curvearrowright \quad \tau_2 = -\frac{(\boldsymbol{r}_0 - \boldsymbol{b}) \cdot \boldsymbol{a}}{\boldsymbol{a}^2},$$

so dass der gesuchte Mindestabstand zwischen $\boldsymbol{b}$ und der Geraden im Einklang mit (3.5) der Länge $|\boldsymbol{r}(t_2, \tau_2) - \boldsymbol{b}| = |\boldsymbol{e}_a \times (\boldsymbol{r}_0 - \boldsymbol{b})|$ des Lotvektors entspricht.

Übrigens haben alle Integranden der Form $\Phi(\dot{\boldsymbol{r}})$ geradlinige Extremalen. Nach (10.10) gilt nämlich

$$\boldsymbol{\nabla}\, \Phi(\dot{\boldsymbol{r}}) = 0 \quad \curvearrowright \quad \frac{d}{dt} \underset{\bullet}{\boldsymbol{\nabla}}\, \Phi(\dot{\boldsymbol{r}}) = 0; \quad \underset{\bullet}{\boldsymbol{\nabla}}\, \Phi(\dot{\boldsymbol{r}}) = \boldsymbol{k}_1; \quad \Phi(\dot{\boldsymbol{r}}) = \boldsymbol{k}_1 \cdot \dot{\boldsymbol{r}} + k_2; \quad \dot{\boldsymbol{r}} = \mathbf{const}.$$

10.2.5 Anwendung in der Strahlenoptik

Fermatsches Prinzip

Fermat entdeckte 1661/62, dass Lichtstrahlen zwischen 2 beliebigen Punkten $\boldsymbol{r}(t_1)$ und $\boldsymbol{r}(t_2)$ prinzipiell Wege mit extremer (meist minimaler) Laufzeit nehmen. Demgemäß gilt in einem Medium mit der Brechzahl $n(\boldsymbol{r})$ und der örtlichen Lichtgeschwindigkeit $\dot{\boldsymbol{r}}$

$$\int_{t_1}^{t_2} n(\boldsymbol{r})\, |\dot{\boldsymbol{r}}|\, dt = \text{Extr.!} \quad \text{mit} \quad \Phi(\boldsymbol{r}, \dot{\boldsymbol{r}}) = n(\boldsymbol{r})\, |\dot{\boldsymbol{r}}|\,. \tag{10.25}$$

Man findet leicht mit Hilfe der Formeln

$$\boldsymbol{\nabla}\, \Phi = |\dot{\boldsymbol{r}}|\, \boldsymbol{\nabla}\, n, \quad \underset{\bullet}{\boldsymbol{\nabla}}\, \Phi = n\, \underset{\bullet}{\boldsymbol{\nabla}}\, |\dot{\boldsymbol{r}}| = n\frac{\dot{\boldsymbol{r}}}{|\dot{\boldsymbol{r}}|} = n\boldsymbol{r}', \quad \frac{d}{dt} \underset{\bullet}{\boldsymbol{\nabla}}\, \Phi = (\dot{\boldsymbol{r}} \cdot \boldsymbol{\nabla}\, n)\boldsymbol{r}' + n\frac{d\boldsymbol{r}'}{ds}\frac{ds}{dt}$$

die eulersche Differenzialgleichung

$$|\dot{\boldsymbol{r}}|\,\boldsymbol{\nabla}\,n - (\dot{\boldsymbol{r}}\cdot\boldsymbol{\nabla}\,n)\boldsymbol{r}' - n\boldsymbol{r}''\dot{s} = 0$$

$$\curvearrowright\quad \boldsymbol{r}'' = \boldsymbol{\nabla}\ln n - (\boldsymbol{r}'\cdot\boldsymbol{\nabla}\ln n)\boldsymbol{r}' = \boldsymbol{r}'\times(\boldsymbol{\nabla}\ln n\times\boldsymbol{r}'). \tag{10.26}$$

Aus ihr folgt wegen (5.10) sogleich die Krümmung des Lichtstrahls

$$\boxed{\kappa = |\boldsymbol{\nabla}\ln n\times\boldsymbol{t}|} \tag{10.27}$$

Geradlinige Lichtstrahlen ($\kappa = 0$) gibt es also nur

- in optisch homogenen Medien ($n = \text{const}$) oder
- wo $\mathbf{grad}\,n$ und Tangentenvektor $\boldsymbol{t}$ parallel sind.

Snelliusssches[6] Brechungsgesetz

Ein Lichtstrahl durchquere von $P_1(\boldsymbol{r}_1)$ mit der Geschwindigkeit c_1 das optisch homogene Medium 1 und nach Brechung an der Trennfläche $\Psi(\boldsymbol{r}) = 0$ mit der Geschwindigkeit c_2 das ebenfalls optisch homogene Medium 2 nach $P_2(\boldsymbol{r}_2)$

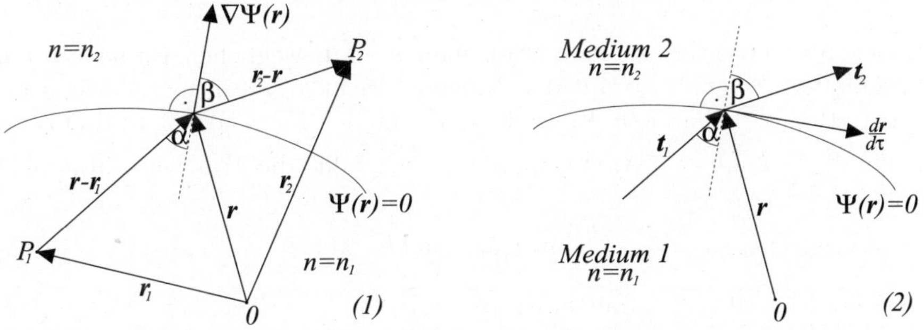

Fig. 10.2

(Fig. 10.2(1)). In beiden Medien sind die Brechzahlen $n_1 = \frac{c_0}{c_1}$ bzw. $n_2 = \frac{c_0}{c_2}$ individuell konstant und die Lichtwege daher geradlinig ($\boldsymbol{t} = \mathbf{const}$). Nach Fermat ist die Laufzeit des Lichts von $\boldsymbol{r}_1$ über den noch unbekannten Punkt $\boldsymbol{r}$ auf der Trennfläche nach $\boldsymbol{r}_2$

$$\frac{|\boldsymbol{r}-\boldsymbol{r}_1|}{c_1} + \frac{|\boldsymbol{r}_2-\boldsymbol{r}|}{c_2}$$

[6] Snellius, wie sich der niederländische Physiker Willebrord Snel van Royen (1591-1626) nannte, fand das fundamentale Brechungsgesetz der Optik um 1620/21, behielt es aber für sich. Cartesius veröffentlichte 1637 das von ihm wohl erneut entdeckte Brechungsgesetz. Erst 1656 wies Huygens auf die Urheberschaft Snellius' nach Einblick in dessen Nachlass hin.

extremal; deshalb lautet die maßgebende Bedingung mit dem lagrangeschen Multiplikator λ

$$\frac{|\boldsymbol{r}-\boldsymbol{r}_1|}{c_1}+\frac{|\boldsymbol{r}_2-\boldsymbol{r}|}{c_2}-\lambda\Psi(\boldsymbol{r})=\text{Extr.!} \tag{10.28}$$

Sie bedeutet nach den Regeln der Vektoranalysis (siehe Kap. 4.2.1)

$$\frac{\boldsymbol{r}-\boldsymbol{r}_1}{c_1\,|\boldsymbol{r}-\boldsymbol{r}_1|}-\frac{\boldsymbol{r}_2-\boldsymbol{r}}{c_2\,|\boldsymbol{r}_2-\boldsymbol{r}|}-\lambda\,\boldsymbol{\nabla}\,\Psi(\boldsymbol{r})=0.$$

Offenbar liegen die beiden Lichtwege $\boldsymbol{r}-\boldsymbol{r}_1$ und $\boldsymbol{r}_2-\boldsymbol{r}$ mit der Flächennormale $\boldsymbol{\nabla}\,\Psi(\boldsymbol{r})$ gemeinsam in einer Ebene. Es folgt zunächst

$$\boldsymbol{\nabla}\,\Psi\times\frac{\boldsymbol{r}-\boldsymbol{r}_1}{c_1\,|\boldsymbol{r}-\boldsymbol{r}_1|}=\boldsymbol{\nabla}\,\Psi\times\frac{\boldsymbol{r}_2-\boldsymbol{r}}{c_2\,|\boldsymbol{r}_2-\boldsymbol{r}|}\quad\curvearrowright\quad|\boldsymbol{\nabla}\,\Psi|\,\frac{\sin\alpha}{c_1}=|\boldsymbol{\nabla}\,\Psi|\,\frac{\sin\beta}{c_2}$$

und schließlich das Brechungsgesetz von Snellius in der üblichen Form

$$\boxed{\frac{\sin\alpha}{\sin\beta}=\frac{c_1}{c_2}=\frac{n_2}{n_1}} \tag{10.29}$$

Ein eleganterer Beweis gelingt, wenn man $\boldsymbol{r}$ als beweglichen Punkt auf einer Flächenkurve $\Psi[\boldsymbol{r}(\tau)]=0$ mit der Tangentenrichtung $\frac{d\boldsymbol{r}}{d\tau}$ in der Zeichenebene der Fig. 10.2(1) behandelt. Er ist im Medium 1 ($\boldsymbol{\nabla}\,\Phi=n_1\boldsymbol{t}_1$) Endpunkt, im Medium 2 ($\boldsymbol{\nabla}\,\Phi=n_2\boldsymbol{t}_2$) Anfangspunkt. Daher führt die Transversalitätsbedingung

$$\frac{d\boldsymbol{r}}{d\tau}\cdot(n_1\boldsymbol{t}_1-n_2\boldsymbol{t}_2)=0 \tag{10.30}$$

angesichts Fig. 10.2(2) unmittelbar zu

$$n_1\cos(90-\alpha)-n_2\cos(90-\beta)=0, \tag{10.31}$$

was mit (10.29) übereinstimmt.

10.2.6 Anwendungen in der Mechanik

Hamiltonsches Prinzip

Jede Bewegung eines Massepunkts m am Ort $\boldsymbol{r}$ mit der Geschwindigkeit $\dot{\boldsymbol{r}}$ genügt in der Zeit von t_1 bis t_2 dem hamiltonschen Prinzip der kleinsten Wirkung (1834)

$$\int_{t_1}^{t_2} L(\boldsymbol{r},\dot{\boldsymbol{r}})\,dt=\text{Extr.!}, \tag{10.32}$$

wobei der Integrand $L(\boldsymbol{r}, \dot{\boldsymbol{r}})$ Lagrange-Funktion heißt. Die eulersche Differenzialgleichung führt unmittelbar zur lagrangeschen Bewegungsgleichung

$$\nabla L - \frac{d}{dt} \dot{\nabla} L = 0. \tag{10.33}$$

In einem konservativen Kraftfeld $\boldsymbol{F}(\boldsymbol{r})$ ist $L(\boldsymbol{r}, \dot{\boldsymbol{r}})$ die Differenz aus kinetischer Energie $W_{\text{kin}} = m\frac{\dot{\boldsymbol{r}}^2}{2}$ und potenzieller Energie $W_{\text{pot}}(\boldsymbol{r})$:

$$L(\boldsymbol{r}, \dot{\boldsymbol{r}}) = m\frac{\dot{\boldsymbol{r}}^2}{2} - W_{\text{pot}}(\boldsymbol{r}). \tag{10.34}$$

Daraus folgt wegen $\boldsymbol{F}(\boldsymbol{r}) = -\nabla W_{\text{pot}}(\boldsymbol{r})$, $\nabla L = \boldsymbol{F}$, $\dot{\nabla} L = m\dot{\boldsymbol{r}}$ das 2. newtonsche Axiom

$$\boldsymbol{F} = \frac{d}{dt}(m\dot{\boldsymbol{r}}). \tag{10.35}$$

Nach punktweiser Multiplikation mit der Geschwindigkeit $\dot{\boldsymbol{r}}$ ergibt sich überdies der Energiesatz (siehe Kap. 4.3.4)

$$\underbrace{-\dot{\boldsymbol{r}} \cdot \nabla W_{\text{pot}}}_{\frac{dW_{\text{pot}}}{dt}} = \underbrace{m\dot{\boldsymbol{r}} \cdot \ddot{\boldsymbol{r}}}_{\frac{dW_{\text{kin}}}{dt}} \quad \curvearrowright \quad \boxed{W_{\text{kin}} + W_{\text{pot}} = \text{const}} \tag{10.36}$$

Brachistochrone

Wir suchen in der Ebene $z = 0$ diejenige Form einer Schiene, auf der ein Massepunkt m kraft seines Gewichts $mg\boldsymbol{e}_y$ vom Startpunkt $\boldsymbol{r}_1(0,0)$ bis zum Zielpunkt $\boldsymbol{r}_2(x_2, y_2)$ binnen kürzester Zeit reibungsfrei hinabgleitet (Fig. 10.3).

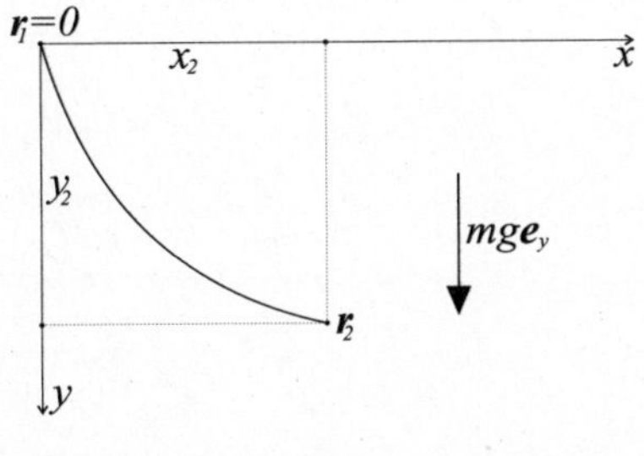

Fig. 10.3

Am Start- und einem beliebigen Bahnpunkt $\boldsymbol{r}(x, y)$ sind die Summen aus potenzieller und kinetischer Energie gemäß (4.91) gleich:

$$W_{\text{pot}}(\boldsymbol{r}_1) = m\frac{v^2}{2} + W_{\text{pot}}(\boldsymbol{r}_1) - mgy \quad \curvearrowright \quad v = \sqrt{2gy}.$$

Damit gilt für die Laufzeit des Massepunkts

$$\int_0^{t_2} \frac{\sqrt{\dot{x}^2 + \dot{y}^2}\, dt}{v} = \text{Extr.!} \quad \text{mit} \quad \Phi = \frac{\sqrt{\dot{x}^2 + \dot{y}^2}}{\sqrt{2gy}}. \tag{10.37}$$

Der Integrand hängt ersichtlich nicht explizit von x ab; daher lautet die eulersche Extremalbedingung

$$\frac{d}{dt}\frac{\partial \Phi}{\partial \dot{x}} = 0 \quad \curvearrowright \quad \frac{\dot{x}}{\sqrt{2gy}\sqrt{\dot{x}^2 + \dot{y}^2}} = \text{const} \equiv \frac{1}{\sqrt{4gk}}, \tag{10.38}$$

die wegen $\frac{\dot{y}}{\dot{x}} = \frac{dy}{dx} \equiv y'$ zu der gewöhnlichen Differenzialgleichung

$$y' = \sqrt{\frac{2k - y}{y}} \quad \curvearrowright \quad dx = \sqrt{\frac{y}{2k - y}}\, dy \tag{10.39}$$

führt. Sie lässt sich mit Hilfe der Transformation

$$y = 2k \sin^2 \frac{t}{2}; \qquad dy = 2k \sin \frac{t}{2} \cos \frac{t}{2}\, dt \tag{10.40}$$

bequem integrieren: $x = k(t - \sin t)$; die 2. Integrationskonstante verschwindet hier wegen der Anfangsbedingung $x_1 = x(0) = y_1 = y(0) = 0$. Die gefundene Bahn

$$x = k(t - \sin t); \qquad y = k(1 - \cos t) \tag{10.41}$$

heißt Brachistochrone[7] und ist eine gewöhnliche Zykloide. Die 1. Integrationskonstante k folgt aus der Endbedingung $x_2 = x(t_2)$; $y_2 = y(t_2)$.

10.2.7 Singuläre Extremalen

Manches Variationsproblem hat keine allgemeine, sondern höchstens eine singuläre Lösung. So unterliegt z. B. derjenige Weg von $\boldsymbol{r}_1 = \boldsymbol{r}(t_1)$ nach $\boldsymbol{r}_2 = \boldsymbol{r}(t_2)$, auf dem das Kraftfeld $\boldsymbol{F}(\boldsymbol{r})$ extreme Arbeit A verrichtet, der Bedingung

$$A = \int_{\boldsymbol{r}_1}^{\boldsymbol{r}_2} \boldsymbol{F}(\boldsymbol{r}) \cdot d\boldsymbol{r} = \int_{t_1}^{t_2} \boldsymbol{F}(\boldsymbol{r}) \cdot \dot{\boldsymbol{r}}\, dt = \text{Extr.!} \quad \text{mit} \quad \Phi(\boldsymbol{r}, \dot{\boldsymbol{r}}) = \boldsymbol{F}(\boldsymbol{r}) \cdot \dot{\boldsymbol{r}}. \tag{10.42}$$

Damit lautet die eulersche Differenzialgleichung angesichts (4.55)

$$\dot{\boldsymbol{r}} \times \textbf{rot}\, \boldsymbol{F} + \underbrace{(\dot{\boldsymbol{r}} \cdot \boldsymbol{\nabla})\boldsymbol{F} - \frac{d\boldsymbol{F}}{dt}}_{0} = 0 \quad \curvearrowright \quad \dot{\boldsymbol{r}} \parallel \textbf{rot}\, \boldsymbol{F}. \tag{10.43}$$

[7] Der dem Griechischen entlehnte Begriff bezeichnet eine binnen kürzester Zeit durchlaufene Kurve

Im Fall eines ebenen Kraftfelds $\boldsymbol{F}(x,y)\cdot\boldsymbol{e}_z = 0$ gibt es wegen $\boldsymbol{e}_z \| \,\mathbf{rot}\,\boldsymbol{F} \nparallel \dot{\boldsymbol{r}}$ $\curvearrowright$ $\mathbf{rot}\,\boldsymbol{F} = 0$ lediglich 2 Lösungsalternativen:

1. Das Kraftfeld $\boldsymbol{F}$ ist überall wirbelfrei, also gemäß Kap. 4.3.4 aus einer potenziellen Energie W_{pot} ableitbar:

$$\boldsymbol{F} = -\,\mathbf{grad}\,W_{\text{pot}}. \tag{10.44}$$

Damit hat die Arbeit A auf jedem Weg von $\boldsymbol{r}_1$ nach $\boldsymbol{r}_2$ den gleichen Wert

$$A = -\int_{\boldsymbol{r}_1}^{\boldsymbol{r}_2} \mathbf{grad}\,W_{\text{pot}}\cdot d\boldsymbol{r} = W_{\text{pot}}(\boldsymbol{r}_1) - W_{\text{pot}}(\boldsymbol{r}_2). \tag{10.45}$$

Es gibt kein Arbeits-Extremum.

2. Das Kraftfeld $\boldsymbol{F}$ ist nicht überall, sondern lediglich auf einzelnen Kurven wirbelfrei. Als Beispiel diene

$$\boldsymbol{F} = y^2\boldsymbol{e}_x + x^2\boldsymbol{e}_y \quad \curvearrowright \quad \mathbf{rot}\,\boldsymbol{F} = 2(x-y)\boldsymbol{e}_z. \tag{10.46}$$

Hier lässt die eulersche Differenzialgleichung allein die Gerade $y = x$ als singuläre Extremale zu; sie kommt als Lösung des Problems aber nur in Betracht, wenn sie die vorgegebenen Punkte $\boldsymbol{r}_1$ und $\boldsymbol{r}_2$ berührt.

10.3 Probleme mit Nebenbedingungen

In der Praxis geht es oft um Extremalen mit besonderen Merkmalen, sei es, dass z. B. gesuchte Linien auf einer vorgegebenen Fläche liegen oder eine bestimmte Länge haben sollen. Nebenbedingungen schränken die in Kap. 10.2.1 beschriebene Auswahl ein. Dennoch bereiten die wichtigsten Typen methodisch wenig Schwierigkeiten.

10.3.1 Nebenbedingungen in Gleichungsform

Wenn eine Extremale auf der Fläche $\Psi(\boldsymbol{r}) = 0$ liegen soll, kommen von den konkurrierenden Kurven (10.3) nur diejenigen in Betracht, die ebenfalls dort liegen. Für $\epsilon \to 0$ muss ihr gemeinsamer Vektor $\boldsymbol{u}$ die Fläche berühren, also senkrecht auf der Flächennormale stehen:

$$\boldsymbol{u}\cdot\boldsymbol{\nabla}\,\Psi = 0. \tag{10.47}$$

Diese Gleichung multiplizieren wir mit dem lagrangeschen Multiplikator λ (Kap. 4.2.1), der hier durchaus eine t-Funktion sein kann. Nach Subtraktion des Ausdrucks $\boldsymbol{u}\cdot\boldsymbol{\nabla}(\lambda\Psi) = 0$ vom Integranden in (10.9) erhält man mit der

Hilfsfunktion $\hat{\Phi} \equiv \Phi - \lambda\Psi$ wegen $\underset{\bullet}{\nabla}\, \lambda\Psi = 0$

$$\int_{t_1}^{t_2} \boldsymbol{u} \cdot (\boldsymbol{\nabla}\, \hat{\Phi} - \frac{d}{dt} \underset{\bullet}{\boldsymbol{\nabla}}\, \hat{\Phi})\, dt = 0. \tag{10.48}$$

Daraus folgt die eulersche Differenzialgleichung in der angepassten Form

$$\boldsymbol{\nabla}\, \hat{\Phi} - \frac{d}{dt} \underset{\bullet}{\boldsymbol{\nabla}}\, \hat{\Phi} = 0. \tag{10.49}$$

10.3.2 Nebenbedingungen in Integralform

Wenn zu der Hauptbedingung

$$\int_{t_1}^{t_2} \Phi(\boldsymbol{r}, \dot{\boldsymbol{r}})\, dt = \text{Extr.!} \tag{10.50}$$

eine Nebenbedingung der Form

$$\int_{t_1}^{t_2} \Psi(\boldsymbol{r}, \dot{\boldsymbol{r}})\, dt = \text{const} \tag{10.51}$$

hinzutritt, bietet sich das in Kap. 4.2.1 beschriebene Verfahren an: Man multipliziert die Nebenbedingung mit einem (konstanten) lagrangeschen Multiplikator λ und subtrahiert sie sodann von der Hauptbedingung:

$$\int_{t_1}^{t_2} [\Phi(\boldsymbol{r}, \dot{\boldsymbol{r}}) - \lambda\Psi(\boldsymbol{r}, \dot{\boldsymbol{r}})]\, dt = \text{Extr.!} \tag{10.52}$$

Mit der Hilfsfunktion $\hat{\Phi} \equiv \Phi - \lambda\Psi$ entsteht eine veränderte Extremalaufgabe ohne Nebenbedingung und entsprechend lautet die eulersche Differenzialgleichung

$$\boldsymbol{\nabla}\, \hat{\Phi} - \frac{d}{dt} \underset{\bullet}{\boldsymbol{\nabla}}\, \hat{\Phi} = 0. \tag{10.53}$$

10.3.3 Anwendungen in der Geometrie

Geodätische Linien

Uns interessiert die Kurve auf der Fläche $\Psi(\boldsymbol{r}) = 0$ mit der kürzesten Linienlänge zwischen den Punkten $\boldsymbol{r}_1$ und $\boldsymbol{r}_2$. Die Hilfsfunktion lautet $\hat{\Phi}(\boldsymbol{r}, \dot{\boldsymbol{r}}) =$

$|\dot{\boldsymbol{r}}| - \lambda\Psi(\boldsymbol{r})$. Damit ergibt die eulersche Differenzialgleichung

$$-\lambda\,\boldsymbol{\nabla}\,\Psi(\boldsymbol{r}) - \frac{d}{dt}\frac{\dot{\boldsymbol{r}}}{|\dot{\boldsymbol{r}}|} = 0. \tag{10.54}$$

Hierbei ist $\frac{\dot{\boldsymbol{r}}}{|\dot{\boldsymbol{r}}|} = \frac{d\boldsymbol{r}}{ds} = \boldsymbol{r}'$ der Tangentenvektor der Kurve. Wir schreiben $\frac{d}{dt}\boldsymbol{r}' = \frac{d\boldsymbol{r}'}{ds}\frac{ds}{dt} = \boldsymbol{r}''\dot{s}$ und erhalten

$$\boldsymbol{r}'' = -\frac{\lambda}{\dot{s}}\,\boldsymbol{\nabla}\,\Psi(\boldsymbol{r}). \tag{10.55}$$

Hauptnormale ($\sim \boldsymbol{r}''$) der Kurve und Flächennormale ($\sim \boldsymbol{\nabla}\,\Psi$) sind überall parallel, was sog. geodätische Linien oder kurz Geodäten ausweist.

Speziell für die Kugel $\Psi(\boldsymbol{r}) = \boldsymbol{r}^2 - R^2 = 0 \quad \curvearrowright \quad \boldsymbol{\nabla}\,\Psi = 2\boldsymbol{r}$ gilt

$$\boldsymbol{r}'' = -\frac{2\lambda}{\dot{s}}\boldsymbol{r} \quad \curvearrowright \quad \boldsymbol{r}'' \times \boldsymbol{r} = 0, \;\; \boldsymbol{r}' \times \boldsymbol{r} = \mathbf{const}. \tag{10.56}$$

Die gesuchte Kurve hat demnach überall eine Hauptnormale $\|\boldsymbol{r}$ und eine konstante Binormale; sie ist also ein Großkreis.

Das Ergebnis wird anschaulich, wenn man den Äquator durch $\boldsymbol{r}_1$ und $\boldsymbol{r}_2$ legt. Dann gilt in Kugelkoordinaten $\boldsymbol{r}_1 = \boldsymbol{r}_1(R, \frac{\pi}{2}, \varphi_1)$ und $\boldsymbol{r}_2 = \boldsymbol{r}_2(R, \frac{\pi}{2}, \varphi_2)$. Ihr kürzester Abstand beträgt nun $R(\varphi_2 - \varphi_1)$.

Nach Kap. 10.2.4 ist die Geodäte der Ebene eine Gerade.

Problem der Dido

Die klassische Aufgabe lautet: Wie ist eine gegebene Seilschlinge auf einer Ebene zu formen, damit das umrandete Flächenstück den größtmöglichen Inhalt hat? Es geht also um die Maximierung des Inhalts $\frac{1}{2}\oint|\boldsymbol{r}\times\dot{\boldsymbol{r}}|\,dt$ eines ebenen Flächenstücks bei konstantem Umfang (Perimeter) $\oint|\dot{\boldsymbol{r}}|\,dt$. Man spricht von einem isoperimetrischen Problem und versteht darunter heute alle Variationsaufgaben mit Nebenbedingungen in Integralform.

Als Extremale suchen wir die Form des Randes $\boldsymbol{r} = \boldsymbol{r}(t)$ in der Ebene $z = 0$. Für die Hilfsfunktion

$$\hat{\Phi}(\boldsymbol{r}, \dot{\boldsymbol{r}}) = \frac{1}{2}\,|\boldsymbol{r}\times\dot{\boldsymbol{r}}| - \lambda\,|\dot{\boldsymbol{r}}| \tag{10.57}$$

gilt (siehe Aufgabe 4.21)

$$\boldsymbol{\nabla}\,\hat{\Phi} = -\frac{(\boldsymbol{r}\times\dot{\boldsymbol{r}})\times\dot{\boldsymbol{r}}}{2\,|\boldsymbol{r}\times\dot{\boldsymbol{r}}|}, \quad \underset{\bullet}{\boldsymbol{\nabla}}\,\hat{\Phi} = \frac{(\boldsymbol{r}\times\dot{\boldsymbol{r}})\times\boldsymbol{r}}{2\,|\boldsymbol{r}\times\dot{\boldsymbol{r}}|} - \lambda\frac{\dot{\boldsymbol{r}}}{|\dot{\boldsymbol{r}}|} \tag{10.58}$$

und wegen $\frac{\boldsymbol{r}\times\dot{\boldsymbol{r}}}{|\boldsymbol{r}\times\dot{\boldsymbol{r}}|} = \boldsymbol{e}_z$ weiter

$$\boldsymbol{\nabla}\,\hat{\Phi} = -\frac{1}{2}(\boldsymbol{e}_z\times\dot{\boldsymbol{r}}), \quad \underset{\bullet}{\boldsymbol{\nabla}}\,\hat{\Phi} = \frac{1}{2}(\boldsymbol{e}_z\times\boldsymbol{r}) - \lambda\frac{\dot{\boldsymbol{r}}}{|\dot{\boldsymbol{r}}|}. \tag{10.59}$$

Hierbei ist $\frac{\dot{\boldsymbol{r}}}{|\dot{\boldsymbol{r}}|} \equiv \boldsymbol{r}'$ der Tangentenvektor des Randes. Einsetzung in die eulersche Differenzialgleichung führt rasch zu der Bedingung (vgl. 5.10)

$$-(\boldsymbol{e}_z \times \dot{\boldsymbol{r}}) + \lambda \frac{d\boldsymbol{r}'}{ds} \underbrace{\frac{ds}{dt}}_{|\dot{\boldsymbol{r}}|} = 0$$

$$\curvearrowright \quad \boldsymbol{r}'' = \frac{\boldsymbol{e}_z \times \boldsymbol{r}'}{\lambda}; \quad |\boldsymbol{r}''| \equiv \kappa = \frac{1}{|\lambda|} = \text{const.} \tag{10.60}$$

Die konstante Krümmung κ weist die Extremale als Kreis vom Radius $|\lambda|$ aus (vgl. Aufgabe 6.9).

Von allen ebenen Flächenstücken mit gegebenem Umfang hat der Kreis den größten Inhalt. Man hätte ebenso gut fragen können, welches ebene Flächenstück mit gegebenem Inhalt den kleinsten Umfang hat. Dies lässt sich mit der alternativen Hilfsfunktion $\hat{\Phi} = |\dot{\boldsymbol{r}}| - \frac{\lambda}{2}\,|\boldsymbol{r} \times \dot{\boldsymbol{r}}|$ leicht nachrechnen.

Aufgabe 10.2 Beweisen Sie, dass die in Aufgabe 5.4 behandelte Schraubenlinie eine Geodäte des Zylinders $x^2 + y^2 = a^2$ ist!

Aufgabe 10.3 Welcher Bedingung unterliegen die Geodäten auf einer durch die metrischen Koeffizienten E, F, G gekennzeichneten Fläche $\boldsymbol{r} = \boldsymbol{r}(u, v)$? Bestimmen Sie die kürzeste Verbindung auf dem Zylinder $\rho = a = \text{const}_1$ zwischen den Punkten $\boldsymbol{r}_1(\varphi_1, z_1)$ und $\boldsymbol{r}_2(\varphi_2, z_2)$!

Aufgabe 10.4 Bestimmen Sie die Gleichung der Extremalen aus der Differenzialgleichung (10.60)!

Aufgabe 10.5 Welche Form hat ein homogenes, lockeres Seil (z. B. eine Wäscheleine) der Länge l, das zwischen seinen ortsfesten Endpunkten $P_1(-\bar{x}, \bar{y})$ und $P_2(\bar{x}, \bar{y})$ unter dem Einfluss der in Richtung $-\boldsymbol{e}_y$ wirkenden Schwerkraft durchhängt?

11 Tensorrechnung

Anfang des 20. Jahrhunderts zeigte sich die Begrenztheit der klassischen Physik mit ihrem reellen, 3-dimensionalen und euklidischen Bezugssystem. Komplexe, n-dimensionale und nichteuklidische Vektorräume spielten praktisch keine Rolle. Die Idee, dass die mathematische Form echter Naturgesetze von speziellen Bezugssystemen unabhängig, d. h. bei Koordinatentransformationen invariant sein müsse, führte Einstein zur Tensorrechnung.

Mit Tensoren der Stufen 1 und 2 lässt sich die Vektorrechnung verallgemeinern; daher verdienen diese Tensoren das besondere Interesse des Praktikers, zumal er sie als Matrizen[1] behandeln und so an Vorkenntnisse anknüpfen kann.

11.1 Grundlagen

11.1.1 n-dimensionale Vektoren

In n-dimensionalen Bezugssystemen unterscheidet man

- polare Vektoren vom Typ $\boldsymbol{a} = \sum_{i=1}^{n} a_i \boldsymbol{e}_i$ oder $\boldsymbol{b} = \sum_{j=1}^{n} b_j \boldsymbol{e}_j$ (z. B. Geschwindigkeit, Beschleunigung, Kraft) mit n Teilvektoren und einer *Richtung* sowie
- axiale Vektoren vom Typ $\boldsymbol{a} \times \boldsymbol{b} = \sum_{i=1}^{n} \sum_{j=1}^{n} a_i b_j (\boldsymbol{e}_i \times \boldsymbol{e}_j)$ (z. B. Drehgeschwindigkeit, Drehbeschleunigung, Drehmoment) mit $\binom{n}{2}$ Teilvektoren und einem *Drehsinn*.

Bei einer Koordinatenspiegelung am Nullpunkt (Achsenumkehr)

$$\boldsymbol{e}_1, \boldsymbol{e}_2, \boldsymbol{e}_3, \ldots, \boldsymbol{e}_n \;\rightarrow\; -\boldsymbol{e}_1, -\boldsymbol{e}_2, -\boldsymbol{e}_3, \ldots, -\boldsymbol{e}_n \tag{11.1}$$

wechseln polare Vektoren ihr Vorzeichen, axiale Vektoren nicht. Also bleiben polare Vektoren dabei raumfest stehen, während axiale Vektoren ihre Richtung umkehren. Dies leuchtet beim Vergleich ebener Vektoren $\boldsymbol{a}$ und $\boldsymbol{b}$ in 2 gegeneinander um 180° gedrehten Bezugssystemen $\boldsymbol{e}_x, \boldsymbol{e}_y$ bzw. $-\boldsymbol{e}_x, -\boldsymbol{e}_y$ leicht ein. Hier beschreiben $\boldsymbol{a}$ sowie $\boldsymbol{b}$ im einen und $-\boldsymbol{a}$ sowie $-\boldsymbol{b}$ im anderen System dieselben

[1] Die Matrizenrechnung wurde 1858 von dem Londoner Rechtsanwalt und Mathematiker Arthur Cayley (1821-1895) entwickelt.

Vektoren, während $\boldsymbol{a} \times \boldsymbol{b}$ im einen und $\boldsymbol{a} \times \boldsymbol{b}$ im anderen System Gegenvektoren darstellen.

Nur im 3-dimensionalen Raum haben polare und axiale Vektoren die gleiche Anzahl Teilvektoren, nämlich je $3 = \binom{3}{2}$, so dass dort ihre begriffliche Unterscheidung praktisch keine Rolle spielt.

Aufgabe 11.1 In welche Richtungen zeigen die Teilvektoren 4-dimensionaler axialer Vektoren?

11.1.2 Lineare Transformation

Das lineare Gleichungssystem

$$b_1 = m_{11}a_1 + m_{12}a_2 + \cdots + m_{1n}a_n, \tag{11.2a}$$

$$b_2 = m_{21}a_1 + m_{22}a_2 + \cdots + m_{2n}a_n, \tag{11.2b}$$

$$\cdots\cdots\cdots\cdots\cdots\cdots\cdots\cdots\cdots\cdots \tag{11.2c}$$

$$b_n = m_{n1}a_1 + m_{n2}a_2 + \cdots + m_{nn}a_n \tag{11.2d}$$

mit den in Zeile i und Spalte j stehenden Koeffizienten m_{ij} lautet kurz

$$b_i = \sum_{j=1}^{n} m_{ij}a_j \quad \text{für } i = 1, 2, \ldots n. \tag{11.3}$$

Sofern kein Koeffizient von $a_1, \ldots a_n$ abhängt, gilt

$$\boxed{m_{ij} = \frac{\partial b_i}{\partial a_j}} \tag{11.4}$$

Dann beschreibt (11.3) – je nach analytischer oder geometrischer Betrachtungsweise – eine lineare Transformation oder affine Abbildung des n-dimensionalen, polaren Vektors $\boldsymbol{a}$ mit den Komponenten a_j in den n-dimensionalen, polaren Vektor $\boldsymbol{b}$ mit den Komponenten b_i. Verglichen mit $\boldsymbol{a}$ ist $\boldsymbol{b}$

- entweder ein und derselbe Vektor in einem anderen Bezugssystem
- oder ein anderer Vektor in ein und demselben Bezugssystem.

Die Beziehung zwischen den aus a_j und b_i gebildeten Spaltenvektoren (sog. Tensoren 1. Stufe) $\underline{\boldsymbol{a}}$ bzw. $\underline{\boldsymbol{b}}$ lautet in Matrixschreibweise

$$\underbrace{\begin{pmatrix} b_1 \\ b_2 \\ \cdots \\ b_n \end{pmatrix}}_{\underline{\boldsymbol{b}}} = \underbrace{\begin{pmatrix} m_{11} & m_{12} & \cdots & m_{1n} \\ m_{21} & m_{22} & \cdots & m_{2n} \\ \cdots & \cdots & \cdots & \cdots \\ m_{n1} & m_{n2} & \cdots & m_{nn} \end{pmatrix}}_{\boldsymbol{M}} \underbrace{\begin{pmatrix} a_1 \\ a_2 \\ \cdots \\ a_n \end{pmatrix}}_{\underline{\boldsymbol{a}}} \quad \curvearrowright \quad \underline{\boldsymbol{b}} = \boldsymbol{M}\underline{\boldsymbol{a}}. \tag{11.5}$$

Der maßgebende Operator $\boldsymbol{M} \equiv (m_{ij})$, der jedem polaren Vektor $\boldsymbol{a}$ einen polaren Vektor $\boldsymbol{b}$ linear zuordnet, ist eine durch das Merkmal (11.4) ausgezeichnete, quadratische Matrix, ein sog. Tensor 2. Stufe. Entsprechend heißen die n^2 Matrixelemente m_{ij} Tensorkomponenten. Sie spiegeln die Transformationsbedingungen wieder. Im Folgenden sind mit Tensoren stets Tensoren 2. Stufe gemeint.

Die Gleichung $\underline{\boldsymbol{b}} = \boldsymbol{M}\underline{\boldsymbol{a}}$ verallgemeinert die Multiplikation des Vektors $\boldsymbol{a}$ mit einem Skalar; sie enthält (1.30) als Sonderfall:

$$\underline{\boldsymbol{b}} = \begin{pmatrix} \lambda & 0 & \cdots & 0 \\ 0 & \lambda & \cdots & 0 \\ \cdots & \cdots & \cdots & \cdots \\ 0 & 0 & \cdots & \lambda \end{pmatrix} \underline{\boldsymbol{a}} \quad \curvearrowright \quad b_i = \lambda a_i, \quad \boldsymbol{b} = \lambda \boldsymbol{a}. \tag{11.6}$$

Die Transformation $\underline{\boldsymbol{b}} = \boldsymbol{M}\underline{\boldsymbol{a}}$ ist im Sinne $\underline{\boldsymbol{a}} = \boldsymbol{M}^{-1}\underline{\boldsymbol{b}}$ umkehrbar, wenn der inverse Tensor $\boldsymbol{M}^{-1}$ existiert, was $\det \boldsymbol{M} \neq 0$ voraussetzt (vgl. Aufgabe 11.3).

11.1.3 Tensormerkmale

Tensor- und Matrixbegriffe stimmen weitgehend überein:

- Die Komponenten

$$\delta_{ij} = \begin{cases} 1 & \text{für } i = j \\ 0 & \text{für } i \neq j \end{cases}, \tag{11.7}$$

  wobei δ_{ij} Kroneckersymbol[2] heißt, definieren den Einstensor

$$(\delta_{ij}) \equiv \boldsymbol{E} = \begin{pmatrix} 1 & 0 & \cdots & 0 \\ 0 & 1 & \cdots & 0 \\ \cdots & \cdots & \cdots & \cdots \\ 0 & 0 & \cdots & 1 \end{pmatrix}. \tag{11.8}$$

- *Transponierte* Tensoren entstehen durch Vertauschung von Zeilen und Spalten:

$$\boldsymbol{M}^T = (m_{ij}^T) = (m_{ji}). \tag{11.9}$$

- *Symmetrische* Tensoren zeigen das Merkmal

$$\boldsymbol{M}^T = \boldsymbol{M} \quad \curvearrowright \quad m_{ji} = m_{ij}. \tag{11.10}$$

[2] Leopold Kronecker (1823-1891), deutscher Mathematiker

- *Schiefsymmetrische* Tensoren haben die Eigenschaft

$$\boldsymbol{M}^T = -\boldsymbol{M} \quad \curvearrowright \quad m_{ji} = -m_{ij}, \quad m_{ii} = 0. \tag{11.11}$$

  Die Komponenten auf der Diagonale verschwinden.

Alle Tensoren lassen sich eindeutig als Summe eines symmetrischen und eines schiefsymmetrischen Tensors darstellen:

$$\boldsymbol{M} = \frac{1}{2}\underbrace{(\boldsymbol{M} + \boldsymbol{M}^T)}_{\text{symmetrisch}} + \frac{1}{2}\underbrace{(\boldsymbol{M} - \boldsymbol{M}^T)}_{\text{schiefsymmetrisch}} . \tag{11.12}$$

Aufgabe 11.2 Wieviele unabhängige Komponenten hat ein symmetrischer $n \times n$-Tensor?

Aufgabe 11.3 Lösen Sie das Gleichungssystem (11.3) nach a_k auf!

Aufgabe 11.4 Was bedeutet $\underline{\boldsymbol{a}}^T \boldsymbol{M} \underline{\boldsymbol{b}} = \pm \underline{\boldsymbol{b}}^T \boldsymbol{M} \underline{\boldsymbol{a}}$ für den Tensor $\boldsymbol{M}$?

11.1.4 Beispiele aus der 3-dimensionalen Vektorrechnung

Axiale Vektoren

Das Kreuzprodukt $\boldsymbol{a} \times \boldsymbol{b}$ ist ein axialer Vektor. Gemäß (2.22) gilt

$$\begin{pmatrix} a_y b_z - a_z b_y \\ a_z b_x - a_x b_z \\ a_x b_y - a_y b_x \end{pmatrix} = \begin{pmatrix} 0 & -a_z & a_y \\ a_z & 0 & -a_x \\ -a_y & a_x & 0 \end{pmatrix} \begin{pmatrix} b_x \\ b_y \\ b_z \end{pmatrix}$$
$$= - \begin{pmatrix} 0 & -b_z & b_y \\ b_z & 0 & -b_x \\ -b_y & b_x & 0 \end{pmatrix} \begin{pmatrix} a_x \\ a_y \\ a_z \end{pmatrix} .$$

Die maßgebenden Tensoren sind ersichtlich schiefsymmetrisch.

Analog schreibt sich der Rotor $\boldsymbol{b} = \mathbf{rot}\, \boldsymbol{a}$ gemäß (4.25) in der Form

$$\begin{pmatrix} b_x \\ b_y \\ b_z \end{pmatrix} = \begin{pmatrix} 0 & -\frac{\partial}{\partial z} & \frac{\partial}{\partial y} \\ \frac{\partial}{\partial z} & 0 & -\frac{\partial}{\partial x} \\ -\frac{\partial}{\partial y} & \frac{\partial}{\partial x} & 0 \end{pmatrix} \begin{pmatrix} a_x \\ a_y \\ a_z \end{pmatrix} . \tag{11.13}$$

Der Rotor ist mithin ein schiefsymmetrischer Tensor, der ein Vektorfeld $\boldsymbol{a}$ in ein Vektorfeld $\boldsymbol{b}$ transformiert.

Koordinatentransformation

Die Beziehung zwischen kartesischen und orthogonal-krummlinigen Koordinaten u, v, w lautet gemäß Kap. 6.1.1 in Tensorschreibweise

$$\begin{pmatrix} dx \\ dy \\ dz \end{pmatrix} = \begin{pmatrix} \frac{\partial x}{\partial u} & \frac{\partial x}{\partial v} & \frac{\partial x}{\partial w} \\ \frac{\partial y}{\partial u} & \frac{\partial y}{\partial v} & \frac{\partial y}{\partial w} \\ \frac{\partial z}{\partial u} & \frac{\partial z}{\partial v} & \frac{\partial z}{\partial w} \end{pmatrix} \begin{pmatrix} du \\ dv \\ dw \end{pmatrix} = \underbrace{\begin{pmatrix} U\frac{\partial x}{\partial u} & V\frac{\partial x}{\partial v} & W\frac{\partial x}{\partial w} \\ U\frac{\partial y}{\partial u} & V\frac{\partial y}{\partial v} & W\frac{\partial y}{\partial w} \\ U\frac{\partial z}{\partial u} & V\frac{\partial z}{\partial v} & W\frac{\partial z}{\partial w} \end{pmatrix}}_{\boldsymbol{M}} \begin{pmatrix} \frac{du}{U} \\ \frac{dv}{V} \\ \frac{dw}{W} \end{pmatrix}. \tag{11.14}$$

Hierbei gilt wegen (6.8) $\det \boldsymbol{M} = 1$.

11.1.5 Beispiele aus der klassischen Physik

Kristalloptik

In *isotropen* Medien ist die Permittivität ε eine skalare Materialkonstante, so dass dort elektrische Flussdichte $\boldsymbol{D}$ und elektrische Feldstärke $\boldsymbol{E}$ parallele Vektoren sind: $\boldsymbol{D} = \varepsilon \boldsymbol{E}$. In *anisotropen* Körpern (Kristallen) tritt an die Stelle des Skalars ε ein symmetrischer Tensor $(\varepsilon_{ij}) = (\varepsilon_{ji})$ mit achsenspezifischen Komponenten:

$$D_i = \sum_{i=1}^{3} \varepsilon_{ij} E_j. \tag{11.15}$$

Stereomechanik

Ein starrer Körper rotiere mit der Drehgeschwindigkeit

$$\boldsymbol{w} = \sum_{j=1}^{3} \boldsymbol{w}_j = \sum_{j=1}^{3} w_j \boldsymbol{e}_j \tag{11.16}$$

um eine feste Achse durch den Nullpunkt. Dann gilt für die Geschwindigkeit $\dot{\boldsymbol{r}}$ des Körperpunkts $\boldsymbol{r}$ gemäß (6.40) $\dot{\boldsymbol{r}} = \boldsymbol{w} \times \boldsymbol{r}$ und für den Drall $d\boldsymbol{L}$ des dortigen Masseelements dm

$$d\boldsymbol{L} = dm(\boldsymbol{r} \times \dot{\boldsymbol{r}}) = dm[\boldsymbol{r} \times (\boldsymbol{w} \times \boldsymbol{r})]. \tag{11.17}$$

Seine i-Komponente lautet

$$\begin{aligned} \boldsymbol{e}_i \cdot d\boldsymbol{L} = dL_i &= dm\, \boldsymbol{e}_i \cdot [\boldsymbol{r} \times (\boldsymbol{w} \times \boldsymbol{r})] = dm(\boldsymbol{e}_i \times \boldsymbol{r}) \cdot (\boldsymbol{w} \times \boldsymbol{r}) \\ &= dm(\boldsymbol{e}_i \times \boldsymbol{r}) \cdot \sum_{j=1}^{3} (\boldsymbol{e}_j \times \boldsymbol{r}) w_j. \end{aligned}$$

Integration über alle Masseelemente dm ergibt mit der Abkürzung

$$\theta_{ij} \equiv \int (\boldsymbol{e}_i \times \boldsymbol{r}) \cdot (\boldsymbol{e}_j \times \boldsymbol{r})\, dm \equiv \theta_{ji} \tag{11.18}$$

wegen der Homogenität von $\boldsymbol{w}$

$$L_i = \sum_{j=1}^{3} \theta_{ij} w_j \quad \text{oder in Tensorschreibweise} \quad \underline{\boldsymbol{L}} = \underbrace{\begin{pmatrix} \theta_{11} & \theta_{12} & \theta_{13} \\ \theta_{21} & \theta_{22} & \theta_{23} \\ \theta_{31} & \theta_{32} & \theta_{33} \end{pmatrix}}_{\text{Trägheitstensor } \boldsymbol{\Theta}} \underline{\boldsymbol{w}}.$$

Die Komponenten θ_{ij} des offensichtlich symmetrischen Trägheitstensors heißen für $i = j$ Trägheitmomente[3] um die j-Achse und für $i \neq j$ Deviations- oder Zentrifugalmomente.

Aufgabe 11.5 Bestimmen Sie die Komponenten des Trägheitstensors in kartesischen Koordinaten!

Aufgabe 11.6 Gegeben sei der Trägheitstensor $\boldsymbol{\Theta}$ eines Körpers bezogen auf seinen Schwerpunkt $\boldsymbol{r}_0 = 0$. Bestimmen Sie den Trägheitstensor $\boldsymbol{\Theta}'$ desselben Körpers bezogen auf den Punkt $\boldsymbol{a}$!

Elastomechanik

Bei leichter Verformung eines zähen Körpers erfahren seine Massepunkte – von außen betrachtet – eine kleine, individuelle Verschiebung; so verschiebe sich der im Körperinnern willkürlich gewählte Bezugspunkt $P(0)$ um $\boldsymbol{s}(0)$, ein enger Nachbarpunkt $P(\boldsymbol{r})$ um $\boldsymbol{s}(\boldsymbol{r})$. Entsprechend gilt nach Taylor in 1. Näherung $\boldsymbol{s}(\boldsymbol{r}) = \boldsymbol{s}(0) + (\boldsymbol{r} \cdot \boldsymbol{\nabla})\boldsymbol{s}(\boldsymbol{r})$, speziell für die i. kartesische Komponente

$$s_i = s_i(0) + \frac{\partial s_i}{\partial x_1} x_1 + \frac{\partial s_i}{\partial x_2} x_2 + \frac{\partial s_i}{\partial x_3} x_3 = s_i(0) + \sum_{j=1}^{3} \frac{\partial s_i}{\partial x_j} x_j, \tag{11.19}$$

wobei $x_1 = x$, $x_2 = y$, $x_3 = z$ bedeuten. Der sog. Verschiebungstensor $(\frac{\partial s_i}{\partial x_j})$ hat i. Allg. einen symmetrischen und einen schiefsymmetrischen Bestandteil:

$$\left(\frac{\partial s_i}{\partial x_j}\right) = \left(\frac{1}{2}\frac{\partial s_i}{\partial x_j} + \frac{1}{2}\frac{\partial s_j}{\partial x_i}\right) + \left(\frac{1}{2}\frac{\partial s_i}{\partial x_j} - \frac{1}{2}\frac{\partial s_j}{\partial x_i}\right). \tag{11.20}$$

Der *symmetrische* Teil heißt Verzerrungstensor

$$\left(\frac{1}{2}\frac{\partial s_i}{\partial x_j} + \frac{1}{2}\frac{\partial s_j}{\partial x_i}\right) \equiv (v_{ij}) \equiv \boldsymbol{V}. \tag{11.21}$$

[3] Der Begriff stammt von Euler.

Dessen Spur, d. h. die Summe seiner Diagonalelemente, lautet

$$\sum_{i=1}^{3} \frac{\partial s_i}{\partial x_i} = \operatorname{div} \boldsymbol{s} \tag{11.22}$$

und gibt die relative Volumänderung an.

Der *schiefsymmetrische* Tensor hat die Komponenten

$$\frac{1}{2}\left(\frac{\partial s_i}{\partial x_j} - \frac{\partial s_j}{\partial x_i}\right) = \frac{1}{2}(\boldsymbol{e}_j \times \boldsymbol{e}_i) \cdot \textbf{rot}\, \boldsymbol{s}.$$

Man erhält schließlich den von Helmholtz 1858 entdeckten Fundamentalsatz der Elastomechanik:

$$s_i(\boldsymbol{r}) = s_i(0) + \sum_{j=1}^{3} v_{ij} x_j + \frac{1}{2}\boldsymbol{e}_i \cdot (\textbf{rot}\, \boldsymbol{s} \times \boldsymbol{r}) \tag{11.23}$$

oder zusammenfassend geschrieben

$$\underline{\boldsymbol{s}}(\boldsymbol{r}) = \underline{\boldsymbol{s}}(0) + \underbrace{\boldsymbol{V}\underline{\boldsymbol{r}}}_{\underline{\boldsymbol{s}}'} + \underbrace{\begin{pmatrix} \boldsymbol{e}_1 \\ \boldsymbol{e}_2 \\ \boldsymbol{e}_3 \end{pmatrix} \cdot \frac{1}{2}(\textbf{rot}\, \boldsymbol{s} \times \boldsymbol{r})}_{\underline{\boldsymbol{s}}''}\,. \tag{11.24}$$

Danach besteht die Verschiebung $\boldsymbol{s}(\boldsymbol{r})$ in der engen Nachbarschaft von $P(0)$

1. aus einer homogenen Translation $\boldsymbol{s}(0)$,
2. einer linearen Verzerrung (Formänderung), darstellbar tensoriell durch $\underline{\boldsymbol{s}}' = \boldsymbol{V}\underline{\boldsymbol{r}}$,
3. einer Drehung $\boldsymbol{s}'' = \frac{1}{2}\,\textbf{rot}\, \boldsymbol{s} \times \boldsymbol{r}$ um $P(0)$. Bei einer Zeitabhängigkeit $\boldsymbol{s}(\boldsymbol{r}, t)$ ist $\dot{\boldsymbol{s}}$ die Geschwindigkeit der Verschiebung und $\frac{1}{2}\,\textbf{rot}\, \dot{\boldsymbol{s}} = \boldsymbol{w}$ gemäß (6.41) die Drehgeschwindigkeit. Dann gilt $\dot{\boldsymbol{s}}'' = \boldsymbol{w} \times \boldsymbol{r}$.

11.1.6 Systematik

Durch örtliche Ableitung entstehen

- aus Skalarfeldern $\Phi(x_1, x_2, \ldots x_n)$ Spaltenvektoren mit je n Komponenten

$$\begin{pmatrix} \frac{\partial \Phi}{\partial x_1} \\ \frac{\partial \Phi}{\partial x_2} \\ \cdots \\ \frac{\partial \Phi}{\partial x_n} \end{pmatrix} = \underline{\boldsymbol{\nabla}}\Phi, \tag{11.25}$$

- aus Spaltenvektoren Tensoren 2. Stufe mit je n^2 Komponenten

$$\begin{pmatrix} \frac{\partial^2 \Phi}{\partial x_1^2} & \frac{\partial^2 \Phi}{\partial x_1 \partial x_2} & \dots & \frac{\partial^2 \Phi}{\partial x_1 \partial x_n} \\ \frac{\partial^2 \Phi}{\partial x_2 \partial x_1} & \frac{\partial^2 \Phi}{\partial x_2^2} & \dots & \frac{\partial^2 \Phi}{\partial x_2 \partial x_n} \\ \dots & \dots & \dots & \dots \\ \frac{\partial^2 \Phi}{\partial x_n \partial x_1} & \frac{\partial^2 \Phi}{\partial x_n \partial x_2} & \dots & \frac{\partial^2 \Phi}{\partial x_n^2} \end{pmatrix}, \tag{11.26}$$

- aus Tensoren 2. Stufe Tensoren 3. Stufe mit je n^3 Komponenten usw.

Nach dem Unterscheidungsmerkmal (Stufe) k erscheinen allgemein

- Skalarfelder als Tensoren der Stufe 0 mit $n^0 = 1$ Komponente,
- Spaltenvektoren als Tensoren der Stufe 1 mit $n^1 = n$ Komponenten und
- Tensoren der Stufe $2 \dots k$ mit $n^2 \dots n^k$ Komponenten. Tensoren der Stufen ≥ 3 sind nicht mehr als Matrizen darstellbar.

Hinsichtlich Transformationseigenschaften gilt, dass einem Spaltenvektor $\underline{\boldsymbol{a}}$

- jeder Spaltenvektor $\underline{\boldsymbol{b}}$ den Skalar $\underline{\boldsymbol{b}}^T \underline{\boldsymbol{a}}$ und
- jeder Tensor $\boldsymbol{M}$ den Spaltenvektor $\boldsymbol{M}\underline{\boldsymbol{a}}$ zuordnen.

11.2 Wechsel des Bezugssystems

11.2.1 Vektortransformation (vgl. Kap. 6.1.1)

Alternativen der Vektorzerlegung

Jedem Wechsel von einem kartesischen Bezugssystem S mit den Koordinaten $x \equiv x_1, y \equiv x_2, z \equiv x_3$ zu einem krummlinigen, nicht notwendig rechtwinkligen Bezugssystem S' mit den Koordinaten u_1, u_2, u_3 nach Maßgabe eines umkehrbaren Transformators

$$x_1 = x_1(u_1, u_2, u_3), \quad x_2 = x_2(u_1, u_2, u_3), \quad x_3 = x_3(u_1, u_2, u_3), \tag{11.27a}$$

$$u_1 = u_1(x_1, x_2, x_3), \quad u_2 = u_2(x_1, x_2, x_3), \quad u_3 = u_3(x_1, x_2, x_3) \tag{11.27b}$$

entsprechen 2 Alternativen der Vektorzerlegung, und zwar entweder parallel mit den Grundvektoren $\frac{\partial \boldsymbol{r}}{\partial u_1}, \frac{\partial \boldsymbol{r}}{\partial u_2}, \frac{\partial \boldsymbol{r}}{\partial u_3}$ oder $\boldsymbol{\nabla} u_1, \boldsymbol{\nabla} u_2, \boldsymbol{\nabla} u_3$; beide Grundvektorentripel bilden wegen

$$\underbrace{d\boldsymbol{r} \cdot \boldsymbol{\nabla} u_i}_{du_i} = \sum_{j=1}^{3} du_j \frac{\partial \boldsymbol{r}}{\partial u_j} \cdot \boldsymbol{\nabla} u_i \quad \curvearrowright \quad \frac{\partial \boldsymbol{r}}{\partial u_j} \cdot \boldsymbol{\nabla} u_i = \sum_{k=1}^{3} \frac{\partial x_k}{\partial u_j} \frac{\partial u_i}{\partial x_k} = \delta_{ji} \tag{11.28}$$

ein reziprokes Dreibein (vgl. Kap. 2.4.3); die Gradienten $\boldsymbol{\nabla} u_i$ stehen auf den Koordinatenflächen $u_i = \text{const}_i$ senkrecht.

Kontravariante Komponenten

Die 1. Alternative der Vektorzerlegung in S' parallel $\frac{\partial \boldsymbol{r}}{\partial u_i}$ bedeutet für $d\boldsymbol{r}$

$$d\boldsymbol{r} = \boldsymbol{e}_1 dx_1 + \boldsymbol{e}_2 dx_2 + \boldsymbol{e}_3 dx_3 = \frac{\partial \boldsymbol{r}}{\partial u_1} du_1 + \frac{\partial \boldsymbol{r}}{\partial u_2} du_2 + \frac{\partial \boldsymbol{r}}{\partial u_3} du_3 \qquad (11.29)$$

oder in Kurzform

$$\sum_{l=1}^{3} \boldsymbol{e}_l dx_l = \sum_{i=1}^{3} \frac{\partial \boldsymbol{r}}{\partial u_i} du_i. \qquad (11.30)$$

Die Transformation $S \to S'$ überführt die kartesischen Grundvektoren $\boldsymbol{e}_j$ in

$$\frac{\partial \boldsymbol{r}}{\partial u_i} \equiv \sum_{j=1}^{3} \frac{\partial x_j}{\partial u_i} \boldsymbol{e}_j \quad \text{für } i = 1, 2, 3 \qquad (11.31)$$

und die kartesischen Komponenten dx_1, dx_2, dx_3 in du_1, du_2, du_3.

Analog gehen die kartesischen Komponenten a_1, a_2, a_3 eines Vektors $\boldsymbol{a}$ gemäß

$$\sum_{l=1}^{3} \boldsymbol{e}_l a_l = \sum_{i=1}^{3} \frac{\partial \boldsymbol{r}}{\partial u_i} a'_i \qquad (11.32)$$

in die Komponenten a'_1, a'_2, a'_3 über. Einsetzung von (11.31) und Koeffizientenvergleich ergeben

$$\sum_{l=1}^{3} \boldsymbol{e}_l a_l = \sum_{i=1}^{3} \sum_{j=1}^{3} \frac{\partial x_j}{\partial u_i} \boldsymbol{e}_j a'_i \quad \curvearrowright \quad \boxed{a_j = \sum_{i=1}^{3} \frac{\partial x_j}{\partial u_i} a'_i} \qquad (11.33)$$

Zur Auflösung nach a'_i multipliziert man mit $\frac{\partial u_k}{\partial x_j}$, summiert über j und findet wegen (11.28)

$$\sum_{j=1}^{3} \frac{\partial u_k}{\partial x_j} a_j = \sum_{i=1}^{3} \underbrace{\sum_{j=1}^{3} \frac{\partial x_j}{\partial u_i} \frac{\partial u_k}{\partial x_j}}_{\delta_{ik}} a'_i = a'_k \qquad (11.34)$$

oder nach Koeffiziententausch $k \to i$ die symmetrische Form

$$\boxed{a'_i = \sum_{j=1}^{3} \frac{\partial u_i}{\partial x_j} a_j} \qquad (11.35)$$

Die a'_i heißen kontravariante Komponenten des Vektors $\boldsymbol{a}$ im Bezugssystem S'. Sie bilden einen kontravarianten Tensor 1. Stufe.

Kovariante Komponenten

Die 2. Alternative der Vektorzerlegung in S' parallel $\boldsymbol{\nabla}\, u_i$ bedeutet für $\boldsymbol{a}$

$$\sum_{l=1}^{3} \boldsymbol{e}_l a_l = \sum_{i=1}^{3} \boldsymbol{\nabla}\, u_i \hat{a}'_i = \sum_{i=1}^{3}\sum_{j=1}^{3} \frac{\partial u_i}{\partial x_j} \boldsymbol{e}_j \hat{a}'_i$$

$$\curvearrowright \quad \boxed{a_j = \sum_{i=1}^{3} \frac{\partial u_i}{\partial x_j} \hat{a}'_i, \quad \hat{a}'_i = \sum_{j=1}^{3} \frac{\partial x_j}{\partial u_i} a_j}$$

wobei die $\hat{a}'_i$ kovariante Komponenten des Vektors $\boldsymbol{a}$ im Bezugssystem S' heißen. Sie bilden einen kovarianten Tensor 1. Stufe.

Es liegt nun nahe, aus den Koeffizienten

$$\frac{\partial x_j}{\partial u_i} \equiv q_{ij} \quad \text{und} \quad \frac{\partial u_i}{\partial x_j} \equiv p_{ij} \tag{11.36}$$

die Tensoren $\boldsymbol{Q} \equiv (q_{ij})$ und $\boldsymbol{P} \equiv (p_{ij})$ zu bilden. Damit lauten die alternativen Transformationen $S \to S'$

$$(1) \quad \underline{\boldsymbol{a}}' = \boldsymbol{P}\underline{\boldsymbol{a}} \quad \curvearrowright \quad \underline{\boldsymbol{a}} = \boldsymbol{P}^{-1}\underline{\boldsymbol{a}}' = \boldsymbol{Q}^T\underline{\boldsymbol{a}}', \tag{11.37a}$$

$$(2) \quad \underline{\hat{\boldsymbol{a}}}' = \boldsymbol{Q}\underline{\boldsymbol{a}} \quad \curvearrowright \quad \underline{\boldsymbol{a}} = \boldsymbol{Q}^{-1}\underline{\hat{\boldsymbol{a}}}' = \boldsymbol{P}^T\underline{\hat{\boldsymbol{a}}}'. \tag{11.37b}$$

Der Zusammenhang $\boldsymbol{Q}\boldsymbol{P}^T = \boldsymbol{E} \;\curvearrowright\; \boldsymbol{P}^T = \boldsymbol{Q}^{-1}$ entspricht der Reziprozität des Dreibeins (vgl. 11.28). In einem kartesischen Bezugssystem S' macht die kontra- und kovariante Vektorzerlegung keinen Unterschied; beide Dreibeine fallen dort zusammen: $\boldsymbol{P} = \boldsymbol{Q}$.

Die erstmals im Rahmen der Relativitätstheorie notwendige Einführung von Bezugssystemen mit $n > 3$ Dimensionen macht keine formalen Schwierigkeiten. Die Summen werden lediglich n-gliedrig, die polaren Vektoren bekommen n, die Tensoren n^2 Komponenten. Alle Regeln bleiben erhalten; insofern kann die Tensorrechnung als verallgemeinerte Vektorrechnung gelten. Allein die Anschaulichkeit leidet.

Aufgabe 11.7 Bestimmen Sie das Grundvektorentripel $\boldsymbol{\nabla}\, u_1, \boldsymbol{\nabla}\, u_2, \boldsymbol{\nabla}\, u_3$ und bestätigen Sie allgemein die in Aufgabe 6.4 speziell für rechtwinklige Koordinaten hergeleitete Formel

$$\left[\frac{\partial \boldsymbol{r}}{\partial u_1}, \frac{\partial \boldsymbol{r}}{\partial u_2}, \frac{\partial \boldsymbol{r}}{\partial u_3}\right][\boldsymbol{\nabla}\, u_1, \boldsymbol{\nabla}\, u_2, \boldsymbol{\nabla}\, u_3] = 1\,!$$

11.2.2 Riemannsche Geometrie

In der n-dimensionalen riemannschen Geometrie (1854) kommt es auf die aus dem Differenzial

$$d\boldsymbol{r} = \sum_{i=1}^{n} \frac{\partial \boldsymbol{r}}{\partial u_i} du_i \tag{11.38}$$

und dem Linienelement $ds \equiv |d\boldsymbol{r}|$ hervorgehende metrische Form

$$\boxed{ds^2 = \sum_{i=1}^{n} \sum_{j=1}^{n} \underbrace{\frac{\partial \boldsymbol{r}}{\partial u_i} \cdot \frac{\partial \boldsymbol{r}}{\partial u_j}}_{g_{ij}} du_i\, du_j = \sum_{i=1}^{n} \sum_{j=1}^{n} g_{ij}\, du_i\, du_j} \tag{11.39}$$

an. Die Koeffizienten

$$\boxed{g_{ij} \equiv \frac{\partial \boldsymbol{r}}{\partial u_i} \cdot \frac{\partial \boldsymbol{r}}{\partial u_j} = g_{ji}} \tag{11.40}$$

bilden den sog. metrischen Tensor. Er ist offenbar symmetrisch und beschreibt die maßgebende Metrik. Hier sind von den n^2 Koeffizienten nur $\frac{n(n+1)}{2}$ verfügbar (Aufgabe 11.2), um die Geometrie nach Bedarf zu modellieren.

Zum besseren Verständnis sei der metrische Tensor (g_{ij}) im Folgenden auf geläufige Geometrien angewandt, wobei Diagonaltensoren ($g_{ij} = 0$ für $i \neq j$) rechtwinklige Bezugssysteme kennzeichnen. So bestimmen

- $\begin{pmatrix} 1 & 0 \\ 0 & 1 \end{pmatrix}$ die euklidische Geometrie auf der Ebene,
- $\begin{pmatrix} \rho^2 & 0 \\ 0 & 1 \end{pmatrix}$ die euklidische Geometrie auf dem Zylinder $\rho = \text{const}$ gemäß (6.29),
- $\begin{pmatrix} r^2 & 0 \\ 0 & r^2 \sin^2 \vartheta \end{pmatrix}$ die elliptische Geometrie auf der Kugel $r = \text{const}$ gemäß (6.45),
- $\begin{pmatrix} \frac{1}{v^2} & 0 \\ 0 & \frac{1}{v^2} \end{pmatrix}$ die hyperbolische Geometrie auf der in Aufgabe 5.27 beschriebenen Pseudosphäre (Fig. 5.7),
- $\begin{pmatrix} E & F \\ F & G \end{pmatrix}$ die i. Allg. nichteuklidische Geometrie auf der 2-dimensionalen Fläche $\boldsymbol{r} = \boldsymbol{r}(u, v)$ gemäß (5.30).

Entsprechend schreibt man die gaußsche Krümmung (5.46) 2-dimensionaler Flächen in der Form

$$K = \frac{\begin{vmatrix} L & M \\ M & N \end{vmatrix}}{\begin{vmatrix} E & F \\ F & G \end{vmatrix}} \tag{11.41}$$

und nennt $\begin{pmatrix} L & M \\ M & N \end{pmatrix}$ den riemannschen Krümmungstensor.

Aufgabe 11.8 Bestätigen Sie den Zusammenhang

$$\boxed{\sqrt{\det(g_{ij})}\, du_1\, du_2\, du_3 = d\tau}$$

zwischen metrischem Tensor (g_{ij}) und Raumelement $d\tau$!

11.3 Orthogonale Transformation

11.3.1 Drehung

Besonderes Interesse verdient die Vektortransformation in ein um den gemeinsamen Nullpunkt gedrehtes n-dimensionales, kartesisches Bezugssystem $S(x_1, x_2, \ldots x_n) \to S'(x'_1, x'_2, \ldots x'_n)$. Dabei lautet die Zerlegung des Differenzials $d\boldsymbol{r}$ in S und S'

$$d\boldsymbol{r} = \sum_{j=1}^{n} \boldsymbol{e}_j dx_j = \sum_{i=1}^{n} \boldsymbol{e}'_i dx'_i \quad \curvearrowright \quad |d\boldsymbol{r}|^2 = \sum_{j=1}^{n} dx_j^2 = \sum_{i=1}^{n} dx_i'^2. \tag{11.42}$$

Es leuchtet ein, dass der Punktabstand $|d\boldsymbol{r}|$ invariant ist (vgl. Kap. 3.4.2).

Jeder polare Vektor $\boldsymbol{a}$ zerlegt sich analog $d\boldsymbol{r}$ in S und S' gemäß

$$\boldsymbol{a} = \sum_{j=1}^{n} \boldsymbol{e}_j a_j = \sum_{i=1}^{n} \boldsymbol{e}'_i a'_i \quad \curvearrowright \quad a'_i = \sum_{j=1}^{n} \underbrace{(\boldsymbol{e}'_i \cdot \boldsymbol{e}_j)}_{m_{ij}} a_j. \tag{11.43}$$

Die Koeffizienten $m_{ij} = (\boldsymbol{e}'_i \cdot \boldsymbol{e}_j)$ sind die aus Kap. 3.4.2 bekannten Richtungskosinusse. Mit dem Tensor $\boldsymbol{M} = (\boldsymbol{e}'_i \cdot \boldsymbol{e}_j)$ gilt für die Transformation $\boldsymbol{a} \to \boldsymbol{a}'$

$$\underline{\boldsymbol{a}}' = \boldsymbol{M}\underline{\boldsymbol{a}}, \tag{11.44}$$

wobei $|\boldsymbol{a}|$ analog $|d\boldsymbol{r}|$ invariant ist:

$$\underline{\boldsymbol{a}}'^T \underline{\boldsymbol{a}}' = \underline{\boldsymbol{a}}^T \underline{\boldsymbol{a}}. \tag{11.45}$$

Daraus folgt angesichts der Identität $\underline{\boldsymbol{a}}'^T = (\boldsymbol{M}\underline{\boldsymbol{a}})^T = \underline{\boldsymbol{a}}^T\boldsymbol{M}^T$ unmittelbar

$$\boxed{\underline{\boldsymbol{a}}'^T\underline{\boldsymbol{a}}' = \underline{\boldsymbol{a}}^T\boldsymbol{M}^T\boldsymbol{M}\underline{\boldsymbol{a}} \quad \curvearrowright \quad \boldsymbol{M}^T\boldsymbol{M} = \boldsymbol{E} \quad \curvearrowright \quad \boldsymbol{M}^T = \boldsymbol{M}^{-1}} \tag{11.46}$$

und für die zugehörige Determinante wegen $\det \boldsymbol{M}^T = \det \boldsymbol{M}$

$$\boxed{\det \boldsymbol{M} = \pm 1} \tag{11.47}$$

Derartige Transformationen und ihre Tensoren heißen orthogonal. Die Determinante ist positiv, wenn die Drehung des Bezugssystems echt ist und nicht mit Koordinatenspiegelungen einhergeht.

Aus (11.46) ergibt sich mühelos weiter

$$\boldsymbol{M}^T\boldsymbol{M} = \boldsymbol{M}\boldsymbol{M}^T = \boldsymbol{E} \quad \curvearrowright \quad \sum_{k=1}^{n} \underbrace{m_{ik}^T}_{m_{ki}} m_{kj} = \sum_{k=1}^{n} m_{ik} \underbrace{m_{kj}^T}_{m_{jk}} = \delta_{ij}. \tag{11.48}$$

Folglich genügen die aus den Komponenten m_{ik} der Tensorzeile i gebildeten Zeilenvektoren $\boldsymbol{m}_i \equiv \sum_{k=1}^{n} m_{ik}\boldsymbol{e}_k$ den Bedingungen $\boldsymbol{m}_i \cdot \boldsymbol{m}_j = \delta_{ij}$. Sie stehen paarweise aufeinander senkrecht und haben den Betrag $|\boldsymbol{m}_i| = 1$, was sie als Einsvektoren ausweist. Dasselbe gilt für die aus den transponierten Komponenten m_{ki} analog gebildeten Vektoren.

Es leuchtet ein, dass eine orthogonale Transformation alle polaren Vektoren um den gleichen Winkel dreht, so dass nicht nur $\boldsymbol{a}^2$ und $\boldsymbol{b}^2$, sondern auch $\boldsymbol{a} \cdot \boldsymbol{b}$ invariant sind. So heißen alle Vektoren $\boldsymbol{a}$ und Skalare Φ bei Drehungen $S \to S'$ invariant, wenn sie sich gemäß

$$\boldsymbol{a}(\boldsymbol{r}) = \boldsymbol{a}'(\boldsymbol{r}') \quad \text{bzw.} \quad \Phi(\boldsymbol{r}) = \Phi'(\boldsymbol{r}') \tag{11.49}$$

transformieren. Dasselbe Kriterium gilt für die Operatoren $\boldsymbol{\nabla}$ und $\boldsymbol{\nabla} \cdot \boldsymbol{\nabla} = \Delta$, in aller Regel aber für keinen axialen Vektor $\boldsymbol{a} \times \boldsymbol{b}$ oder $\boldsymbol{\nabla} \times \boldsymbol{a}$; er lässt sich ja nur für $n = 3$ wie ein polarer Vektor behandeln (Aufgaben 11.11 und 11.12).

11.3.2 Tensortransformation

Wir suchen die Bedingung, unter der die durch $\underline{\boldsymbol{b}} = \boldsymbol{C}\underline{\boldsymbol{a}}$ im Bezugssystem S beschriebene Zuordnung der Vektoren $\boldsymbol{a}$ und $\boldsymbol{b}$ beim Übergang zum gedrehten Bezugssystem S' im Sinne $\underline{\boldsymbol{b}}' = \boldsymbol{C}'\underline{\boldsymbol{a}}'$ erhalten bleibt. Dabei möge sich die Vektordarstellung gemäß

$$\underline{\boldsymbol{a}}' = \boldsymbol{M}\underline{\boldsymbol{a}} \quad \text{und} \quad \underline{\boldsymbol{b}}' = \boldsymbol{M}\underline{\boldsymbol{b}} \tag{11.50}$$

ändern, so dass die Zuordnung im System S' die Form

$$\boldsymbol{M}^{-1}\underline{\boldsymbol{b}}' = \boldsymbol{C}\boldsymbol{M}^{-1}\underline{\boldsymbol{a}}' \quad \curvearrowright \quad \underline{\boldsymbol{b}}' = \underbrace{\boldsymbol{M}\boldsymbol{C}\boldsymbol{M}^{-1}}_{\boldsymbol{C}'}\underline{\boldsymbol{a}}', \quad \boldsymbol{C}' = \boldsymbol{M}\boldsymbol{C}\boldsymbol{M}^T \tag{11.51}$$

gewinnt. Die gefundene Transformationseigenschaft $\boldsymbol{C}' = \boldsymbol{M}\boldsymbol{C}\boldsymbol{M}^T$ zeichnet Tensoren 2. Stufe aus. Symmetrische Tensoren bleiben symmetrisch. $\boldsymbol{C}$ und $\boldsymbol{M}\boldsymbol{C}\boldsymbol{M}^T$ sind äquivalente oder ähnliche Tensoren; sie stellen dieselbe Transformation dar, haben denselben Rang und dieselbe Determinante:

$$\det \boldsymbol{C}' = \det \boldsymbol{M} \cdot \det \boldsymbol{C} \cdot \underbrace{\det \boldsymbol{M}^T}_{\det \boldsymbol{M}} = \det \boldsymbol{C}. \tag{11.52}$$

Aufgabe 11.9 Ist der Tensor $\boldsymbol{M} = \begin{pmatrix} \cos\alpha & \sin\alpha \\ -\sin\alpha & \cos\alpha \end{pmatrix}$ symmetrisch, schiefsymmetrisch, orthogonal?

Aufgabe 11.10 Beweisen Sie, dass jede orthogonale Transformation $\underline{\boldsymbol{a}}' = \boldsymbol{M}\underline{\boldsymbol{a}}$ eines polaren Vektors $\boldsymbol{a}$ in der Form $\underline{\boldsymbol{a}} = \boldsymbol{M}^T\underline{\boldsymbol{a}}'$ umkehrbar ist!

Aufgabe 11.11 Zeigen Sie die Invarianz

1. des Punktprodukts $\boldsymbol{a} \cdot \boldsymbol{b}$ zweier polarer Vektoren $\boldsymbol{a}$ und $\boldsymbol{b}$,
2. des Nabla- und Delta-Operators sowie
3. des Skalars $\operatorname{div} \boldsymbol{a}$

bei orthogonalen Transformationen!

Aufgabe 11.12 Beweisen Sie die Invarianz des Kreuzprodukts $\boldsymbol{a} \times \boldsymbol{b}$ zweier 3-dimensionaler, polarer Vektoren $\boldsymbol{a}$ und $\boldsymbol{b}$ bei orthogonalen Transformationen!

Aufgabe 11.13 Bestimmen Sie den Operator $\boldsymbol{M}$, der in der Ebene $z = 0$ dem Vektor $\boldsymbol{a}$ einen dazu senkrechten Vektor $\boldsymbol{b}$ mit f-fachem Betrag zuordnet!

Aufgabe 11.14 Berechnen Sie $|d\boldsymbol{r}|^2$ aus (11.14)!

11.3.3 Lorentz-Transformation

Michelson[4] entdeckte 1881, dass die Lichtgeschwindigkeit c auf der Erde trotz deren Eigenbewegung in allen Himmelsrichtungen gleich ist, also nicht vom Bezugssystem abhängt. Diese Isotropie der Lichtausbreitung bestätigte Maxwells Elektrodynamik, erschütterte hingegen Fresnels[5] Weltäther-Hypothese, ja sogar Newtons Relativitätsprinzip. Wie war das zu verstehen?

[4] Albert Abraham Michelson (1852-1931), deutsch-amerikanischer Physiker und 1. US-Nobelpreisträger (1907). Er unternahm seinen berühmten Versuch 1881 in Potsdam und wiederholte ihn 1887 mit E. W. Morley in Cleveland (Ohio).

[5] Augustin Jean Fresnel (1788-1827), französischer Ingenieur und Physiker

Erst 1905 gelang Einstein im Rahmen seiner Speziellen Relativitätstheorie die Lösung des Problems, indem er Newtons Postulat der absoluten (d. h. systemunabhängigen) Zeit aufgab und jedem Bezugssystem eine eigene Zeit t zuordnete. Bis 1908 reifte – vor allem unter dem Einfluss Minkowskis[6], Einsteins Züricher Lehrer – das Verständnis der Speziellen Relativitätstheorie als Physik in einem 4-dimensionalen, quasi euklidischen Raum-Zeit-Kontinuum („Minkowski-Welt"), dessen 4 rechtwinkligen Koordinaten nach Poincaré[7] bald

$$x_1 = x, \quad x_2 = y, \quad x_3 = z, \quad x_4 = ict \tag{11.53}$$

hießen. Zu den 3 kartesischen Koordinaten x, y, z trat nunmehr $x_4 = ict$ als imaginäre 4. Koordinate hinzu, womit die Zeit ihre Sonderrolle als bloßer physikalischer Parameter verlor. Zu jedem raum-zeitlichen Zustand gehörte ein 4-dimensionaler Ortsvektor

$$\boxed{\boldsymbol{R} = x_1\boldsymbol{e}_1 + x_2\boldsymbol{e}_2 + x_3\boldsymbol{e}_3 + x_4\boldsymbol{e}_4} \tag{11.54}$$

der bei jeder raum-zeitlichen Änderung eine „minkowskische Weltlinie" beschrieb. In diesem Sinne wurde die klassische 3-dimensionale Physik zur 4-dimensionalen Geometrie.

Wir betrachten die zwei relativ zueinander gradlinig und gleichförmig mit der Geschwindigkeit v bewegten Bezugssysteme $S(x, y, z, ict)$ und $S'(x', y', z', ict')$. In dem Augenblick, wo ihre Nullpunkte zusammenfallen, möge dort ein Lichtblitz entstehen. Er breitet sich nach Michelson unabhängig vom Bezugssystem kugelförmig mit der einheitlichen Lichtgeschwindigkeit c aus:

$$\frac{x^2 + y^2 + z^2}{t^2} = c^2 = \frac{x'^2 + y'^2 + z'^2}{t'^2} \quad \curvearrowright \quad \boxed{\boldsymbol{R}^2 = \boldsymbol{R}'^2 = 0} \tag{11.55}$$

Diese Invariante weist den Übergang $S \to S'$ als orthogonale Transformation aus. Sie hat, wenn y und z der Einfachheit halber unverändert bleiben, die Form

$$\underline{\boldsymbol{R}}' = \boldsymbol{M}\underline{\boldsymbol{R}}, \qquad \begin{pmatrix} x' \\ y' \\ z' \\ ict' \end{pmatrix} = \begin{pmatrix} m_{11} & 0 & 0 & m_{14} \\ 0 & 1 & 0 & 0 \\ 0 & 0 & 1 & 0 \\ m_{41} & 0 & 0 & m_{44} \end{pmatrix} \begin{pmatrix} x \\ y \\ z \\ ict \end{pmatrix}. \tag{11.56}$$

[6] Hermann Minkowski (1864-1909), baltendeutscher Mathematik-Professor in Königsberg, Zürich und Göttingen

[7] Henri Poincaré (1854-1912), französischer Mathematik-Professor an der Pariser Sorbonne; er war ein Vetter des Staatspräsidenten im 1. Weltkrieg Raymond Poincaré.

Die Tensorkomponenten unterliegen den Bedingungen (11.48):

$$m_{11}^2 + m_{41}^2 = m_{14}^2 + m_{44}^2 = m_{11}^2 + m_{14}^2 = m_{41}^2 + m_{44}^2 = 1, \tag{11.57}$$

$$m_{11}m_{14} + m_{41}m_{44} = m_{11}m_{41} + m_{14}m_{44} = 0, \tag{11.58}$$

$$\curvearrowright \quad m_{44} = \pm m_{11} \quad \text{und} \quad m_{41} = \mp m_{14}. \tag{11.59}$$

Nur die oberen Vorzeichen genügen der Voraussetzung, dass S und S' im Grenzfall $v = 0$ zusammenfallen, was

$$\lim_{v=0} \underline{\boldsymbol{R}}' = \underline{\boldsymbol{R}} \quad \curvearrowright \quad \lim_{v=0} \boldsymbol{M} = \boldsymbol{E}, \quad \lim_{v=0} m_{11} = \lim_{v=0} m_{44} = 1, \quad \lim_{v=0} m_{14} = \lim_{v=0} m_{41} = 0$$

bedeutet. Somit ergibt sich

$$x' = m_{11}\left(x + ic\frac{m_{14}}{m_{11}}t\right) \quad \text{und} \quad t' = m_{11}\left(t + \frac{i}{c}\frac{m_{14}}{m_{11}}x\right). \tag{11.60}$$

Ein im System S' ruhender Punkt ($x' = \text{const}$) hat relativ zur x-Achse des Systems S offenbar die Geschwindigkeit $v = \frac{dx}{dt} = -ic\frac{m_{14}}{m_{11}}$. Daraus gewinnt man leicht

$$m_{11} = \frac{1}{\sqrt{1-\frac{v^2}{c^2}}} \quad \text{sowie} \quad m_{14} = \frac{i\frac{v}{c}}{\sqrt{1-\frac{v^2}{c^2}}} \tag{11.61}$$

und erhält schließlich die Transformationsformeln

$$\boxed{x' = \frac{x - vt}{\sqrt{1-\frac{v^2}{c^2}}}, \quad y' = y, \quad z' = z, \quad t' = \frac{t - \frac{v}{c^2}x}{\sqrt{1-\frac{v^2}{c^2}}}} \tag{11.62}$$

Für die umgekehrte Transformation $S' \to S$ gilt

$$\boxed{x = \frac{x' + vt'}{\sqrt{1-\frac{v^2}{c^2}}}, \quad y = y', \quad z = z', \quad t = \frac{t' + \frac{v}{c^2}x'}{\sqrt{1-\frac{v^2}{c^2}}}} \tag{11.63}$$

Die orthogonale Transformation ist hier ausweislich

$$\det \boldsymbol{M} = m_{11}m_{44} - m_{14}m_{41} = m_{11}^2 + m_{14}^2 = +1 \tag{11.64}$$

eine echte Drehung.

Man spricht i. Allg. von der Lorentz-Transformation, weil vor allem Lorentz, Larmor[8] und Poincaré schon etwa 10 Jahre vor Einstein mit derartigen Formeln operierten. Dahinter stand indes keine bahnbrechende Idee, sondern der beharrliche Versuch, die Isotropie der Lichtausbreitung mit Äther-Hypothese und klassischem Relativitätsprinzip in Einklang zu bringen.

Übrigens verschwindet der Unterschied zwischen der relativistischen Lorentz- und der klassischen Galilei-Transformation (3.46) sichtlich für $\frac{v}{c} \to 0$.

[8] Joseph Larmor (1857-1942), britischer Physiker

Weitere Invarianten

Ergänzend sei noch gezeigt, dass neben $|\boldsymbol{R}|$ auch das Weltlinienelement $|d\boldsymbol{R}|$ eine Invariante der Lorentz-Transformation ist. Die Invarianz des 4-dimensionalen Abstands vom Systemursprung 0 soll ja für jeden Weltpunkt, also nicht nur für $\boldsymbol{R}$, sondern z. B. auch für $\boldsymbol{R} + d\boldsymbol{R}$ gelten:

$$\boldsymbol{R}^2 = \boldsymbol{R}'^2 \quad \text{und} \quad (\boldsymbol{R} + d\boldsymbol{R})^2 = (\boldsymbol{R}' + d\boldsymbol{R}')^2.$$

Daraus folgt wegen $\boldsymbol{R} \cdot d\boldsymbol{R} = \boldsymbol{R}' \cdot d\boldsymbol{R}'$ mühelos $|d\boldsymbol{R}|^2 = |d\boldsymbol{R}'|^2$.

Zum gleichen Ergebnis führt die Überlegung, dass alle polaren Vektoren, also neben $\boldsymbol{R}$ auch $d\boldsymbol{R}$, derselben Drehung unterliegen: $d\underline{\boldsymbol{R}}' = \boldsymbol{M}\, d\underline{\boldsymbol{R}}$. Deshalb berechnet sich das Quadrat des Weltlinienelements wegen (11.46) zu:

$$d\underline{\boldsymbol{R}}'^T\, d\underline{\boldsymbol{R}}' = |d\boldsymbol{R}'|^2 = |d\boldsymbol{R}|^2 .$$

Die durch das physikalische Modell bestimmten Bahnwerte von $\boldsymbol{R}^2$ und $|d\boldsymbol{R}|^2$, die $\gtreqless 0$ sein können, sind für die Lorentz-Transformation unerheblich; so beschreibt z. B. $\boldsymbol{R}^2 = 0$ lediglich das oben behandelte Modell der Lichtausbreitung.

Mit $|d\boldsymbol{R}|$ ist offenbar auch das Differenzial der sog. minkowskische Eigenzeit

$$d\tau \equiv \frac{|d\boldsymbol{R}|}{ic} = \frac{\sqrt{dx^2 + dy^2 + dz^2 - c^2 dt^2}}{ic} \tag{11.65a}$$

$$= \sqrt{1 - \frac{1}{c^2}\left[\left(\frac{dx}{dt}\right)^2 + \left(\frac{dy}{dt}\right)^2 + \left(\frac{dz}{dt}\right)^2\right]}\, dt = \sqrt{1 - \frac{v^2}{c^2}}\, dt \tag{11.65b}$$

eine Lorentz-Invariante, angesichts (11.63) vorstellbar z. B. als die für jeden im Bezugssystem S' ruhenden Punkt geltende Zeitverschiebungt dt'.

Anwendung in der Elektrodynamik

Im ruhenden System S induziert jede zeitliche Änderung der magnetischen Flussdichte $\boldsymbol{B}$ ein elektrisches Wirbelfeld $\boldsymbol{E}$ gemäß (4.93):

$$\frac{\partial \boldsymbol{B}}{\partial t} = -\,\mathbf{rot}\, \boldsymbol{E}. \tag{11.66}$$

In x-Richtung gilt speziell

$$\frac{\partial B_x}{\partial t} = \frac{\partial E_y}{\partial z} - \frac{\partial E_z}{\partial y}. \tag{11.67}$$

Was misst man im bewegten System S'?

Durch Lorentz-Transformation des speziellen Induktionsgesetzes findet man mit Hilfe der Formeln

$$\frac{\partial}{\partial t} = \frac{\partial}{\partial x'}\frac{\partial x'}{\partial t} + \frac{\partial}{\partial y'}\underbrace{\frac{\partial y'}{\partial t}}_{0} + \frac{\partial}{\partial z'}\underbrace{\frac{\partial z'}{\partial t}}_{0} + \frac{\partial}{\partial t'}\frac{\partial t'}{\partial t},$$

$$\frac{\partial}{\partial y} = \frac{\partial}{\partial y'}, \quad \frac{\partial}{\partial z} = \frac{\partial}{\partial z'}, \quad \frac{\partial x'}{\partial t} = -\frac{v}{\sqrt{1-\frac{v^2}{c^2}}}, \quad \frac{\partial t'}{\partial t} = \frac{1}{\sqrt{1-\frac{v^2}{c^2}}}$$

als Zwischenergebnis mühelos

$$\frac{1}{\sqrt{1-\frac{v^2}{c^2}}}\left(\frac{\partial B_x}{\partial t'} - v\frac{\partial B_x}{\partial x'}\right) = \frac{\partial E_y}{\partial z'} - \frac{\partial E_z}{\partial y'}. \tag{11.68}$$

Die allgemeine Quellenfreiheit der magnetischen Flussdichte

$$\operatorname{div} \boldsymbol{B} = 0 \quad \curvearrowright \quad \frac{\partial B_x}{\partial x} + \frac{\partial B_y}{\partial y} + \frac{\partial B_z}{\partial z} = 0 \tag{11.69}$$

transformiert sich nach Lorentz gemäß

$$\frac{\partial B_x}{\partial x'}\frac{\partial x'}{\partial x} + \frac{\partial B_x}{\partial t'}\frac{\partial t'}{\partial x} + \frac{\partial B_y}{\partial y'} + \frac{\partial B_z}{\partial z'} = 0 \tag{11.70}$$

und gewinnt angesichts der Relationen

$$\frac{\partial x'}{\partial x} = \frac{1}{\sqrt{1-\frac{v^2}{c^2}}} \quad \text{und} \quad \frac{\partial t'}{\partial x} = -\frac{\frac{v}{c^2}}{\sqrt{1-\frac{v^2}{c^2}}} \tag{11.71}$$

die Form

$$\frac{1}{\sqrt{1-\frac{v^2}{c^2}}}\frac{\partial B_x}{\partial x'} = \frac{\frac{v}{c^2}}{\sqrt{1-\frac{v^2}{c^2}}}\frac{\partial B_x}{\partial t'} - \frac{\partial B_y}{\partial y'} - \frac{\partial B_z}{\partial z'}. \tag{11.72}$$

Einsetzung in (11.68) ergibt schließlich das transformierte Induktionsgesetz

$$\frac{\partial B_x}{\partial t'} = \frac{\partial}{\partial z'}\frac{E_y - vB_z}{\sqrt{1-\frac{v^2}{c^2}}} - \frac{\partial}{\partial y'}\frac{E_z + vB_y}{\sqrt{1-\frac{v^2}{c^2}}}. \tag{11.73}$$

Es lässt zweierlei erkennen:

1. entspricht es der Form im ungestrichenen System S, was durch Einführung der naheliegenden Abkürzungen

$$B_x \equiv B'_x, \quad \frac{E_y - vB_z}{\sqrt{1-\frac{v^2}{c^2}}} \equiv E'_y, \quad \frac{E_z + vB_y}{\sqrt{1-\frac{v^2}{c^2}}} \equiv E'_z \tag{11.74}$$

besonders augenfällig wird. Das Induktionsgesetz ist also bei Lorentz-Transformation invariant. Dies gilt – wie man schon vor Einstein wusste, ohne es richtig zu deuten – für die gesamte maxwellsche Elektrodynamik, jedoch nicht für die newtonsche Mechanik.

2. kann man $E'_y = \frac{(\boldsymbol{E}+\boldsymbol{v}\times\boldsymbol{B})\cdot\boldsymbol{e}_y}{\sqrt{1-\frac{v^2}{c^2}}}$ und $E'_z = \frac{(\boldsymbol{E}+\boldsymbol{v}\times\boldsymbol{B})\cdot\boldsymbol{e}_z}{\sqrt{1-\frac{v^2}{c^2}}}$ schreiben. Das von Lorentz 1895 eingeführte, allein durch Fortbewegung induzierte elektrische Feld $\boldsymbol{v} \times \boldsymbol{B}$ erfuhr erst im Rahmen der Relativitätstheorie seine systematische Begründung. Die spezielle Herleitung in Kap. 9.2.2 hatte physikalisch nie recht befriedigt.

Anwendung in der Mechanik

Das einsteinsche Relativitätsprinzip (1905) verlangt, dass nicht nur die Lichtausbreitung, sondern *jeder* physikalische Vorgang in den beiden Bezugssystemen S und S' dem gleichen, d. h. lorentz-invarianten Gesetz genügt. Es müssen dann natürlich alle Beobachter dieselben Messvorschriften anwenden, folglich alle vektoriellen Messgrößen 4-dimensional und lorentz-invariant sein.

So galt es, die Mechanik von der 3-dimensionalen Galilei- auf die 4-dimensionale Lorentz-Invarianz umzustellen. Wie war jetzt z. B. die Geschwindigkeit eines Teilchens zu bestimmen? Der Ausdruck $\frac{d\boldsymbol{r}}{dt}$ wäre nicht 4-dimensional, $\frac{d\boldsymbol{R}}{dt}$ nicht lorentz-invariant. Einstein definierte den Vierervektor der Geschwindigkeit, die sog. Vierergeschwindigkeit, mit Hilfe der minkowskischen Eigenzeit (11.65) durch die Form

$$\boxed{\boldsymbol{V} \equiv \frac{d\boldsymbol{R}}{dt}\frac{dt}{d\tau} = \frac{1}{\sqrt{1-\frac{v^2}{c^2}}}\Big(\underbrace{\frac{dx}{dt}\boldsymbol{e}_1 + \frac{dy}{dt}\boldsymbol{e}_2 + \frac{dz}{dt}\boldsymbol{e}_3}_{\boldsymbol{v}} + ic\boldsymbol{e}_4\Big)} \tag{11.75}$$

die ausweislich ihres Betragsquadrats $|\boldsymbol{V}|^2 = -c^2$ lorentz-invariant ist.

Ein Teilchen mit der Masse m_0 und der Geschwindigkeit $\boldsymbol{V}$ hat daher den ebenfalls lorentz-invarianten Viererimpuls

$$\boldsymbol{P} \equiv \frac{m_0}{\sqrt{1-\frac{v^2}{c^2}}}(\boldsymbol{v} + ic\boldsymbol{e}_4) = m(\boldsymbol{v} + ic\boldsymbol{e}_4) \quad \text{mit} \quad \boxed{m \equiv \frac{m_0}{\sqrt{1-\frac{v^2}{c^2}}}} \tag{11.76}$$

wobei m_0 Ruhmasse und $m = m(v)$ gewöhnlich Impulsmasse heißen.

Eine Änderung des Viererimpulses $\boldsymbol{P}$ bedarf einer Viererkraft $\boldsymbol{F} = \frac{d\boldsymbol{P}}{d\tau}$. Wir schreiben ihren Realteil in der Form

$$\frac{d(m\boldsymbol{v})}{d\tau} \equiv \frac{\boldsymbol{K}}{\sqrt{1-\frac{v^2}{c^2}}} \quad \curvearrowright \quad \boldsymbol{K} \equiv \frac{d(m\boldsymbol{v})}{dt} \neq m\frac{d\boldsymbol{v}}{dt} \tag{11.77}$$

und gewinnen mit der 3-dimensionalen Kraft $\boldsymbol{K}$ eine Form des 2. newtonschen Axioms, die der relativistischen Massenveränderlichkeit Rechnung trägt.

Aufgabe 11.15 Zeigen Sie, dass ein Punkt mit der Geschwindigkeit $v = \dot{y}$ und der Beschleunigung $b = \ddot{y}$ in der y, ict-Ebene eine gekrümmte Bahn beschreibt!

Aufgabe 11.16 Stellen Sie die Wellengleichungen (4.124) in den Koordinaten $x_1 = x$, $x_2 = y$, $x_3 = z$, $x_4 = ict$ dar!

Aufgabe 11.17 Schreiben Sie die Kontinuitätsgleichung (8.24) als 4-dimensionalen Satz für die Viererstromdichte, definiert als

$$\boldsymbol{\Gamma} \equiv (\boldsymbol{v} + ic\boldsymbol{e}_4)\varrho = \underbrace{\boldsymbol{e}_1(\boldsymbol{e}_1 \cdot \boldsymbol{J})}_{\boldsymbol{\Gamma}_1} + \underbrace{\boldsymbol{e}_2(\boldsymbol{e}_2 \cdot \boldsymbol{J})}_{\boldsymbol{\Gamma}_2} + \underbrace{\boldsymbol{e}_3(\boldsymbol{e}_3 \cdot \boldsymbol{J})}_{\boldsymbol{\Gamma}_3} + \underbrace{ic\varrho\boldsymbol{e}_4}_{\boldsymbol{\Gamma}_4}\,! \tag{11.78}$$

Aufgabe 11.18 Welche Geschwindigkeit $u = \frac{dx}{dt}$ misst ein im System S ruhender Beobachter eines Punkts, der im System S' die Geschwindigkeit $u' = \frac{dx'}{dt'}$ hat?

Aufgabe 11.19 Um welchen Winkel α dreht die Lorentz-Transformation das System S' gegenüber dem System S? Deuten Sie die relativistische Zusammensetzung zweier konstanter Geschwindigkeiten u' und v (Aufgabe 11.18) als Ergebnis zweier Lorentz-Transformationen!

Aufgabe 11.20 Welche kinetische Energie W_{kin} gewinnt ein Teilchen der Ruhmasse m_0 in der Zeitspanne t im Kraftfeld $\boldsymbol{K}$?

11.4 Eigensystem

11.4.1 Eigenvektoren

Wir suchen in einem rechtwinkligen Bezugssystem S diejenigen Ortsvektoren $\boldsymbol{r} = \sum_{i=1}^{n}(\boldsymbol{r} \cdot \boldsymbol{e}_i)\boldsymbol{e}_i$, denen der symmetrische (nicht notwendig orthogonale)

Tensor $\boldsymbol{M}$ je einen parallelen Ortsvektor $\lambda\boldsymbol{r}$ zuordnet, wobei λ ein noch zu bestimmender, individueller Skalar sein möge. Die maßgebende Bedingung

$$\boldsymbol{M}\underline{\boldsymbol{r}} = \lambda\underline{\boldsymbol{r}} \quad \curvearrowright \quad \boxed{(\boldsymbol{M} - \lambda\boldsymbol{E})\underline{\boldsymbol{r}} = 0} \tag{11.79}$$

führt zu einem homogenen System aus n linearen Gleichungen mit nichttrivialen Lösungen ($\underline{\boldsymbol{r}} \neq 0$), wenn die charakteristische Gleichung n. Grades

$$\boxed{\det(\boldsymbol{M} - \lambda\boldsymbol{E}) = 0} \tag{11.80}$$

erfüllt ist. Ihre n Wurzeln λ_j heißen Eigenwerte des Tensors $\boldsymbol{M}$ und sind wegen dessen Symmetrie sämtlich reell.

Zu jedem Eigenwert λ_j gehört ein sog. Eigenvektor $\boldsymbol{r}_j$. Dieser steht auf jedem anderen Eigenvektor senkrecht. Es gilt nämlich

$$\underline{\boldsymbol{r}}_j^T \cdot| \quad \boldsymbol{M}\underline{\boldsymbol{r}}_i = \lambda_i\underline{\boldsymbol{r}}_i \quad (i \neq j) \tag{11.81}$$

$$\underline{\boldsymbol{r}}_i^T \cdot| \quad \boldsymbol{M}\underline{\boldsymbol{r}}_j = \lambda_j\underline{\boldsymbol{r}}_j \tag{11.82}$$

$$\curvearrowright \quad \underline{\boldsymbol{r}}_j^T\boldsymbol{M}\underline{\boldsymbol{r}}_i - \underline{\boldsymbol{r}}_i^T\boldsymbol{M}\underline{\boldsymbol{r}}_j = \lambda_i \underbrace{\underline{\boldsymbol{r}}_j^T\underline{\boldsymbol{r}}_i}_{\underline{\boldsymbol{r}}_i^T\underline{\boldsymbol{r}}_j} - \lambda_j\underline{\boldsymbol{r}}_i^T\underline{\boldsymbol{r}}_j = \underbrace{(\lambda_i - \lambda_j)}_{\neq 0}\underline{\boldsymbol{r}}_i^T\underline{\boldsymbol{r}}_j. \tag{11.83}$$

Aus der $\boldsymbol{M}$-Symmetrie folgt $\underline{\boldsymbol{r}}_i^T\boldsymbol{M}\underline{\boldsymbol{r}}_j = \underline{\boldsymbol{r}}_j^T\boldsymbol{M}\underline{\boldsymbol{r}}_i$ (Aufgabe 11.4) und deshalb $\underline{\boldsymbol{r}}_i^T\underline{\boldsymbol{r}}_j = 0 \ \curvearrowright \ \boldsymbol{r}_i \perp \boldsymbol{r}_j$. Das n-Tupel der Eigenvektoren bestimmt also ein $\boldsymbol{M}$-spezifisches, rechtwinkliges, gegenüber S gedrehtes Bezugssystem, das sog. Eigensystem S'.

Das homogene Gleichungssystem $(\boldsymbol{M} - \lambda\boldsymbol{E})\underline{\boldsymbol{r}} = 0$ lässt den Betrag der Eigenvektoren $\boldsymbol{r}_j$ unbestimmt. Wir normieren willkürlich $|\boldsymbol{r}_j| = 1$ und erklären $\boldsymbol{r}_j = \boldsymbol{e}'_j$ als (gestrichene) Grundvektoren des Eigensystems S' zur Unterscheidung von den (ungestrichenen) Grundvektoren $\boldsymbol{e}_i$ des Originalsystems S.

Der Spaltenvektor $\underline{\boldsymbol{e}}'_j$ heiße (c_{ij}) im Originalsystem S und (δ_{ij}) im Eigensystem S'. Damit lautet die k. Zeile des Gleichungssystems $\boldsymbol{M}\underline{\boldsymbol{e}}'_j = \lambda_j\underline{\boldsymbol{e}}'_j$:

$$\sum_{i=1}^{n} m_{ki}c_{ij} = c_{kj}\lambda_j = \sum_{i=1}^{n} c_{ki}\lambda_i\delta_{ij}. \tag{11.84}$$

Bei Zusammenfassung aller Spalten j geht der Spaltenvektor (c_{ij}) in die quadratische Matrix $(c_{ij}) \equiv \boldsymbol{C}$ über. Diese bestimmt gemäß $c_{ij} \equiv \sum_{k=1}^{n} c_{ik}\delta_{kj}$ die orthogonale Transformation $S' \to S$, ist also selbst ein orthogonaler Tensor (vgl. Kap. 11.3.1). Daher gilt mit dem Diagonaltensor $\boldsymbol{D}$, definiert durch

$$\boldsymbol{D} \equiv (\lambda_i\delta_{ij}) = \begin{pmatrix} \lambda_1 & 0 & \cdots & 0 \\ 0 & \lambda_2 & \cdots & 0 \\ \cdots & \cdots & \cdots & \cdots \\ 0 & 0 & \cdots & \lambda_n \end{pmatrix}, \tag{11.85}$$

$\boldsymbol{MC} = \boldsymbol{CD}$. Somit findet man wegen der $\boldsymbol{C}$-Orthogonalität (vgl. 11.46) schließlich die sog. Kongruenztransformation des Tensors $\boldsymbol{M}$ in Diagonalform

$$\boxed{\boldsymbol{C}^T\boldsymbol{MC} = \boldsymbol{D}} \tag{11.86}$$

Nach vorstehendem Verfahren lässt sich jeder symmetrische Tensor mit Hilfe seiner Eigenvektoren darstellen (vgl. Kap. 11.3.2). Das folgende Kapitel zeigt eine Nutzanwendung dieser Theorie.

Aufgabe 11.21 Bestimmen Sie die Eigenwerte des Tensors

$$\boldsymbol{M} = \begin{pmatrix} \cos\alpha & \sin\alpha \\ -\sin\alpha & \cos\alpha \end{pmatrix}!$$

Aufgabe 11.22 Welche Eigenwerte und -vektoren hat der Tensor

$$\boldsymbol{M} = \begin{pmatrix} \frac{3}{5} & \frac{4}{5} \\ \frac{4}{5} & -\frac{3}{5} \end{pmatrix}?$$

11.4.2 Tensorfläche

Der Praktiker hat vorwiegend mit 3-dimensionalen Tensoren zu tun und möchte wenigstens damit eine anschauliche Vorstellung verbinden. Für die besonders wichtigen symmetrischen Tensoren taugt die quadratische Form

$$\Phi(\boldsymbol{r}) = \underline{\boldsymbol{r}}^T\boldsymbol{M}\underline{\boldsymbol{r}} = \text{const}, \tag{11.87}$$

geometrisch deutbar als Mittelpunktsform einer Fläche 2. Grades:

$$\Phi(x,y,z) = m_{11}x^2 + m_{22}y^2 + m_{33}z^2 + 2m_{12}xy + 2m_{13}xz + 2m_{23}yz = k. \tag{11.88}$$

Diese Fläche heißt manchmal Tensorellipsoid, obwohl sie keineswegs wie beim Trägheitstensor stets ein Ellipsoid ist.

Schiefsymmetrische Tensoren lassen sich wegen

$$\begin{aligned}\underline{\boldsymbol{r}}^T\boldsymbol{M}\underline{\boldsymbol{r}} = m_{11}x^2 + m_{22}y^2 + m_{33}z^2 + (m_{12} + m_{21})xy \\ + (m_{23} + m_{32})yz + (m_{31} + m_{13})zx \equiv 0\end{aligned} \tag{11.89}$$

(vgl. Aufgabe 11.4) so nicht veranschaulichen. Ersatzweise kann man die 3-dimensionale Identität

$$\begin{pmatrix} m_{13}z - m_{21}y \\ m_{21}x - m_{32}z \\ m_{32}y - m_{13}x \end{pmatrix} = \begin{pmatrix} 0 & -m_{21} & m_{13} \\ m_{21} & 0 & -m_{32} \\ -m_{13} & m_{32} & 0 \end{pmatrix} \begin{pmatrix} x \\ y \\ z \end{pmatrix} \tag{11.90}$$

ausnutzen (Kap. 11.1.4). Links steht das Kreuzprodukt des aus den 3 unabhängigen Tensorkomponenten gebildeten Vektors $\boldsymbol{m} \equiv m_{32}\boldsymbol{e}_x + m_{13}\boldsymbol{e}_y + m_{21}\boldsymbol{e}_z$ mit dem Ortsvektor. Dieser axiale Vektor spiegelt die Merkmale des Tensors anschaulich wieder.

Die Symmetrie der Tensorfläche (11.88) geht aus ihrer Hauptachsengleichung hervor. In der Regel gibt es 3 Hauptachsen, d. h. 3 Ortsvektoren, die sowohl die Gleichung $\Phi(\boldsymbol{r}) = k$ als auch die Bedingung $\boldsymbol{r}^2 =$ Extremum! erfüllen. Zweckmäßig suchen wir im Sinne von Lagrange (Kap. 4.2.1) die Extrema der Hilfsfunktion $\hat{\Phi}(\boldsymbol{r}) = \Phi(\boldsymbol{r}) - \lambda \boldsymbol{r}^2$ und finden unschwer $\mathbf{grad}\,\Phi - 2\lambda\boldsymbol{r} = 0$.

Dies Zwischenergebnis leuchtet sofort ein: Die gesuchten Ortsvektoren sind mit der Flächennormale parallel. Es folgt angesichts (11.88) wegen

$$\underline{\boldsymbol{\nabla}}\Phi = 2\begin{pmatrix} m_{11}x + m_{12}y + m_{13}z \\ m_{12}x + m_{22}y + m_{23}z \\ m_{13}x + m_{23}y + m_{33}z \end{pmatrix} = 2\underbrace{\begin{pmatrix} m_{11} & m_{12} & m_{13} \\ m_{12} & m_{22} & m_{23} \\ m_{13} & m_{23} & m_{33} \end{pmatrix}}_{\boldsymbol{M}}\underbrace{\begin{pmatrix} x \\ y \\ z \end{pmatrix}}_{\underline{\boldsymbol{r}}} \tag{11.91}$$

ein homogenes System aus 3 linearen Gleichungen

$$\boldsymbol{M}\underline{\boldsymbol{r}} = \lambda\underline{\boldsymbol{r}} \quad \curvearrowright \quad (\boldsymbol{M} - \lambda\boldsymbol{E})\underline{\boldsymbol{r}} = 0, \tag{11.92}$$

das nur dann nichttriviale Lösungen ($\underline{\boldsymbol{r}} \neq 0$) hat, wenn der Parameter λ die charakteristische Gleichung 3. Grades $\det(\boldsymbol{M} - \lambda\boldsymbol{E}) = 0$ befriedigt. Ihre 3 Wurzeln $\lambda_1, \lambda_2, \lambda_3$ sind die Eigenwerte des Tensors $\boldsymbol{M}$ und wegen der vorausgesetzten Tensorsymmetrie sämtlich reell. Ihnen entsprechen die 3 Eigenvektoren $\boldsymbol{r}_1 = \boldsymbol{e}'_1$, $\boldsymbol{r}_2 = \boldsymbol{e}'_2$, $\boldsymbol{r}_3 = \boldsymbol{e}'_3$, also die Grundvektoren des Eigensystems S'. Mit dem Spaltenvektor $\underline{\boldsymbol{r}}' = \begin{pmatrix} x' \\ y' \\ z' \end{pmatrix}$ gilt angesichts (11.86)

$$\underbrace{\underline{\boldsymbol{r}}'^T\boldsymbol{C}^T}_{(\boldsymbol{C}\underline{\boldsymbol{r}}')^T}\boldsymbol{M}\boldsymbol{C}\underline{\boldsymbol{r}}' = \underline{\boldsymbol{r}}'^T\boldsymbol{D}\underline{\boldsymbol{r}}', \tag{11.93}$$

was wegen $\boldsymbol{C}\underline{\boldsymbol{r}}' = \underline{\boldsymbol{r}}$ und $\underline{\boldsymbol{r}}^T\boldsymbol{M}\underline{\boldsymbol{r}} = k$ zur sog. kanonischen Form (Hauptachsengleichung) der Tensorfläche führt:

$$\underline{\boldsymbol{r}}'^T\boldsymbol{D}\underline{\boldsymbol{r}}' = \lambda_1 x'^2 + \lambda_2 y'^2 + \lambda_3 z'^2 = k. \tag{11.94}$$

Es handelt sich nur dann um ein Ellipsoid, wenn die 3 Eigenwerte und k das gleiche Vorzeichen haben.

Nach diesem Vorbild bestimmen Physiker z. B. die Symmetrie von Spannungs- und Trägheitstensoren. Das Verfahren dient aber allgemein in der analytischen Geometrie zur Identifizierung von Kegelschnitten und Flächen 2. Grades.

Aufgabe 11.23 Identifizieren Sie die Kurve $xy = 1$ durch die kanonische Form der maßgebenden Tensorfläche!

Aufgabe 11.24 Transformieren Sie den symmetrischen Tensor

$$\boldsymbol{M} = \begin{pmatrix} 1 & \frac{1}{2}\sqrt{2} & 1 \\ \frac{1}{2}\sqrt{2} & 0 & -\frac{1}{2}\sqrt{2} \\ 1 & -\frac{1}{2}\sqrt{2} & 1 \end{pmatrix}$$

in Diagonal- und seine Tensorfläche in Hauptachsenform!

Aufgabe 11.25 Beschreiben Sie die dem Tensor $\boldsymbol{M} = \begin{pmatrix} m_{11} & m_{12} \\ m_{12} & m_{22} \end{pmatrix}$ mit dem Merkmal $\det \boldsymbol{M} = 0$ entsprechende Fläche $\Phi(x, y) = k$!

11.4.3 Invarianten

Jeder symmetrische, 2-stufige Tensor $\boldsymbol{M}$ hat n bei Koordinatentransformationen unveränderliche Größen, sog. Invarianten. So heißen die Konstanten $I_1, I_2, \ldots, I_n$ in der charakteristischen Gleichung.

Bei 3-dimensionalen Tensoren schreibt man die charakteristische Gleichung

$$\lambda^3 - I_1\lambda^2 + I_2\lambda - I_3 = 0. \tag{11.95}$$

Aus dem vietaschen Wurzelsatz folgt der Zusammenhang mit den Eigenwerten:

$$\boxed{\begin{aligned} I_1 &= \lambda_1 + \lambda_2 + \lambda_3 = m_{11} + m_{22} + m_{33} \quad \text{(Spur des Tensors)}, \\ I_2 &= \lambda_1\lambda_2 + \lambda_1\lambda_3 + \lambda_2\lambda_3 \\ &= m_{11}m_{22} + m_{22}m_{33} + m_{33}m_{11} - (m_{12}^2 + m_{13}^2 + m_{23}^2), \\ I_3 &= \lambda_1\lambda_2\lambda_3 = \det \boldsymbol{M} \end{aligned}} \tag{11.96}$$

Damit ist z. B. (11.22) eine Invariante des Verzerrungstensors.

Anhang A: Lösung der Aufgaben

Zu Kapitel 1

1.1 Die Gleichung $\boldsymbol{a} = 0$ bedeutet $|\boldsymbol{a}| = a = 0$. Ein Vektor des Betrags 0 hat ebenso wie ein Pfeil der Länge 0 keine Richtung.

1.2 Die der Bedingung $\boldsymbol{a} + \boldsymbol{b} + \boldsymbol{c} = 0$ genügenden Vektoren sind komplanar.

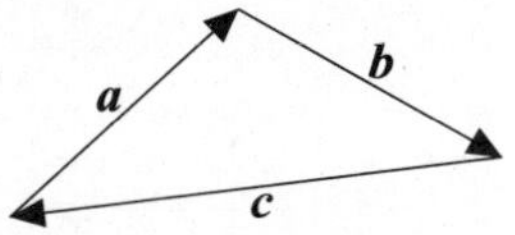

Fig. A.1

Sie bilden die (gerichteten) Seiten eines Dreiecks (Fig. A.1).

1.3 Der Vektor $\boldsymbol{a}$ schreibt sich gemäß (1.15)

$$\boldsymbol{a} = (\boldsymbol{e}_x \quad \boldsymbol{e}_y \quad \boldsymbol{e}_z) \begin{pmatrix} 0 \\ \sqrt{3} \\ -1 \end{pmatrix} \quad \curvearrowright \quad \underline{a} = \begin{pmatrix} 0 \\ \sqrt{3} \\ -1 \end{pmatrix}.$$

Aus (1.12) und (1.13) folgt mit Blick auf Fig. A.2:

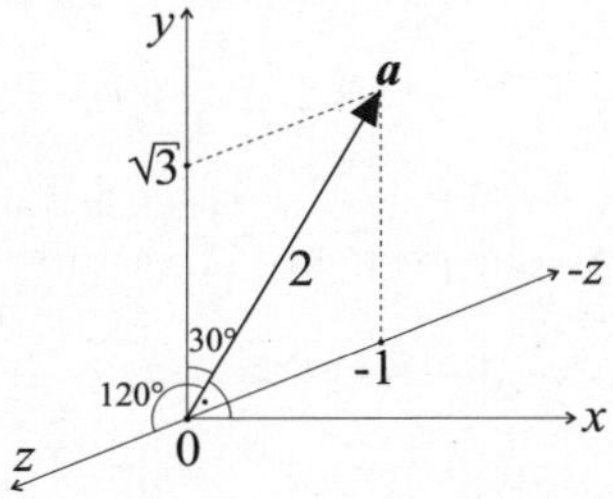

Fig. A.2

$$a = \sqrt{3+1} = 2, \quad \boldsymbol{e}_a = \frac{\sqrt{3}\,\boldsymbol{e}_y - \boldsymbol{e}_z}{2},$$

$$\cos\alpha = 0 \quad \curvearrowright \quad \alpha = 90°, \quad \cos\beta = \frac{\sqrt{3}}{2} \quad \curvearrowright \quad \beta = 30°,$$

$$\cos\gamma = -\frac{1}{2} \quad \curvearrowright \quad \gamma = 120°.$$

1.4 Der Summenvektor lautet

$$\boldsymbol{d} = \boldsymbol{a}+\boldsymbol{b}+\boldsymbol{c} = (-8+7+5)\boldsymbol{e}_x+(-6-2-4)\boldsymbol{e}_y+(3-9+9)\boldsymbol{e}_z = 4\boldsymbol{e}_x-12\boldsymbol{e}_y+3\boldsymbol{e}_z.$$

Er hat gemäß (1.12) den Betrag $|\boldsymbol{d}| = \sqrt{4^2+12^2+3^2} = 13$ und den Einsvektor

$$\boldsymbol{e}_d = \frac{\boldsymbol{d}}{|\boldsymbol{d}|} = \frac{4\boldsymbol{e}_x - 12\boldsymbol{e}_y + 3\boldsymbol{e}_z}{13}.$$

1.5 Zu $P_1(0;1;2)$ und $P_2(1;-1;0)$ gehören die Ortsvektoren (Fig. A.3)

$$\boldsymbol{r}_1 = \boldsymbol{e}_y + 2\boldsymbol{e}_z \quad \text{bzw.} \quad \boldsymbol{r}_2 = \boldsymbol{e}_x - \boldsymbol{e}_y.$$

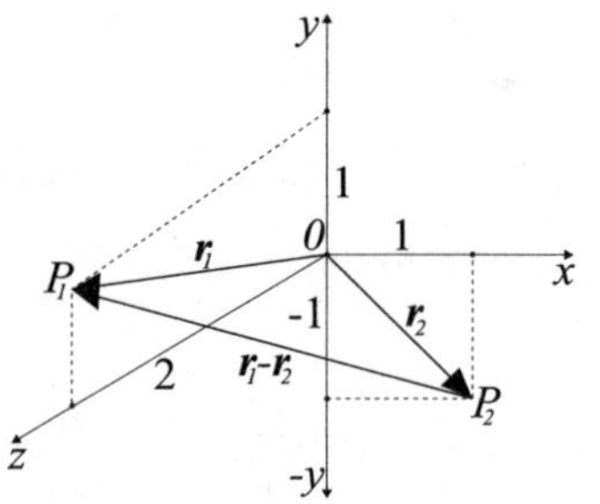

Fig. A.3

Damit lautet ihr Differenzvektor gemäß (1.27)

$$\boldsymbol{r}_1 - \boldsymbol{r}_2 = -\boldsymbol{e}_x + 2\boldsymbol{e}_y + 2\boldsymbol{e}_z \quad \curvearrowright \quad \underline{r}_1 - \underline{r}_2 = \begin{pmatrix} -1 \\ 2 \\ 2 \end{pmatrix}.$$

Sein Betrag ist gemäß (1.28) der gesuchte Abstand

$$|\boldsymbol{r}_1 - \boldsymbol{r}_2| = \sqrt{1^2+2^2+2^2} = 3.$$

1.6 Die gesuchte Kugel besteht definitionsgemäß aus genau allen Punkten $P(\boldsymbol{r})$, die vom Mittelpunkt $M(\boldsymbol{r}_0)$ den gleichen Abstand $|\boldsymbol{r} - \boldsymbol{r}_0|$ haben (Fig. A.4). Damit folgt aus (1.28) zunächst

$$R = |\boldsymbol{r} - \boldsymbol{r}_0| = \sqrt{(x-x_0)^2 + (y-y_0)^2 + (z-z_0)^2}$$

und nach Quadrieren die bekannte Kugelgleichung.

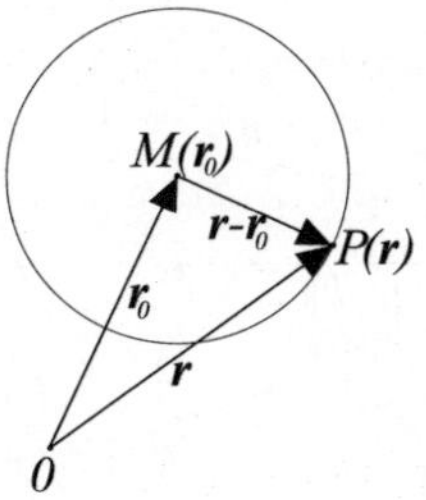

Fig. A.4

Zu Kapitel 2

2.1 Aus der Definition (2.1) folgt unmittelbar

$$(\boldsymbol{a}\cdot\boldsymbol{b})^2 = a^2b^2\cos^2\measuredangle(\boldsymbol{a},\boldsymbol{b}) \le a^2b^2.$$

2.2 Das Punktprodukt lautet in Matrixschreibweise angesichts (1.15)

$$\begin{aligned}\boldsymbol{a}\cdot\boldsymbol{b} &= \begin{pmatrix}\boldsymbol{e}_x & \boldsymbol{e}_y & \boldsymbol{e}_z\end{pmatrix}\begin{pmatrix}a_x\\a_y\\a_z\end{pmatrix}\begin{pmatrix}\boldsymbol{e}_x & \boldsymbol{e}_y & \boldsymbol{e}_z\end{pmatrix}\begin{pmatrix}b_x\\b_y\\b_z\end{pmatrix}\\ &= \begin{pmatrix}a_x & a_y & a_z\end{pmatrix}\underbrace{\begin{pmatrix}\boldsymbol{e}_x\\\boldsymbol{e}_y\\\boldsymbol{e}_z\end{pmatrix}\begin{pmatrix}\boldsymbol{e}_x & \boldsymbol{e}_y & \boldsymbol{e}_z\end{pmatrix}}_{\boldsymbol{E}}\begin{pmatrix}b_x\\b_y\\b_z\end{pmatrix}.\end{aligned}$$

Hierbei ist $\boldsymbol{E} \equiv \begin{pmatrix}1&0&0\\0&1&0\\0&0&1\end{pmatrix}$ die Einsmatrix. Wegen der Identität

$$\begin{pmatrix}a_x & a_y & a_z\end{pmatrix}\boldsymbol{E} = \begin{pmatrix}a_x & a_y & a_z\end{pmatrix}$$

folgt unmittelbar

$$\boldsymbol{a}\cdot\boldsymbol{b} = \begin{pmatrix}a_x & a_y & a_z\end{pmatrix}\begin{pmatrix}b_x\\b_y\\b_z\end{pmatrix} = a_xb_x + a_yb_y + a_zb_z = \underline{\boldsymbol{a}}^T\underline{\boldsymbol{b}}.$$

2.3 Durch schrittweise Vereinfachung ergibt sich

$$|\boldsymbol{a}-\boldsymbol{b}| = \sqrt{a^2 - 2\boldsymbol{a}\cdot\boldsymbol{b} + b^2} \approx a\left(1 - 2\frac{\boldsymbol{a}\cdot\boldsymbol{b}}{a^2}\right)^{\frac{1}{2}} \approx a - \boldsymbol{b}\cdot\boldsymbol{e}_a.$$

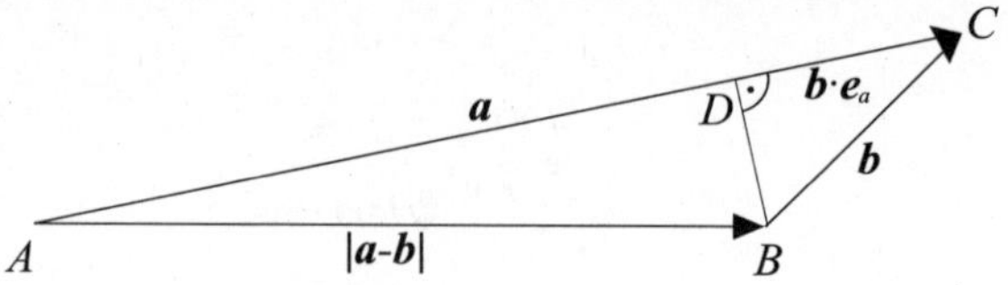

Fig. A.5

Im Dreieck ABC (Fig. A.5) unterscheiden sich 2 Seiten umso weniger, je kürzer die 3. ist. Man erkennt unschwer

$$\overline{AB} \approx \overline{AC} - \overline{DC} \quad \curvearrowright \quad |\boldsymbol{a} - \boldsymbol{b}| \approx a - \boldsymbol{b} \cdot \boldsymbol{e}_a .$$

2.4 Im Sinne von (2.7) gilt

$$\left|\frac{\boldsymbol{a}}{\boldsymbol{b}}\right| \left|\boldsymbol{b} \pm \frac{\boldsymbol{b}^2}{\boldsymbol{a}^2}\boldsymbol{a}\right| = \sqrt{\frac{\boldsymbol{a}^2}{\boldsymbol{b}^2}\left(\boldsymbol{b}^2 \pm 2\boldsymbol{b} \cdot \boldsymbol{a}\frac{\boldsymbol{b}^2}{\boldsymbol{a}^2} + \frac{\boldsymbol{b}^4}{\boldsymbol{a}^2}\right)} = \sqrt{\boldsymbol{a}^2 \pm 2\boldsymbol{a} \cdot \boldsymbol{b} + \boldsymbol{b}^2} = |\boldsymbol{a} \pm \boldsymbol{b}| .$$

Richtig ist ebenso

$$\left|\frac{\boldsymbol{a}}{\boldsymbol{b}}\right| \left|\boldsymbol{b} \pm \frac{\boldsymbol{b}^2}{\boldsymbol{a}^2}\boldsymbol{a}\right| = \left|\left|\frac{\boldsymbol{a}}{\boldsymbol{b}}\right| \boldsymbol{b} \pm \left|\frac{\boldsymbol{b}}{\boldsymbol{a}}\right| \boldsymbol{a}\right| = \Big||\boldsymbol{a}|\, \boldsymbol{e}_b \pm |\boldsymbol{b}|\, \boldsymbol{e}_a\Big| .$$

2.5 Gemäß (2.1) und (2.10) gilt allgemein

$$\cos\measuredangle(\boldsymbol{a}, \boldsymbol{b}) = \frac{\boldsymbol{a} \cdot \boldsymbol{b}}{|\boldsymbol{a}|\,|\boldsymbol{b}|} = \frac{a_x b_x + a_y b_y + a_z b_z}{\sqrt{a_x^2 + a_y^2 + a_z^2}\sqrt{b_x^2 + b_y^2 + b_z^2}}$$

und nach Einsetzung der vorgegebenen Komponenten speziell

$$\cos\measuredangle(\boldsymbol{a}, \boldsymbol{b}) = \frac{-6 - 13,5 - 54}{\sqrt{49}\sqrt{110,25}} = -\frac{73,5}{7 \cdot \frac{21}{2}} = -1 \quad \curvearrowright \quad \measuredangle(\boldsymbol{a}, \boldsymbol{b}) = \pi .$$

Genaues Hinsehen hätte die gegensinnige Parallelität von $\boldsymbol{a}$ und $\boldsymbol{b} = -\frac{3}{2}\boldsymbol{a}$ rasch offenbart. Die anschauliche Folgerung $\measuredangle(\boldsymbol{a}, \boldsymbol{b}) = \pi$ hätte dann einer weiteren Rechnung nicht bedurft.

2.6 Für einen beliebigen Punkt P auf dem Halbkreis gilt (Fig. A.6):

$$\boldsymbol{a} = \boldsymbol{r} + \boldsymbol{c}, \quad \boldsymbol{b} = \boldsymbol{r} - \boldsymbol{c} \quad \text{mit } |\boldsymbol{r}| = |\boldsymbol{c}| .$$

Daraus folgt unmittelbar

$$\boldsymbol{a} \cdot \boldsymbol{b} = (\boldsymbol{r} + \boldsymbol{c}) \cdot (\boldsymbol{r} - \boldsymbol{c}) = \boldsymbol{r}^2 - \boldsymbol{c}^2 = 0.$$

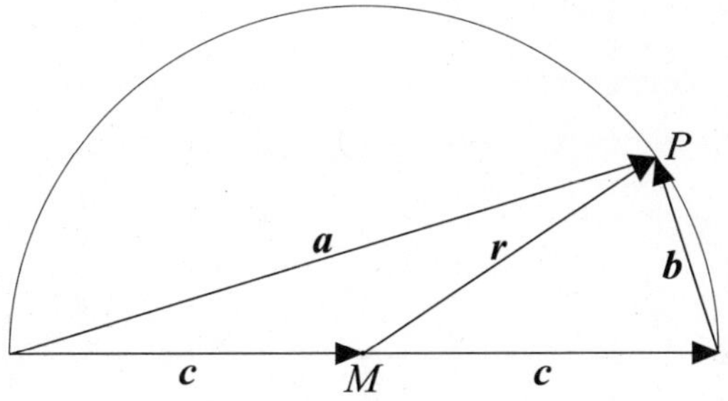

Fig. A.6

Die Vektoren $\boldsymbol{a}$ und $\boldsymbol{b}$ stehen also aufeinander senkrecht. Der Umfangswinkel $\measuredangle(\boldsymbol{a}, \boldsymbol{b})$ beträgt $\frac{\pi}{2}$.

2.7 Das gesuchte Streckenprodukt lautet:

$$(\boldsymbol{c}-\boldsymbol{b}) \cdot (\boldsymbol{c}-\boldsymbol{a}) = \boldsymbol{c}^2 - \boldsymbol{c} \cdot (\boldsymbol{a}+\boldsymbol{b}) + \boldsymbol{b} \cdot \boldsymbol{a}.$$

Der Vektor $\boldsymbol{a}+\boldsymbol{b}$ steht auf der Sekante senkrecht: $(\boldsymbol{a}+\boldsymbol{b}) \cdot (\boldsymbol{c}-\boldsymbol{b}) = 0$. Daraus folgt der Sekantensatz für Kreise vom Radius $|\boldsymbol{a}| = |\boldsymbol{b}| = R$:

$$\overline{CB} \cdot \overline{CA} = \boldsymbol{c}^2 - R^2.$$

Das Streckenprodukt ist offenbar für alle Sekanten durch C gleich.

2.8 Die Fig. A.7 zeigt

$$\boldsymbol{c} = \boldsymbol{a} - \boldsymbol{b}, \qquad \boldsymbol{c} = \boldsymbol{p} + \boldsymbol{q},$$
$$\boldsymbol{a} = \boldsymbol{h} + \boldsymbol{p}, \qquad \boldsymbol{b} = \boldsymbol{h} - \boldsymbol{q}.$$

Wir quadrieren $\boldsymbol{c} = \boldsymbol{a} - \boldsymbol{b}$ und erhalten angesichts (2.6)

$$\boldsymbol{c}^2 = \boldsymbol{a}^2 - 2\underbrace{\boldsymbol{a} \cdot \boldsymbol{b}}_{0} + \boldsymbol{b}^2 \quad \curvearrowright \quad \boxed{c^2 = a^2 + b^2}$$

Das ist der Satz[1] des Pythagoras. Er folgt ebenso aus (2.17) für $\gamma = \frac{\pi}{2}$. Sodann multiplizieren wir punktweise $\boldsymbol{a} = \boldsymbol{h} + \boldsymbol{p}$ und $\boldsymbol{b} = \boldsymbol{h} - \boldsymbol{q}$:

$$\underbrace{\boldsymbol{a} \cdot \boldsymbol{b}}_{0} = (\boldsymbol{h}+\boldsymbol{p}) \cdot (\boldsymbol{h}-\boldsymbol{q}) = \boldsymbol{h}^2 - \underbrace{\boldsymbol{h} \cdot \boldsymbol{q}}_{0} + \underbrace{\boldsymbol{p} \cdot \boldsymbol{h}}_{0} - \boldsymbol{p} \cdot \boldsymbol{q} \quad \curvearrowright \quad \boxed{h^2 = pq}$$

Dies ist der gesuchte Höhensatz.

[1] Der gewöhnlich Pythagoras zugeschriebene Satz war bereits über 1000 Jahre zuvor den Babyloniern unter König Hammurapi (1728-1686 v. Chr.) bekannt.

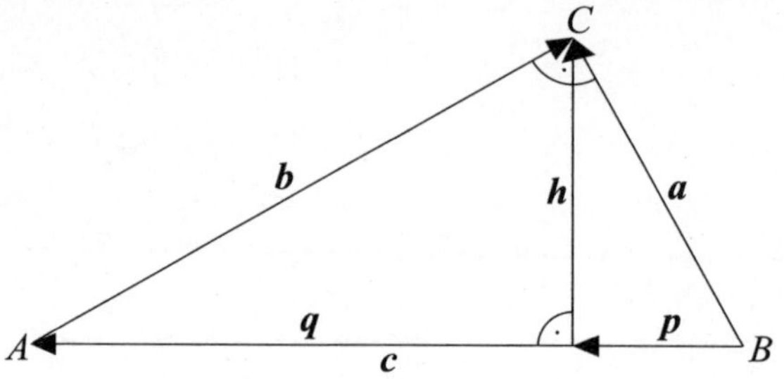

Fig. A.7

Nun quadrieren wir $\boldsymbol{a} = \boldsymbol{h} + \boldsymbol{p}$ und $\boldsymbol{b} = \boldsymbol{h} - \boldsymbol{q}$ und finden mit Hilfe des Höhensatzes

$$\boldsymbol{a}^2 = \boldsymbol{h}^2 + 2\underbrace{\boldsymbol{h} \cdot \boldsymbol{p}}_{0} + \boldsymbol{p}^2 \quad \curvearrowright \quad \boxed{a^2 = pq + p^2 = p\underbrace{(q+p)}_{c} = pc}$$

$$\boldsymbol{b}^2 = \boldsymbol{h}^2 - 2\underbrace{\boldsymbol{h} \cdot \boldsymbol{q}}_{0} + \boldsymbol{q}^2 \quad \curvearrowright \quad \boxed{b^2 = pq + q^2 = q\underbrace{(q+p)}_{c} = qc}$$

Beide Gleichungen enthalten den Kathetensatz des Euklid.

2.9 Aus Fig. 1.6 geht hervor

$$(\boldsymbol{a}+\boldsymbol{b})^2 = \boldsymbol{a}^2 + 2\boldsymbol{a}\cdot\boldsymbol{b} + \boldsymbol{b}^2, \quad (\boldsymbol{a}-\boldsymbol{b})^2 = \boldsymbol{a}^2 - 2\boldsymbol{a}\cdot\boldsymbol{b} + \boldsymbol{b}^2,$$
$$(\boldsymbol{a}+\boldsymbol{b})^2 + (\boldsymbol{a}-\boldsymbol{b})^2 = 2(\boldsymbol{a}^2 + \boldsymbol{b}^2) = 2(a^2 + b^2),$$
$$(\boldsymbol{a}+\boldsymbol{b})^2 - (\boldsymbol{a}-\boldsymbol{b})^2 = 4\boldsymbol{a}\cdot\boldsymbol{b}.$$

In einem Rechteck stehen $\boldsymbol{a}$ und $\boldsymbol{b}$ aufeinander senkrecht ($\boldsymbol{a}\cdot\boldsymbol{b} = 0$). Folglich sind seine beiden Diagonalen gleich lang:

$$|\boldsymbol{a}+\boldsymbol{b}| - |\boldsymbol{a}-\boldsymbol{b}| = 0.$$

2.10 Die maßgebende Bedingung lautet angesichts Fig. 1.6

$$(\boldsymbol{a}+\boldsymbol{b})\cdot(\boldsymbol{a}-\boldsymbol{b}) = \boldsymbol{a}^2 - \boldsymbol{b}^2 = 0 \quad \curvearrowright \quad |\boldsymbol{a}| = |\boldsymbol{b}|\,.$$

Das Parallelogramm muss also gleichseitig sein; ein solches Parallelogramm heißt Raute oder Rhombus. Ihre Diagonalen sind zugleich Winkelhalbierende.

2.11 Wir quadrieren (1.7) und erhalten mit Hilfe von (2.16)

$$a^2 - 2ab + b^2 \le a^2 \pm 2\underbrace{\boldsymbol{a}\cdot\boldsymbol{b}}_{ab\cos\measuredangle(\boldsymbol{a},\boldsymbol{b})} + b^2 \le a^2 + 2ab + b^2,$$
$$-1 \le \pm\cos\measuredangle(\boldsymbol{a},\boldsymbol{b}) \le 1.$$

Alle $\measuredangle(\boldsymbol{a}, \boldsymbol{b})$ erfüllen diese Ungleichung.

2.12 Aus der Bedingung $\boldsymbol{a}_1 \cdot \boldsymbol{a}_2 \geq 0$ folgt mit $\measuredangle(\boldsymbol{a}_1, \boldsymbol{a}_2) = \alpha + \beta$ (Fig. A.8)

$$\cos(\alpha + \beta) \geq 0, \quad \alpha + \beta \leq \frac{\pi}{2}$$

und angesichts (2.16)

$$\boldsymbol{a}^2 = (\boldsymbol{a}_1 + \boldsymbol{a}_2)^2 = \boldsymbol{a}_1^2 + \boldsymbol{a}_2^2 + 2\underbrace{\boldsymbol{a}_1 \cdot \boldsymbol{a}_2}_{\geq 0} \quad \curvearrowright \quad \boldsymbol{a}^2 \geq \boldsymbol{a}_1^2 + \boldsymbol{a}_2^2.$$

Im Grenzfall $\boldsymbol{a}_1 \cdot \boldsymbol{a}_2 = 0$ ergibt sich der Satz des Pythagoras.

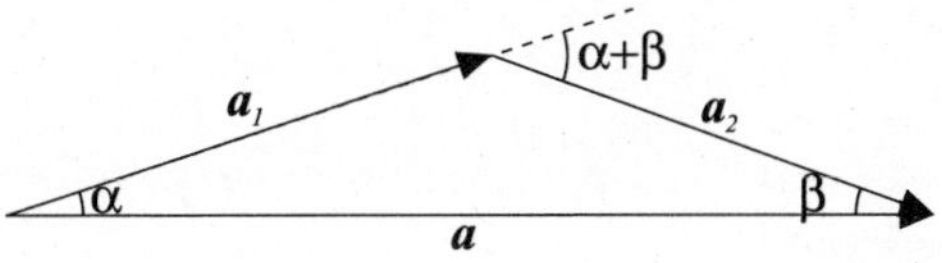

Fig. A.8

2.13 Der gesuchte Vektor $\boldsymbol{w}$ genügt der Winkelbedingung (Fig. A.9)

$$\measuredangle(\boldsymbol{w}, \boldsymbol{a}) = \measuredangle(\boldsymbol{w}, \boldsymbol{b}),$$

d. h. gemäß (2.1)

$$\boldsymbol{w} \cdot \boldsymbol{e}_a = \boldsymbol{w} \cdot \boldsymbol{e}_b \quad \curvearrowright \quad \boldsymbol{w} \cdot (\boldsymbol{e}_a - \boldsymbol{e}_b) = 0.$$

Er steht also auf dem Differenzvektor $\boldsymbol{e}_a - \boldsymbol{e}_b$ senkrecht. Diese Bedingung

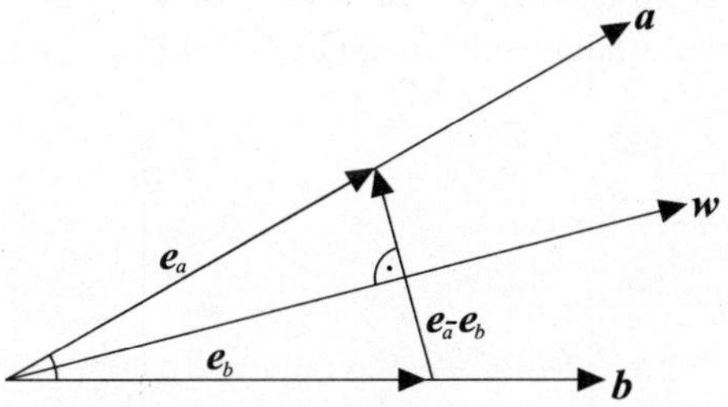

Fig. A.9

erfüllt jeder Vektor der Form

$$\boldsymbol{w} = \lambda(\boldsymbol{e}_a + \boldsymbol{e}_b)$$

mit einem beliebigen Skalar λ. Es gilt nämlich angesichts (1.2)

$$\lambda(\boldsymbol{e}_a + \boldsymbol{e}_b) \cdot (\boldsymbol{e}_a - \boldsymbol{e}_b) = \lambda({\boldsymbol{e}_a}^2 - {\boldsymbol{e}_b}^2) = 0.$$

Analog halbiert der Vektor $\boldsymbol{w} = \mu(\boldsymbol{e}_a - \boldsymbol{e}_b)$ den Winkel zwischen $\boldsymbol{a}$ und $-\boldsymbol{b}$.

2.14 Die Achssymmetrie der beiden Vektoren bedingt (Fig. A.10):

$$\boldsymbol{a} = a\frac{\boldsymbol{e}_x + \boldsymbol{e}_y}{\sqrt{2}} \quad \text{und} \quad \boldsymbol{b} = b\frac{\boldsymbol{e}_y + \boldsymbol{e}_z}{\sqrt{2}}.$$

Ihr Winkel ergibt sich aus (2.1):

$$\cos\measuredangle(\boldsymbol{a}, \boldsymbol{b}) = \frac{\boldsymbol{a} \cdot \boldsymbol{b}}{ab} = \frac{1}{2}\underbrace{(\boldsymbol{e}_x + \boldsymbol{e}_y) \cdot (\boldsymbol{e}_y + \boldsymbol{e}_z)}_{\boldsymbol{e}_y^2 = 1} = \frac{1}{2} \quad \curvearrowright \quad \measuredangle(\boldsymbol{a}, \boldsymbol{b}) = 60°.$$

Bei Winkelberechnungen nach (2.1) sind die Beträge der Vektoren unerheblich.

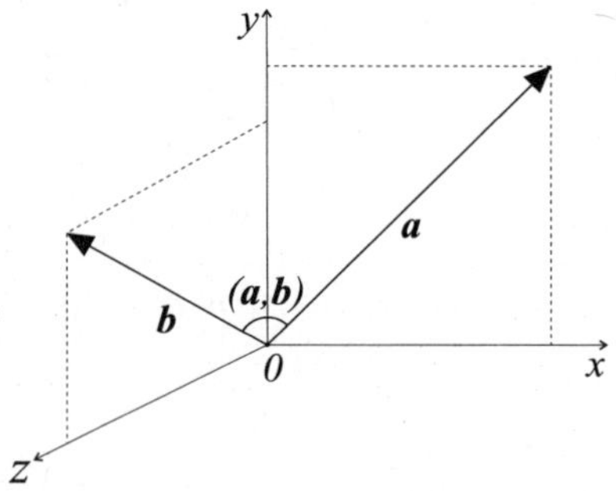

Fig. A.10

2.15 Höhe heißt das von einer beliebigen Ecke auf die gegenüberliegende Seite gefällte Lot. Die von A und B auf die Seiten $\boldsymbol{r}_1$ bzw. $\boldsymbol{r}_2$ gefällten Lote schneiden sich in $\boldsymbol{r}_h$ und haben die Eigenschaften (Fig. A.11)

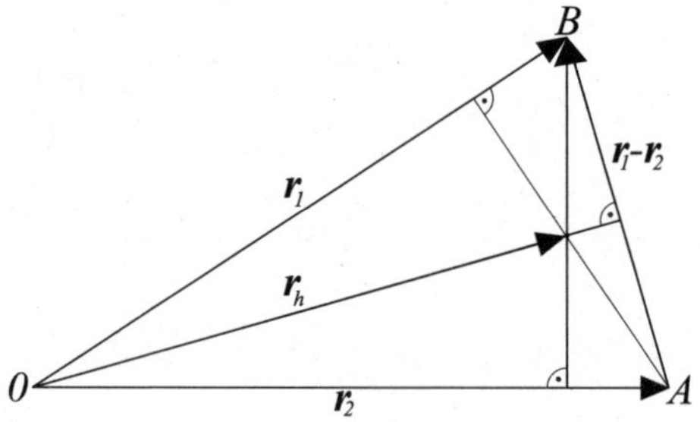

Fig. A.11

$$(\boldsymbol{r}_h - \boldsymbol{r}_2) \cdot \boldsymbol{r}_1 = 0 \quad \curvearrowright \quad \boldsymbol{r}_h \cdot \boldsymbol{r}_1 = \boldsymbol{r}_2 \cdot \boldsymbol{r}_1,$$
$$(\boldsymbol{r}_h - \boldsymbol{r}_1) \cdot \boldsymbol{r}_2 = 0 \quad \curvearrowright \quad \boldsymbol{r}_h \cdot \boldsymbol{r}_2 = \boldsymbol{r}_1 \cdot \boldsymbol{r}_2.$$

Daraus folgt unmittelbar

$$\boldsymbol{r}_h \cdot (\boldsymbol{r}_1 - \boldsymbol{r}_2) = 0,$$

was beweist, dass $\boldsymbol{r}_h$ die Richtung des 3. Lots angibt. Daher berührt das von 0 auf die gegenüberliegende Seite $\boldsymbol{r}_1 - \boldsymbol{r}_2$ gefällte Lot ebenfalls den Punkt $\boldsymbol{r}_h$.

Wir kennen jetzt zwar ein geometrisches Merkmal von $\boldsymbol{r}_h$, aber noch nicht den Vektor selbst. Näheres folgt in Aufgabe 2.36.

2.16 Zur Vereinfachung legen wir die Ecke A des Dreiecks in den Nullpunkt (Fig. A.12). Der Umkreismittelpunkt $\boldsymbol{r}_m$ unterliegt der Bedingung, dass seine

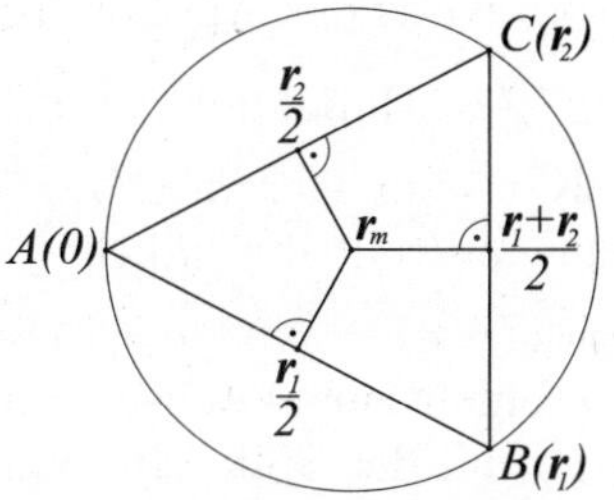

Fig. A.12

Abstände zu den 3 Eckpunkten gleich sind. Dies bedeutet

$$\boldsymbol{r}_m^2 = (\boldsymbol{r}_m - \boldsymbol{r}_1)^2 = (\boldsymbol{r}_m - \boldsymbol{r}_2)^2.$$

Daraus folgt unmittelbar

$$\begin{aligned} \boldsymbol{r}_m \cdot \boldsymbol{r}_1 &= \frac{\boldsymbol{r}_1^2}{2} &&\curvearrowright \quad (\boldsymbol{r}_m - \frac{\boldsymbol{r}_1}{2}) \cdot \boldsymbol{r}_1 = 0, \\ \boldsymbol{r}_m \cdot \boldsymbol{r}_2 &= \frac{\boldsymbol{r}_2^2}{2} &&\curvearrowright \quad (\boldsymbol{r}_m - \frac{\boldsymbol{r}_2}{2}) \cdot \boldsymbol{r}_2 = 0, \\ \boldsymbol{r}_m \cdot (\boldsymbol{r}_1 - \boldsymbol{r}_2) &= \frac{\boldsymbol{r}_1^2 - \boldsymbol{r}_2^2}{2} &&\curvearrowright \quad (\boldsymbol{r}_m - \frac{\boldsymbol{r}_1 + \boldsymbol{r}_2}{2}) \cdot (\boldsymbol{r}_1 - \boldsymbol{r}_2) = 0. \end{aligned}$$

Die 3 Verbindungsvektoren $\boldsymbol{r}_m - \frac{\boldsymbol{r}_1}{2}$, $\boldsymbol{r}_m - \frac{\boldsymbol{r}_2}{2}$, $\boldsymbol{r}_m - \frac{\boldsymbol{r}_1+\boldsymbol{r}_2}{2}$ stehen also auf den Seiten, die sie halbieren, senkrecht, was sie als Mittellote ausweist. Sie schneiden sich gemeinsam im Punkt $\boldsymbol{r}_m$.

2.17 Wir legen A zweckmäßig in den Nullpunkt (Fig. A.13). Dann lautet die maßgebende Bedingung $\frac{|\boldsymbol{r}|}{|\boldsymbol{r}-\boldsymbol{r}_1|} = c > 0$. Daraus folgt zunächst

$$\boldsymbol{r}^2 = c^2(\boldsymbol{r}^2 - 2\boldsymbol{r} \cdot \boldsymbol{r}_1 + \boldsymbol{r}_1^2) \quad \curvearrowright \quad \boldsymbol{r}^2 - 2\boldsymbol{r} \cdot \frac{c^2 \boldsymbol{r}_1}{c^2 - 1} = -\frac{c^2 \boldsymbol{r}_1^2}{c^2 - 1}$$

und nach quadratischer Ergänzung

$$\boldsymbol{r}^2 - 2\boldsymbol{r} \cdot \frac{c^2 \boldsymbol{r}_1}{c^2 - 1} + \frac{c^4 \boldsymbol{r}_1^2}{(c^2-1)^2} = \frac{c^2 \boldsymbol{r}_1^2}{(c^2-1)^2} \quad \curvearrowright \quad \boxed{\left(\boldsymbol{r} - \frac{c^2 \boldsymbol{r}_1}{c^2 - 1}\right)^2 = \left(\frac{c \boldsymbol{r}_1}{c^2 - 1}\right)^2}$$

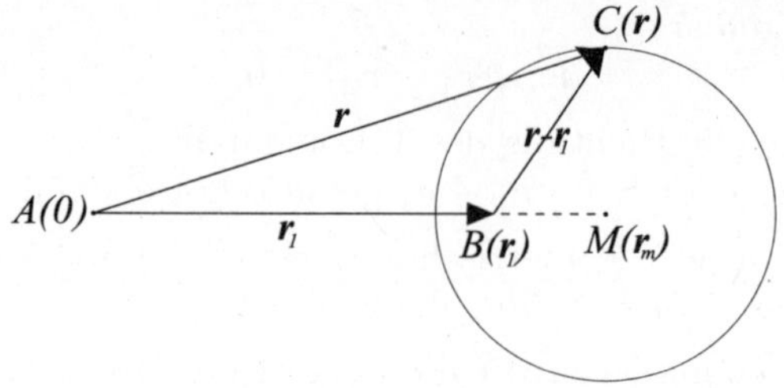

Fig. A.13

Die gesuchte Linie ist der sog. Kreis des Apollonius[2] mit dem Radius $c\left|\frac{\boldsymbol{r}_1}{c^2-1}\right|$ und dem Mittelpunkt $\boldsymbol{r}_m = \frac{c^2\boldsymbol{r}_1}{c^2-1}$. Dabei gilt $\boldsymbol{r}_m \| \boldsymbol{r}_1$.

Im Fall $c = 1$ entartet der Kreis zur Geraden $(\boldsymbol{r} - \frac{\boldsymbol{r}_1}{2}) \cdot \boldsymbol{r}_1 = 0$. Sie steht auf dem Ortsvektor $\boldsymbol{r}_1$ senkrecht und teilt ihn hälftig.

2.18 Nach (2.1) ist $c = \cos\measuredangle(\boldsymbol{r}, \boldsymbol{e}_x) \quad \curvearrowright \quad x = r\cos\measuredangle(\boldsymbol{r}, \boldsymbol{e}_x)$. Daher beschreiben die fraglichen Punkte $\boldsymbol{r}$ einen zur x-Achse symmetrischen Drehkegel mit dem Öffnungswinkel $\measuredangle(\boldsymbol{r}, \boldsymbol{e}_x)$ und der Spitze im Nullpunkt. Die Punkte liegen in den Grenzfällen

- $c = 0 \quad \curvearrowright \quad \boldsymbol{r} \perp \boldsymbol{e}_x$ auf der Ebene $x = 0$,
- $c = 1 \quad \curvearrowright \quad \boldsymbol{r} \| \boldsymbol{e}_x$ auf der x-Achse.

2.19 Die Bestätigung folgt aus (2.19) durch Quadrieren mit Blick auf (2.1)

$$(\boldsymbol{a} \times \boldsymbol{b})^2 = a^2b^2 \underbrace{\sin^2\measuredangle(\boldsymbol{a}, \boldsymbol{b})}_{1-\cos^2\measuredangle(\boldsymbol{a},\boldsymbol{b})} = a^2b^2 - \underbrace{a^2b^2\cos^2\measuredangle(\boldsymbol{a}, \boldsymbol{b})}_{(\boldsymbol{a}\cdot\boldsymbol{b})^2}.$$

Im Fall $\boldsymbol{a} \perp \boldsymbol{b}$, d. h. $\boldsymbol{a} \cdot \boldsymbol{b} = 0$ ist das Parallelogramm ein Rechteck mit dem Inhalt $\boldsymbol{a} \times \boldsymbol{b} = \boldsymbol{e}_n\, ab \quad \curvearrowright \quad |\boldsymbol{a} \times \boldsymbol{b}| = ab$.

2.20 Der Inhalt $\boldsymbol{S}$ des Dreiecks ABC ist der halbe Inhalt des von den Vektoren $\boldsymbol{a}$ und $\boldsymbol{b}$ aufgespannten Parallelogramms (Fig. 2.2):

$$\boldsymbol{S} = \frac{1}{2}(\boldsymbol{a} \times \boldsymbol{b}).$$

Wegen $\boldsymbol{a} = \boldsymbol{b} + \boldsymbol{c}$ gilt ebenso

$$\begin{aligned}\boldsymbol{S} &= \frac{1}{2}[(\boldsymbol{b} + \boldsymbol{c}) \times \boldsymbol{b}] = \frac{1}{2}[\underbrace{(\boldsymbol{b} \times \boldsymbol{b})}_{0} + (\boldsymbol{c} \times \boldsymbol{b})] = \frac{1}{2}(\boldsymbol{c} \times \boldsymbol{b})\\ &= \frac{1}{2}[\boldsymbol{a} \times (\boldsymbol{a} - \boldsymbol{c})] = \frac{1}{2}[\underbrace{(\boldsymbol{a} \times \boldsymbol{a})}_{0} - (\boldsymbol{a} \times \boldsymbol{c})] = \frac{1}{2}(\boldsymbol{c} \times \boldsymbol{a}).\end{aligned}$$

[2]Apollonius von Pergä (um 260-170 v. Chr.), griechischer Mathematiker

Der Betrag $S \equiv |\boldsymbol{S}|$ lautet wegen $\measuredangle(\boldsymbol{a}, \boldsymbol{b}) = \gamma$, $\measuredangle(\boldsymbol{b}, \boldsymbol{c}) = \pi - \alpha$, $\measuredangle(\boldsymbol{c}, \boldsymbol{a}) = \beta$:

$$\boxed{S = \frac{1}{2}\, ab \sin\gamma = \frac{1}{2}\, bc \underbrace{\sin(\pi - \alpha)}_{\sin\alpha} = \frac{1}{2}\, ca \sin\beta}$$

Diese Formel enthält den bekannten Sinussatz der ebenen Trigonometrie.

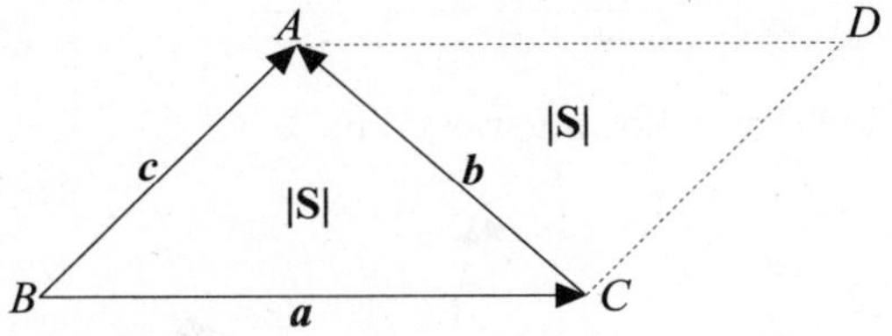

Fig. A.14

2.21 Wir bilden 2 beliebige Seitenvektoren (Fig. A.14), z. B.

$$\boldsymbol{a} = \boldsymbol{r}_C - \boldsymbol{r}_B = 3\boldsymbol{e}_x - \boldsymbol{e}_z \quad \curvearrowright \quad \underline{a} = \begin{pmatrix} 3 \\ 0 \\ -1 \end{pmatrix},$$

$$\boldsymbol{c} = \boldsymbol{r}_A - \boldsymbol{r}_B = 2\boldsymbol{e}_y - \boldsymbol{e}_z \quad \curvearrowright \quad \underline{c} = \begin{pmatrix} 0 \\ 2 \\ -1 \end{pmatrix}.$$

Das von ihnen aufgespannte Parallelogramm $ABCD$ hat den Inhalt

$$\boldsymbol{a} \times \boldsymbol{c} = \begin{vmatrix} \boldsymbol{e}_x & \boldsymbol{e}_y & \boldsymbol{e}_z \\ 3 & 0 & -1 \\ 0 & 2 & -1 \end{vmatrix} = 2\boldsymbol{e}_x + 3\boldsymbol{e}_y + 6\boldsymbol{e}_z \quad \curvearrowright \quad |\boldsymbol{a} \times \boldsymbol{c}| = \sqrt{2^2 + 3^2 + 6^2} = 7.$$

Davon entfällt auf die Dreiecke ABC und ACD je die Hälfte: $|\boldsymbol{S}| = \frac{7}{2}$.

2.22 Anknüpfend an Aufgabe 2.19 und 2.20 gilt angesichts Fig. 2.2:

$$\boldsymbol{S}^2 = \frac{1}{4}(\boldsymbol{a} \times \boldsymbol{b})^2 = \frac{1}{4}\left[a^2 b^2 - (\boldsymbol{a} \cdot \boldsymbol{b})^2\right] = \frac{1}{4}(ab + \boldsymbol{a} \cdot \boldsymbol{b})(ab - \boldsymbol{a} \cdot \boldsymbol{b}).$$

Aus $\boldsymbol{c} = \boldsymbol{a} - \boldsymbol{b}$ folgt unmittelbar

$$c^2 = a^2 + b^2 - 2\boldsymbol{a} \cdot \boldsymbol{b} \quad \curvearrowright \quad \boldsymbol{a} \cdot \boldsymbol{b} = \frac{a^2 + b^2 - c^2}{2}.$$

Durch Einsetzung erhält man weiter

$$\begin{aligned}\boldsymbol{S}^2 &= \frac{1}{16}\underbrace{(2ab+a^2+b^2-c^2)}_{(a+b)^2-c^2}\underbrace{(2ab-a^2-b^2+c^2)}_{c^2-(a-b)^2}\\ &= \frac{1}{16}\underbrace{(a+b+c)}_{2s}\underbrace{(a+b-c)}_{2(s-c)}\underbrace{(c+a-b)}_{2(s-b)}\underbrace{(c-a+b)}_{2(s-a)}.\end{aligned}$$

Schließlich ergibt sich $S = \sqrt{s(s-a)(s-b)(s-c)}$.

2.23 Hier bieten sich zwei Lösungswege an:

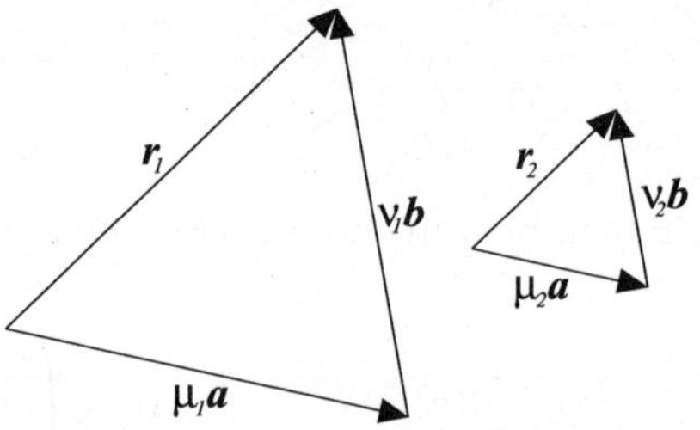

Fig. A.15

1. Die beiden Summenvektoren sind unter der Bedingung (2.24) parallel (Fig. A.15). Daraus folgt angesichts (2.25) und (2.20):

$$\begin{aligned}(\mu_1\boldsymbol{a}+\nu_1\boldsymbol{b})\times(\mu_2\boldsymbol{a}+\nu_2\boldsymbol{b}) &= 0,\\ \mu_1\nu_2(\boldsymbol{a}\times\boldsymbol{b})+\nu_1\mu_2(\boldsymbol{b}\times\boldsymbol{a}) &= 0,\\ (\mu_1\nu_2-\nu_1\mu_2)\underbrace{(\boldsymbol{a}\times\boldsymbol{b})}_{\neq 0} &= 0 \quad \curvearrowright \quad \frac{\mu_1}{\mu_2}=\frac{\nu_1}{\nu_2}.\end{aligned}$$

2. Die vorausgesetzte Parallelität bedeutet gemäß (1.30) die lineare Verknüpfung $\boldsymbol{r}_1 = \lambda\boldsymbol{r}_2$, was unmittelbar zu der Gleichung

$$\underbrace{(\mu_1-\lambda\mu_2)}_{0}\boldsymbol{a}+\underbrace{(\nu_1-\lambda\nu_2)}_{0}\boldsymbol{b}=0$$

führt. Man erhält im Einklang mit der 1. Lösung

$$\lambda = \frac{\mu_1}{\mu_2} = \frac{\nu_1}{\nu_2}.$$

Das Ergebnis besagt geometrisch, dass die beiden maßgebenden Vektorentripel $\boldsymbol{r}_1, \mu_1\boldsymbol{a}, \nu_1\boldsymbol{b}$ und $\boldsymbol{r}_2, \mu_2\boldsymbol{a}, \nu_2\boldsymbol{b}$ die Seiten zweier ähnlicher Dreiecke bilden.

2.24 Mit den beiden Diagonalen $\boldsymbol{p} = \boldsymbol{a} - \boldsymbol{b}$ und $\boldsymbol{q} = \boldsymbol{a} + \boldsymbol{b}$ (Fig. A.16) gilt:

$$\boldsymbol{a} \times \boldsymbol{b} = \frac{1}{2}[\underbrace{(\boldsymbol{a} - \boldsymbol{b})}_{\boldsymbol{p}} \times \underbrace{(\boldsymbol{a} + \boldsymbol{b})}_{\boldsymbol{q}}] = \frac{1}{2}(\boldsymbol{p} \times \boldsymbol{q})$$

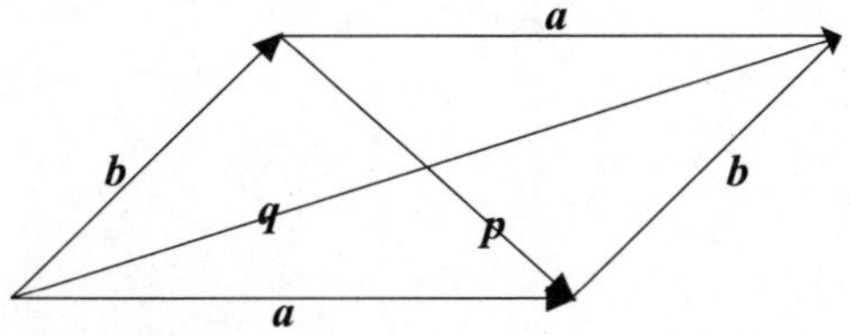

Fig. A.16

oder in Determinantenschreibweise

$$\boldsymbol{a} \times \boldsymbol{b} = \begin{vmatrix} \boldsymbol{e}_x & \boldsymbol{e}_y & \boldsymbol{e}_z \\ a_x & a_y & a_z \\ b_x & b_y & b_z \end{vmatrix} = \frac{1}{2} \begin{vmatrix} \boldsymbol{e}_x & \boldsymbol{e}_y & \boldsymbol{e}_z \\ a_x - b_x & a_y - b_y & a_z - b_z \\ 2b_x & 2b_y & 2b_z \end{vmatrix}$$

$$= \frac{1}{2} \begin{vmatrix} \boldsymbol{e}_x & \boldsymbol{e}_y & \boldsymbol{e}_z \\ a_x - b_x & a_y - b_y & a_z - b_z \\ b_x + a_x & b_y + a_y & b_z + a_z \end{vmatrix}.$$

Der Wert einer Determinante bleibt ja ungeändert, wenn man zu den Elementen einer Reihe die Elemente einer anderen Reihe addiert oder subtrahiert.

2.25 Das Vierflach hat 4 dreieckige Seitenflächen mit den Inhalten (Fig. A.17):

$$\triangle OAB: \quad \boldsymbol{S}_1 = \frac{1}{2}(\boldsymbol{r}_2 \times \boldsymbol{r}_1),$$

$$\triangle OBC: \quad \boldsymbol{S}_2 = \frac{1}{2}(\boldsymbol{r}_3 \times \boldsymbol{r}_2),$$

$$\triangle OCA: \quad \boldsymbol{S}_3 = \frac{1}{2}(\boldsymbol{r}_1 \times \boldsymbol{r}_3),$$

$$\triangle ABC: \quad \boldsymbol{S}_4 = \frac{1}{2}[(\boldsymbol{r}_1 - \boldsymbol{r}_3) \times (\boldsymbol{r}_2 - \boldsymbol{r}_1)]$$

$$= \frac{1}{2}(\boldsymbol{r}_1 \times \boldsymbol{r}_2) - \frac{1}{2}\underbrace{(\boldsymbol{r}_1 \times \boldsymbol{r}_1)}_{0} - \frac{1}{2}(\boldsymbol{r}_3 \times \boldsymbol{r}_2) + \frac{1}{2}(\boldsymbol{r}_3 \times \boldsymbol{r}_1).$$

Daraus folgt die „Nullsumme" aller Flächeninhalte:

$$\boldsymbol{S}_1 + \boldsymbol{S}_2 + \boldsymbol{S}_3 + \boldsymbol{S}_4 = 0.$$

Das Ergebnis lässt einen weitreichenden Schluss zu: Man kann sich jedes Polyeder aus Vierflachen fugenlos zusammengesetzt denken. Bei der Addition ihrer Flächeninhalte heben sich die Inhalte der inneren Berührungsflächen je zweier Vierflache als Gegenvektoren gegenseitig auf. Somit bleibt die Nullsumme der Inhalte der Vierflachseiten an der Polyederoberfläche übrig (vgl. Aufgabe 6.2).

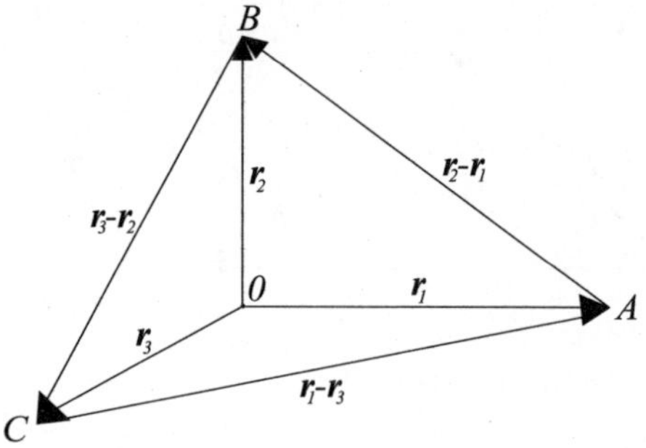

Fig. A.17

Kap. 7.3.2 behandelt die Verallgemeinerung für Körper mit glatter Oberfläche.

2.26 Die grosse Diagonale (und Winkelhalbierende) hat nach (2.16) die Länge

$$|\boldsymbol{e}_a + \boldsymbol{e}_b| = \sqrt{1 + 2\boldsymbol{e}_a \cdot \boldsymbol{e}_b + 1} = \sqrt{2}\sqrt{1 + \cos\alpha}.$$

Ebenso zeigt ein Blick auf die Fig. A.18

$$\frac{|\boldsymbol{e}_a + \boldsymbol{e}_b|}{2} = |\boldsymbol{e}_b| \cos\frac{\alpha}{2}.$$

Daraus folgt die geläufige goniometrische Formel

$$\boxed{1 + \cos\alpha = 2\cos^2\frac{\alpha}{2}}$$

Der Betrag $|(\boldsymbol{e}_a + \boldsymbol{e}_b) \times \boldsymbol{e}_b|$ ist der Inhalt des von den Vektoren $\boldsymbol{e}_a + \boldsymbol{e}_b$ und $\boldsymbol{e}_b$ aufgespannten Parallelogramms $ACED$ oder der doppelte Inhalt des Dreiecks ACD. Man erhält gemäß (2.19)

$$|(\boldsymbol{e}_a + \boldsymbol{e}_b) \times \boldsymbol{e}_b| = \underbrace{|\boldsymbol{e}_a + \boldsymbol{e}_b|}_{2\cos\frac{\alpha}{2}} \cdot |\boldsymbol{e}_b| \sin\frac{\alpha}{2} = 2\sin\frac{\alpha}{2}\cos\frac{\alpha}{2}$$

und im Zusammenhang mit (2.29)

$$|(\boldsymbol{e}_a + \boldsymbol{e}_b) \times \boldsymbol{e}_b| = |(\boldsymbol{e}_a \times \boldsymbol{e}_b| = \sin\alpha.$$

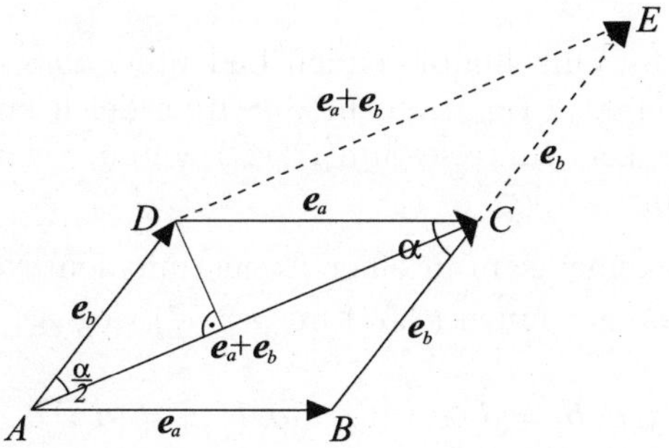

Fig. A.18

Dies führt zu der bekannten Formel

$$\boxed{\sin\alpha = 2\sin\frac{\alpha}{2}\cos\frac{\alpha}{2}}$$

Offenbar sind die Parallelogramme $ACED$ und $ABCD$ flächengleich.

2.27 Die Seiten des Dreiecks seien (Fig. A.19)

$$\boldsymbol{r}_1 - \boldsymbol{r}_2 = \boldsymbol{c}, \quad \boldsymbol{r}_2 - \boldsymbol{r}_3 = \boldsymbol{a}, \quad \boldsymbol{r}_3 - \boldsymbol{r}_1 = \boldsymbol{b} \quad \curvearrowright \quad \boldsymbol{a} + \boldsymbol{b} + \boldsymbol{c} = 0.$$

Für den Schnittpunkt $P(\boldsymbol{r}_w)$ der Winkelhalbierenden durch die Ecken A und B gilt:

$$(\boldsymbol{r}_w - \boldsymbol{r}_1) \times (\boldsymbol{e}_b - \boldsymbol{e}_c) = 0, \quad (\boldsymbol{r}_w - \boldsymbol{r}_2) \times (\boldsymbol{e}_c - \boldsymbol{e}_a) = 0.$$

Addition dieser Gleichungen ergibt

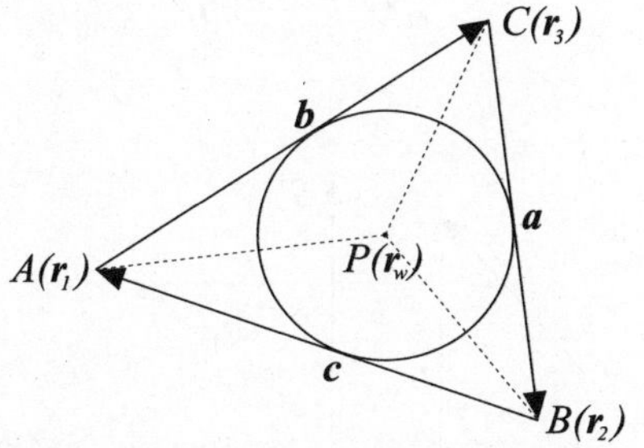

Fig. A.19

$$\boldsymbol{r}_w \times (\boldsymbol{e}_b - \boldsymbol{e}_a) - \underbrace{\boldsymbol{r}_1 \times \boldsymbol{e}_b}_{\boldsymbol{r}_3 \times \boldsymbol{e}_b} + \underbrace{\boldsymbol{r}_1 \times \boldsymbol{e}_c - \boldsymbol{r}_2 \times \boldsymbol{e}_c}_{\boldsymbol{c} \times \boldsymbol{e}_c = 0} + \underbrace{\boldsymbol{r}_2 \times \boldsymbol{e}_a}_{\boldsymbol{r}_3 \times \boldsymbol{e}_a} = 0$$

$$\curvearrowright \quad (\boldsymbol{r}_w - \boldsymbol{r}_3) \times (\boldsymbol{e}_b - \boldsymbol{e}_a) = 0.$$

Der Schnittpunkt $P(\boldsymbol{r}_w)$ liegt demnach ebenfalls auf der Winkelhalbierenden durch die Ecke C.

Die Symmetrie der 3 Winkelhalbierenden bedeutet, dass die 3 Lote vom gemeinsamen Schnittpunkt $P(\boldsymbol{r}_w)$ auf die 3 Seiten gleich lang sind; sie können daher als Radius des sog. Inkreises um $P(\boldsymbol{r}_w)$ gelten, der alle 3 Seiten in den Lotfußpunkten berührt.

2.28 Wenn $\boldsymbol{d}, \boldsymbol{a}, \boldsymbol{b}$ gemeinsam in einer Ebene mit dem Normalen-Einsvektor $\boldsymbol{e}_n = \frac{\boldsymbol{a}\times\boldsymbol{b}}{|\boldsymbol{a}\times\boldsymbol{b}|} = \boldsymbol{c}$ liegen, gewinnen (2.52) und (2.57) wegen

$$[\boldsymbol{d}, \boldsymbol{a}, \boldsymbol{b}] = \boldsymbol{d} \cdot \boldsymbol{c} = 0, \quad [\boldsymbol{a}, \boldsymbol{b}, \boldsymbol{c}] = |\boldsymbol{a} \times \boldsymbol{b}|,$$

$$\boldsymbol{b} \times \boldsymbol{c} = \frac{\boldsymbol{b}^2\,\boldsymbol{a} - (\boldsymbol{a} \cdot \boldsymbol{b})\,\boldsymbol{b}}{|\boldsymbol{a} \times \boldsymbol{b}|} \quad \text{und} \quad \boldsymbol{c} \times \boldsymbol{a} = \frac{\boldsymbol{a}^2\,\boldsymbol{b} - (\boldsymbol{a} \cdot \boldsymbol{b})\,\boldsymbol{a}}{|\boldsymbol{a} \times \boldsymbol{b}|}$$

die 2-dimensionale ($\boldsymbol{c}$-freie) Form

$$\boldsymbol{d} = \frac{\boldsymbol{a} \times \boldsymbol{b}}{|\boldsymbol{a} \times \boldsymbol{b}|} \times \frac{(\boldsymbol{d} \cdot \boldsymbol{b})\boldsymbol{a} - (\boldsymbol{d} \cdot \boldsymbol{a})\boldsymbol{b}}{|\boldsymbol{a} \times \boldsymbol{b}|}$$

oder ausführlich geschrieben

$$\boldsymbol{d} = \frac{(\boldsymbol{d} \cdot \boldsymbol{a})\boldsymbol{b}^2 - (\boldsymbol{d} \cdot \boldsymbol{b})(\boldsymbol{a} \cdot \boldsymbol{b})}{(\boldsymbol{a} \times \boldsymbol{b})^2}\,\boldsymbol{a} + \frac{(\boldsymbol{d} \cdot \boldsymbol{b})\boldsymbol{a}^2 - (\boldsymbol{d} \cdot \boldsymbol{a})(\boldsymbol{a} \cdot \boldsymbol{b})}{(\boldsymbol{a} \times \boldsymbol{b})^2}\,\boldsymbol{b}.$$

Sie geht für rechtwinklige Grundvektoren infolge $\boldsymbol{a} \cdot \boldsymbol{b} = 0$ und $(\boldsymbol{a} \times \boldsymbol{b})^2 = \boldsymbol{a}^2\boldsymbol{b}^2$ in

$$\boldsymbol{d} = \frac{(\boldsymbol{d} \cdot \boldsymbol{a})}{\boldsymbol{a}^2}\,\boldsymbol{a} + \frac{(\boldsymbol{d} \cdot \boldsymbol{b})}{\boldsymbol{b}^2}\,\boldsymbol{b}$$

über (vgl. 2.36 f).

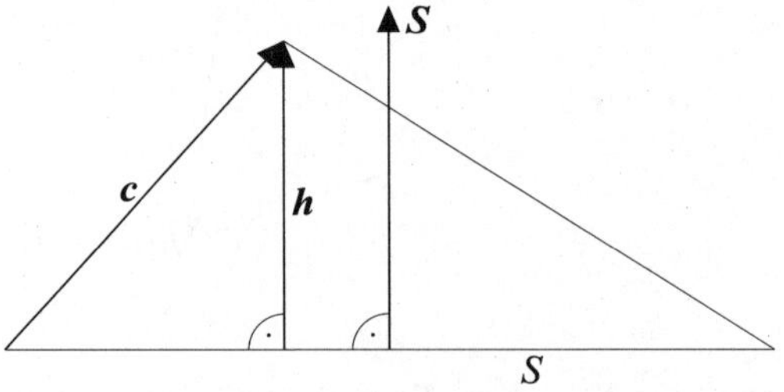

Fig. A.20

2.29 Eine Pyramide mit der Grundfläche S und der Höhe h hat bekanntlich das Volumen $\tau = \frac{1}{3}Sh$, was sich mit dem zweckmäßig definierten Höhenvektor $\boldsymbol{h} \equiv h\boldsymbol{e}_h$ und dem Grundflächeninhalt $\boldsymbol{S} \equiv S\boldsymbol{e}_h$ allgemein als Punktprodukt schreiben lässt (Fig. A.20): $\tau = \frac{1}{3}\boldsymbol{S} \cdot \boldsymbol{h} = \frac{1}{3}\boldsymbol{S} \cdot \boldsymbol{c}$. Die dreieckige Grundfläche eines Vierflachs mit den Seiten $\boldsymbol{a}$ und $\boldsymbol{b}$ hat den Inhalt $\boldsymbol{S} = \frac{1}{2}(\boldsymbol{a} \times \boldsymbol{b})$; somit ergibt sich als Volumen

$$\boxed{\tau = \frac{1}{6}(\boldsymbol{a} \times \boldsymbol{b}) \cdot \boldsymbol{c} = \frac{1}{6}[\boldsymbol{a}, \boldsymbol{b}, \boldsymbol{c}]}$$

2.30 Die Zerlegung in Teilvektoren lautet hier

$$\begin{aligned}
\boldsymbol{a} &= a_u \boldsymbol{e}_u + a_v \boldsymbol{e}_v + a_w \boldsymbol{e}_w, \\
\boldsymbol{b} &= b_u \boldsymbol{e}_u + b_v \boldsymbol{e}_v + b_w \boldsymbol{e}_w, \\
\boldsymbol{c} &= c_u \boldsymbol{e}_u + c_v \boldsymbol{e}_v + c_w \boldsymbol{e}_w.
\end{aligned}$$

Damit gilt wegen (2.20) anstelle (2.22)

$$\begin{aligned}
\boldsymbol{a} \times \boldsymbol{b} &= a_u b_v (\boldsymbol{e}_u \times \boldsymbol{e}_v) + a_u b_w \underbrace{(\boldsymbol{e}_u \times \boldsymbol{e}_w)}_{-(\boldsymbol{e}_w \times \boldsymbol{e}_u)} + a_v b_u \underbrace{(\boldsymbol{e}_v \times \boldsymbol{e}_u)}_{-(\boldsymbol{e}_u \times \boldsymbol{e}_v)} \\
&\quad + a_v b_w (\boldsymbol{e}_v \times \boldsymbol{e}_w) + a_w b_u (\boldsymbol{e}_w \times \boldsymbol{e}_u) + a_w b_v \underbrace{(\boldsymbol{e}_w \times \boldsymbol{e}_v)}_{-(\boldsymbol{e}_v \times \boldsymbol{e}_w)} \\
&= (a_u b_v - a_v b_u)(\boldsymbol{e}_u \times \boldsymbol{e}_v) + (a_v b_w - a_w b_v)(\boldsymbol{e}_v \times \boldsymbol{e}_w) + (a_w b_u - a_u b_w)(\boldsymbol{e}_w \times \boldsymbol{e}_u).
\end{aligned}$$

Nach punktweiser Multiplikation mit $\boldsymbol{c}$ findet man angesichts (2.46)

$$\begin{aligned}
(\boldsymbol{a} \times \boldsymbol{b}) \cdot \boldsymbol{c} &= (a_v b_w - a_w b_v) c_u \underbrace{(\boldsymbol{e}_v \times \boldsymbol{e}_w) \cdot \boldsymbol{e}_u}_{[\boldsymbol{e}_u, \boldsymbol{e}_v, \boldsymbol{e}_w]} \\
&\quad + (a_w b_u - a_u b_w) c_v \underbrace{(\boldsymbol{e}_w \times \boldsymbol{e}_u) \cdot \boldsymbol{e}_v}_{[\boldsymbol{e}_u, \boldsymbol{e}_v, \boldsymbol{e}_w]} \\
&\quad + (a_u b_v - a_v b_u) c_w \underbrace{(\boldsymbol{e}_u \times \boldsymbol{e}_v) \cdot \boldsymbol{e}_w}_{[\boldsymbol{e}_u, \boldsymbol{e}_v, \boldsymbol{e}_w]}
\end{aligned}$$

$$\curvearrowright \quad \boxed{[\boldsymbol{a}, \boldsymbol{b}, \boldsymbol{c}] = [\boldsymbol{e}_u, \boldsymbol{e}_v, \boldsymbol{e}_w] \begin{vmatrix} c_u & c_v & c_w \\ a_u & a_v & a_w \\ b_u & b_v & b_w \end{vmatrix} = [\boldsymbol{e}_u, \boldsymbol{e}_v, \boldsymbol{e}_w] \begin{vmatrix} a_u & a_v & a_w \\ b_u & b_v & b_w \\ c_u & c_v & c_w \end{vmatrix}}$$

2.31 Nach (2.41) und (2.42) gilt die Identität

$$[\boldsymbol{a}, \boldsymbol{b}, \boldsymbol{c}] \cdot [\boldsymbol{d}, \boldsymbol{k}, \boldsymbol{l}] = \begin{vmatrix} a_x & a_y & a_z \\ b_x & b_y & b_z \\ c_x & c_y & c_z \end{vmatrix} \cdot \begin{vmatrix} d_x & d_y & d_z \\ k_x & k_y & k_z \\ l_x & l_y & l_z \end{vmatrix}.$$

Durch Vertauschung von Zeilen und Spalten in der 2. Determinante, was ihren Wert ja nicht ändert, erhalten wir:

$$[\boldsymbol{a},\boldsymbol{b},\boldsymbol{c}]\cdot[\boldsymbol{d},\boldsymbol{k},\boldsymbol{l}]=\begin{vmatrix} a_x & a_y & a_z \\ b_x & b_y & b_z \\ c_x & c_y & c_z \end{vmatrix}\cdot\begin{vmatrix} d_x & k_x & l_x \\ d_y & k_y & l_y \\ d_z & k_z & l_z \end{vmatrix}.$$

Dieses Determinantenprodukt lässt sich bequem ausrechnen und ergibt

$$\boxed{[\boldsymbol{a},\boldsymbol{b},\boldsymbol{c}]\cdot[\boldsymbol{d},\boldsymbol{k},\boldsymbol{l}]=\begin{vmatrix} \boldsymbol{a}\cdot\boldsymbol{d} & \boldsymbol{a}\cdot\boldsymbol{k} & \boldsymbol{a}\cdot\boldsymbol{l} \\ \boldsymbol{b}\cdot\boldsymbol{d} & \boldsymbol{b}\cdot\boldsymbol{k} & \boldsymbol{b}\cdot\boldsymbol{l} \\ \boldsymbol{c}\cdot\boldsymbol{d} & \boldsymbol{c}\cdot\boldsymbol{k} & \boldsymbol{c}\cdot\boldsymbol{l} \end{vmatrix}}$$

Im Fall $\boldsymbol{d}=\boldsymbol{a}$, $\boldsymbol{k}=\boldsymbol{b}$, $\boldsymbol{l}=\boldsymbol{c}$ folgt daraus die (symmetrische) gramsche[3] Determinante

$$\boxed{[\boldsymbol{a},\boldsymbol{b},\boldsymbol{c}]^2=\begin{vmatrix} \boldsymbol{a}^2 & \boldsymbol{a}\cdot\boldsymbol{b} & \boldsymbol{a}\cdot\boldsymbol{c} \\ \boldsymbol{b}\cdot\boldsymbol{a} & \boldsymbol{b}^2 & \boldsymbol{b}\cdot\boldsymbol{c} \\ \boldsymbol{c}\cdot\boldsymbol{a} & \boldsymbol{c}\cdot\boldsymbol{b} & \boldsymbol{c}^2 \end{vmatrix}}$$

2.32 Beide Fälle sind identisch. Fall 1 bedeutet nämlich gemäß (2.64)

$$(\boldsymbol{c}\times\boldsymbol{a})\times\boldsymbol{b}=0,$$

ebenso wie Fall 2 gemäß (2.66). Es kommen 2 Lösungen in Betracht:

- $\boldsymbol{c}\|\boldsymbol{a} \quad \curvearrowright \quad \boldsymbol{c}=\lambda\boldsymbol{a}$ und/oder
- $(\boldsymbol{c}\times\boldsymbol{a})\|\boldsymbol{b} \quad \curvearrowright \quad \boldsymbol{c}\perp\boldsymbol{b}\perp\boldsymbol{a}$.

2.33 Am besten multiplizieren wir die 2. Gleichung kreuzweise mit $\boldsymbol{a}$:

$$(\boldsymbol{r}\times\boldsymbol{b})\times\boldsymbol{a}=\boldsymbol{c}\times\boldsymbol{a}.$$

Dies führt mit Hilfe von (2.64) zu

$$\boldsymbol{b}\underbrace{(\boldsymbol{r}\cdot\boldsymbol{a})}_{p}-\boldsymbol{r}(\boldsymbol{b}\cdot\boldsymbol{a})=\boldsymbol{c}\times\boldsymbol{a} \quad \curvearrowright \quad \boldsymbol{r}=\frac{p\boldsymbol{b}-(\boldsymbol{c}\times\boldsymbol{a})}{\boldsymbol{b}\cdot\boldsymbol{a}}.$$

Damit ist $\boldsymbol{r}$ in 2 Teilvektoren parallel mit $\boldsymbol{b}$ bzw. $\boldsymbol{c}\times\boldsymbol{a}$ zerlegt.

2.34 Wir multiplizieren die zu lösende Gleichung in einem 1. Schritt punktweise, in einem 2. Schritt kreuzweise mit $\boldsymbol{a}$ und finden

$$1.)\ k(\boldsymbol{r}\cdot\boldsymbol{a})=\boldsymbol{b}\cdot\boldsymbol{a}, \quad 2.)\ k\underbrace{(\boldsymbol{r}\times\boldsymbol{a})}_{\boldsymbol{b}-k\boldsymbol{r}}+\underbrace{[(\boldsymbol{r}\times\boldsymbol{a})\times\boldsymbol{a}]}_{\boldsymbol{a}(\boldsymbol{r}\cdot\boldsymbol{a})-\boldsymbol{r}a^2}=\boldsymbol{b}\times\boldsymbol{a},$$

[3] Jørgen Pederson Gram (1850-1916), dänischer Versicherungsmathematiker

sodann durch Zusammenfassung

$$k\boldsymbol{b} - \boldsymbol{r}(k^2 + a^2) + \boldsymbol{a}\underbrace{(\boldsymbol{r} \cdot \boldsymbol{a})}_{\frac{\boldsymbol{b} \cdot \boldsymbol{a}}{k}} = \boldsymbol{b} \times \boldsymbol{a} \quad \curvearrowright \quad \boldsymbol{r} = \frac{1}{k^2 + a^2}\left[k\boldsymbol{b} + \frac{\boldsymbol{a}(\boldsymbol{b} \cdot \boldsymbol{a})}{k} - \boldsymbol{b} \times \boldsymbol{a}\right].$$

2.35 Durch kreuzweise Multiplikation der 2. Gleichung mit $\boldsymbol{a}$ ergibt sich

$$\boldsymbol{a} \times \boldsymbol{r}_2 + \underbrace{\boldsymbol{a} \times (\boldsymbol{a} \times \boldsymbol{r}_1)}_{\boldsymbol{a}(\boldsymbol{a} \cdot \boldsymbol{r}_1) - \boldsymbol{r}_1 a^2} = \boldsymbol{a} \times \boldsymbol{c}$$

und wegen $\boldsymbol{a} \cdot \boldsymbol{r}_1 = \boldsymbol{a} \cdot \boldsymbol{b}$ weiter

$$\boldsymbol{a} \times \boldsymbol{r}_2 = \boldsymbol{a} \times \boldsymbol{c} + \boldsymbol{r}_1 a^2 - \boldsymbol{a}(\boldsymbol{a} \cdot \boldsymbol{b}).$$

Einsetzung in die 1. Gleichung führt unmittelbar zu

$$\boldsymbol{r}_1 = \frac{\boldsymbol{b} + \boldsymbol{a}(\boldsymbol{a} \cdot \boldsymbol{b}) - (\boldsymbol{a} \times \boldsymbol{c})}{1 + a^2} \quad \curvearrowright \quad \boldsymbol{r}_2 = \frac{\boldsymbol{c} + \boldsymbol{a}(\boldsymbol{a} \cdot \boldsymbol{c}) - (\boldsymbol{a} \times \boldsymbol{b})}{1 + a^2}.$$

2.36 An Hand von Fig. A.11 und der Lösung von Aufgabe 2.15 gehen wir zweckmäßig von

$$\boldsymbol{r}_h \cdot \boldsymbol{r}_1 = \boldsymbol{r}_2 \cdot \boldsymbol{r}_1 \quad \text{und} \quad \boldsymbol{r}_h \cdot \boldsymbol{r}_2 = \boldsymbol{r}_1 \cdot \boldsymbol{r}_2$$

sowie der Komplanaritätsbedingung (ebenes Dreieck!)

$$\boldsymbol{r}_h \cdot (\boldsymbol{r}_1 \times \boldsymbol{r}_2) = 0$$

aus. Man findet dann mit Hilfe von (2.57) mühelos

$$\boldsymbol{r}_h = \frac{\boldsymbol{r}_1 \cdot \boldsymbol{r}_2[(\boldsymbol{r}_2 - \boldsymbol{r}_1) \times (\boldsymbol{r}_1 \times \boldsymbol{r}_2)]}{(\boldsymbol{r}_1 \times \boldsymbol{r}_2)^2}.$$

2.37 Die Bestimmungsgleichungen lauten (Fig. A.21):

$$(\boldsymbol{r}_1 - \boldsymbol{r}_m)^2 = (\boldsymbol{r}_2 - \boldsymbol{r}_m)^2 = (\boldsymbol{r}_3 - \boldsymbol{r}_m)^2 = R^2.$$

Daraus folgt je 2 zusammenfassend:

$$\boldsymbol{r}_m \cdot (\boldsymbol{r}_2 - \boldsymbol{r}_1) = \frac{\boldsymbol{r}_2^2 - \boldsymbol{r}_1^2}{2}, \quad \boldsymbol{r}_m \cdot (\boldsymbol{r}_3 - \boldsymbol{r}_2) = \frac{\boldsymbol{r}_3^2 - \boldsymbol{r}_2^2}{2}, \quad \boldsymbol{r}_m \cdot (\boldsymbol{r}_1 - \boldsymbol{r}_3) = \frac{\boldsymbol{r}_1^2 - \boldsymbol{r}_3^2}{2}.$$

Von diesen 3 Gleichungen ist 1 überflüssig, weil sie aus den beiden anderen hervorgeht. Wir lassen willkürlich die Nr. 1 weg.

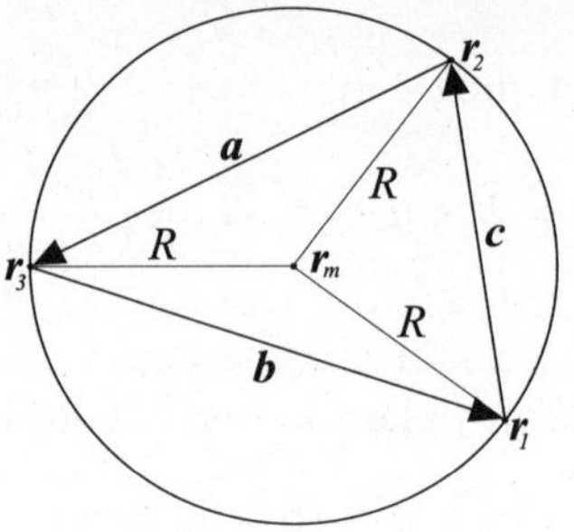

Fig. A.21

Die 3 Kreissehnen

$$\boldsymbol{r}_3 - \boldsymbol{r}_2 \equiv \boldsymbol{a}, \quad \boldsymbol{r}_1 - \boldsymbol{r}_3 \equiv \boldsymbol{b}, \quad \boldsymbol{r}_2 - \boldsymbol{r}_1 \equiv \boldsymbol{c} \quad \curvearrowright \quad \boldsymbol{a} + \boldsymbol{b} + \boldsymbol{c} = 0$$

liegen gemeinsam mit dem Mittelpunkt $\boldsymbol{r}_m$ in einer Ebene, deren Normalen-Einsvektor $\boldsymbol{e}_n = \frac{\boldsymbol{a}\times\boldsymbol{b}}{|\boldsymbol{a}\times\boldsymbol{b}|}$ sei. Sodann führt die Zerlegung des Vektors $\boldsymbol{r}_m$ mit

$$\boldsymbol{r}_m \cdot \boldsymbol{a} = \frac{\boldsymbol{r}_3^2 - \boldsymbol{r}_2^2}{2} \quad \text{und} \quad \boldsymbol{r}_m \cdot \boldsymbol{b} = \frac{\boldsymbol{r}_1^2 - \boldsymbol{r}_3^2}{2}$$

zu dem übersichtlichen Ergebnis (vgl. Aufgabe 2.28)

$$\boldsymbol{r}_m = \boldsymbol{e}_n \times \frac{(\boldsymbol{r}_1^2 - \boldsymbol{r}_3^2)\boldsymbol{a} - (\boldsymbol{r}_3^2 - \boldsymbol{r}_2^2)\boldsymbol{b}}{2\,|\boldsymbol{a}\times\boldsymbol{b}|} = \boldsymbol{e}_n \times \frac{\boldsymbol{r}_1^2\boldsymbol{a} + \boldsymbol{r}_2^2\boldsymbol{b} + \boldsymbol{r}_3^2\boldsymbol{c}}{2\,|\boldsymbol{a}\times\boldsymbol{b}|}.$$

Durch Subtraktion von $\boldsymbol{r}_3 \equiv \boldsymbol{e}_n \times (2\boldsymbol{r}_3 \times \frac{\boldsymbol{a}\times\boldsymbol{b}}{2|\boldsymbol{a}\times\boldsymbol{b}|}) = \boldsymbol{e}_n \times \frac{\boldsymbol{a}(2\boldsymbol{r}_3\cdot\boldsymbol{b}) - \boldsymbol{b}(2\boldsymbol{r}_3\cdot\boldsymbol{a})}{2|\boldsymbol{a}\times\boldsymbol{b}|}$ folgt

$$\boldsymbol{r}_m - \boldsymbol{r}_3 = \boldsymbol{e}_n \times \frac{\boldsymbol{b}^2\boldsymbol{a} + \boldsymbol{a}^2\boldsymbol{b}}{2\,|\boldsymbol{a}\times\boldsymbol{b}|}$$

und durch Betragsbildung schließlich der gesuchte Radius

$$R = |\boldsymbol{r}_m - \boldsymbol{r}_3| = \frac{abc}{2\,|\boldsymbol{a}\times\boldsymbol{b}|}.$$

Damit ist der Umkreis des Dreiecks $\boldsymbol{r}_1$, $\boldsymbol{r}_2$, $\boldsymbol{r}_3$ bestimmt (vgl. Aufgabe 3.3). Das Zahlenbeispiel $\boldsymbol{r}_1 = 5\boldsymbol{e}_x + 9\boldsymbol{e}_y$, $\boldsymbol{r}_2 = 4\boldsymbol{e}_x + 2\boldsymbol{e}_y$, $\boldsymbol{r}_3 = -3\boldsymbol{e}_x + 3\boldsymbol{e}_y$ ergibt

$$\boldsymbol{r}_m = \boldsymbol{e}_x + 6\boldsymbol{e}_y, \quad \boldsymbol{r}_m - \boldsymbol{r}_3 = 4\boldsymbol{e}_x + 3\boldsymbol{e}_y, \quad R = 5\,.$$

2.38 Es genügt, das linke Spatprodukt auszuschreiben:

$$(\boldsymbol{a}\times\boldsymbol{b})\cdot[(\boldsymbol{b}\times\boldsymbol{c})\times(\boldsymbol{c}\times\boldsymbol{a})] = (\boldsymbol{a}\times\boldsymbol{b})\cdot\Big[\boldsymbol{c}\underbrace{\{\boldsymbol{a}\cdot(\boldsymbol{b}\times\boldsymbol{c})\}}_{[\boldsymbol{a},\boldsymbol{b},\boldsymbol{c}]} - \boldsymbol{a}\underbrace{\{\boldsymbol{c}\cdot(\boldsymbol{b}\times\boldsymbol{c})\}}_{0}\Big]$$

$$= \underbrace{[(\boldsymbol{a}\times\boldsymbol{b})\cdot\boldsymbol{c}]}_{[\boldsymbol{a},\boldsymbol{b},\boldsymbol{c}]}[\boldsymbol{a},\boldsymbol{b},\boldsymbol{c}] = [\boldsymbol{a},\boldsymbol{b},\boldsymbol{c}]^2.$$

2.39 Eine einfache Überlegung führt rasch und bequem zum Ziel: Die mit $\boldsymbol{e}$ parallele Komponente lautet im Sinne von (2.3) $(\boldsymbol{a}\cdot\boldsymbol{e})\,\boldsymbol{e}$. Dann bleibt als zu $\boldsymbol{e}$ senkrechte Komponente $\boldsymbol{a}-(\boldsymbol{a}\cdot\boldsymbol{e})\boldsymbol{e}=\boldsymbol{a}\boldsymbol{e}^2-(\boldsymbol{a}\cdot\boldsymbol{e})\,\boldsymbol{e}=(\boldsymbol{e}\times\boldsymbol{a})\times\boldsymbol{e}$ übrig.

Zu Kapitel 3

3.1 Wir rechnen zweckmäßig

$$\boldsymbol{r}-\boldsymbol{r}^*=\boldsymbol{r}_0-\boldsymbol{r}_0^*+t\boldsymbol{a}-t^*\boldsymbol{a}^* \quad |\cdot[\boldsymbol{a}^*\times(\boldsymbol{a}\times\boldsymbol{a}^*)],$$
$$\underbrace{(\boldsymbol{r}-\boldsymbol{r}^*)\cdot[\boldsymbol{a}^*\times(\boldsymbol{a}\times\boldsymbol{a}^*)]}_{\boldsymbol{a}^*\cdot[(\boldsymbol{a}\times\boldsymbol{a}^*)\times(\boldsymbol{r}-\boldsymbol{r}^*)]}=\underbrace{(\boldsymbol{r}_0-\boldsymbol{r}_0^*)\cdot[\boldsymbol{a}^*\times(\boldsymbol{a}\times\boldsymbol{a}^*)]}_{\boldsymbol{a}^*\cdot[(\boldsymbol{a}\times\boldsymbol{a}^*)\times(\boldsymbol{r}_0-\boldsymbol{r}_0^*)]}+t\,\underbrace{\boldsymbol{a}\cdot[\boldsymbol{a}^*\times(\boldsymbol{a}\times\boldsymbol{a}^*)]}_{(\boldsymbol{a}\times\boldsymbol{a}^*)^2}.$$

An den gesuchten Stellen ist der Verbindungsvektor $\boldsymbol{r}-\boldsymbol{r}^*$ parallel mit $(\boldsymbol{a}\times\boldsymbol{a}^*)$. Dort verschwindet die linke Seite und man erhält

$$t_1=\frac{\boldsymbol{a}^*\cdot[(\boldsymbol{r}_0-\boldsymbol{r}_0^*)\times(\boldsymbol{a}\times\boldsymbol{a}^*)]}{(\boldsymbol{a}\times\boldsymbol{a}^*)^2}.$$

Eine analoge Rechnung ergibt

$$t_1^*=\frac{\boldsymbol{a}\cdot[(\boldsymbol{r}_0-\boldsymbol{r}_0^*)\times(\boldsymbol{a}\times\boldsymbol{a}^*)]}{(\boldsymbol{a}\times\boldsymbol{a}^*)^2}.$$

Einsetzung in die betreffenden Geradengleichungen führt zu den Punkten $\boldsymbol{r}(t_1)$ und $\boldsymbol{r}^*(t_1^*)$ mit dem geringsten Abstand. Wer dem durch bloßes Nachdenken gefundenen Ergebnis (3.7) misstraut, kann jetzt die rechnerische Bestätigung nachholen:

$$\boldsymbol{p}=\boldsymbol{r}_0-\boldsymbol{r}_0^*+\frac{\boldsymbol{a}^*\cdot[(\boldsymbol{r}_0-\boldsymbol{r}_0^*)\times(\boldsymbol{a}\times\boldsymbol{a}^*)]}{(\boldsymbol{a}\times\boldsymbol{a}^*)^2}\,\boldsymbol{a}-\frac{\boldsymbol{a}\cdot[(\boldsymbol{r}_0-\boldsymbol{r}_0^*)\times(\boldsymbol{a}\times\boldsymbol{a}^*)]}{(\boldsymbol{a}\times\boldsymbol{a}^*)^2}\,\boldsymbol{a}^*.$$

Mit Hilfe von (2.64) ergibt sich schließlich richtig

$$\boldsymbol{p}=[(\boldsymbol{r}_0-\boldsymbol{r}_0^*)\cdot\boldsymbol{e}_n]\,\boldsymbol{e}_n \quad \curvearrowright \quad |\boldsymbol{p}|_{\min}=(\boldsymbol{r}_0-\boldsymbol{r}_0^*)\cdot\boldsymbol{e}_n.$$

3.2 Hauptunterscheidungsmerkmal ist die Determinante

$$[\boldsymbol{r}_0-\boldsymbol{r}_0^*,\boldsymbol{a},\boldsymbol{a}^*]=\underbrace{\begin{vmatrix} x_0-x_0^* & y_0-y_0^* & z_0-z_0^* \\ a_x & a_y & a_z \\ a_x^* & a_y^* & a_z^* \end{vmatrix}}_{D}.$$

Wenn die Schnittbedingung (3.8) nicht erfüllt ist ($D \neq 0$), sind die beiden Geraden windschief (Fall 1). Dagegen beweist $D = 0$ ihre Komplanarität (Fall 2). Im Fall 3 gilt wegen der Parallelität ($\boldsymbol{a} = \lambda \boldsymbol{a}^*$) sowohl $D = 0$ als auch

$$\begin{vmatrix} a_x & a_y \\ a_x^* & a_y^* \end{vmatrix} = 0, \quad \begin{vmatrix} a_y & a_z \\ a_y^* & a_z^* \end{vmatrix} = 0, \quad \begin{vmatrix} a_z & a_x \\ a_z^* & a_x^* \end{vmatrix} = 0.$$

Wenn alle 9 Unterdeterminanten verschwinden, fallen die beiden Geraden zusammen.

3.3 Wir suchen den Schnittpunkt $\boldsymbol{r}_m$ der beiden Mittellote (Fig. A.22)

$$\boldsymbol{r} = \frac{\boldsymbol{r}_1}{2} + t(\boldsymbol{e}_z \times \boldsymbol{r}_1) \quad \text{und} \quad \boldsymbol{r}^* = \frac{\boldsymbol{r}_2}{2} + t^*(\boldsymbol{e}_z \times \boldsymbol{r}_2).$$

Zur Anwendung der Formel (3.15) berechnen wir

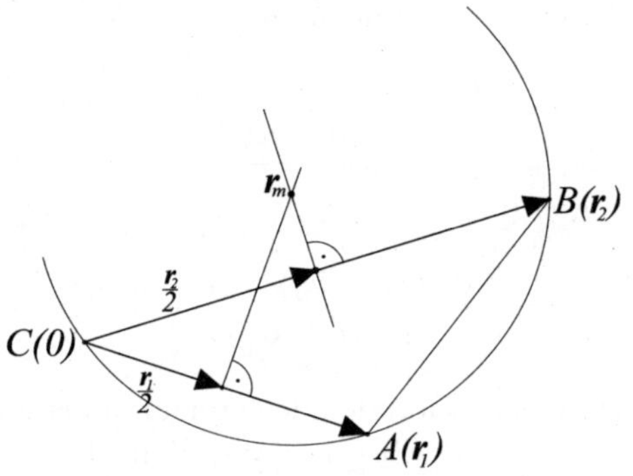

Fig. A.22

$$\boldsymbol{n} = (\boldsymbol{e}_z \times \boldsymbol{r}_1) \times (\boldsymbol{e}_z \times \boldsymbol{r}_2) = \boldsymbol{e}_z[(\boldsymbol{e}_z \times \boldsymbol{r}_1) \cdot \boldsymbol{r}_2] - \boldsymbol{r}_2\underbrace{[(\boldsymbol{e}_z \times \boldsymbol{r}_1) \cdot \boldsymbol{e}_z]}_{0} = \boldsymbol{r}_1 \times \boldsymbol{r}_2,$$

$$\boldsymbol{c} = \boldsymbol{n} \times (\boldsymbol{e}_z \times \boldsymbol{r}_1) = -\boldsymbol{r}_1 \left|\boldsymbol{r}_1 \times \boldsymbol{r}_2\right|, \quad \boldsymbol{c}^* = \boldsymbol{n} \times (\boldsymbol{e}_z \times \boldsymbol{r}_2) = -\boldsymbol{r}_2 \left|\boldsymbol{r}_1 \times \boldsymbol{r}_2\right|.$$

Man findet schließlich mühelos

$$\boldsymbol{r}_m = \boldsymbol{e}_z \times \frac{\boldsymbol{r}_2^2 \boldsymbol{r}_1 - \boldsymbol{r}_1^2 \boldsymbol{r}_2}{2\left|\boldsymbol{r}_1 \times \boldsymbol{r}_2\right|},$$

was mit der Lösung der Aufgabe 2.37 für $\boldsymbol{r}_1 = \boldsymbol{b}$ und $\boldsymbol{r}_2 = -\boldsymbol{a}$ (vgl. Fig. A.21) übereinstimmt.

3.4 Zweckmäßigerweise gehen wir vom Dreieck $A(\boldsymbol{r}_1)B(\boldsymbol{r}_2)C(0)$ in der Ebene $z = 0$ aus (vgl. Fig. A.22) und beweisen die Parallelität $(\boldsymbol{r}_h - \bar{\boldsymbol{r}}) \times (\bar{\boldsymbol{r}} - \boldsymbol{r}_m) = 0$.

Aus den maßgebenden Größen

$$\bar{\boldsymbol{r}} = \frac{\boldsymbol{r}_1 + \boldsymbol{r}_2}{3} \quad \text{(vgl. 1.35 wegen } \boldsymbol{r}_3 = 0),$$
$$\boldsymbol{r}_m = \boldsymbol{e}_z \times \frac{\boldsymbol{r}_2^2 \boldsymbol{r}_1 - \boldsymbol{r}_1^2 \boldsymbol{r}_2}{2\,|\boldsymbol{r}_1 \times \boldsymbol{r}_2|} \quad \text{(vgl. Aufgabe 3.3)},$$
$$\boldsymbol{r}_h = \boldsymbol{e}_z \times \frac{(\boldsymbol{r}_1 - \boldsymbol{r}_2)\boldsymbol{r}_1 \cdot \boldsymbol{r}_2}{|\boldsymbol{r}_1 \times \boldsymbol{r}_2|} \quad \text{(vgl. Aufgabe 2.36)}$$

berechnet man mit Hilfe der Flächennormale $\boldsymbol{e}_z \equiv \frac{\boldsymbol{r}_1 \times \boldsymbol{r}_2}{|\boldsymbol{r}_1 \times \boldsymbol{r}_2|}$

$$\curvearrowright \; \boldsymbol{r}_1 \times \boldsymbol{e}_z = \frac{\boldsymbol{r}_1(\boldsymbol{r}_1 \cdot \boldsymbol{r}_2) - \boldsymbol{r}_1^2 \boldsymbol{r}_2}{|\boldsymbol{r}_1 \times \boldsymbol{r}_2|} \quad \text{und} \quad \boldsymbol{r}_2 \times \boldsymbol{e}_z = \frac{\boldsymbol{r}_2^2 \boldsymbol{r}_1 - \boldsymbol{r}_2(\boldsymbol{r}_1 \cdot \boldsymbol{r}_2)}{|\boldsymbol{r}_1 \times \boldsymbol{r}_2|}$$

leicht den Zusammenhang

$$2\boldsymbol{r}_m + \boldsymbol{r}_h = 3\bar{\boldsymbol{r}} \quad \curvearrowright \quad \boldsymbol{r}_h - \bar{\boldsymbol{r}} = 2(\bar{\boldsymbol{r}} - \boldsymbol{r}_m) = \frac{2}{3}(\boldsymbol{r}_h - \boldsymbol{r}_m).$$

Die Verbindungsvektoren $\boldsymbol{r}_h - \bar{\boldsymbol{r}}$, $\bar{\boldsymbol{r}} - \boldsymbol{r}_m$ und $\boldsymbol{r}_h - \boldsymbol{r}_m$ sind also nicht nur parallel, ihre Beträge haben sogar in allen Dreiecken dasselbe Verhältnis.

Die $\bar{\boldsymbol{r}}, \boldsymbol{r}_m, \boldsymbol{r}_h$ berührende Gerade heißt eulersche Gerade.

3.5 Zu 1. Die Gleichung $\boldsymbol{a} \cdot \boldsymbol{r} = \boldsymbol{a} \cdot \boldsymbol{b}$ beschreibt eine Ebene mit dem Normalen-Einsvektor $\boldsymbol{e}_a \equiv \frac{\boldsymbol{a}}{|\boldsymbol{a}|}$. Sie hat die hessesche Normalform $\boldsymbol{r} \cdot \boldsymbol{e}_a = \boldsymbol{b} \cdot \boldsymbol{e}_a$, die den Nullpunktsabstand $|\boldsymbol{r}_a| = \boldsymbol{b} \cdot \boldsymbol{e}_a$ ausweist (Fig. A.23(1)).

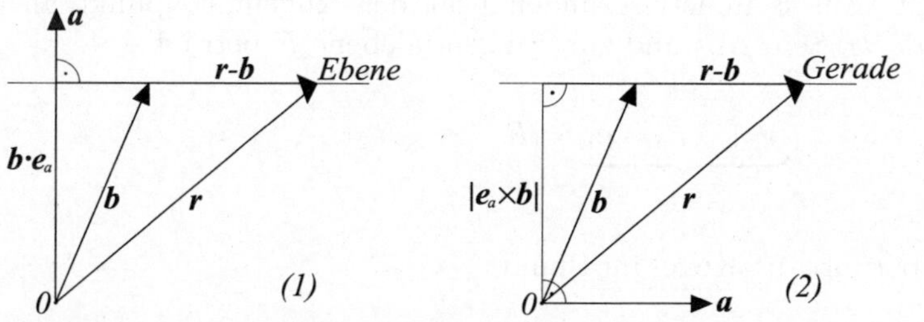

Fig. A.23

Zu 2. Die Gleichung $\boldsymbol{a} \times (\boldsymbol{r} - \boldsymbol{b}) = 0$ stellt die Gerade $\boldsymbol{r} = \boldsymbol{b} + t\boldsymbol{a}$ dar. Ihr Nullpunktsabstand beträgt (3.5) zufolge $|\boldsymbol{d}| = |\boldsymbol{e}_a \times \boldsymbol{b}|$ (Fig. A.23(2)).

3.6 Durch Subtraktion der beiden Kugelgleichungen

$$\boldsymbol{r}^2 - 2\boldsymbol{r} \cdot \boldsymbol{a} + \boldsymbol{a}^2 - R_1^2 = 0$$
$$\boldsymbol{r}^2 - 2\boldsymbol{r} \cdot \boldsymbol{b} + \boldsymbol{b}^2 - R_2^2 = 0$$

folgt mit $\boldsymbol{e}_n = \frac{\boldsymbol{a}-\boldsymbol{b}}{|\boldsymbol{a}-\boldsymbol{b}|}$ unmittelbar die Gleichung der Symmetralebene in der hesseschen Normalform

$$\boldsymbol{r} \cdot \boldsymbol{e}_n = \frac{1}{2}\left[\frac{R_2^2 - R_1^2}{|\boldsymbol{a}-\boldsymbol{b}|} + (\boldsymbol{a}+\boldsymbol{b}) \cdot \boldsymbol{e}_n\right].$$

Ihre Normale ist der Verbindungsvektor $\boldsymbol{a} - \boldsymbol{b}$ der beiden Kugelmittelpunkte; ihr Abstand zum Nullpunkt beträgt

$$|\boldsymbol{r}_n| = \frac{1}{2}\left[\frac{R_2^2 - R_1^2}{|\boldsymbol{a}-\boldsymbol{b}|} + (\boldsymbol{a}+\boldsymbol{b}) \cdot \boldsymbol{e}_n\right].$$

Unter der Voraussetzung $R_2 - R_1 < |\boldsymbol{a}-\boldsymbol{b}| < R_1 + R_2$ schneiden sich die beiden Kugeln in einem reellen, in der Symmetralebene liegenden Kreis.

3.7 Aus den beiden Trägervektoren der Ebene E

$$\boldsymbol{a}_1 = \boldsymbol{r}_1 - \boldsymbol{r}_0 = 4\boldsymbol{e}_x - 2\boldsymbol{e}_z \quad \text{und} \quad \boldsymbol{a}_2 = \boldsymbol{r}_2 - \boldsymbol{r}_0 = 2\boldsymbol{e}_x - 6\boldsymbol{e}_y + 5\boldsymbol{e}_z$$

erhält man ihre Normale mit dem Einsvektor

$$\boldsymbol{e}_n = \frac{\boldsymbol{a}_1 \times \boldsymbol{a}_2}{|\boldsymbol{a}_1 \times \boldsymbol{a}_2|} = \frac{1}{3}(\boldsymbol{e}_x + 2\boldsymbol{e}_y + 2\boldsymbol{e}_z).$$

Die Ebene E hat den Abstand

$$|\boldsymbol{r}_n| = \boldsymbol{r}_0 \cdot \boldsymbol{e}_n = \boldsymbol{r}_1 \cdot \boldsymbol{e}_n = \boldsymbol{r}_2 \cdot \boldsymbol{e}_n = 2$$

zum Nullpunkt. Aus Symmetriegründen liegt der Kugelmittelpunkt an der Stelle $\boldsymbol{r}_M(R; R; R)$. Sein Abstand zur Tangentialebene E beträgt

$$\underbrace{|\boldsymbol{r}_n| - \boldsymbol{r}_M \cdot \boldsymbol{e}_n}_{2-\frac{5}{3}R} = R \quad \curvearrowright \quad R = \frac{3}{4}.$$

Die Ebene E berührt die Kugel im Punkt

$$\boldsymbol{r}_B = \boldsymbol{r}_M + R\boldsymbol{e}_n = \boldsymbol{e}_x + \frac{5}{4}\boldsymbol{e}_y + \frac{5}{4}\boldsymbol{e}_z \quad \curvearrowright \quad \underline{r}_B = \begin{pmatrix} 1 \\ \frac{5}{4} \\ \frac{5}{4} \end{pmatrix}.$$

3.8 Durch Einsetzung der Geraden- in die Ebenengleichung erhält man

$$(\boldsymbol{r}_0 + t\boldsymbol{a}) \cdot \boldsymbol{e}_n = |\boldsymbol{r}_n| \quad \curvearrowright \quad t = \frac{(\boldsymbol{r}_n - \boldsymbol{r}_0) \cdot \boldsymbol{e}_n}{\boldsymbol{a} \cdot \boldsymbol{e}_n},$$

was in Verbindung mit der Geradengleichung zu dem Durchstoßpunkt

$$\boldsymbol{r}_d = \boldsymbol{r}_0 + \frac{(\boldsymbol{r}_n - \boldsymbol{r}_0)\cdot\boldsymbol{e}_n}{\boldsymbol{a}\cdot\boldsymbol{e}_n}\boldsymbol{a} = \frac{(\boldsymbol{a}\times\boldsymbol{r}_0)\times\boldsymbol{e}_n + (\boldsymbol{r}_n\cdot\boldsymbol{e}_n)\boldsymbol{a}}{\boldsymbol{a}\cdot\boldsymbol{e}_n}$$

führt. Als Einfallswinkel α zwischen Trägervektor $\boldsymbol{a}$ und Flächennormale $\boldsymbol{e}_n$ ergibt sich $\cos\alpha = \frac{\boldsymbol{a}\cdot\boldsymbol{e}_n}{|\boldsymbol{a}|} = \sin\beta$. Hierbei ist β der gesuchte Neigungswinkel der Geraden gegen ihre Projektion in der Ebene.

Im Beispiel sind

$$\boldsymbol{r}_0 = 11\boldsymbol{e}_x + 12\boldsymbol{e}_y + 12\boldsymbol{e}_z, \quad \boldsymbol{a} = \boldsymbol{e}_x + \boldsymbol{e}_z,$$
$$\boldsymbol{e}_n = \frac{\boldsymbol{e}_x + 2\boldsymbol{e}_y + 2\boldsymbol{e}_z}{\sqrt{1+2^2+2^2}} = \frac{\boldsymbol{e}_x + 2\boldsymbol{e}_y + 2\boldsymbol{e}_z}{3}, \quad \boldsymbol{r}_n = \frac{17}{3}\boldsymbol{e}_n.$$

Daraus folgt mühelos

$$t = -14, \quad \boldsymbol{r}_d = -3\boldsymbol{e}_x + 12\boldsymbol{e}_y - 2\boldsymbol{e}_z, \quad \cos\alpha = \frac{1}{\sqrt{2}} = \sin\beta, \quad \alpha = \beta = 45°.$$

3.9 Zu 1. Der Ortsvektor $\boldsymbol{r}$ hat die Komponenten

$$x = a\cos t \quad \text{und} \quad y = b\sin t.$$

Die Eliminierung des Parameters t gelingt mit Hilfe der Identität

$$\cos^2 t + \sin^2 t = 1 \quad \curvearrowright \quad \Phi_1(x,y) = \frac{x^2}{a^2} + \frac{y^2}{b^2} - 1 = 0.$$

Man erkennt die Hauptachsengleichung einer Ellipse mit den Halbachsen a, b.

Zu 2. Hier finden wir analog $x = a\cosh t$ und $y = b\sinh t$, was wegen $\cosh^2 t - \sinh^2 t = 1$ zur Hauptachsengleichung einer Hyperbel

$$\Phi_2(x,y) = \frac{x^2}{a^2} - \frac{y^2}{b^2} - 1 = 0$$

führt. Diese Beispiele zeigen übrigens deutlich, dass der Parameter t keine anschauliche geometrische Größe sein muss. Geschickte Parameterdarstellungen können die vektorielle Behandlung algebraischer und transzendenter Kurven höherer Ordnung sehr erleichtern.

3.10 Aus den gegebenen Komponenten (Fig. A.24(1))

$$x = r\cos(\alpha+\beta), \; y = r\sin(\alpha+\beta) \quad \text{und} \quad x' = r\cos\beta, \; y' = r\sin\beta$$

ergibt sich die Transformation im festen Bezugssystem S

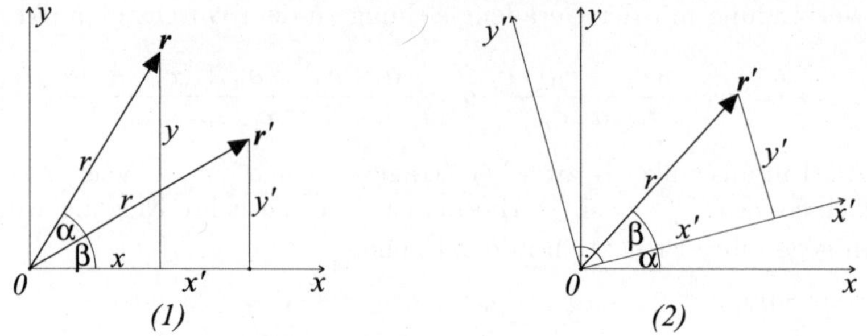

Fig. A.24

$$x' = x\cos\alpha + y\sin\alpha,$$
$$y' = -x\sin\alpha + y\cos\alpha.$$

Es handelt sich um die Drehung des Vektors $\boldsymbol{r}$ um den Winkel α im Uhrzeigersinn in den Vektor $\boldsymbol{r}'$ im festen Bezugssystem S. Die Übereinstimmung mit (3.49) zeigt freilich, dass man formal ebenso gut den Vektor $\boldsymbol{r}$ festhalten und das Bezugssystem S um den Winkel α gegen den Uhrzeigersinn in das Bezugssystem S' drehen kann. In S' hat der Ortsvektor die Form $\boldsymbol{r}'$ mit den Komponenten x', y' (Fig. A.24(2)).

3.11 Nach Einsetzung von (3.51) erhält man

$$\frac{x'^2 - y'^2}{2}\sin 2\alpha + x'y'\cos 2\alpha = 1.$$

Eine Drehung um den Winkel $\alpha = 45°$ lässt das $x'y'$-Glied verschwinden und führt unmittelbar zur Hauptachsengleichung einer gleichseitigen Hyperbel

$$\frac{x'^2}{2} - \frac{y'^2}{2} = 1.$$

Natürlich gehen durch Drehung des Bezugssystems, die ja den Ursprung beibehält, jede Mittelpunkts-, Scheitel- und Brennpunktsgleichung wieder in eine Mittelpunkts-, Scheitel- und Brennpunktsgleichung über.

Zu Kapitel 4

4.1 Zu 1. Der Abstand $|\boldsymbol{r}(t) - \boldsymbol{b}|$ von $\boldsymbol{b}$ hat im Zeitpunkt $\tilde{t}$ ein Minimum, wenn der Vektor $\boldsymbol{r}(t) - \boldsymbol{b}$ für $t = \tilde{t}$ der Bedingung

$$\frac{d}{dt}(\boldsymbol{r} - \boldsymbol{b})^2 = 2(\boldsymbol{r} - \boldsymbol{b})\cdot\dot{\boldsymbol{r}} = 0 \quad \curvearrowright \quad (\boldsymbol{r} - \boldsymbol{b})\cdot\boldsymbol{a} = 0$$

genügt (Fig. 3.2). Daraus folgt richtig (vgl. 3.4)

$$(\boldsymbol{r}_0 - \boldsymbol{b}) \cdot \boldsymbol{a} + \tilde{t}\boldsymbol{a}^2 = 0 \quad \curvearrowright \quad \tilde{t} = -\frac{(\boldsymbol{r}_0 - \boldsymbol{b}) \cdot \boldsymbol{a}}{\boldsymbol{a}^2}.$$

Zu 2. Der Betrag des Verbindungsvektors $\boldsymbol{p} = \boldsymbol{r}(t) - \boldsymbol{r}^*(t^*)$ der beiden Geraden (3.6) wird unter den Bedingungen

$$\frac{\partial \boldsymbol{p}^2}{\partial t} = 2\boldsymbol{p} \cdot \frac{\partial \boldsymbol{p}}{\partial t} = 0 \quad \curvearrowright \quad \boldsymbol{p} \cdot \boldsymbol{a} = 0,$$
$$\frac{\partial \boldsymbol{p}^2}{\partial t^*} = 2\boldsymbol{p} \cdot \frac{\partial \boldsymbol{p}}{\partial t^*} = 0 \quad \curvearrowright \quad \boldsymbol{p} \cdot \boldsymbol{a}^* = 0$$

minimal. Der gesuchte Vektor $\boldsymbol{p}$ steht mithin sowohl auf $\boldsymbol{a}$ als auch auf $\boldsymbol{a}^*$ senkrecht, ist also parallel mit $\boldsymbol{a} \times \boldsymbol{a}^*$. Damit ergibt sich richtig (vgl. 3.7)

$$|\boldsymbol{p}|_{\min} = (\boldsymbol{r}_0 - \boldsymbol{r}_0^*) \cdot \frac{\boldsymbol{a} \times \boldsymbol{a}^*}{|\boldsymbol{a} \times \boldsymbol{a}^*|}.$$

4.2 In Anwendung der Kettenregel gilt

$$\frac{du\left[\sqrt{\boldsymbol{a}^2(t)}\right]}{dt} = \frac{du(\sqrt{\boldsymbol{a}^2})}{d\sqrt{\boldsymbol{a}^2}} \frac{d\sqrt{\boldsymbol{a}^2}}{d\boldsymbol{a}^2} \frac{d[\boldsymbol{a}^2(t)]}{dt} = u' \,\frac{1}{2}\frac{1}{\sqrt{\boldsymbol{a}^2}}\, 2\boldsymbol{a} \cdot \dot{\boldsymbol{a}} = u'\, \boldsymbol{e}_a \cdot \dot{\boldsymbol{a}}.$$

4.3 Aus dem allgemeinen Ansatz $\boldsymbol{a}(u) = a(u)\boldsymbol{e}_a(u)$ folgt durch Differenzieren angesichts (1.2) und (4.8)

$$\frac{d\boldsymbol{a}}{du} = \frac{da}{du}\boldsymbol{e}_a + a\frac{d\boldsymbol{e}_a}{du} \quad \curvearrowright \quad \left|\frac{d\boldsymbol{a}}{du}\right| = \sqrt{\left(\frac{da}{du}\right)^2 + a^2\left(\frac{d\boldsymbol{e}_a}{du}\right)^2}.$$

Die Bedingung

$$\left|\frac{d\boldsymbol{a}(u)}{du}\right| = \frac{d\,|\boldsymbol{a}(u)|}{du}$$

gilt offenbar im Fall $\frac{d\boldsymbol{e}_a}{du} = 0$, wo $\boldsymbol{e}_a$ unabhängig von u, d. h. starr gerichtet ist.

4.4 Wir differenzieren $\Phi(x, y) = 0$ an der Stelle x_1, y_1 und erhalten

$$\frac{\partial \Phi(x_1, y_1)}{\partial x}dx + \frac{\partial \Phi(x_1, y_1)}{\partial y}dy = 0 \quad \curvearrowright \quad \frac{dy}{dx} = -\frac{\frac{\partial \Phi(x_1,y_1)}{\partial x}}{\frac{\partial \Phi(x_1,y_1)}{\partial y}} = y'(x_1).$$

Für die Kegelschnitte erhält man mühelos

$$\frac{\partial \Phi(x_1, y_1)}{\partial x} = \frac{2x_1}{a^2}, \quad \frac{\partial \Phi(x_1, y_1)}{\partial y} = \pm\frac{2y_1}{b^2} \quad \curvearrowright \quad y'(x_1) = \mp\frac{b^2 x_1}{a^2 y_1}.$$

Das obere Vorzeichen gilt für die Ellipse, das untere für die Hyperbel.

4.5 Die beiden Brennstrahlen zum Berührungspunkt $P(\boldsymbol{r})$ der Tangente genügen den Bedingungen (Fig. A.25)

- $|\boldsymbol{r}_1| - |\boldsymbol{r}_2| = \text{const}$ (Hyperbelkriterium) $\curvearrowright$ $d\,|\boldsymbol{r}_1| = d\,|\boldsymbol{r}_2|\,,$
- $d\boldsymbol{r}_1 = d\boldsymbol{r}_2 = d\boldsymbol{r}$ (Trägervektor der Tangente im Punkt P).

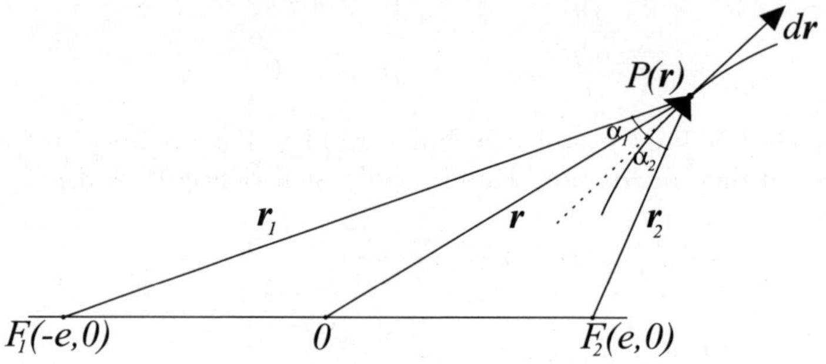

Fig. A.25

Damit gilt für jede Hyperbel die Identität

$$\frac{|\boldsymbol{r}_1|\,d\,|\boldsymbol{r}_1|}{|\boldsymbol{r}_1|} = \frac{|\boldsymbol{r}_2|\,d\,|\boldsymbol{r}_2|}{|\boldsymbol{r}_2|} \quad \text{oder} \quad \frac{\boldsymbol{r}_1 \cdot d\boldsymbol{r}}{|\boldsymbol{r}_1|} = \frac{\boldsymbol{r}_2 \cdot d\boldsymbol{r}}{|\boldsymbol{r}_2|}$$

$$\curvearrowright \quad \cos\underbrace{\measuredangle(\boldsymbol{r}_1, d\boldsymbol{r})}_{\alpha_1} = \cos\underbrace{\measuredangle(\boldsymbol{r}_2, d\boldsymbol{r})}_{\alpha_2}, \quad \text{d. h.}\ \alpha_1 = \alpha_2 .$$

Analog gilt für Ellipsen infolge ihres Kriteriums $|\boldsymbol{r}_1| + |\boldsymbol{r}_2| = \text{const}$ im Berüh-

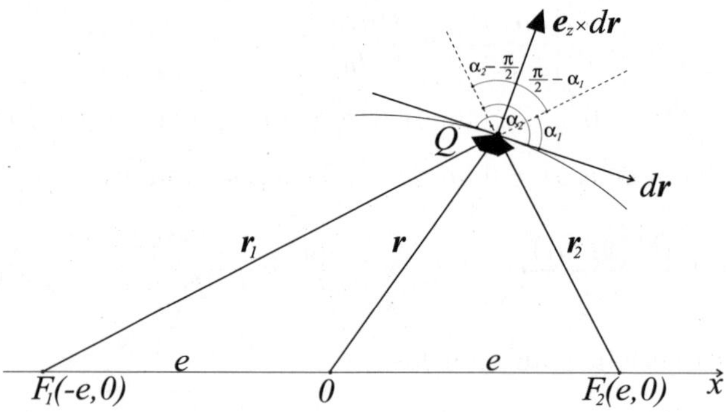

Fig. A.26

rungspunkt $Q(\boldsymbol{r})$ der Tangente (Fig. A.26)

$$\frac{|\boldsymbol{r}_1|\, d\,|\boldsymbol{r}_1|}{|\boldsymbol{r}_1|} = -\frac{|\boldsymbol{r}_2|\, d\,|\boldsymbol{r}_2|}{|\boldsymbol{r}_2|} \quad \text{oder} \quad \frac{\boldsymbol{r}_1 \cdot d\boldsymbol{r}}{|\boldsymbol{r}_1|} = -\frac{\boldsymbol{r}_2 \cdot d\boldsymbol{r}}{|\boldsymbol{r}_2|}$$

$$\curvearrowright \quad \cos \underbrace{\measuredangle(\boldsymbol{r}_1, d\boldsymbol{r})}_{\alpha_1} = -\cos \underbrace{\measuredangle(\boldsymbol{r}_2, d\boldsymbol{r})}_{\alpha_2}, \quad \text{d. h. } \alpha_2 = \pi - \alpha_1 .$$

Also schneiden die Brennstrahlen einer Ellipse ihre Tangente unter supplementären Winkeln (α_1 bzw. $\alpha_2 = \pi - \alpha_1$), jedoch die Normale $\boldsymbol{e}_z \times d\boldsymbol{r}$ unter gleichen Winkeln ($\frac{\pi}{2} - \alpha_1 = \alpha_2 - \frac{\pi}{2}$).

Das Ergebnis bedeutet optisch modellmäßig, dass die Ellipse jeden von einem Brennpunkt ausgehenden Lichtstrahl zum anderen Brennpunkt hinspiegelt.

4.6 Zu 1. Die Kugel vom Radius R um den Mittelpunkt $\boldsymbol{r}_0$ hat die Gleichung $\Phi(\boldsymbol{r}) = (\boldsymbol{r} - \boldsymbol{r}_0)^2 - R^2 = 0$ und an der Stelle $\boldsymbol{r}_1$ analog (4.14) den örtlichen Gradienten $\mathbf{grad}\, \Phi(\boldsymbol{r}_1) = 2(\boldsymbol{r}_1 - \boldsymbol{r}_0)$. Damit gilt für jeden Punkt $\boldsymbol{r}$ der gesuchten Tangentialebene (Fig. A.27(1)):

$$\underbrace{(\boldsymbol{r} - \boldsymbol{r}_1)}_{(\boldsymbol{r}-\boldsymbol{r}_0)-(\boldsymbol{r}_1-\boldsymbol{r}_0)} \cdot (\boldsymbol{r}_1 - \boldsymbol{r}_0) = 0 \quad \curvearrowright \quad (\boldsymbol{r} - \boldsymbol{r}_0) \cdot (\boldsymbol{r}_1 - \boldsymbol{r}_0) = \underbrace{(\boldsymbol{r}_1 - \boldsymbol{r}_0)^2}_{R^2} .$$

Zu 2. Allgemein genügt die Normale durch den Punkt $\boldsymbol{r}_1$ irgendeiner Fläche

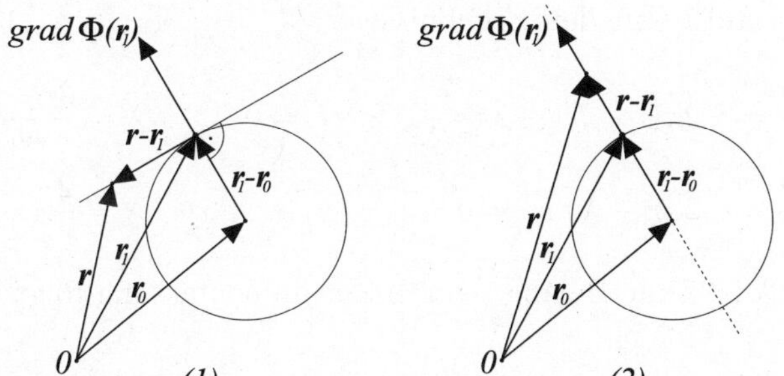

Fig. A.27

$\Phi(\boldsymbol{r}) = 0$ der Geradengleichung (Fig. A.27(2)):

$$\boldsymbol{r} = \boldsymbol{r}_1 + \lambda\, \mathbf{grad}\, \Phi(\boldsymbol{r}_1).$$

Für die Kugel folgt speziell die Zweipunktegleichung der gesuchten Normalen mit dem Parameter $\mu = 2\lambda$:

$$\boldsymbol{r} = \boldsymbol{r}_1 + \mu(\boldsymbol{r}_1 - \boldsymbol{r}_0).$$

4.7 Gesucht wird das S-Maximum der Funktion $\Phi(S, a, b) = S - \frac{ab}{2} = 0$ unter der Nebenbedingung (Rechtwinkligkeit): $\Psi(a, b) = a^2 + b^2 - c^2 = 0$

(Fig. A.7). Es geht also um die Extrema der Hilfsfunktion $\hat{\Phi} = \Phi - \lambda\Psi = S - \frac{ab}{2} - \lambda(a^2 + b^2 - c^2) = 0$. Sie genügen den Bedingungen

$$\frac{\partial\hat{\Phi}}{\partial a} = 0 \quad \text{und} \quad \frac{\partial\hat{\Phi}}{\partial b} = 0,$$

die hier zu einem einzigen Maximum führen:

$$-\frac{b}{2} - 2\lambda a = 0 \quad \text{und} \quad -\frac{a}{2} - 2\lambda b = 0 \quad \curvearrowright \quad a = b = \frac{c}{\sqrt{2}}, \quad S_{\max} = \frac{c^2}{4}.$$

Ersichtlich spielt der Wert von λ keine Rolle.

4.8 Wir fragen nach dem O-Minimum der Funktion

$$\Phi(O, r, h) = O - 2\pi r(r + h) = 0$$

unter der Nebenbedingung

$$\Psi(r, h) = V - \pi r^2 h = 0.$$

Dazu differenzieren wir die Hilfsfunktion

$$\hat{\Phi} = \Phi - \lambda\Psi = O - 2\pi r(r + h) - \lambda\,(V - \pi r^2 h) = 0$$

partiell nach r und h mit den Ergebnissen

$$\frac{\partial\hat{\Phi}}{\partial r} = -2\pi(r + h) - 2\pi r + \lambda\, 2\pi r h = 0 \quad \curvearrowright \quad \lambda = \frac{2r + h}{rh},$$
$$\frac{\partial\hat{\Phi}}{\partial h} = -2\pi r + \lambda\, \pi r^2 = 0 \quad \curvearrowright \quad \lambda = \frac{2}{r}.$$

Der Wert von λ ist ohne Belang. Durch Zusammenfassung folgt schließlich

$$h = 2r, \quad r = \sqrt[3]{\frac{V}{2\pi}}, \quad O_{\min} = 6\pi\left(\frac{V}{2\pi}\right)^{\frac{2}{3}}.$$

Man überzeugt sich rasch, dass es keine Oberfläche $< O_{\min}$ gibt. Das relative Minimum ist zugleich ein absolutes.

4.9 Wir wählen eine Kugelschale mit Innenradius r_1 und Außenradius r_2 um den Nullpunkt. Dann beträgt der radial durch die innere Fläche eintretende Vektorfluss $4\pi r_1^2 \cdot r_1$ und der radial durch die äußere Fläche austretende $4\pi r_2^2 \cdot r_2$. Der Überschuss, bezogen auf das Volumen der Kugelschale, ist die gesuchte Quelldichte

$$\operatorname{div} \boldsymbol{r} = \frac{4\pi r_2^2 \cdot r_2 - 4\pi r_1^2 \cdot r_1}{\frac{4}{3}\pi(r_2^3 - r_1^3)} = 3.$$

Physikalisch kann man sich z. B. vorstellen, dass gleichmäßiger äußerer Druck in einer isotropen elastischen Kugel nach Hooke[4] ein Kraftfeld $\boldsymbol{F} = -\lambda \boldsymbol{r}$ mit der Quelldichte $\operatorname{div} \boldsymbol{F} = -3\lambda$ erzeugt. Um diesen konstanten Betrag nimmt der zentral gerichtete Kraftfluss $F \cdot 4\pi r^2$ volumbezogen zwischen 2 Flächen $r_2 = \text{const}$ und $r_1 = \text{const}$ ab.

Übrigens lässt sich (4.21) analog bestätigen; hier tritt lediglich das ebene Modell eines Kreisrings an die Stelle der Kugelschale. Damit findet man

$$\operatorname{div} \boldsymbol{r} = \frac{2\pi r_2 \cdot r_2 - 2\pi r_1 \cdot r_1}{\pi(r_2^2 - r_1^2)} = 2.$$

4.10 Aus $a_x = e^{ikz}$ und $a_y = ie^{ikz}$ ergibt sich mühelos

$$\frac{\partial a_x}{\partial z} = ike^{ikz} = ka_y \quad \text{und} \quad \frac{\partial a_y}{\partial z} = -ke^{ikz} = -ka_x,$$

was nach Einsetzung in (4.25) unmittelbar zu

$$\mathbf{rot}\, \boldsymbol{a} = ka_x \boldsymbol{e}_x + ka_y \boldsymbol{e}_y = k\boldsymbol{a}$$

führt. Die Proportionalität (Parallelität) gilt natürlich sowohl für den Real- wie für den Imaginärteil des Felds.

4.11 Ein Blick auf (4.36) zeigt, dass die Gleichungen $\frac{\partial \boldsymbol{a}}{\partial v} = \left(\frac{\partial \boldsymbol{r}}{\partial v} \cdot \boldsymbol{\nabla}\right) \boldsymbol{a}$ und $\frac{\partial \boldsymbol{a}}{\partial u} = \left(\frac{\partial \boldsymbol{r}}{\partial u} \cdot \boldsymbol{\nabla}\right) \boldsymbol{a}$ die Symmetriebedingung zur Identität machen:

$$\underbrace{\left(\frac{\partial \boldsymbol{r}}{\partial u} \cdot \boldsymbol{\nabla}\right)}_{\frac{\partial}{\partial u}} \underbrace{\left(\frac{\partial \boldsymbol{r}}{\partial v} \cdot \boldsymbol{\nabla}\right)}_{\frac{\partial}{\partial v}} \boldsymbol{a} = \underbrace{\left(\frac{\partial \boldsymbol{r}}{\partial v} \cdot \boldsymbol{\nabla}\right)}_{\frac{\partial}{\partial v}} \underbrace{\left(\frac{\partial \boldsymbol{r}}{\partial u} \cdot \boldsymbol{\nabla}\right)}_{\frac{\partial}{\partial u}} \boldsymbol{a} = \frac{\partial^2 \boldsymbol{a}[\boldsymbol{r}(u,v)]}{\partial u \partial v}.$$

4.12 Wir ersetzen in (4.45) Ψ durch $\frac{1}{\Psi}$ und erhalten

$$\boldsymbol{\nabla}\left(\frac{\Phi}{\Psi}\right) = \frac{1}{\Psi} \boldsymbol{\nabla} \Phi + \Phi \boldsymbol{\nabla}\left(\frac{1}{\Psi}\right),$$

was mit Hilfe der Kettenregel

$$\boldsymbol{\nabla}\left(\frac{1}{\Psi}\right) = \boldsymbol{\nabla}(\Psi^{-1}) = -\Psi^{-2} \boldsymbol{\nabla} \Psi = -\frac{\boldsymbol{\nabla} \Psi}{\Psi^2}$$

zu dem gewünschten Ergebnis führt.

[4] Robert Hooke (1635-1703), englischer Physiker

4.13 Durch gliedweises Differenzieren findet man mühelos

$$(\boldsymbol{a}\cdot\boldsymbol{\nabla})\boldsymbol{r} = \left(a_x\frac{\partial}{\partial x} + a_y\frac{\partial}{\partial y} + a_z\frac{\partial}{\partial z}\right)(x\boldsymbol{e}_x+y\boldsymbol{e}_y+z\boldsymbol{e}_z) = a_x\boldsymbol{e}_x+a_y\boldsymbol{e}_y+a_z\boldsymbol{e}_z = \boldsymbol{a}.$$

Speziell für $\boldsymbol{a} = \frac{\partial \boldsymbol{r}}{\partial u}$ ergibt sich die geläufige Identität

$$\underbrace{\left(\frac{\partial \boldsymbol{r}}{\partial u}\cdot\boldsymbol{\nabla}\right)}_{\frac{\partial}{\partial u}}\boldsymbol{r} = \frac{\partial \boldsymbol{r}}{\partial u}.$$

Die 2-malige Anwendung des skalaren Differenzialoperators $(\boldsymbol{a}\cdot\boldsymbol{\nabla})$ auf $\boldsymbol{r}$ bewirkt

$$(\boldsymbol{a}\cdot\boldsymbol{\nabla})\underbrace{(\boldsymbol{a}\cdot\boldsymbol{\nabla})\boldsymbol{r}}_{\boldsymbol{a}} = (\boldsymbol{a}\cdot\boldsymbol{\nabla})\boldsymbol{a}.$$

4.14 Zu 1. Aus der Produktregel folgt unmittelbar

$$(\boldsymbol{\nabla}\cdot\boldsymbol{a})\boldsymbol{b} = \underbrace{(\boldsymbol{\nabla}\cdot\boldsymbol{a})\boldsymbol{b}_c}_{\boldsymbol{b}\,\mathrm{div}\,\boldsymbol{a}} + \underbrace{(\boldsymbol{\nabla}\cdot\boldsymbol{a}_c)\boldsymbol{b}}_{(\boldsymbol{a}\cdot\boldsymbol{\nabla})\boldsymbol{b}}.$$

Zu 2. Angesichts (2.64), (4.20), (4.55) und (4.28) erhält man rasch

$$(\boldsymbol{a}\times\boldsymbol{\nabla})\times\boldsymbol{r} = \underbrace{\boldsymbol{\nabla}(\boldsymbol{a}_c\cdot\boldsymbol{r})}_{(\boldsymbol{a}\cdot\boldsymbol{\nabla})\boldsymbol{r}=\boldsymbol{a}} - \boldsymbol{a}\underbrace{(\boldsymbol{\nabla}\cdot\boldsymbol{r})}_{3} = -2\boldsymbol{a}.$$

4.15 Wir multiplizieren (4.56) punktweise mit $\boldsymbol{c}$ und erhalten bequem

$$\underbrace{\boldsymbol{c}\cdot(\boldsymbol{b}\times\mathbf{rot}\,\boldsymbol{a})}_{(\boldsymbol{c}\times\boldsymbol{b})\cdot\mathbf{rot}\,\boldsymbol{a}} = \underbrace{(\boldsymbol{c}\cdot\boldsymbol{\nabla})(\boldsymbol{b}_c\cdot\boldsymbol{a})}_{\boldsymbol{b}(\boldsymbol{c}\cdot\boldsymbol{\nabla})\boldsymbol{a}} - \boldsymbol{c}\cdot(\boldsymbol{b}\cdot\boldsymbol{\nabla})\boldsymbol{a}.$$

4.16 Wir addieren in (4.65) rechts $\boldsymbol{a}\cdot(\boldsymbol{c}\cdot\boldsymbol{\nabla})\boldsymbol{b} - \boldsymbol{a}\cdot(\boldsymbol{b}\cdot\boldsymbol{\nabla})\boldsymbol{c}\,(=0)$ und finden

$$(\boldsymbol{c}\times\boldsymbol{b})\cdot\mathbf{rot}\,\boldsymbol{a} = \underbrace{\boldsymbol{b}\cdot(\boldsymbol{c}\cdot\boldsymbol{\nabla})\boldsymbol{a} + \boldsymbol{a}\cdot(\boldsymbol{c}\cdot\boldsymbol{\nabla})\boldsymbol{b}}_{(\boldsymbol{c}\cdot\boldsymbol{\nabla})(\boldsymbol{a}\cdot\boldsymbol{b})} - \big[\underbrace{\boldsymbol{c}\cdot(\boldsymbol{b}\cdot\boldsymbol{\nabla})\boldsymbol{a} + \boldsymbol{a}\cdot(\boldsymbol{b}\cdot\boldsymbol{\nabla})\boldsymbol{c}}_{(\boldsymbol{b}\cdot\boldsymbol{\nabla})(\boldsymbol{a}\cdot\boldsymbol{c})}\big].$$

4.17 Zu 1. Nach der Produktregel gilt angesichts der o. a. Voraussetzungen

$$\begin{aligned}(\boldsymbol{b}\cdot\boldsymbol{\nabla})(\boldsymbol{c}\times\boldsymbol{d}) &= (\boldsymbol{b}\cdot\boldsymbol{\nabla})(\boldsymbol{c}\times\boldsymbol{d}_c) + (\boldsymbol{b}\cdot\boldsymbol{\nabla})(\boldsymbol{c}_c\times\boldsymbol{d})\\ &= (\boldsymbol{c}\cdot\boldsymbol{\nabla})(\boldsymbol{b}\times\boldsymbol{d}_c) + (\boldsymbol{d}\cdot\boldsymbol{\nabla})(\boldsymbol{c}_c\times\boldsymbol{b}).\end{aligned}$$

Punktweise Multiplikation mit $\boldsymbol{a}$ ergibt zunächst

$$\begin{aligned}\boldsymbol{a}\cdot(\boldsymbol{b}\cdot\boldsymbol{\nabla})(\boldsymbol{c}\times\boldsymbol{d}) &= \boldsymbol{a}\cdot(\boldsymbol{c}\cdot\boldsymbol{\nabla})(\boldsymbol{b}\times\boldsymbol{d}_c)+\boldsymbol{a}\cdot(\boldsymbol{d}\cdot\boldsymbol{\nabla})(\boldsymbol{c}_c\times\boldsymbol{b})\\ &= \boldsymbol{d}\cdot(\boldsymbol{c}\cdot\boldsymbol{\nabla})(\boldsymbol{a}_c\times\boldsymbol{b})-\boldsymbol{c}\cdot(\boldsymbol{d}\cdot\boldsymbol{\nabla})(\boldsymbol{a}_c\times\boldsymbol{b})\end{aligned}$$

und schließlich durch Vergleich mit (4.65)

$$\boldsymbol{a}\cdot(\boldsymbol{b}\cdot\boldsymbol{\nabla})(\boldsymbol{c}\times\boldsymbol{d})=(\boldsymbol{c}\times\boldsymbol{d})\cdot\mathbf{rot}(\boldsymbol{a}_c\times\boldsymbol{b}).$$

Zu 2. Die Produktregel führt zu

$$(\boldsymbol{b}\cdot\boldsymbol{\nabla})[\boldsymbol{a}\cdot(\boldsymbol{c}\times\boldsymbol{d})]=\underbrace{\boldsymbol{a}\cdot(\boldsymbol{b}\cdot\boldsymbol{\nabla})(\boldsymbol{c}\times\boldsymbol{d})}_{(\boldsymbol{c}\times\boldsymbol{d})\cdot\mathbf{rot}(\boldsymbol{a}_c\times\boldsymbol{b})}+(\boldsymbol{c}\times\boldsymbol{d})\cdot(\boldsymbol{b}\cdot\boldsymbol{\nabla})\boldsymbol{a}.$$

Für den 2. Term rechts gilt gemäß (4.68)

$$(\boldsymbol{c}\times\boldsymbol{d})\cdot(\boldsymbol{b}\cdot\boldsymbol{\nabla})\boldsymbol{a}=(\boldsymbol{c}\times\boldsymbol{d})\cdot[\mathbf{rot}(\boldsymbol{a}\times\boldsymbol{b}_c)+\boldsymbol{b}\,\mathrm{div}\,\boldsymbol{a}].$$

Durch Zusammenfassung erhält man mühelos

$$(\boldsymbol{b}\cdot\boldsymbol{\nabla})[\boldsymbol{a}\cdot(\boldsymbol{c}\times\boldsymbol{d})]=(\boldsymbol{c}\times\boldsymbol{d})\cdot[\underbrace{\mathbf{rot}(\boldsymbol{a}_c\times\boldsymbol{b})+\mathbf{rot}(\boldsymbol{a}\times\boldsymbol{b}_c)}_{\mathbf{rot}(\boldsymbol{a}\times\boldsymbol{b})}+\boldsymbol{b}\,\mathrm{div}\,\boldsymbol{a}].$$

4.18 Gemäß Kap. 3.2 beschreibt (4.61) die Normale $\mathbf{grad}\,\Phi=\boldsymbol{k}$ einer Ebene $\Phi=\boldsymbol{k}\cdot\boldsymbol{r}-D=0$ mit dem Abstand $|\boldsymbol{r}_n|=\frac{D}{|\boldsymbol{k}|}$ vom Nullpunkt.

4.19 Einsetzung von (4.68) und (4.57) ergibt mühelos

$$-\boldsymbol{a}\underbrace{\mathrm{div}\,\boldsymbol{r}}_{3}+2\underbrace{(\boldsymbol{a}\cdot\boldsymbol{\nabla})\,\boldsymbol{r}}_{\boldsymbol{a}}+\boldsymbol{a}\times\underbrace{\mathbf{rot}\,\boldsymbol{r}}_{0}+\boldsymbol{a}=0.$$

4.20 Anwendung des **rot**-Operators ergibt gemäß (4.68)

$$\begin{aligned}\mathbf{rot}\,\boldsymbol{a}=\mathbf{rot}(\boldsymbol{b}\times\boldsymbol{r}) &= \boldsymbol{b}\,\underbrace{\mathrm{div}\,\boldsymbol{r}}_{3}-\boldsymbol{r}\,\mathrm{div}\,\boldsymbol{b}+(\boldsymbol{r}\cdot\boldsymbol{\nabla})\boldsymbol{b}-\underbrace{(\boldsymbol{b}\cdot\boldsymbol{\nabla})\boldsymbol{r}}_{\boldsymbol{b}}\\ &= 2\boldsymbol{b}-\boldsymbol{r}\,\mathrm{div}\,\boldsymbol{b}+(\boldsymbol{r}\cdot\boldsymbol{\nabla})\boldsymbol{b},\end{aligned}$$

was im Nullpunkt ersichtlich zu $\mathbf{rot}\,\boldsymbol{a}=2\boldsymbol{b}$ führt (vgl. Kap. 4.3.6).

4.21 Mit Hilfe der Kettenregel, (4.58) und (4.54) erhält man wegen $\mathbf{rot}\,\boldsymbol{r}=0$:

$$\boldsymbol{\nabla}\,|\boldsymbol{r}|\equiv\boldsymbol{\nabla}\,\sqrt{\boldsymbol{r}^2}=\frac{1}{2}\frac{\boldsymbol{\nabla}\,\boldsymbol{r}^2}{\sqrt{\boldsymbol{r}^2}}=\frac{(\boldsymbol{r}\cdot\boldsymbol{\nabla})\boldsymbol{r}}{\sqrt{\boldsymbol{r}^2}}=\frac{\boldsymbol{r}}{|\boldsymbol{r}|}.$$

Analog ergibt sich zunächst

$$\boldsymbol{\nabla}\,|\boldsymbol{r}\times\boldsymbol{k}| \equiv \boldsymbol{\nabla}\,\sqrt{(\boldsymbol{r}\times\boldsymbol{k})^2} = \frac{1}{2}\frac{\boldsymbol{\nabla}(\boldsymbol{r}\times\boldsymbol{k})^2}{\sqrt{(\boldsymbol{r}\times\boldsymbol{k})^2}}.$$

Aus (4.58), (4.54) und (4.69) folgt

$$\begin{aligned}\boldsymbol{\nabla}(\boldsymbol{r}\times\boldsymbol{k})^2 &= 2[(\boldsymbol{r}\times\boldsymbol{k})\cdot\boldsymbol{\nabla}](\boldsymbol{r}\times\boldsymbol{k}) + 2(\boldsymbol{r}\times\boldsymbol{k})\times\underbrace{\mathbf{rot}(\boldsymbol{r}\times\boldsymbol{k})}_{-2\boldsymbol{k}}\\ &= 2(\boldsymbol{r}\times\boldsymbol{k})\times\boldsymbol{k} - 4(\boldsymbol{r}\times\boldsymbol{k})\times\boldsymbol{k} = -2(\boldsymbol{r}\times\boldsymbol{k})\times\boldsymbol{k}\end{aligned}$$

$$\curvearrowright\quad \boldsymbol{\nabla}\,|\boldsymbol{r}\times\boldsymbol{k}| = -\frac{(\boldsymbol{r}\times\boldsymbol{k})\times\boldsymbol{k}}{|\boldsymbol{r}\times\boldsymbol{k}|}.$$

4.22 Aus $\Phi(\boldsymbol{r},c) = (\boldsymbol{r}-\boldsymbol{r}_0)^2 - c^2 = 0$ erhält man

$$\mathbf{grad}\,\Phi = 2(\boldsymbol{r}-\boldsymbol{r}_0), \qquad \frac{\partial\Phi}{\partial x} = 2(x-x_0), \qquad \frac{\partial\Phi}{\partial y} = 2(y-y_0).$$

Damit lautet die maßgebende, hier ausnahmsweise c-freie Differenzialgleichung:

$$(x-x_0)y' - (y-y_0) = 0 \quad\text{oder}\quad \frac{dy}{y-y_0} = \frac{dx}{x-x_0}.$$

Sie hat die allgemeine Lösung

$$\ln(y-y_0) = \ln(x-x_0) + \ln C \quad\curvearrowright\quad y - y_0 = C(x-x_0),$$

die geometrisch eine Geradenschar mit der individuellen Steigung C durch den Kreismittelpunkt $\boldsymbol{r}_0$ darstellt.

4.23 Mit Hilfe der Formeln

$$\begin{aligned}&\Phi(\boldsymbol{r},R) = (\boldsymbol{r}-\boldsymbol{r}_0)^2 - R^2 = 0 \;\text{ und }\; \Psi(\boldsymbol{r},\boldsymbol{e}_n) = (\boldsymbol{r}-\boldsymbol{r}_0)\cdot\boldsymbol{e}_n = 0\\ &\curvearrowright\quad \mathbf{grad}\,\Phi = 2(\boldsymbol{r}-\boldsymbol{r}_0) \;\text{ und }\; \mathbf{grad}\,\Psi = \boldsymbol{e}_n\end{aligned}$$

bestätigt man mühelos das Merkmal (4.76)

$$\mathbf{grad}\,\Phi\cdot\mathbf{grad}\,\Psi = 2\,\underbrace{(\boldsymbol{r}-\boldsymbol{r}_0)\cdot\boldsymbol{e}_n}_{\Psi(\boldsymbol{r},\boldsymbol{e}_n)} = 0.$$

4.24 Wir eliminieren c aus den beiden Gleichungen

$$\Phi = (x-c)^2 + y^2 - (kc)^2 = 0 \quad\text{und}\quad \frac{\partial\Phi}{\partial c} = -2(x - c + k^2 c) = 0$$

mit dem Ergebnis

$$c = \frac{x}{1-k^2} \quad \curvearrowright \quad y^2 = x^2 \frac{k^2}{1-k^2}.$$

Vermittels $k = \sin\alpha$ gewinnt die Einhüllende die anschauliche Form des Geradenpaars $y = \pm x \tan\alpha$ (Fig. A.28).

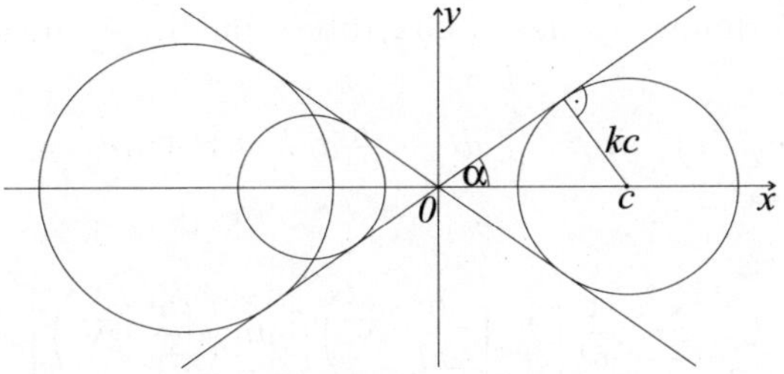

Fig. A.28

4.25 Die beiden maßgebenden Bedingungen lauten

$$\Phi(\boldsymbol{r}, c) = (y+c)^2 - x^3 = 0 \quad \text{und} \quad \frac{\partial\Phi(\boldsymbol{r}, c)}{\partial c} = 2(y+c) = 0.$$

Durch Eliminieren von c findet man $x = 0$, also die y-Achse. Sie ist hier kein

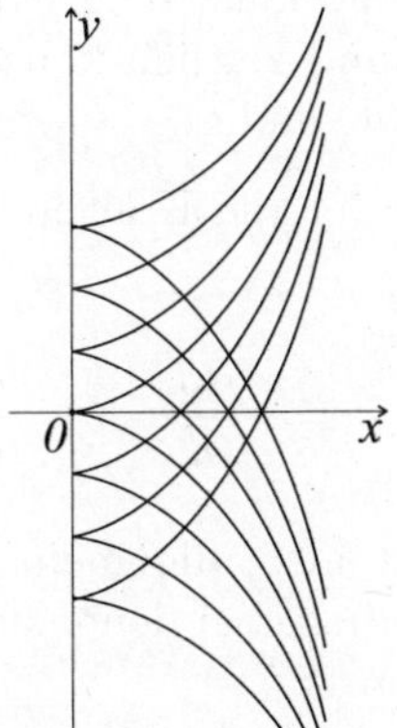

Fig. A.29

tangential berührender Rand der Schar, sondern besteht aus genau all ihren singulären Punkten; die gegebene Kurvenschar enthält nämlich lauter neilsche[5] Parabeln, die auf der y-Achse Spitzen haben (Fig. A.29).

[5]William Neil (1637-1670), britischer Mathematiker

4.26 Aus (4.82) folgt für infinitesimale Ortsdifferenzen $\Delta\boldsymbol{r} = d\boldsymbol{r}$ unmittelbar

$$\underbrace{\Phi(\boldsymbol{r}+d\boldsymbol{r}) - \Phi(\boldsymbol{r})}_{d\Phi(\boldsymbol{r})} = (d\boldsymbol{r}\cdot\boldsymbol{\nabla})\Phi(\boldsymbol{r}) + \sum_{n=2}^{\infty}\frac{1}{n!}(d\boldsymbol{r}\cdot\boldsymbol{\nabla})^n\Phi(\boldsymbol{r})$$

Hinter dem $\sum$-Zeichen stehen lauter für $d\boldsymbol{r} \to 0$ vernachlässigbare Glieder 2. und höherer Ordnung, so dass (4.32) übrig bleibt. Analog lässt sich (4.35) bestätigen.

4.27 Mit $\boldsymbol{r} = \boldsymbol{r}(u,v)$, $d\boldsymbol{r} = \frac{\partial\boldsymbol{r}}{\partial u}du + \frac{\partial\boldsymbol{r}}{\partial v}dv$; $\Phi(\boldsymbol{r}+d\boldsymbol{r}) = \Phi(u+du, v+dv)$ ergibt sich aus (4.82)

$$\begin{aligned}\Phi(u+du, v+dv) &= \sum_{n=0}^{\infty}\frac{1}{n!}\left[du\underbrace{\left(\frac{\partial\boldsymbol{r}}{\partial u}\cdot\boldsymbol{\nabla}\right)}_{\frac{\partial}{\partial u}} + dv\underbrace{\left(\frac{\partial\boldsymbol{r}}{\partial v}\cdot\boldsymbol{\nabla}\right)}_{\frac{\partial}{\partial v}}\right]^n\Phi(u,v)\\ &= \Phi(u,v) + \frac{\partial\Phi(u,v)}{\partial u}du + \frac{\partial\Phi(u,v)}{\partial v}dv\\ &\quad + \frac{1}{2}\left[\frac{\partial^2\Phi(u,v)}{\partial u^2}du^2 + 2\frac{\partial^2\Phi(u,v)}{\partial u\partial v}du\,dv + \frac{\partial^2\Phi(u,v)}{\partial v^2}dv^2\right] + \dots\end{aligned}$$

4.28 Als Lösung bietet sich die klassische, von Flüssigkeiten wohlbekannte Inkompressibilität an: Örtlich und zeitlich konstante Dichte; diese Lösung ist zwar hinreichend, aber nicht notwendig.

Die *allgemeine* Lösung findet, wer die Kontinuitätsgleichung (4.22) mit Hilfe von (4.50) und (4.85) umformt:

$$\boldsymbol{v}\cdot\mathbf{grad}\,\varrho + \varrho\,\mathrm{div}\,\boldsymbol{v} = -\frac{\partial\varrho}{\partial t} \quad\curvearrowright\quad \frac{d\varrho}{dt} + \varrho\,\mathrm{div}\,\boldsymbol{v} = 0.$$

Die Gleichung $\mathrm{div}\,\boldsymbol{v} = 0$ setzt also allgemein $\frac{d\varrho}{dt} = 0$ voraus. Dies betrifft inhomogene inkompressible Medien, bei denen sich die örtlichen und zeitlichen Dichteänderungen kompensieren.

Übrigens kennzeichnet $\mathrm{div}\,\boldsymbol{v} = 0$ lediglich quellenfreie, nicht notwendig homogene Strömungsfelder.

4.29 Für $\boldsymbol{w}(\boldsymbol{r},t) = 0$ folgt aus (4.100) unmittelbar $\frac{d\boldsymbol{w}}{dt} = 0$ und aus dem differenzierten Wirbelsatz

$$\frac{d^2\boldsymbol{w}}{dt^2} = \left(\frac{d\boldsymbol{w}}{dt}\cdot\boldsymbol{\nabla}\right)\boldsymbol{v} + (\boldsymbol{w}\cdot\boldsymbol{\nabla})\frac{d\boldsymbol{v}}{dt}$$

zusätzlich $\frac{d^2\boldsymbol{w}}{dt^2} = 0$. Weiteres Differenzieren ergibt, dass für $\boldsymbol{w}(\boldsymbol{r},t) = 0$ alle zeitlichen Ableitungen verschwinden, was nach dem taylorschen Satz für das betreffende Gebiet $\boldsymbol{w}(\boldsymbol{r},t) \equiv 0$ bedeutet. Dort finden keine zeitlichen $\boldsymbol{w}$-Änderungen statt.

Nach dem Wirbelsatz hat also jede Strömung von Anfang an für alle Zeit das Alternativmerkmal $\boldsymbol{w}(\boldsymbol{r},t) = 0$ oder $\boldsymbol{w}(\boldsymbol{r},t) \neq 0$. Spontane Übergange sind ausgeschlossen. Neue Wirbel können nicht entstehen, alte nicht vergehen.

4.30 Aus (4.118) folgt unmittelbar im Einklang mit (4.76)

$$\frac{\partial u}{\partial x}\frac{\partial v}{\partial x} + \frac{\partial u}{\partial y}\frac{\partial v}{\partial y} = 0 \quad \curvearrowright \quad \mathbf{grad}\, u \cdot \mathbf{grad}\, v = 0.$$

Die Gradienten der beiden Kurvenscharen $u(x,y) = \text{const}_1$ und $v(x,y) = \text{const}_2$ stehen also überall aufeinander senkrecht, wo die komplexe Funktion $f(x \pm iy)$ regulär ist.

4.31 Mit Hilfe von (2.7) ergibt sich nach der Kettenregel

$$\nabla\,|\boldsymbol{r}-\boldsymbol{k}|^n = \nabla\left[(\boldsymbol{r}-\boldsymbol{k})^2\right]^{\frac{n}{2}} = \frac{n}{2}\left[(\boldsymbol{r}-\boldsymbol{k})^2\right]^{\frac{n}{2}-1}\nabla(\boldsymbol{r}-\boldsymbol{k})^2.$$

Hierbei gilt wegen (4.58) und (4.54)

$$\nabla(\boldsymbol{r}-\boldsymbol{k})^2 = 2[(\boldsymbol{r}-\boldsymbol{k})\cdot\nabla](\boldsymbol{r}-\boldsymbol{k}) = 2(\boldsymbol{r}-\boldsymbol{k}).$$

Man erhält somit schließlich

$$\nabla\,|\boldsymbol{r}-\boldsymbol{k}|^n = n\,|\boldsymbol{r}-\boldsymbol{k}|^{n-2}\,(\boldsymbol{r}-\boldsymbol{k}).$$

Daraus folgt speziell für

- $n = 2: \quad \nabla\,|\boldsymbol{r}-\boldsymbol{k}|^2 = 2(\boldsymbol{r}-\boldsymbol{k}),$
- $n = 1: \quad \nabla\,|\boldsymbol{r}-\boldsymbol{k}| = \frac{\boldsymbol{r}-\boldsymbol{k}}{|\boldsymbol{r}-\boldsymbol{k}|},$
- $n = -1: \quad \nabla\,\frac{1}{|\boldsymbol{r}-\boldsymbol{k}|} = -\frac{\boldsymbol{r}-\boldsymbol{k}}{|\boldsymbol{r}-\boldsymbol{k}|^3}.$

Erneute ∇-Anwendung führt nach der Kettenregel zu

$$\begin{aligned}
\nabla(\nabla\,|\boldsymbol{r}-\boldsymbol{k}|^n) &= n\,\nabla\cdot\left[|\boldsymbol{r}-\boldsymbol{k}|^{n-2}\,(\boldsymbol{r}-\boldsymbol{k})\right]\\
&= n\,\nabla\cdot\left[|\boldsymbol{r}-\boldsymbol{k}|^{n-2}\,(\boldsymbol{r}-\boldsymbol{k})_c\right] + n\,\nabla\cdot\left[|\boldsymbol{r}-\boldsymbol{k}|_c^{n-2}\,(\boldsymbol{r}-\boldsymbol{k})\right]\\
&= n[(\boldsymbol{r}-\boldsymbol{k})\cdot\nabla]\,|\boldsymbol{r}-\boldsymbol{k}|^{n-2} + n\,|\boldsymbol{r}-\boldsymbol{k}|^{n-2}\underbrace{\nabla\cdot(\boldsymbol{r}-\boldsymbol{k})}_{3}\\
&= n(n-2)\underbrace{|\boldsymbol{r}-\boldsymbol{k}|^{n-4}\,(\boldsymbol{r}-\boldsymbol{k})^2}_{|\boldsymbol{r}-\boldsymbol{k}|^{n-2}} + 3n\,|\boldsymbol{r}-\boldsymbol{k}|^{n-2}
\end{aligned}$$

$$\curvearrowright \quad \Delta\,|\boldsymbol{r}-\boldsymbol{k}|^n = n(n+1)\,|\boldsymbol{r}-\boldsymbol{k}|^{n-2}.$$

Speziell für $n = -1$ und $|\boldsymbol{r} - \boldsymbol{k}| > 0$ gilt die wichtige Formel

$$\Delta \frac{1}{|\boldsymbol{r} - \boldsymbol{k}|} = 0.$$

Im Sonderfall $\boldsymbol{k} = 0$ vereinfachen sich die Ergebnisse:

$$\nabla r^n = n r^{n-2} \boldsymbol{r} \quad \curvearrowright \quad \boldsymbol{r} \times \nabla r^n = 0,$$

$$\nabla r^2 = 2\boldsymbol{r} \text{ (vgl. 4.14)}, \quad \nabla r = \frac{\boldsymbol{r}}{r} = \boldsymbol{e}_r, \quad \nabla \frac{1}{r} = -\frac{\boldsymbol{r}}{r^3} = -\frac{\boldsymbol{e}_r}{r^2},$$

$$\Delta r^n = n(n+1) r^{n-2}, \quad \Delta \frac{1}{r} = \nabla\left(\nabla \frac{1}{r}\right) = -\nabla \frac{\boldsymbol{r}}{r^3} = 0 \ (r > 0).$$

Ein- und zweifache Anwendung des ∇-Operators auf $\ln|\boldsymbol{r} - \boldsymbol{k}|$ ergibt allgemein

$$\nabla \ln|\boldsymbol{r} - \boldsymbol{k}| = \frac{\nabla |\boldsymbol{r} - \boldsymbol{k}|}{|\boldsymbol{r} - \boldsymbol{k}|} = \frac{\boldsymbol{r} - \boldsymbol{k}}{(\boldsymbol{r} - \boldsymbol{k})^2},$$

$$\nabla(\nabla \ln|\boldsymbol{r} - \boldsymbol{k}|) = \frac{(\boldsymbol{r} - \boldsymbol{k})^2 \, \nabla \cdot (\boldsymbol{r} - \boldsymbol{k}) - [(\boldsymbol{r} - \boldsymbol{k}) \cdot \nabla](\boldsymbol{r} - \boldsymbol{k})^2}{(\boldsymbol{r} - \boldsymbol{k})^4}.$$

Daraus folgt in ebenen Koordinaten wegen $\nabla \cdot (\boldsymbol{r} - \boldsymbol{k}) = 2$ für $|\boldsymbol{r} - \boldsymbol{k}| > 0$

$$\Delta \ln|\boldsymbol{r} - \boldsymbol{k}| = 0$$

und im Sonderfall $\boldsymbol{k} = 0 \quad \curvearrowright \quad |\boldsymbol{r}| = \rho > 0$

$$\Delta \ln \rho = 0.$$

4.32 Mit dem Hilfsvektor

$$\boldsymbol{p} \equiv \boldsymbol{r} - \boldsymbol{r}_0 = (x - x_0)\boldsymbol{e}_x + (y - y_0)\boldsymbol{e}_y + (z - z_0)\boldsymbol{e}_z$$

$$\curvearrowright \quad p = |\boldsymbol{p}| = |\boldsymbol{r} - \boldsymbol{r}_0| = \sqrt{(x - x_0)^2 + (y - y_0)^2 + (z - z_0)^2}$$

ergibt sich für eine Funktion $f(p)$ mühelos nach der Kettenregel

$$\nabla f(p) = f'(p) \, \nabla p = f'(p) \frac{\boldsymbol{p}}{p}.$$

Durch abermalige ∇-Anwendung erhält man zunächst

$$\underbrace{\nabla[\nabla f(p)]}_{\Delta f(p)} = f''(p) \underbrace{(\nabla p)^2}_{1} + f'(p) \, \nabla(\nabla p)$$

und nach Einsetzen von

$$\nabla(\nabla p) = \nabla \frac{\boldsymbol{p}}{p} = \frac{p(\nabla \cdot \boldsymbol{p}) - (\boldsymbol{p} \cdot \nabla) p}{p^2} = \frac{3p - \boldsymbol{p} \cdot \frac{\boldsymbol{p}}{p}}{p^2} = \frac{2}{p}$$

schließlich das nützliche Ergebnis

$$\Delta f(p) = f''(p) + \frac{2}{p} f'(p) = \frac{1}{p^2} \frac{d}{dp} \left[p^2 f'(p)\right].$$

4.33 In der Identität

$$\Delta(\Phi \boldsymbol{r}) = \mathbf{grad} \underbrace{\operatorname{div}(\Phi \boldsymbol{r})}_{(\boldsymbol{r}\cdot\boldsymbol{\nabla})\Phi + 3\Phi} - \mathbf{rot} \underbrace{\mathbf{rot}(\Phi \boldsymbol{r})}_{-\boldsymbol{r}\times\boldsymbol{\nabla}\Phi}$$

lauten die beiden rechten Glieder wegen (4.73)

$$\mathbf{grad}[(\boldsymbol{r}\cdot\boldsymbol{\nabla})\Phi + 3\Phi] = (\boldsymbol{r}\cdot\boldsymbol{\nabla})\,\mathbf{grad}\,\Phi + 4\,\mathbf{grad}\,\Phi$$

und angesichts (4.68)

$$\mathbf{rot}(\boldsymbol{r}\times\boldsymbol{\nabla}\Phi) = \boldsymbol{r}\underbrace{\operatorname{div}\mathbf{grad}\,\Phi}_{\Delta\Phi} - 3\,\mathbf{grad}\,\Phi + \underbrace{(\mathbf{grad}\,\Phi\cdot\boldsymbol{\nabla})\boldsymbol{r}}_{\mathbf{grad}\,\Phi} - (\boldsymbol{r}\cdot\boldsymbol{\nabla})\,\mathbf{grad}\,\Phi.$$

Damit gewinnen wir die Form

$$\Delta(\Phi\boldsymbol{r}) = 4\,\mathbf{grad}\,\Phi + \boldsymbol{r}\Delta\Phi - 2\,\mathbf{grad}\,\Phi = \boldsymbol{r}\Delta\Phi + 2\,\mathbf{grad}\,\Phi.$$

4.34 Durch $\boldsymbol{\nabla}$-Anwendung auf (4.59) erhält man

$$\underbrace{\operatorname{div}\mathbf{grad}}_{\Delta}(\boldsymbol{a}\cdot\boldsymbol{r}) = \operatorname{div}\boldsymbol{a} + \operatorname{div}[(\boldsymbol{r}\cdot\boldsymbol{\nabla})\,\boldsymbol{a}] + \operatorname{div}(\boldsymbol{r}\times\mathbf{rot}\,\boldsymbol{a}).$$

Hierbei gilt angesichts (4.75)

$$\operatorname{div}[(\boldsymbol{r}\cdot\boldsymbol{\nabla})\,\boldsymbol{a}] = \boldsymbol{r}\cdot\mathbf{grad}\operatorname{div}\boldsymbol{a} + \operatorname{div}\boldsymbol{a}$$

sowie wegen (4.63) und (4.28)

$$\operatorname{div}(\boldsymbol{r}\times\mathbf{rot}\,\boldsymbol{a}) = -\boldsymbol{r}\cdot\mathbf{rot}\,\mathbf{rot}\,\boldsymbol{a}.$$

Durch Einsetzung ergibt sich mühelos

$$\Delta(\boldsymbol{a}\cdot\boldsymbol{r}) = 2\operatorname{div}\boldsymbol{a} + \boldsymbol{r}\cdot\underbrace{(\mathbf{grad}\operatorname{div}\boldsymbol{a} - \mathbf{rot}\,\mathbf{rot}\,\boldsymbol{a})}_{\Delta\boldsymbol{a}}.$$

Wer die $\boldsymbol{\nabla}$-Anwendung auf (4.59) in der Form

$$\boldsymbol{\nabla}\cdot\mathbf{grad}(\boldsymbol{a}\cdot\boldsymbol{r}) = \boldsymbol{\nabla}\cdot\boldsymbol{a} + \boldsymbol{\nabla}\cdot\boldsymbol{\nabla}(\boldsymbol{r}_c\cdot\boldsymbol{a})$$

schreibt, riskiert einen Unfall, wenn er übersieht, dass $\boldsymbol{r}_c$ nur für einen Operator konstant ist, nicht für beide. Vorsichtige Leute rechnen in kartesischen Koordinaten weiter:

$$\begin{aligned}
\nabla(\boldsymbol{r}_c \cdot \boldsymbol{a}) &= \nabla(x_c a_x + y_c a_y + z_c a_z) = x\,\nabla\, a_x + y\,\nabla\, a_y + z\,\nabla\, a_z,\\
\nabla(x\,\nabla\, a_x + y\,\nabla\, a_y + z\,\nabla\, a_z) &= \underbrace{\boldsymbol{e}_x \cdot \nabla\, a_x + \boldsymbol{e}_y \cdot \nabla\, a_y + \boldsymbol{e}_z \cdot \nabla\, a_z}_{\operatorname{div}\boldsymbol{a}}\\
&\quad + \underbrace{x\,\nabla^2\, a_x + y\,\nabla^2\, a_y + z\,\nabla^2\, a_z}_{\boldsymbol{r}\cdot\Delta\boldsymbol{a}},
\end{aligned}$$

was (4.109) ebenfalls bestätigt.

Der Beweis von (4.110) lässt sich mühelos anschließen, wenn man in (4.109) speziell $\boldsymbol{a} = (\boldsymbol{k}_1 \times \boldsymbol{r}) \times \boldsymbol{k}_2$ einsetzt und dann die Identitäten

$$\begin{aligned}
\Delta[(\boldsymbol{k}_1 \times \boldsymbol{r}) \times \boldsymbol{k}_2] &= -\boldsymbol{k}_2 \times \Delta(\boldsymbol{k}_1 \times \boldsymbol{r}) = -\boldsymbol{k}_2 \times (\boldsymbol{k}_1 \times \underbrace{\Delta\boldsymbol{r}}_{0}) = 0,\\
\operatorname{div}[(\boldsymbol{k}_1 \times \boldsymbol{r}) \times \boldsymbol{k}_2] &= \boldsymbol{k}_2 \cdot \mathbf{rot}(\boldsymbol{k}_1 \times \boldsymbol{r}) = 2\boldsymbol{k}_1 \cdot \boldsymbol{k}_2
\end{aligned}$$

berücksichtigt.

4.35 In der Nabla-Schreibweise

$$\nabla(\boldsymbol{k} \cdot \nabla\,\frac{1}{r}) = -\,\nabla\times(\boldsymbol{k} \times \nabla\,\frac{1}{r})$$

lässt sich die linke Seite leicht umformen:

$$\nabla\left[(\boldsymbol{k} \cdot \nabla)\frac{1}{r}\right] = (\boldsymbol{k} \cdot \nabla)\,\nabla\,\frac{1}{r}.$$

Auf der rechten Seite gilt gemäß (2.64):

$$-\,\nabla\times(\boldsymbol{k} \times \nabla\,\frac{1}{r}) = -\,\underbrace{(\nabla \cdot \nabla\,\frac{1}{r})\boldsymbol{k}}_{\boldsymbol{k}\Delta\frac{1}{r}} + \underbrace{(\nabla\cdot\boldsymbol{k})\,\nabla\,\frac{1}{r}}_{(\boldsymbol{k}\cdot\nabla)\,\nabla\,\frac{1}{r}}.$$

Beide Seiten sind für $r > 0$ wegen $\Delta\frac{1}{r} = 0$ gleich (siehe Aufgabe 4.31).

Zu Kapitel 5

5.1 In der Umkehrfunktion

$$\frac{x}{a} = \operatorname{ar\,cosh}\frac{y}{a} = \pm\ln\left(\frac{y + \sqrt{y^2 - a^2}}{a}\right)$$

wählen wir $\frac{\sqrt{y^2-a^2}}{a} = t$ und erhalten für $t \geq 0$ mühelos

$$x = \pm a \ln(\sqrt{1+t^2}+t), \quad y = a\sqrt{1+t^2}.$$

Die alternative Wahl $\frac{y}{a} = t$ führt zu der für $t \geq 1$ gültigen Darstellung

$$x = \pm a \ln(t + \sqrt{t^2-1}), \quad y = at.$$

5.2 Die Kurve hat an der Berührungsstelle $\boldsymbol{r}_1 \equiv \boldsymbol{r}(t_1)$ die Richtung $\dot{\boldsymbol{r}}_1 \equiv \dot{\boldsymbol{r}}(t_1)$. Damit gilt für die Tangente gemäß (3.2) mit dem Parameter λ:

$$\boldsymbol{r}(\lambda) = \boldsymbol{r}_1 + \lambda \dot{\boldsymbol{r}}_1.$$

Ihre Projektion in die Ebene $z = \text{const}$ lautet

$$x(\lambda) = x_1 + \lambda \dot{x}_1, \quad y(\lambda) = y_1 + \lambda \dot{y}_1,$$
$$\frac{y-y_1}{x-x_1} = \frac{\dot{y}_1}{\dot{x}_1} = y'(x_1) \equiv y_1' \quad \curvearrowright \quad y = (x-x_1)y_1' + y_1.$$

5.3 Die beiden Kreise schreiben sich mit den Parametern λ und μ in der Form

$$\boldsymbol{r} = a(\boldsymbol{e}_x \cos\lambda + \boldsymbol{e}_y \sin\lambda); \quad \boldsymbol{R} = b(\boldsymbol{e}_x \cos\mu + \boldsymbol{e}_y \sin\mu) + c\boldsymbol{e}_x.$$

Ihre gemeinsamen Tangenten haben parallele Trägervektoren:

$$\frac{d\boldsymbol{r}}{d\lambda} \times \frac{d\boldsymbol{R}}{d\mu} = 0 \quad \curvearrowright \quad \sin(\lambda-\mu) = 0 \quad \curvearrowright \quad \lambda - \mu = \begin{cases} 0 \\ \pm\pi \end{cases}.$$

Hinzu tritt die Bedingung $(\boldsymbol{r} - \boldsymbol{R}) \times \frac{d\boldsymbol{r}}{d\lambda} = 0$. Sie bedeutet

$$\begin{vmatrix} a\cos\lambda - b\cos\mu - c & a\sin\lambda - b\sin\mu \\ -\sin\lambda & \cos\lambda \end{vmatrix} = 0$$
$$\curvearrowright \quad \cos\lambda = \frac{a - b\cos(\lambda-\mu)}{c} = \frac{1}{c}\begin{cases} a-b \\ a+b \end{cases}.$$

Die Anzahl der gemeinsamen Tangenten ist $\begin{cases} 2 & \text{im Fall } 0 < c < a+b \\ 3 & \text{im Fall } c = a+b \\ 4 & \text{im Fall } c > a+b. \end{cases}$

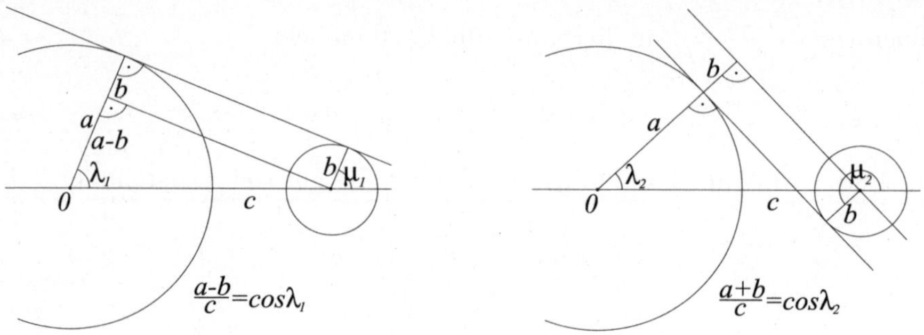

Fig. A.30

Im Fall $c > a + b$ gehören zu den je 4 Berührungspunkten auf den beiden Kreisen die Parameter (Fig. A.30)

$$\arccos\frac{a-b}{c} = \begin{cases}\lambda_1 \\ 2\pi - \lambda_1\end{cases}, \qquad \mu_1 = \begin{cases}\lambda_1 \\ 2\pi - \lambda_1\end{cases},$$

$$\arccos\frac{a+b}{c} = \begin{cases}\lambda_2 \\ 2\pi - \lambda_2\end{cases}, \qquad \mu_2 = \begin{cases}\pi + \lambda_2 \\ \pi - \lambda_2\end{cases}.$$

5.4 Durch Auflösung der beiden Flächengleichungen nach y und z findet man

$$y = a\sqrt{1 - \frac{x^2}{a^2}} \quad \text{und} \quad z = b\arctan\frac{\sqrt{1-\frac{x^2}{a^2}}}{\frac{x}{a}} = b\arccos\frac{x}{a}.$$

Dies sind die Projektionen (Risse) der Schnittkurve in die Ebenen $z = 0$ bzw. $y = 0$. Ebenso gut hätten wir nach z und x oder x und y auflösen und die Kurve durch die Gleichungspaare $z = z(y)$ und $x = x(y)$ oder $x = x(z)$ und $y = y(z)$ darstellen dürfen.

Aus dem maßgebenden Ortsvektor

$$\boldsymbol{r} = x\boldsymbol{e}_x + a\sqrt{1 - \frac{x^2}{a^2}}\,\boldsymbol{e}_y + b\arccos\frac{x}{a}\,\boldsymbol{e}_z$$

folgen sein Differenzial

$$d\boldsymbol{r} = \left(\boldsymbol{e}_x - \frac{x\boldsymbol{e}_y}{\sqrt{a^2-x^2}} - \frac{b\boldsymbol{e}_z}{\sqrt{a^2-x^2}}\right)dx,$$

gemäß (5.4) das Linienelement

$$ds \equiv |d\boldsymbol{r}| = \sqrt{a^2 + b^2} \frac{dx}{\sqrt{a^2 - x^2}}$$

und der Tangentenvektor

$$\boldsymbol{t} \equiv \frac{d\boldsymbol{r}}{ds} = \frac{\sqrt{a^2 - x^2}\, \boldsymbol{e}_x - x\boldsymbol{e}_y - b\boldsymbol{e}_z}{\sqrt{a^2 + b^2}}.$$

Eine Parameterform der Schnittkurve lautet mit der ebenen Polarkoordinate φ

$$x = a\cos\varphi, \quad y = a\sin\varphi, \quad z = b\varphi.$$

Die Projektion des Kurvenpunkts in die x, y-Ebene durchwandert für $d\varphi > 0$ den Bogen $a\, d\varphi$ auf dem Grundkreis des Zylinders, während seine Projektion auf die z-Achse um $b\, d\varphi$ steigt. Es handelt sich also um eine Schraubenlinie mit der Ganghöhe $2\pi b$ auf dem Zylinder. Weiter gilt

$$\boldsymbol{r} = a\cos\varphi \boldsymbol{e}_x + a\sin\varphi \boldsymbol{e}_y + b\varphi \boldsymbol{e}_z \quad \curvearrowright \quad \underline{\boldsymbol{r}} = \begin{pmatrix} a\cos\varphi \\ a\sin\varphi \\ b\varphi \end{pmatrix},$$

$$d\boldsymbol{r} = (-a\sin\varphi \boldsymbol{e}_x + a\cos\varphi \boldsymbol{e}_y + b\boldsymbol{e}_z)d\varphi \quad \curvearrowright \quad d\underline{\boldsymbol{r}} = \begin{pmatrix} -a\sin\varphi \\ a\cos\varphi \\ b \end{pmatrix} d\varphi,$$

$$ds = \sqrt{a^2 + b^2}\, d\varphi, \quad \boldsymbol{t} = -\frac{a\sin\varphi \boldsymbol{e}_x - a\cos\varphi \boldsymbol{e}_y - b\boldsymbol{e}_z}{\sqrt{a^2 + b^2}}.$$

Man sieht, dass der Übergang von kartesischen zu Polarkoordinaten – wie jede Transformation – die Vektoren $d\boldsymbol{r}$ und $\boldsymbol{t}$ umkehren kann.

5.5 Hier bieten sich 2 Lösungswege an:

1.) Nach dem Reflexionsgesetz bilden Ortsvektor $\boldsymbol{r}$ und $\boldsymbol{e}_x$ mit der Tangentenrichtung $d\boldsymbol{r}$ in jedem Kurvenpunkt P dieselben Winkel (Fig. A.31):

$$\cos\alpha = \cos\beta \quad \curvearrowright \quad \frac{\boldsymbol{r}}{r} \cdot d\boldsymbol{r} = \boldsymbol{e}_x \cdot d\boldsymbol{r},$$

was wegen $\boldsymbol{r}^2 = r^2 \quad \curvearrowright \quad \boldsymbol{r} \cdot d\boldsymbol{r} = r\, dr$ zu $dr = dx$ führt. Integration ergibt mit der Konstanten $k: \quad r = x + k$. Daraus folgt wegen $r = \sqrt{(x - x_0)^2 + y^2}$ unmittelbar die zur x-Achse symmetrische Parabelschar

$$y^2 = 2x(k + x_0) + k^2 - x_0^2,$$

die für $k = x_0 = \frac{p}{2}$ in ihre Normalform $y^2 = 2px$ übergeht. Man erkennt p als Parameter und F als Brennpunkt.

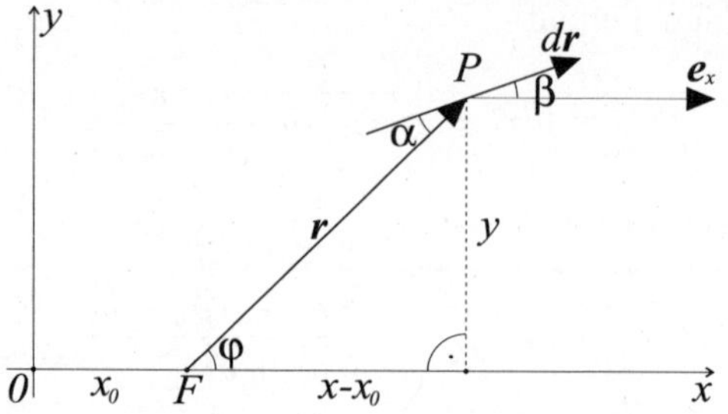

Fig. A.31

2.) In Polarkoordinaten ρ, φ hat die gesuchte Kurve $\boldsymbol{r} = \rho(\varphi)\boldsymbol{e}_\rho \equiv \boldsymbol{r}(\varphi)$ im Punkt P die Tangentenrichtung $\boldsymbol{r}' = \rho'\boldsymbol{e}_\rho + \rho\boldsymbol{e}'_\rho$. Diese bildet mit den Richtungen $\boldsymbol{e}_\rho$ des Fahrstrahls und $\boldsymbol{e}_x$ des reflektierten Strahls gleiche Winkel; d. h.

$$\boldsymbol{r}' \cdot \boldsymbol{e}_\rho = \boldsymbol{r}' \cdot \boldsymbol{e}_x \quad \curvearrowright \quad \rho'\boldsymbol{e}_\rho^2 + \rho\boldsymbol{e}'_\rho \cdot \boldsymbol{e}_\rho = \rho'\boldsymbol{e}_\rho \cdot \boldsymbol{e}_x + \rho\boldsymbol{e}'_\rho \cdot \boldsymbol{e}_x$$

und führt wegen

$$\boldsymbol{e}_\rho^2 = 1 \quad \curvearrowright \quad \boldsymbol{e}_\rho \cdot \boldsymbol{e}'_\rho = 0, \qquad \boldsymbol{e}_\rho \cdot \boldsymbol{e}_x = \cos\varphi \quad \curvearrowright \quad \boldsymbol{e}'_\rho \cdot \boldsymbol{e}_x = -\sin\varphi$$

zu der bequem integrierbaren Differenzialgleichung

$$\frac{\rho'}{\rho} = -\frac{\sin\varphi}{1 - \cos\varphi}.$$

Ihre Lösung lautet mit dem Parameter p

$$\rho = \frac{p}{1 - \cos\varphi}$$

und beschreibt eine mit $y^2 = 2px$ übereinstimmende Parabelschar, die man als Normalschnitt einer Drehparaboloidschar mit denselben Reflexionseigenschaften betrachten kann. Physikalisch gesehen zeigt sich hier die Eignung der Drehparaboloidform für ideal fokussierende Reflektoren.

5.6 Die Parabel- und Ellipsenschar haben die Tangentenvektoren

$$\boldsymbol{t}_1 = \frac{\mathbf{grad}\,\Psi}{|\mathbf{grad}\,\Psi|} \quad \text{bzw.} \quad \boldsymbol{t}_2 = \frac{\mathbf{grad}\,\Phi}{|\mathbf{grad}\,\Phi|}.$$

Mit $\mathbf{grad}\,\Psi(\boldsymbol{r}, C) = 2x\boldsymbol{e}_x + y\boldsymbol{e}_y$ ergibt sich

$$\boldsymbol{t}_1(\boldsymbol{r}) = \frac{2x\boldsymbol{e}_x + y\boldsymbol{e}_y}{\sqrt{4x^2 + y^2}}$$

und mit $\mathbf{grad}\,\Phi(\boldsymbol{r}, c) = -2c\boldsymbol{e}_x + 2y\boldsymbol{e}_y$ angesichts $c = \frac{y^2}{2x}$

$$\boldsymbol{t}_2(\boldsymbol{r}) = -\frac{y\boldsymbol{e}_x - 2x\boldsymbol{e}_y}{\sqrt{4x^2 + y^2}}.$$

Dabei sind $\boldsymbol{t}_1(\boldsymbol{r})$ und $\boldsymbol{t}_2(\boldsymbol{r})$ wegen

$$\boldsymbol{t}_1(\boldsymbol{r}) \cdot \boldsymbol{t}_2(\boldsymbol{r}) = 0$$

im Einklang mit (4.76) überall orthogonale Tangentenvektor*felder*.

5.7 In Anwendung von (5.10) gilt für $\boldsymbol{r} = x\boldsymbol{e}_x + y\boldsymbol{e}_y$

$$|\dot{\boldsymbol{r}} \times \ddot{\boldsymbol{r}}| = \dot{x}\ddot{y} - \dot{y}\ddot{x} \quad \text{und} \quad |\dot{r}|^3 = (\dot{x}^2 + \dot{y}^2)^{\frac{3}{2}} = \dot{x}^3(1 + y'^2)^{\frac{3}{2}}.$$

Damit erhält man die Krümmung

$$\kappa = \frac{1}{\dot{x}} \underbrace{\frac{\dot{x}\ddot{y} - \dot{y}\ddot{x}}{\dot{x}^2}}_{\frac{d\frac{\dot{y}}{\dot{x}}}{dt}} \frac{1}{(1 + y'^2)^{\frac{3}{2}}} = \underbrace{\frac{1}{\dot{x}} \frac{dy'}{dt}}_{y''} \frac{1}{(1 + y'^2)^{\frac{3}{2}}} = \frac{y''}{(1 + y'^2)^{\frac{3}{2}}}$$

und als deren Kehrwert den gesuchten Krümmungsradius $\rho = \kappa^{-1}$.

5.8 Für jeden Kurvenpunkt auf der Kugel gilt $\boldsymbol{r}^2 = \text{const}$. Daraus folgt

$$\boldsymbol{r} \cdot \boldsymbol{r}' = 0 \quad \curvearrowright \quad \boldsymbol{r}'^2 + \boldsymbol{r} \cdot \boldsymbol{r}'' = 0,$$

was wegen $\boldsymbol{r}'^2 = 1$ zum Ergebnis $\boldsymbol{r} \cdot \boldsymbol{r}'' = -1$ führt.

5.9 Aus der Ellipsen-Darstellung $\boldsymbol{r} = a\boldsymbol{e}_x \cos t + b\boldsymbol{e}_y \sin t$ folgt unmittelbar

$$\dot{\boldsymbol{r}} = -a\boldsymbol{e}_x \sin t + b\boldsymbol{e}_y \cos t, \quad \ddot{\boldsymbol{r}} = -\boldsymbol{r},$$

$$|\dot{\boldsymbol{r}}|^2 = a^2 \sin^2 t + b^2 \cos^2 t,$$

$$\dot{\boldsymbol{r}} \times \ddot{\boldsymbol{r}} = ab\boldsymbol{e}_z, \quad (\dot{\boldsymbol{r}} \times \ddot{\boldsymbol{r}}) \times \dot{\boldsymbol{r}} = -ab(b\boldsymbol{e}_x \cos t + a\boldsymbol{e}_y \sin t),$$

$$\boldsymbol{r}'' = -ab\frac{b\boldsymbol{e}_x \cos t + a\boldsymbol{e}_y \sin t}{(a^2 \sin^2 t + b^2 \cos^2 t)^2} \perp \dot{\boldsymbol{r}},$$

$$\boldsymbol{n} = -\frac{b\boldsymbol{e}_x \cos t + a\boldsymbol{e}_y \sin t}{\sqrt{b^2 \cos^2 t + a^2 \sin^2 t}}.$$

Der Gradient der Ellipse $\Phi(x, y) = \frac{x^2}{a^2} + \frac{y^2}{b^2} - 1 = 0$ lautet an der Stelle $x = a\cos t$, $y = b\sin t$

$$\mathbf{grad}\,\Phi = \frac{2x}{a^2}\boldsymbol{e}_x + \frac{2y}{b^2}\boldsymbol{e}_y = \frac{2}{ab}(b\boldsymbol{e}_x \cos t + a\boldsymbol{e}_y \sin t).$$

Offenbar sind $\boldsymbol{n}$ und $\mathbf{grad}\,\Phi$ gegensinnig parallel.

Die örtliche Krümmung berechnet sich gemäß (5.10) allgemein zu

$$\kappa = \frac{ab}{(a^2\sin^2 t + b^2\cos^2 t)^{\frac{3}{2}}} = \frac{ab}{(a^2\frac{y^2}{b^2} + b^2\frac{x^2}{a^2})^{\frac{3}{2}}} = \frac{a^4b^4}{(a^4y^2 + b^4x^2)^{\frac{3}{2}}}$$

und in den Scheitelpunkten speziell

$$x = \pm a, \quad y = 0 \qquad \curvearrowright \quad \kappa = \frac{a}{b^2},$$
$$x = 0, \quad y = \pm b \qquad \curvearrowright \quad \kappa = \frac{b}{a^2}.$$

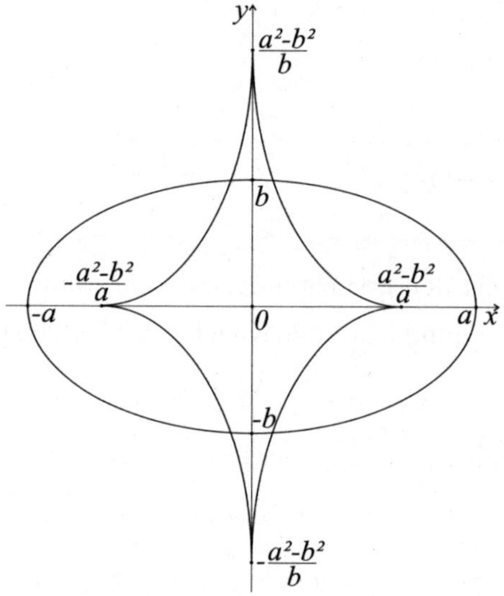

Fig. A.32

5.10 Zum wandernden Kurvenpunkt $\boldsymbol{r}$ gehört der Krümmungsmittelpunkt $\boldsymbol{r} + \boldsymbol{n}\rho$. Er beschreibt also die gesuchte Kurve

$$\boldsymbol{r}_e(t) = \boldsymbol{r}(t) + \frac{\boldsymbol{n}(t)}{|\boldsymbol{r}''(t)|}.$$

Sie heißt Evolute der Kurve $\boldsymbol{r} = \boldsymbol{r}(t)$. Speziell für die Ellipse ergibt sich die symmetrische Hypozykloide (Fig. A.32)

$$\begin{aligned}\boldsymbol{r}_e(t) &= a\boldsymbol{e}_x\cos t + b\boldsymbol{e}_y\sin t - \frac{b\boldsymbol{e}_x\cos t + a\boldsymbol{e}_y\sin t}{ab}(b^2\cos^2 t + a^2\sin^2 t)\\ &= \frac{a^2-b^2}{ab}(b\boldsymbol{e}_x\cos^3 t - a\boldsymbol{e}_y\sin^3 t),\end{aligned}$$

besser bekannt als Astroide (Sternkurve) in der kartesischen Form

$$\boxed{\left(\frac{ax}{a^2-b^2}\right)^{\frac{2}{3}}+\left(\frac{by}{a^2-b^2}\right)^{\frac{2}{3}}=1}$$

Im Fall $a = b$ (Kreis) schrumpft die Evolute zum Nullpunkt zusammen:

$$\boldsymbol{r}_e(t) \equiv 0.$$

5.11 Die Tangentenvektoren unterscheiden sich in 2 eng benachbarten Punkten $\boldsymbol{r}$ und $\boldsymbol{r} + d\boldsymbol{r}$ gemäß (4.35) um $d\boldsymbol{t} = (d\boldsymbol{r} \cdot \boldsymbol{\nabla})\boldsymbol{t}$. Daraus folgt bezogen auf den Abstand $ds = |d\boldsymbol{r}|$ angesichts (5.9)

$$\underbrace{\frac{d\boldsymbol{t}}{ds}}_{\boldsymbol{t}'} = (\boldsymbol{t} \cdot \boldsymbol{\nabla})\boldsymbol{t} = \boldsymbol{n}\kappa.$$

Einsetzen von (4.58) führt wegen $\boldsymbol{t}^2 = 1 \quad \curvearrowright \quad \mathbf{grad}\,\frac{\boldsymbol{t}^2}{2} = 0$ zur Gleichung

$$\boldsymbol{n}\kappa = -\boldsymbol{t} \times \mathbf{rot}\,\boldsymbol{t},$$

die z. B. in den Strahlenbündeln der geometrischen Optik gilt.

5.12 Sofern t die Zeit bedeutet, gilt $\boldsymbol{v} = \dot{\boldsymbol{r}}$ und wegen $|\boldsymbol{v}| = \dot{s} = v$ weiter

$$\boldsymbol{v} = \underbrace{\frac{d\boldsymbol{r}}{ds}}_{\boldsymbol{t}}\,\dot{s} = \boldsymbol{t}v.$$

Die Geschwindigkeit hat ausschließlich einen tangentialen Teilvektor.

Für die Beschleunigung folgt mühelos

$$\dot{\boldsymbol{v}} = \boldsymbol{t}\dot{v} + \underbrace{\frac{d\boldsymbol{t}}{ds}}_{\boldsymbol{n}\kappa}\,\underbrace{\dot{s}v}_{v^2} = \boldsymbol{t}\dot{v} + \boldsymbol{n}\frac{v^2}{\rho}.$$

Sie besteht aus einem tangentialen und einem normalen Teilvektor. Letzterer entspricht einer sog. Zentripetalkraft, die den Massepunkt entgegen der Trägheitskraft auf seine Bahn zwingt.

Sowohl $\boldsymbol{v}$ als auch $\dot{\boldsymbol{v}}$ liegen in der durch $\boldsymbol{t}$ und $\boldsymbol{n}$ bestimmten örtlichen Schmiegebene (vgl. Aufgabe 6.8).

5.13 Die Bedingung bedeutet Parallelität von Geschwindigkeit $\boldsymbol{v} = \dot{\boldsymbol{r}}$ und Beschleunigung $\dot{\boldsymbol{v}} = \ddot{\boldsymbol{r}}$. Beide sind tangential gerichtet. Nach dem Ergebnis der Aufgabe 5.12 ist die Bahn deshalb eine Gerade ($\boldsymbol{t} = \text{const}$). Es gilt für $v = |\boldsymbol{v}|$

$$v = t\dot{v} \quad \curvearrowright \quad v = ct,\ \dot{\boldsymbol{r}} = \boldsymbol{t}v = \boldsymbol{t}ct,$$

wobei c eine Integrationskonstante sein möge. Die gesuchte Bahn lautet damit

$$\boldsymbol{r}(t) - \boldsymbol{r}(0) = \boldsymbol{t}c\frac{t^2}{2}.$$

Der Punkt $\boldsymbol{r}(t)$ unterliegt einer konstanten Beschleunigung $\ddot{\boldsymbol{r}} = \dot{\boldsymbol{v}} = \boldsymbol{t}c$. Solche Bahnen treten z. B. in der Theorie des freien Falls auf.

5.14 Die Normalenschar der ebenen Kurve $\boldsymbol{r} = \boldsymbol{r}(t)$ lautet mit dem individuellen Parameter c

$$\boldsymbol{r}_n = \boldsymbol{r}(t+c) + \lambda\boldsymbol{n}(t+c).$$

Aus der maßgebenden Bedingung

$$\frac{\partial \boldsymbol{r}_n}{\partial c} = \dot{\boldsymbol{r}}(t+c) + \lambda\dot{\boldsymbol{n}}(t+c) = 0,$$

die angesichts (5.22) wegen $\tau = 0$ zu

$$(1 - \lambda\kappa)\dot{\boldsymbol{r}}(t+c) = 0 \quad \curvearrowright \quad \lambda = \frac{1}{\kappa} = \rho$$

führt, folgt richtig $\boldsymbol{r}_e = \boldsymbol{r}(t) + \rho\boldsymbol{n}(t)$.

5.15 Durch Differenzieren nach der Zeit t findet man zunächst

$$\underline{\dot{\boldsymbol{r}}} = \begin{pmatrix} -a\sin\varphi \\ a\cos\varphi \\ b \end{pmatrix}\dot{\varphi}, \quad \underline{\ddot{\boldsymbol{r}}} = \begin{pmatrix} -a\cos\varphi \\ -a\sin\varphi \\ 0 \end{pmatrix}\dot{\varphi}^2, \quad \underline{\dddot{\boldsymbol{r}}} = \begin{pmatrix} a\sin\varphi \\ -a\cos\varphi \\ 0 \end{pmatrix}\dot{\varphi}^3,$$

$$\dot{s} \equiv |\dot{\boldsymbol{r}}| = \sqrt{a^2+b^2}\,\dot{\varphi} = \text{const}, \quad \dot{\boldsymbol{r}}\cdot\ddot{\boldsymbol{r}} = 0, \quad \ddot{\boldsymbol{r}}^2 = a^2\dot{\varphi}^4.$$

Daraus folgen die gestrichenen Größen

$$\underline{\boldsymbol{r}}' \equiv \frac{\underline{\dot{\boldsymbol{r}}}}{\dot{s}} = \frac{1}{\sqrt{a^2+b^2}}\begin{pmatrix} -a\sin\varphi \\ a\cos\varphi \\ b \end{pmatrix}, \quad \underline{\boldsymbol{r}}'' = \frac{\underline{\ddot{\boldsymbol{r}}}}{\dot{s}^2} = \frac{1}{a^2+b^2}\begin{pmatrix} -a\cos\varphi \\ -a\sin\varphi \\ 0 \end{pmatrix},$$

$$\underline{\boldsymbol{r}}''' = \frac{\underline{\dddot{\boldsymbol{r}}}}{\dot{s}^3} = \frac{1}{(a^2+b^2)^{\frac{3}{2}}}\begin{pmatrix} a\sin\varphi \\ -a\cos\varphi \\ 0 \end{pmatrix}.$$

Somit ergibt sich für die Krümmung und Windung

$$\kappa = \frac{|\ddot{\boldsymbol{r}}|}{\dot{\boldsymbol{r}}^2} = |\boldsymbol{r}''| = \frac{a}{a^2+b^2},$$

$$\tau = \frac{1}{a^2(a^2+b^2)} \underbrace{\begin{vmatrix} -a\sin\varphi & a\cos\varphi & b \\ -a\cos\varphi & -a\sin\varphi & 0 \\ a\sin\varphi & -a\cos\varphi & 0 \end{vmatrix}}_{ba^2} = \frac{b}{a^2+b^2}.$$

Der Winkel zwischen Tangentenvektor $\boldsymbol{t} = \boldsymbol{r}'$ und z-Achse ist überall konstant:

$$\boldsymbol{t}\cdot\boldsymbol{e}_z = \cos\measuredangle(\boldsymbol{r}', \boldsymbol{e}_z) = \frac{b}{\sqrt{a^2+b^2}}.$$

Kurven mit diesem Merkmal heißen Böschungslinien.

Der Hauptnormalenvektor

$$\boldsymbol{n} = \frac{\boldsymbol{r}''}{\kappa} = -\begin{pmatrix}\boldsymbol{e}_x & \boldsymbol{e}_y & \boldsymbol{e}_z\end{pmatrix}\begin{pmatrix}\cos\varphi \\ \sin\varphi \\ 0\end{pmatrix}$$

steht überall auf der z-Achse senkrecht, fällt also mit der örtlichen Normalen des Zylinders zusammen.

Der Binormalenvektor

$$\boldsymbol{b} = \boldsymbol{t}\times\boldsymbol{n} = \frac{1}{\sqrt{a^2+b^2}}\begin{vmatrix} \boldsymbol{e}_x & \boldsymbol{e}_y & \boldsymbol{e}_z \\ -a\sin\varphi & a\cos\varphi & b \\ -\cos\varphi & -\sin\varphi & 0 \end{vmatrix} = \frac{\begin{pmatrix}\boldsymbol{e}_x & \boldsymbol{e}_y & \boldsymbol{e}_z\end{pmatrix}}{\sqrt{a^2+b^2}}\begin{pmatrix} b\sin\varphi \\ -b\cos\varphi \\ a\end{pmatrix}$$

fällt gemeinsam mit dem Tangentenvektor in die örtliche Tangentialebene des Zylinders.

Der darbouxsche Vektor lautet

$$\boldsymbol{d} = \frac{b\begin{pmatrix}\boldsymbol{e}_x & \boldsymbol{e}_y & \boldsymbol{e}_z\end{pmatrix}}{(a^2+b^2)^{\frac{3}{2}}}\begin{pmatrix}-a\sin\varphi \\ a\cos\varphi \\ b\end{pmatrix} + \frac{a\begin{pmatrix}\boldsymbol{e}_x & \boldsymbol{e}_y & \boldsymbol{e}_z\end{pmatrix}}{(a^2+b^2)^{\frac{3}{2}}}\begin{pmatrix} b\sin\varphi \\ -b\cos\varphi \\ a\end{pmatrix} = \frac{\boldsymbol{e}_z}{\sqrt{a^2+b^2}}.$$

Er ist konstant und zeigt erwartungsgemäß in z-Richtung.

5.16 Am Ort $\boldsymbol{r} = x\boldsymbol{e}_x + y\boldsymbol{e}_y + z(x,y)\boldsymbol{e}_z$ berechnen sich

$$\frac{\partial\boldsymbol{r}}{\partial x} = \boldsymbol{e}_x + \frac{\partial z}{\partial x}\boldsymbol{e}_z \quad\text{und}\quad \frac{\partial\boldsymbol{r}}{\partial y} = \boldsymbol{e}_y + \frac{\partial z}{\partial y}\boldsymbol{e}_z.$$

Damit erhält man allgemein

$$E \equiv \left(\frac{\partial \boldsymbol{r}}{\partial x}\right)^2 = 1+\left(\frac{\partial z}{\partial x}\right)^2, \; F \equiv \frac{\partial \boldsymbol{r}}{\partial x}\cdot\frac{\partial \boldsymbol{r}}{\partial y} = \frac{\partial z}{\partial x}\frac{\partial z}{\partial y}, \; G \equiv \left(\frac{\partial \boldsymbol{r}}{\partial y}\right)^2 = 1+\left(\frac{\partial z}{\partial y}\right)^2.$$

Wo $F = 0 \curvearrowright \frac{\partial z}{\partial x} = 0$ und/oder $\frac{\partial z}{\partial y} = 0$ gilt, durchläuft z in x- und/oder y-Richtung relative Extrema, also Maxima, Minima oder Sattelpunkte.

Das Merkmal $\frac{\partial z}{\partial x} \equiv \frac{\partial z}{\partial y} \equiv 0$ kennzeichnet eine kartesische Koordinatenebene $z = \text{const}$ mit $E \equiv G \equiv 1$ sowie $F \equiv 0$ und der Metrik $ds^2 = dx^2 + dy^2$.

5.17 Zeitliches Differenzieren der Bahnkurve $\Phi[\boldsymbol{r}(t)] = 0$ ergibt für die zulässige Geschwindigkeit

$$\frac{d\Phi}{dt} = (\dot{\boldsymbol{r}} \cdot \boldsymbol{\nabla})\Phi = 0 \quad \curvearrowright \quad \dot{\boldsymbol{r}} \perp \mathbf{grad}\,\Phi$$

und für die zulässige Beschleunigung

$$\frac{d^2\Phi}{dt^2} = (\ddot{\boldsymbol{r}} \cdot \boldsymbol{\nabla})\Phi + \dot{\boldsymbol{r}} \cdot (\dot{\boldsymbol{r}} \cdot \boldsymbol{\nabla})\, \boldsymbol{\nabla}\, \Phi = 0.$$

Die letzte Gleichung lautet in Matrixschreibweise

$$\underbrace{\begin{pmatrix} \ddot{x} & \ddot{y} & \ddot{z} \end{pmatrix}}_{\underline{\ddot{\boldsymbol{r}}}^T} \begin{pmatrix} \frac{\partial \Phi}{\partial x} \\ \frac{\partial \Phi}{\partial y} \\ \frac{\partial \Phi}{\partial z} \end{pmatrix} + \underbrace{\begin{pmatrix} \dot{x} & \dot{y} & \dot{z} \end{pmatrix}}_{\underline{\dot{\boldsymbol{r}}}^T} \begin{pmatrix} \frac{\partial^2 \Phi}{\partial x^2} & \frac{\partial^2 \Phi}{\partial x \partial y} & \frac{\partial^2 \Phi}{\partial x \partial z} \\ \frac{\partial^2 \Phi}{\partial y \partial x} & \frac{\partial^2 \Phi}{\partial y^2} & \frac{\partial^2 \Phi}{\partial y \partial z} \\ \frac{\partial^2 \Phi}{\partial z \partial x} & \frac{\partial^2 \Phi}{\partial z \partial y} & \frac{\partial^2 \Phi}{\partial z^2} \end{pmatrix} \underbrace{\begin{pmatrix} \dot{x} \\ \dot{y} \\ \dot{z} \end{pmatrix}}_{\underline{\dot{\boldsymbol{r}}}} = 0.$$

5.18 Die Koordinatenlinien $v = \text{const}_1$ und $u = \text{const}_2$ haben an der Stelle $\boldsymbol{r}$ die Richtungen $\frac{\partial \boldsymbol{r}}{\partial u}$ bzw. $\frac{\partial \boldsymbol{r}}{\partial v}$. Ihr Schnittwinkel γ berechnet sich aus

$$\cos\gamma = \frac{\frac{\partial \boldsymbol{r}}{\partial u} \cdot \frac{\partial \boldsymbol{r}}{\partial v}}{\left|\frac{\partial \boldsymbol{r}}{\partial u}\right| \left|\frac{\partial \boldsymbol{r}}{\partial v}\right|} = \frac{F}{\sqrt{EG}}.$$

Rechtwinklige Koordinaten(netze) erfüllen überall auf der Fläche die Bedingung $\gamma = \frac{\pi}{2} \curvearrowright F = 0$.

5.19 Der gesuchte Normalen-Einsvektor hat die Form:

$$\boldsymbol{e}_n = \frac{d\boldsymbol{S}}{|d\boldsymbol{S}|} = \frac{\frac{\partial \boldsymbol{r}}{\partial u} \times \frac{\partial \boldsymbol{r}}{\partial v}}{\sqrt{EG - F^2}}.$$

5.20 Der Gradient lautet

$$\mathbf{grad}\,\Phi(\boldsymbol{r}) = -\frac{\partial z}{\partial x}\boldsymbol{e}_x - \frac{\partial z}{\partial y}\boldsymbol{e}_y + \boldsymbol{e}_z.$$

Aus $\boldsymbol{r} = x\boldsymbol{e}_x + y\boldsymbol{e}_y + z(x,y)\boldsymbol{e}_z$ folgt unmittelbar

$$\frac{\partial \boldsymbol{r}}{\partial x} = \boldsymbol{e}_x + \frac{\partial z}{\partial x}\boldsymbol{e}_z, \qquad \frac{\partial \boldsymbol{r}}{\partial y} = \boldsymbol{e}_y + \frac{\partial z}{\partial y}\boldsymbol{e}_z$$

$$\curvearrowright \quad \frac{\partial \boldsymbol{r}}{\partial x} \times \frac{\partial \boldsymbol{r}}{\partial y} = \underbrace{(\boldsymbol{e}_x \times \boldsymbol{e}_y)}_{\boldsymbol{e}_z} + \frac{\partial z}{\partial y}\underbrace{(\boldsymbol{e}_x \times \boldsymbol{e}_z)}_{-\boldsymbol{e}_y} + \frac{\partial z}{\partial x}\underbrace{(\boldsymbol{e}_z \times \boldsymbol{e}_y)}_{-\boldsymbol{e}_x} = \mathbf{grad}\,\Phi(\boldsymbol{r}).$$

5.21 Es fallen bei punktweiser Multiplikation der Ableitung

$$\frac{\partial \boldsymbol{e}_n}{\partial u} = \frac{\frac{\partial^2 \boldsymbol{r}}{\partial u^2} \times \frac{\partial \boldsymbol{r}}{\partial v}}{\sqrt{EG - F^2}} + \frac{\frac{\partial \boldsymbol{r}}{\partial u} \times \frac{\partial^2 \boldsymbol{r}}{\partial u \partial v}}{\sqrt{EG - F^2}} + \left(\frac{\partial \boldsymbol{r}}{\partial u} \times \frac{\partial \boldsymbol{r}}{\partial v}\right)\frac{\partial}{\partial u}\frac{1}{\sqrt{EG - F^2}}$$

- mit $\frac{\partial \boldsymbol{r}}{\partial u}$ rechts der 2. und 3. Summand,
- mit $\frac{\partial \boldsymbol{r}}{\partial v}$ rechts der 1. und 3. Summand weg.

Dies führt rasch zu den bequemen Formeln

$$\boxed{L = \frac{\partial^2 \boldsymbol{r}}{\partial u^2} \cdot \boldsymbol{e}_n} \quad \text{und} \quad \frac{\partial \boldsymbol{r}}{\partial v} \cdot \frac{\partial \boldsymbol{e}_n}{\partial u} = -\frac{\partial^2 \boldsymbol{r}}{\partial u \partial v} \cdot \boldsymbol{e}_n \quad \text{sowie analog}$$

$$\boxed{N = \frac{\partial^2 \boldsymbol{r}}{\partial v^2} \cdot \boldsymbol{e}_n} \quad \text{und} \quad \frac{\partial \boldsymbol{r}}{\partial u} \cdot \frac{\partial \boldsymbol{e}_n}{\partial v} = -\frac{\partial^2 \boldsymbol{r}}{\partial u \partial v} \cdot \boldsymbol{e}_n \;\curvearrowright\; \boxed{M = \frac{\partial^2 \boldsymbol{r}}{\partial u \partial v} \cdot \boldsymbol{e}_n}$$

Die Gleichheit $\frac{\partial \boldsymbol{r}}{\partial u} \cdot \frac{\partial \boldsymbol{e}_n}{\partial v} = \frac{\partial \boldsymbol{r}}{\partial v} \cdot \frac{\partial \boldsymbol{e}_n}{\partial u}$ folgt aus den Identitäten $\frac{\partial \boldsymbol{r}}{\partial u} \cdot \boldsymbol{e}_n = \frac{\partial \boldsymbol{r}}{\partial v} \cdot \boldsymbol{e}_n = 0$.

Für die Fläche $\boldsymbol{r}(x,y) = x\boldsymbol{e}_x + y\boldsymbol{e}_y + z(x,y)\boldsymbol{e}_z$ erhält man mit Blick auf die Lösung der Aufgabe 5.16 wegen

$$\frac{\partial^2 \boldsymbol{r}}{\partial x^2} = \frac{\partial^2 z}{\partial x^2}\boldsymbol{e}_z, \quad \frac{\partial^2 \boldsymbol{r}}{\partial x \partial y} = \frac{\partial^2 z}{\partial x \partial y}\boldsymbol{e}_z, \quad \frac{\partial^2 \boldsymbol{r}}{\partial y^2} = \frac{\partial^2 z}{\partial y^2}\boldsymbol{e}_z$$

den Normalen-Einsvektor

$$\boldsymbol{e}_n = \frac{\frac{\partial \boldsymbol{r}}{\partial x} \times \frac{\partial \boldsymbol{r}}{\partial y}}{\left|\frac{\partial \boldsymbol{r}}{\partial x} \times \frac{\partial \boldsymbol{r}}{\partial y}\right|} = \frac{\boldsymbol{e}_z - \frac{\partial z}{\partial y}\boldsymbol{e}_y - \frac{\partial z}{\partial x}\boldsymbol{e}_x}{\sqrt{1 + (\frac{\partial z}{\partial y})^2 + (\frac{\partial z}{\partial x})^2}} = \frac{\boldsymbol{e}_z - \frac{\partial z}{\partial y}\boldsymbol{e}_y - \frac{\partial z}{\partial x}\boldsymbol{e}_x}{\sqrt{EG - F^2}}$$

und daraus mühelos die gesuchten Größen

$$L = \frac{\frac{\partial^2 z}{\partial x^2}}{\sqrt{EG - F^2}}, \quad M = \frac{\frac{\partial^2 z}{\partial x \partial y}}{\sqrt{EG - F^2}}, \quad N = \frac{\frac{\partial^2 z}{\partial y^2}}{\sqrt{EG - F^2}}.$$

5.22 Es gilt (5.41) ausschließlich für Flächenkurven. Die Bedingung $\boldsymbol{r}' \cdot \boldsymbol{e}_n = 0$ ist ja nur örtlich differenzierbar, wenn sie nicht ausschließlich im Punkt $\boldsymbol{r}$, sondern ebenso im Nachbarpunkt $\boldsymbol{r}(s + ds)$ gilt.

5.23 Wenn die Tangenten $\boldsymbol{r}'_1$ und $\boldsymbol{r}'_2$ der Krümmungslinien mit den Richtungen $\left(\frac{dv}{du}\right)_1$ bzw. $\left(\frac{dv}{du}\right)_2$ aufeinander senkrecht stehen sollen, muss gelten

$$\left(\frac{\partial \boldsymbol{r}}{\partial u}u'_1 + \frac{\partial \boldsymbol{r}}{\partial v}v'_1\right) \cdot \left(\frac{\partial \boldsymbol{r}}{\partial u}u'_2 + \frac{\partial \boldsymbol{r}}{\partial v}v'_2\right) = 0,$$

$$\underbrace{\left(\frac{\partial \boldsymbol{r}}{\partial u}\right)^2}_{E} u'_1 u'_2 + \underbrace{\frac{\partial \boldsymbol{r}}{\partial u} \cdot \frac{\partial \boldsymbol{r}}{\partial v}}_{F}(u'_1 v'_2 + u'_2 v'_1) + \underbrace{\left(\frac{\partial \boldsymbol{r}}{\partial v}\right)^2}_{G} v'_1 v'_2 = 0.$$

Division durch $u'_1 u'_2$ führt angesichts (5.50) zu der Identität

$$E + F\frac{LG - EN}{FN - MG} + G\frac{EM - LF}{FN - MG} = 0.$$

5.24 Zu 1. Aus den elementaren Ableitungen

$$\frac{\partial z}{\partial x} = y, \quad \frac{\partial z}{\partial y} = x, \quad \frac{\partial^2 z}{\partial x^2} = 0, \quad \frac{\partial^2 z}{\partial x \partial y} = 1, \quad \frac{\partial^2 z}{\partial y^2} = 0$$

ergeben sich die Koeffizienten (vgl. Aufgaben 5.16 und 5.21)

$$E = 1 + y^2, \quad F = xy, \quad G = 1 + x^2, \quad EG - F^2 = 1 + x^2 + y^2,$$
$$L = 0, \quad M = \frac{1}{\sqrt{1 + x^2 + y^2}}, \quad N = 0.$$

Damit lauten die gesuchten Krümmungen

$$K = -\frac{1}{(1 + x^2 + y^2)^2}, \quad H = -\frac{xy}{(1 + x^2 + y^2)^{\frac{3}{2}}}.$$

Die Sattelfläche ist also im Endlichen überall hyperbolisch gekrümmt.

Zu 2. Hier führen die Ableitungen

$$\frac{\partial z}{\partial x} = -\frac{x}{z}, \quad \frac{\partial z}{\partial y} = -\frac{y}{z}, \quad \frac{\partial^2 z}{\partial x^2} = -\frac{z^2 + x^2}{z^3}, \quad \frac{\partial^2 z}{\partial x \partial y} = -\frac{xy}{z^3}, \quad \frac{\partial^2 z}{\partial y^2} = -\frac{z^2 + y^2}{z^3}$$

zu den Koeffizienten

$$E = 1 + \frac{x^2}{z^2}, \quad F = \frac{xy}{z^2}, \quad G = 1 + \frac{y^2}{z^2}, \quad EG - F^2 = \frac{a^2}{z^2},$$
$$L = -\frac{z^2 + x^2}{az^2}, \quad M = -\frac{xy}{az^2}, \quad N = -\frac{z^2 + y^2}{az^2}$$

und damit zu den gesuchten Krümmungen

$$K = \frac{1}{a^2} \quad \text{und} \quad H = -\frac{1}{a} \quad \curvearrowright \quad R_1 = R_2 = -a.$$

Die überall elliptische Krümmung der Kugel war zu erwarten. Das Minuszeichen beruht lediglich auf $\vartheta = \pi \ \curvearrowright\ \boldsymbol{n} \cdot \boldsymbol{e}_n = -1$. Die Hauptnormalen beider Krümmungslinien zeigen zum Kugelmittelpunkt, die Kugelnormale in die Gegenrichtung.

Übrigens weist das Merkmal $R_1 = R_2$ jeden Kugelpunkt als Nabelpunkt aus.

5.25 Die Ableitungen $\frac{\partial \boldsymbol{e}_n}{\partial u}$ und $\frac{\partial \boldsymbol{e}_n}{\partial v}$ stehen auf dem Normalen-Einsvektor $\boldsymbol{e}_n$ senkrecht, liegen also in der örtlichen Tangentialebene; daher empfiehlt sich der Ansatz

$$\frac{\partial \boldsymbol{e}_n}{\partial u} = C_{11}\frac{\partial \boldsymbol{r}}{\partial u} + C_{12}\frac{\partial \boldsymbol{r}}{\partial v}, \qquad \frac{\partial \boldsymbol{e}_n}{\partial v} = C_{21}\frac{\partial \boldsymbol{r}}{\partial u} + C_{22}\frac{\partial \boldsymbol{r}}{\partial v}$$

mit den zu bestimmenden Koeffizienten $C_{11}, C_{12}, C_{21}, C_{22}$. Wir multiplizieren beide Gleichungen punktweise erst mit $\frac{\partial \boldsymbol{r}}{\partial u}$, dann mit $\frac{\partial \boldsymbol{r}}{\partial v}$ und erhalten (vgl. Aufgabe 5.21):

$$\begin{aligned} -L &= C_{11}E + C_{12}F, & -M &= C_{21}E + C_{22}F, \\ -M &= C_{11}F + C_{12}G, & -N &= C_{21}F + C_{22}G. \end{aligned}$$

Die gesuchten Koeffizienten folgen aus der cramerschen Regel:

$$C_{11} = \frac{\begin{vmatrix} -L & F \\ -M & G \end{vmatrix}}{\begin{vmatrix} E & F \\ F & G \end{vmatrix}}, \quad C_{12} = \frac{\begin{vmatrix} E & -L \\ F & -M \end{vmatrix}}{\begin{vmatrix} E & F \\ F & G \end{vmatrix}}, \quad C_{21} = \frac{\begin{vmatrix} -M & F \\ -N & G \end{vmatrix}}{\begin{vmatrix} E & F \\ F & G \end{vmatrix}}, \quad C_{22} = \frac{\begin{vmatrix} E & -M \\ F & -N \end{vmatrix}}{\begin{vmatrix} E & F \\ F & G \end{vmatrix}}.$$

Damit ergeben sich die sog. weingartenschen[6] Ableitungsformeln

$$\boxed{\begin{aligned} \frac{\partial \boldsymbol{e}_n}{\partial u} &= \frac{FM - GL}{EG - F^2}\frac{\partial \boldsymbol{r}}{\partial u} + \frac{FL - EM}{EG - F^2}\frac{\partial \boldsymbol{r}}{\partial v}, \\ \frac{\partial \boldsymbol{e}_n}{\partial v} &= \frac{FN - GM}{EG - F^2}\frac{\partial \boldsymbol{r}}{\partial u} + \frac{FM - EN}{EG - F^2}\frac{\partial \boldsymbol{r}}{\partial v} \end{aligned}}$$

Übrigens führt ihre kreuzweise Multiplikation zu

$$\frac{\partial \boldsymbol{e}_n}{\partial u} \times \frac{\partial \boldsymbol{e}_n}{\partial v} = \frac{LN - M^2}{EG - F^2}\left(\frac{\partial \boldsymbol{r}}{\partial u} \times \frac{\partial \boldsymbol{r}}{\partial v}\right) = \frac{LN - M^2}{\sqrt{EG - F^2}}\boldsymbol{e}_n.$$

[6] Julius Weingarten (1836-1910), deutscher Mathematik-Professor in Berlin und Freiburg i. Br.

5.26 Wir multiplizieren den Satz von Rodrigues in der Form

$$\frac{\partial \boldsymbol{r}}{\partial u} du + \frac{\partial \boldsymbol{r}}{\partial v} dv + R\left(\frac{\partial \boldsymbol{e}_n}{\partial u} du + \frac{\partial \boldsymbol{e}_n}{\partial v} dv\right) = 0$$

punktweise erst mit $\frac{\partial \boldsymbol{r}}{\partial u}$, dann mit $\frac{\partial \boldsymbol{r}}{\partial v}$ und finden wegen der Identität $-M = \frac{\partial \boldsymbol{r}}{\partial u} \cdot \frac{\partial \boldsymbol{e}_n}{\partial v} = \frac{\partial \boldsymbol{r}}{\partial v} \cdot \frac{\partial \boldsymbol{e}_n}{\partial u}$ (Aufgabe 5.21) im Einklang mit (5.43)

$$E\,du + F\,dv - R(L\,du + M\,dv) = 0,$$
$$F\,du + G\,dv - R(M\,du + N\,dv) = 0.$$

5.27 Wegen $W = E$ erhält man aus (5.74) unmittelbar

$$K = -\frac{1}{4E^4}\underbrace{\begin{vmatrix} E & 0 & E \\ \frac{\partial E}{\partial u} & 0 & \frac{\partial E}{\partial u} \\ \frac{\partial E}{\partial v} & 0 & \frac{\partial E}{\partial v} \end{vmatrix}}_{0} - \frac{1}{2E}\left[\frac{\partial}{\partial u}\left(\frac{1}{E}\frac{\partial E}{\partial u}\right) + \frac{\partial}{\partial v}\left(\frac{1}{E}\frac{\partial E}{\partial v}\right)\right]$$
$$= -\frac{1}{2E}\left(\frac{\partial^2 \ln E}{\partial u^2} + \frac{\partial^2 \ln E}{\partial v^2}\right).$$

Im Fall euklidischer Geometrie ($K = 0$) ist $\ln E$ eine Lösung der 2-dimensionalen laplaceschen Differenzialgleichung

$$\frac{\partial^2 \ln E}{\partial u^2} + \frac{\partial^2 \ln E}{\partial v^2} = 0,$$

also eine sog. harmonische Funktion, darstellbar als Real- oder Imaginärteil jeder regulären komplexen Funktion $f(u + iv)$ (Kap. 4.4.3).

Die Metrik $ds^2 = \frac{a^2(du^2+dv^2)}{v^2}$ mit den Koeffizienten $F \equiv 0$ und $G \equiv E = \frac{a^2}{v^2}$ $\curvearrowright$ $\ln E = 2(\ln a - \ln v)$ bedeutet

$$K = -\frac{v^2}{2a^2}\frac{\partial^2}{\partial v^2}(-2\ln v) = -\frac{1}{a^2},$$

mithin eine überall gleiche hyperbolische Krümmung; sie kennzeichnet die Pseudosphäre (Fig. 5.7, Aufgabe 6.10).

Zu Kapitel 6

6.1 Zu den 4 Eckpunkten $P_1(u, v)$, $P_2(u + du, v)$, $P_3(u + du, v + dv)$, $P_4(u, v + dv)$ (Fig. A.33) gehören die Ortsvektoren

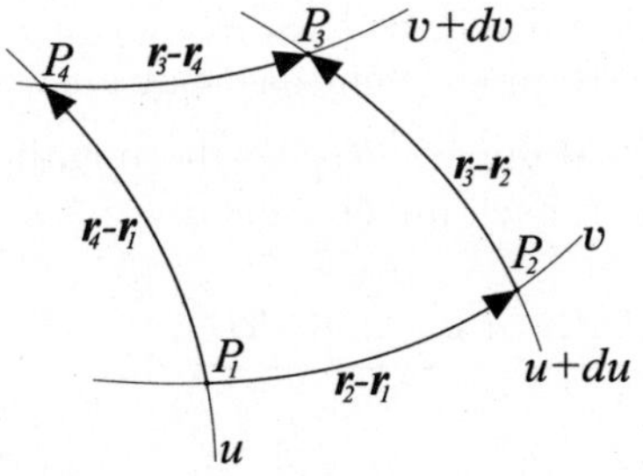

Fig. A.33

$$\boldsymbol{r}_1 = \boldsymbol{r}(u,v),$$

$$\boldsymbol{r}_2 = \boldsymbol{r}(u+du,v) = \boldsymbol{r}_1 + \frac{\partial \boldsymbol{r}_1}{\partial u}du + \frac{1}{2}\frac{\partial^2 \boldsymbol{r}_1}{\partial u^2}du^2 + \ldots,$$

$$\boldsymbol{r}_3 = \boldsymbol{r}(u+du,v+dv) = \boldsymbol{r}_1 + \frac{\partial \boldsymbol{r}_1}{\partial u}du + \frac{\partial \boldsymbol{r}_1}{\partial v}dv + \frac{1}{2}\left(du\frac{\partial}{\partial u} + dv\frac{\partial}{\partial v}\right)^2 \boldsymbol{r}_1 \ldots,$$

$$\boldsymbol{r}_4 = \boldsymbol{r}(u,v+dv) = \boldsymbol{r}_1 + \frac{\partial \boldsymbol{r}_1}{\partial v}dv + \frac{1}{2}\frac{\partial^2 \boldsymbol{r}_1}{\partial v^2}dv^2 + \ldots.$$

Das elementare Viereck hat demnach die Seiten

$$\begin{aligned}
\boldsymbol{r}_2 - \boldsymbol{r}_1 &= \frac{\partial \boldsymbol{r}_1}{\partial u}du + \frac{1}{2}\frac{\partial^2 \boldsymbol{r}_1}{\partial u^2}du^2 + \ldots, \\
\boldsymbol{r}_3 - \boldsymbol{r}_2 &= \frac{\partial \boldsymbol{r}_1}{\partial v}dv + \frac{\partial^2 \boldsymbol{r}_1}{\partial u \partial v}du\,dv + \frac{1}{2}\frac{\partial^2 \boldsymbol{r}_1}{\partial v^2}dv^2 + \ldots, \\
\boldsymbol{r}_3 - \boldsymbol{r}_4 &= \frac{\partial \boldsymbol{r}_1}{\partial u}du + \frac{1}{2}\frac{\partial^2 \boldsymbol{r}_1}{\partial u^2}du^2 + \frac{\partial^2 \boldsymbol{r}_1}{\partial u \partial v}du\,dv + \ldots, \\
\boldsymbol{r}_4 - \boldsymbol{r}_1 &= \frac{\partial \boldsymbol{r}_1}{\partial v}dv + \frac{1}{2}\frac{\partial^2 \boldsymbol{r}_1}{\partial v^2}dv^2 + \ldots.
\end{aligned}$$

Je 2 Seiten sind bis auf vernachlässigbar kleine Größen 2. und höherer Ordnung gleich.

6.2 Das Raumelement hat gemäß (6.10) die 6 Seitenflächen

$$\begin{aligned}
d\boldsymbol{S}_u(u,v,w) &= d\boldsymbol{S}_u, \\
d\boldsymbol{S}_u(u+du,v,w) &= d\boldsymbol{S}_u + d\frac{\partial \boldsymbol{S}_u}{\partial u}du \ldots, \\
d\boldsymbol{S}_v(u,v,w) &= d\boldsymbol{S}_v, \\
d\boldsymbol{S}_v(u,v+dv,w) &= d\boldsymbol{S}_v + d\frac{\partial \boldsymbol{S}_v}{\partial v}dv \ldots, \\
d\boldsymbol{S}_w(u,v,w) &= d\boldsymbol{S}_w, \\
d\boldsymbol{S}_w(u,v,w+dw) &= d\boldsymbol{S}_w + d\frac{\partial \boldsymbol{S}_w}{\partial w}dw \ldots
\end{aligned}$$

Je 2 Seitenflächen sind bis auf vernachlässigbar kleine Größen höherer Ordnung inhaltlich gleich, was das Raumelement als Spat ausweist.

Übrigens verschwindet im Rahmen dieser Näherung die Summe aller Seitenflächen, sofern ihre Normalen nach außen zeigen:

$$\underbrace{d\boldsymbol{S}_{-u} + d\boldsymbol{S}_u}_{0} + \underbrace{d\boldsymbol{S}_{-v} + d\boldsymbol{S}_v}_{0} + \underbrace{d\boldsymbol{S}_{-w} + d\boldsymbol{S}_w}_{0}$$
$$+ d\left[\frac{\partial \boldsymbol{S}_u}{\partial u}du + \frac{\partial \boldsymbol{S}_v}{\partial v}dv + \frac{\partial \boldsymbol{S}_w}{\partial w}dw\right] = 0.$$

Der Beweis gelingt leicht mit Hilfe von (6.10).

6.3 Die Einsvektoren in x, y, z-Richtung errechnen sich zu

$$\begin{aligned}
\boldsymbol{e}_x &= \frac{\partial \boldsymbol{r}}{\partial x} = \frac{\partial \boldsymbol{r}}{\partial u}\frac{\partial u}{\partial x} + \frac{\partial \boldsymbol{r}}{\partial v}\frac{\partial v}{\partial x} + \frac{\partial \boldsymbol{r}}{\partial w}\frac{\partial w}{\partial x},\\
\boldsymbol{e}_y &= \frac{\partial \boldsymbol{r}}{\partial y} = \frac{\partial \boldsymbol{r}}{\partial u}\frac{\partial u}{\partial y} + \frac{\partial \boldsymbol{r}}{\partial v}\frac{\partial v}{\partial y} + \frac{\partial \boldsymbol{r}}{\partial w}\frac{\partial w}{\partial y},\\
\boldsymbol{e}_z &= \frac{\partial \boldsymbol{r}}{\partial z} = \frac{\partial \boldsymbol{r}}{\partial u}\frac{\partial u}{\partial z} + \frac{\partial \boldsymbol{r}}{\partial v}\frac{\partial v}{\partial z} + \frac{\partial \boldsymbol{r}}{\partial w}\frac{\partial w}{\partial z}.
\end{aligned}$$

Damit lautet das Spatprodukt (vgl. Aufgabe 2.30)

$$[\boldsymbol{e}_x, \boldsymbol{e}_y, \boldsymbol{e}_z] = \left[\frac{\partial \boldsymbol{r}}{\partial u}, \frac{\partial \boldsymbol{r}}{\partial v}, \frac{\partial \boldsymbol{r}}{\partial w}\right] \begin{vmatrix} \frac{\partial u}{\partial x} & \frac{\partial v}{\partial x} & \frac{\partial w}{\partial x} \\ \frac{\partial u}{\partial y} & \frac{\partial v}{\partial y} & \frac{\partial w}{\partial y} \\ \frac{\partial u}{\partial z} & \frac{\partial v}{\partial z} & \frac{\partial w}{\partial z} \end{vmatrix} = \frac{\partial(x,y,z)}{\partial(u,v,w)} \cdot \frac{\partial(u,v,w)}{\partial(x,y,z)} = 1.$$

Transformation $S \to S'$ und Rücktransformation $S' \to S$ haben also reziproke Funktionaldeterminanten.

6.4 Zu 1. Wegen $\boldsymbol{\nabla}\, u = \boldsymbol{e}_u U$ und $\boldsymbol{e}_u = \boldsymbol{e}_v \times \boldsymbol{e}_w$ sowie (6.8) erhält man rasch:

$$\boldsymbol{\nabla}\, u = (\boldsymbol{e}_v \times \boldsymbol{e}_w)U = \left(\frac{\partial \boldsymbol{r}}{\partial v} \times \frac{\partial \boldsymbol{r}}{\partial w}\right) UVW = \frac{\frac{\partial \boldsymbol{r}}{\partial v} \times \frac{\partial \boldsymbol{r}}{\partial w}}{\left[\frac{\partial \boldsymbol{r}}{\partial u}, \frac{\partial \boldsymbol{r}}{\partial v}, \frac{\partial \boldsymbol{r}}{\partial w}\right]}.$$

Zu 2. Einsetzung der Gradienten $\boldsymbol{\nabla}\, u = \boldsymbol{e}_u U$, $\boldsymbol{\nabla}\, v = \boldsymbol{e}_v V$, $\boldsymbol{\nabla}\, w = \boldsymbol{e}_w W$ führt angesichts (6.8) sofort zu

$$\frac{1}{UVW}\,[\boldsymbol{e}_u U, \boldsymbol{e}_v V, \boldsymbol{e}_w W] = 1.$$

Mit 1. und 2. erweist sich, dass $\frac{\partial \boldsymbol{r}}{\partial u}, \frac{\partial \boldsymbol{r}}{\partial v}, \frac{\partial \boldsymbol{r}}{\partial w}$ und $\boldsymbol{\nabla}\, u, \boldsymbol{\nabla}\, v, \boldsymbol{\nabla}\, w$ als alternative Grundvektorentripel reziproke Dreibeine bilden (vgl. Kap. 2.4.3); dies gilt sogar, wenn das Bezugssystem S' schiefwinklig ist (Aufgabe 11.7).

6.5 Zweckmäßige Zerlegung des Nabla-Operanden bewirkt

$$\nabla\cdot(a_u\boldsymbol{e}_u)=\nabla\cdot\Big(\frac{a_u}{VW}\,VW\boldsymbol{e}_u\Big)=\frac{a_u}{VW}\,\nabla\cdot(VW\boldsymbol{e}_u)+VW\boldsymbol{e}_u\cdot\nabla\Big(\frac{a_u}{VW}\Big).$$

Rechts gilt im 1. Term mit $VW\boldsymbol{e}_u = V\boldsymbol{e}_v\times W\boldsymbol{e}_w=\nabla v\times\nabla w$ angesichts (4.63)

$$\nabla\cdot(VW\boldsymbol{e}_u)=\nabla\cdot(\nabla v\times\nabla w)=\nabla w\cdot\underbrace{(\nabla\times\nabla v)}_{0}-\nabla v\cdot\underbrace{(\nabla\times\nabla w)}_{0}=0.$$

Damit bleibt übrig

$$\nabla\cdot(a_u\boldsymbol{e}_u)=VW\boldsymbol{e}_u\cdot\nabla\Big(\frac{a_u}{VW}\Big)=UVW\Big(\frac{\partial\boldsymbol{r}}{\partial u}\cdot\nabla\Big)\frac{a_u}{VW}=UVW\frac{\partial}{\partial u}\Big(\frac{a_u}{VW}\Big).$$

6.6 Mit $\boldsymbol{a}=a_u\boldsymbol{e}_u+a_v\boldsymbol{e}_v+a_w\boldsymbol{e}_w=\frac{a_u}{U}\nabla u+\frac{a_v}{V}\nabla v+\frac{a_w}{W}\nabla w$ führt der Ansatz

$$\boldsymbol{e}_u\cdot(\nabla\times\boldsymbol{a})=\boldsymbol{e}_u\cdot\Big[\Big(\nabla\frac{a_u}{U}\times\nabla u\Big)+\Big(\nabla\frac{a_v}{V}\times\nabla v\Big)+\Big(\nabla\frac{a_w}{W}\times\nabla w\Big)\Big]$$

wegen $\nabla\times\nabla u=\nabla\times\nabla v+\nabla\times\nabla w=0$ rasch zum Ergebnis

$$\boldsymbol{e}_u\cdot(\nabla\times\boldsymbol{a})=\underbrace{(\nabla u\times\boldsymbol{e}_u)}_{0}\cdot\nabla\frac{a_u}{U}+\underbrace{(\nabla v\times\boldsymbol{e}_u)}_{-V\boldsymbol{e}_w}\cdot\nabla\frac{a_v}{V}+\underbrace{(\nabla w\times\boldsymbol{e}_u)}_{W\boldsymbol{e}_v}\cdot\nabla\frac{a_w}{W}$$

$$\curvearrowright\quad \boldsymbol{e}_u\cdot\mathbf{rot}\,\boldsymbol{a}=VW\Big[\frac{\partial}{\partial v}\Big(\frac{a_w}{W}\Big)-\frac{\partial}{\partial w}\Big(\frac{a_v}{V}\Big)\Big].$$

6.7 Die Fig. A.34 zeigt 2 um $\varphi_2-\varphi_1=\frac{\pi}{2}$ gegeneinander gedrehte, kongruente Dreiecke mit den Schenkeln $\boldsymbol{e}_\rho$ bzw. $\boldsymbol{e}_\varphi$. Gemäß (6.7) weist $d\boldsymbol{e}_\rho$ ($\perp\boldsymbol{e}_\rho$) bei einer

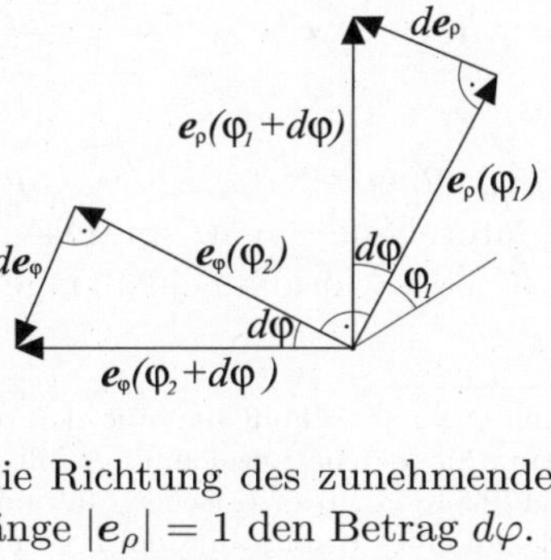

Fig. A.34

Winkeländerung $d\varphi$ in die Richtung des zunehmenden Winkels, also $\boldsymbol{e}_\varphi$, und hat wegen der Schenkellänge $|\boldsymbol{e}_\rho|=1$ den Betrag $d\varphi$. Analog weist $d\boldsymbol{e}_\varphi$ ($\perp\boldsymbol{e}_\varphi$) in die Richtung $-\boldsymbol{e}_\rho$ und hat gleichfalls den Betrag $d\varphi$.

6.8 Die ebene Bahn laute in reellen Polarkoordinaten $\boldsymbol{r} = \rho(t)\boldsymbol{e}_\rho(t)$. Wir differenzieren sie zweimal und erhalten:

$$\dot{\boldsymbol{r}}(t) = \boldsymbol{v} = \dot{\rho}\boldsymbol{e}_\rho + \rho\dot{\boldsymbol{e}}_\rho,$$
$$\ddot{\boldsymbol{r}}(t) = \dot{\boldsymbol{v}} = \boldsymbol{b} = \ddot{\rho}\boldsymbol{e}_\rho + 2\dot{\rho}\dot{\boldsymbol{e}}_\rho + \rho\ddot{\boldsymbol{e}}_\rho.$$

Hierbei gilt nach (6.32a) $\dot{\boldsymbol{e}}_\rho = \frac{d\boldsymbol{e}_\rho}{d\varphi}\dot{\varphi} = \dot{\varphi}\boldsymbol{e}_\varphi$ und $\ddot{\boldsymbol{e}}_\rho = \ddot{\varphi}\boldsymbol{e}_\varphi + \dot{\varphi}\dot{\boldsymbol{e}}_\varphi$, was wegen $\dot{\boldsymbol{e}}_\varphi = \frac{d\boldsymbol{e}_\varphi}{d\varphi}\dot{\varphi} = -\dot{\varphi}\boldsymbol{e}_\rho$ zu $\ddot{\boldsymbol{e}}_\rho = \ddot{\varphi}\boldsymbol{e}_\varphi - \dot{\varphi}^2\boldsymbol{e}_\rho$ führt. Durch Einsetzung und Ordnung nach radialen und polaren Teilvektoren $\|\boldsymbol{e}_\rho$ bzw. $\perp \boldsymbol{e}_\rho$ findet man mühelos die sog. binetschen Gleichungen

$$\boldsymbol{v} = \dot{\rho}\boldsymbol{e}_\rho + \rho\dot{\varphi}\boldsymbol{e}_\varphi \quad \text{und} \quad \boldsymbol{b} = (\ddot{\rho} - \rho\dot{\varphi}^2)\boldsymbol{e}_\rho + \underbrace{(2\dot{\rho}\dot{\varphi} + \rho\ddot{\varphi})}_{\frac{1}{\rho}\frac{d}{dt}(\rho^2\dot{\varphi})}\boldsymbol{e}_\varphi.$$

In der gaußschen Zahlenebene ergibt sich durch zweimaliges Differenzieren der Bahn in komplexen Polarkoordinaten[7] $z = \rho(t)e^{i\varphi(t)}$:

$$\dot{z} = \dot{\rho}e^{i\varphi} + i\rho\dot{\varphi}e^{i\varphi} = \dot{\rho}e^{i\varphi} + \rho\dot{\varphi}e^{i(\varphi+\frac{\pi}{2})},$$
$$\ddot{z} = (\ddot{\rho} + 2i\dot{\rho}\dot{\varphi} + i\rho\ddot{\varphi} - \rho\dot{\varphi}^2)e^{i\varphi} = \underbrace{(\ddot{\rho} - \rho\dot{\varphi}^2)}_{\boldsymbol{b}\cdot\boldsymbol{e}_\rho}e^{i\varphi} + \underbrace{(2\dot{\rho}\dot{\varphi} + \rho\ddot{\varphi})}_{\boldsymbol{b}\cdot\boldsymbol{e}_\varphi}e^{i(\varphi+\frac{\pi}{2})}.$$

Es heißen die Terme $-\rho\dot{\varphi}^2\boldsymbol{e}_\rho$ Zentripetal- und $2\dot{\rho}\dot{\varphi}\boldsymbol{e}_\varphi$ Coriolis-Beschleunigung[8]. Sie beruhen auf Scheinkräften aus der Sicht eines Beobachters, der sich im Pol 0 mit dem Fahrstrahl $\boldsymbol{r}$ mitdreht.

6.9 Mit Blick auf Kap. 5.1.1 f erhält man für den Ortsvektor $\boldsymbol{r} = \boldsymbol{r}_0 + a\boldsymbol{e}_\rho$ eines Kreispunkts in Polarkoordinaten

$$d\boldsymbol{r} = a\,d\varphi\boldsymbol{e}_\varphi, \quad |d\boldsymbol{r}| \equiv ds = a\,d\varphi, \quad \boldsymbol{r}' = \boldsymbol{e}_\varphi,$$
$$d\boldsymbol{r}' = -d\varphi\boldsymbol{e}_\rho, \quad \boldsymbol{r}'' = -\frac{\boldsymbol{e}_\rho}{a} = \frac{\boldsymbol{e}_z \times \boldsymbol{r}'}{a}.$$

6.10 Die Pseudosphäre $z = a \cdot \operatorname{ar\,cosh}\frac{a}{\rho} - \sqrt{a^2 - \rho^2}$ ist zur z-Achse (Asymptote) dreh- und zur Äquatorebene $z = 0$ spiegelsymmetrisch (Fig. 5.7). Ihr Äquator ist der Kreis $\rho = a$, jeder Meridian eine huygenssche Traktrix (Schleppkurve)[9].

[7] Die komplex-ebene Koordinate z nach Gauß hat mit der reell-räumlichen Koordinate z nach Cartesius nichts zu tun; die gleiche Bezeichnung sollte niemanden verwirren.

[8] Gustave-Gaspard Coriolis (1792-1843), französischer Mathematiker

[9] Sie ist z. B. vorstellbar als Bahn eines Kahns auf dem Haken eines im Abstand a gradlinig laufenden Schleppers.

Aus $\boldsymbol{r} = \rho \boldsymbol{e}_\rho + z(\rho)\boldsymbol{e}_z$ folgt wegen $\frac{\partial \boldsymbol{r}}{\partial \rho} = \boldsymbol{e}_\rho + z'(\rho)\boldsymbol{e}_z$ und $\frac{\partial \boldsymbol{r}}{\partial \varphi} = \rho \boldsymbol{e}_\varphi$ die Metrik

$$ds^2 = \underbrace{\left[1 + z'^2(\rho)\right]}_{\frac{a^2}{\rho^2}} d\rho^2 + \rho^2\, d\varphi^2 = \frac{a^2 d\rho^2}{\rho^2} + \rho^2\, d\varphi^2.$$

Die vereinfachende Koordinatentransformation $\varphi = u, \;\; \rho = \frac{a}{v}$ ergibt

$$ds^2 = \frac{a^2(du^2 + dv^2)}{v^2}.$$

Dazu gehört die gaußsche Krümmung $K = -\frac{1}{a^2}$ (Aufgabe 5.27).

6.11 Zu 1. Auf einem Zylinder (ρ = const) hat das totale Differenzial des Fahrstrahls $\boldsymbol{r}[\varphi(t), z(t)] = \rho \boldsymbol{e}_\rho + z\boldsymbol{e}_z$ wegen (6.32a) die Form

$$d\boldsymbol{r} = \rho \frac{\partial \boldsymbol{e}_\rho}{\partial \varphi} d\varphi + dz\boldsymbol{e}_z = (\rho\dot{\varphi}\boldsymbol{e}_\varphi + \dot{z}\boldsymbol{e}_z)\, dt.$$

Daraus folgen das Linienelement

$$ds = |d\boldsymbol{r}| = \sqrt{\rho^2\dot{\varphi}^2 + \dot{z}^2}\, dt$$

und der Tangentenvektor

$$\boldsymbol{t} = \frac{d\boldsymbol{r}}{ds} = \frac{\rho\dot{\varphi}\boldsymbol{e}_\varphi + \dot{z}\boldsymbol{e}_z}{\sqrt{\rho^2\dot{\varphi}^2 + \dot{z}^2}}.$$

Natürlich steht der Tangentenvektor jeder Flächenbahn auf der Flächennormale (hier $\parallel \boldsymbol{e}_\rho$) senkrecht.

Zu 2. Für eine Kugel (r = const) ergibt sich aus dem Fahrstrahl $\boldsymbol{r}[\vartheta(t), \varphi(t)] = r\boldsymbol{e}_r$ angesichts (6.49) analog

$$d\boldsymbol{r} = r\left(\frac{\partial \boldsymbol{e}_r}{\partial \vartheta} d\vartheta + \frac{\partial \boldsymbol{e}_r}{\partial \varphi} d\varphi\right) = r(\dot{\vartheta}\boldsymbol{e}_\vartheta + \sin\vartheta\dot{\varphi}\boldsymbol{e}_\varphi)\, dt$$

$$\curvearrowright \;\; ds = r\sqrt{\dot{\vartheta}^2 + \sin^2\vartheta\dot{\varphi}^2}\, dt \quad \text{und} \quad \boldsymbol{t} = \frac{\dot{\vartheta}\boldsymbol{e}_\vartheta + \sin\vartheta\dot{\varphi}\boldsymbol{e}_\varphi}{\sqrt{\dot{\vartheta}^2 + \sin^2\vartheta\dot{\varphi}^2}}.$$

6.12 Das Linienelement des Breitenkreises $\vartheta = \vartheta_0$ lautet gemäß (6.45) $|d\boldsymbol{r}| = R\sin\vartheta_0\, d\varphi$. Folglich beträgt der messbare Breitenkreisumfang $l = 2\pi R\sin\vartheta_0$.

Der Beobachter hält den Polabstand $p = R\vartheta_0$ für den Radius des Breitenkreises und rechnet $l_1 = 2\pi p$. Die Differenz $l_1 - l = 2\pi R(\frac{p}{R} - \sin\frac{p}{R}) \geq 0$ zwischen Rechen- und Messergebnis zeigt dem Beobachter, dass in seiner Umgebung die euklidische Geometrie nicht gilt, es sei denn

- $p \to 0$, also in der allernächsten Umgebung des Pols, und
- $R \to \infty$, wenn die Kugel in eine Ebene übergeht.

6.13 Der kürzeste Abstand zwischen den Zylinderpunkten $P_0(a, 0, 0)$ und $P(a, \varphi, z)$, gemessen auf der verbindenden Schraubenlinie (Aufgabe 5.4), beträgt $s = \sqrt{a^2 + b^2}\,\varphi$ (Fig. A.35). Mit dem durch $\tan\gamma \equiv \frac{b}{a}$ definierten Para-

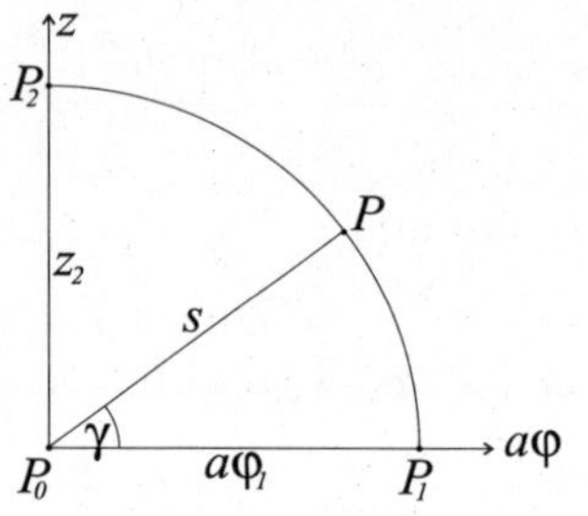

Fig. A.35

meter γ gilt $s = \frac{a\varphi}{\cos\gamma}$. Der Punkt P wandert bei Änderung von γ unter der Bedingung $s = \text{const}$ auf einer durch

$$a\varphi = s\cos\gamma \quad \text{und} \quad z \equiv b\varphi = a\varphi\tan\gamma = s\sin\gamma$$

bestimmten Kurve mit dem Linienelement

$$|d\boldsymbol{r}| = s\sqrt{\sin^2\gamma + \cos^2\gamma}\,d\gamma = s\,d\gamma$$

um P_0. Zwischen $P_1(a, \varphi_1, 0)$ und $P_2(a, 0, z_2)$ bewegt sich γ in dem Intervall $0 \le \gamma \le \frac{\pi}{2}$. Daher beträgt die zugehörige Linienlänge

$$\int_{P_1}^{P_2} |d\boldsymbol{r}| = s\int_0^{\frac{\pi}{2}} d\gamma = s\frac{\pi}{2},$$

entsprechend der Länge eines Viertelkreisbogens. Die Rechnung des Beobachters, der s für den Radius des Kreises auf einer Ebene hält, stimmt mit der Messung streng überein, was die Umgebung von P_0 als euklidisch ausweist.

6.14 Man erhält aus (6.49 ff) mühelos

$$\frac{\partial^2 \boldsymbol{e}_r}{\partial\vartheta^2} = \frac{\partial \boldsymbol{e}_\vartheta}{\partial\vartheta} = -\boldsymbol{e}_r, \qquad \frac{\partial^2 \boldsymbol{e}_\vartheta}{\partial\vartheta^2} = -\frac{\partial \boldsymbol{e}_r}{\partial\vartheta} = -\boldsymbol{e}_\vartheta,$$

$$\frac{\partial^2 \boldsymbol{e}_\varphi}{\partial\varphi^2} = -\sin\vartheta\frac{\partial \boldsymbol{e}_r}{\partial\varphi} - \cos\vartheta\frac{\partial \boldsymbol{e}_\vartheta}{\partial\varphi} = -\boldsymbol{e}_\varphi.$$

Die Ergebnisse spiegeln die auch aus (6.46 ff) hervorgehende ϑ-Periodizität von $\boldsymbol{e}_r$ und $\boldsymbol{e}_\vartheta$ sowie die φ-Periodizität von $\boldsymbol{e}_\varphi$ wieder.

6.15 Differenzieren führt unmittelbar zu

$$\frac{\partial \boldsymbol{r}}{\partial r} = \boldsymbol{e}_r, \quad \frac{\partial \boldsymbol{r}}{\partial \vartheta} = r\frac{\partial \boldsymbol{e}_r}{\partial \vartheta} = r\boldsymbol{e}_\vartheta, \quad \frac{\partial \boldsymbol{r}}{\partial \varphi} = r\frac{\partial \boldsymbol{e}_r}{\partial \varphi} = r\sin\vartheta \boldsymbol{e}_\varphi.$$

Die 3 Vektoren $\frac{\partial \boldsymbol{r}}{\partial r}dr$, $\frac{\partial \boldsymbol{r}}{\partial \vartheta}d\vartheta$, $\frac{\partial \boldsymbol{r}}{\partial \varphi}d\varphi$ spannen einen elementaren Spat auf. Dessen Volumen beträgt

$$d\tau = \left(\frac{\partial \boldsymbol{r}}{\partial r} \times \frac{\partial \boldsymbol{r}}{\partial \vartheta}\right) \cdot \frac{\partial \boldsymbol{r}}{\partial \varphi}\, dr\, d\vartheta\, d\varphi = \underbrace{(\boldsymbol{e}_r \times \boldsymbol{e}_\vartheta)}_{\boldsymbol{e}_\varphi} \cdot \boldsymbol{e}_\varphi\, r^2 \sin\vartheta\, dr\, d\vartheta\, d\varphi.$$

Zu Kapitel 7

7.1 Wir legen die Mitte der Kugel am besten in den Nullpunkt.

1.) Die Kugel hat in kartesischen Koordinaten die Gleichung $x^2 + y^2 + z^2 = a^2$ und das Volumen

$$\tau = 8 \int\limits_0^{\sqrt{a^2-y^2-x^2}} \int\limits_0^{\sqrt{a^2-x^2}} \int\limits_0^{a} dx\, dy\, dz = 8 \int\limits_0^{\sqrt{a^2-x^2}} \int\limits_0^{a} \sqrt{a^2 - y^2 - x^2}\, dx\, dy$$

$$= 4 \int\limits_0^{a} \left[y\sqrt{a^2 - y^2 - x^2} + (a^2 - x^2) \arcsin \frac{y}{\sqrt{a^2 - x^2}} \right]_0^{\sqrt{a^2-x^2}} dx$$

$$= 4 \int\limits_0^{a} (a^2 - x^2) \underbrace{\arcsin 1}_{\frac{\pi}{2}}\, dx = 2\pi \left(a^2 x - \frac{x^3}{3}\right)\Big|_0^a = \frac{4}{3}\pi a^3.$$

2.) Die Kugelgleichung lautet in Zylinderkoordinaten $\rho^2 + z^2 = a^2$. Damit findet man wegen (6.34)

$$\tau = 2 \int\limits_0^{\sqrt{a^2-\rho^2}} \int\limits_0^{2\pi} \int\limits_0^{a} \rho\, d\rho\, d\varphi\, dz = 2 \int\limits_0^{2\pi} \int\limits_0^{a} \sqrt{a^2 - \rho^2}\rho\, d\rho\, d\varphi$$

$$= 4\pi \int\limits_0^{a} \sqrt{a^2 - \rho^2}\rho\, d\rho = -\frac{4\pi}{3}(a^2 - \rho^2)^{\frac{3}{2}}\Big|_0^a = \frac{4}{3}\pi a^3.$$

3.) Die Kugelgleichung hat in Kugelkoordinaten die bequeme Form $r = a$. Das Volumen berechnet sich angesichts (6.55) zu

$$\tau = \int_0^{2\pi}\int_0^{\pi}\int_0^{a} r^2 \sin\vartheta \, dr \, d\vartheta \, d\varphi .$$

Das dreifache Integral zerfällt hier wegen der Unabhängigkeit der Grenzen in ein dreifaches Produkt einfacher Integrale:

$$\tau = \underbrace{\int_0^{2\pi} d\varphi}_{2\pi} \cdot \underbrace{\int_0^{\pi} \sin\vartheta d\vartheta}_{2} \cdot \underbrace{\int_0^{a} r^2 dr}_{\frac{a^3}{3}} = \frac{4}{3}\pi a^3 .$$

Noch bequemer geht es mit dem Raumwinkelelement (6.53)

$$\tau = \int_0^{4\pi}\int_0^{a} r^2 \, dr \, d\Omega = \int_0^{4\pi} d\Omega \cdot \int_0^{a} r^2 \, dr = \frac{4}{3}\pi a^3 .$$

7.2 Wichtig ist die passende Einrichtung der Bezugssysteme:

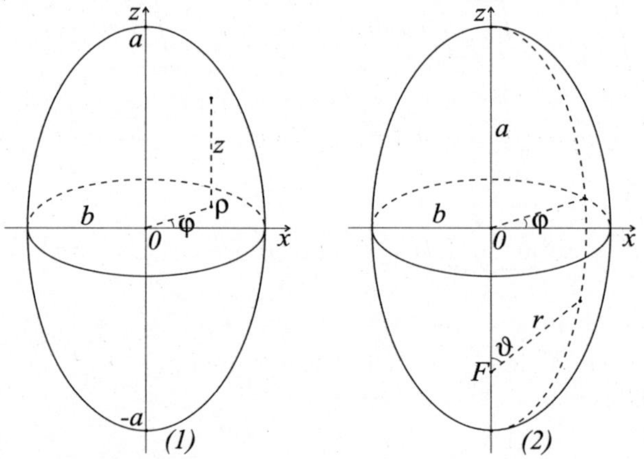

Fig. A.36

1.) Zweckmäßigerweise legen wir den Nullpunkt des ρ, φ, z-Bezugssystems in die Mitte des Drehellipsoids und seine Hauptsymmetrie- in die z-Achse (Fig. A.36(1)). Dann lautet die Gleichung des Drehellipsoids

$$\frac{\rho^2}{b^2} + \frac{z^2}{a^2} = 1 \quad \curvearrowright \quad \rho(z) = b\sqrt{1 - \frac{z^2}{a^2}} .$$

Integration über das Raumelement (6.34) ergibt wegen der φ-Symmetrie

$$\tau = 2\pi \int_{-a}^{a} \frac{\rho^2}{2} dz = \pi b^2 \int_{-a}^{a} \left(1 - \frac{z^2}{a^2}\right) dz = \frac{4\pi}{3} ab^2.$$

2.) Wenn der Nullpunkt des r, ϑ, φ-Bezugssystems in einem Brennpunkt des Drehellipsoids liegt (Fig. A.36(2)), hat es angesichts (3.41) die Gleichung

$$r(\vartheta) = \frac{p}{1 - \varepsilon \cos \vartheta}.$$

Integration über das Raumelement (6.55) führt wegen der φ-Symmetrie zu

$$\tau = 2\pi \int_{0}^{\pi} \frac{r^3(\vartheta)}{3} \sin \vartheta \, d\vartheta = \frac{2\pi p^3}{3} \int_{0}^{\pi} \frac{\sin \vartheta \, d\vartheta}{(1 - \varepsilon \cos \vartheta)^3} = \frac{4\pi p^3}{3(1-\varepsilon^2)^2}.$$

Daraus folgt mit Hilfe der bekannten Formeln $\frac{p}{1-\varepsilon^2} = a$ und $\frac{p}{\sqrt{1-\varepsilon^2}} = b$ ebenfalls

$$\tau = \frac{4\pi}{3} ab^2.$$

7.3 Nach (7.10) muss $A\,dx + B\,dy + C\,dz$ das totale Differenzial irgendeiner eindeutigen Funktion $\Phi(\boldsymbol{r})$ sein. Dies bedeutet

$$A = \frac{\partial \Phi}{\partial x}, \quad B = \frac{\partial \Phi}{\partial y}, \quad C = \frac{\partial \Phi}{\partial z}, \qquad \frac{\partial A}{\partial y} = \frac{\partial B}{\partial x}, \quad \frac{\partial B}{\partial z} = \frac{\partial C}{\partial y}, \quad \frac{\partial C}{\partial x} = \frac{\partial A}{\partial z}$$

$$\curvearrowright \quad A\,dx + B\,dy + C\,dz = \mathbf{grad}\,\Phi \cdot d\boldsymbol{r} = d\Phi(\boldsymbol{r}).$$

Damit sind A, B, C die Komponenten a_x, a_y, a_z eines wirbelfreien Vektorfelds $\boldsymbol{a}(\boldsymbol{r}) = \mathbf{grad}\,\Phi$.

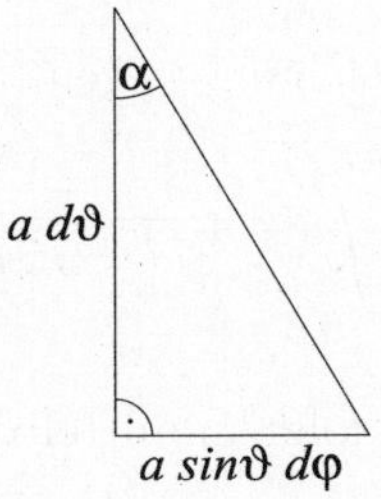

Fig. A.37

7.4 Das Linienelement einer Kurve auf der Kugel $r = a$ lautet gemäß (6.45)

$$|d\boldsymbol{r}|^2 = a^2 d\vartheta^2 + a^2 \sin^2 \vartheta \, d\varphi^2,$$

darstellbar als Hypotenuse eines elementaren, (fast) ebenen Kugeldreiecks mit den Katheten $a\,d\vartheta$ auf dem Meridian und $a\sin\vartheta d\varphi$ auf dem Breitenkreis (Fig. A.37). Aus der Kurvenbedingung $\sin\vartheta\frac{d\varphi}{d\vartheta} = \tan\alpha$ ergibt sich das Linienelement

$$ds = |d\boldsymbol{r}| = a\underbrace{\sqrt{1+\tan^2\alpha}}_{\frac{1}{\cos\alpha}}\,d\vartheta$$

und die gesuchte Kurvenlänge

$$s = \frac{a}{\cos\alpha}\int\limits_0^\pi d\vartheta = \frac{a\pi}{\cos\alpha},$$

verglichen mit der Meridianlänge das $\frac{1}{\cos\alpha}$-fache. Solche Kurven sind Spiralen und heißen in der Nautik Loxodromen.

Wer (umständlich!) von (5.32) ausgeht, findet das Ergebnis wegen $\boldsymbol{r} = a\boldsymbol{e}_r$ und

$$E = \left(\frac{\partial\boldsymbol{r}}{\partial\vartheta}\right)^2 = a^2, \quad F = \frac{\partial\boldsymbol{r}}{\partial\vartheta}\cdot\frac{\partial\boldsymbol{r}}{\partial\varphi} = 0, \quad G = \left(\frac{\partial\boldsymbol{r}}{\partial\varphi}\right)^2 = a^2\sin^2\vartheta$$

unter der o. a. Bedingung rasch bestätigt.

7.5 Zweckmäßigerweise legt man Anfangs- und Endpunkt der Kurve $\dot{\boldsymbol{r}}(t) = \dot{x}(t)\boldsymbol{e}_x + \dot{y}(t)\boldsymbol{e}_y + \dot{z}(t)\boldsymbol{e}_z$ in eine Koordinatenachse, etwa die x-Achse:

$$\boldsymbol{r}(t_1) = x(t_1)\boldsymbol{e}_x \quad \text{und} \quad \boldsymbol{r}(t_2) = x(t_2)\boldsymbol{e}_x.$$

Damit erhalten wir unter der Voraussetzung $x(t_1) < x(t_2)$

$$\left|\int\limits_{t_1}^{t_2}\dot{\boldsymbol{r}}(t)\,dt\right| = |\boldsymbol{r}(t_2)-\boldsymbol{r}(t_1)| = x(t_2)-x(t_1) = \int\limits_{t_1}^{t_2}\dot{x}(t)\,dt,$$

so dass die zu beweisende Ungleichung wegen (5.4) die Form

$$\int\limits_{t_1}^{t_2}\dot{x}(t)\,dt \le \int\limits_{t_1}^{t_2}\sqrt{\dot{x}^2(t)+\dot{y}^2(t)+\dot{z}^2(t)}\,dt$$

gewinnt. Der geforderte Beweis folgt unmittelbar aus

$$\dot{x}(t) \le \sqrt{\dot{x}^2(t)+\dot{y}^2(t)+\dot{z}^2(t)} \quad \text{für } t_1 \le t \le t_2.$$

Das Gleichheitszeichen gilt nur im Fall $\dot{y} \equiv 0$ und $\dot{z} \equiv 0$, wenn also die Kurve mit der x-Achse zusammenfällt.

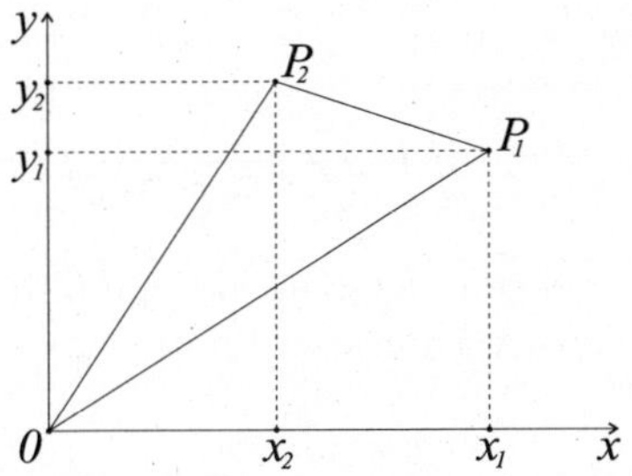

Fig. A.38

Die hiermit bewiesene Ungleichung verallgemeinert (1.7) von Summen auf Integrale.

7.6 Zweckmäßig legt man Null- und Eckpunkt P_3 zusammen (Fig. A.38). Das Dreieck wird so – von 0 aus gesehen – ein durch die Strecke $\overline{P_1P_2}$ begrenzter Sektor. Bei der Randintegration verschwinden die Beiträge der Seiten $\overline{OP_1}$ und $\overline{P_2O}$ wegen $\boldsymbol{r} \times d\boldsymbol{r} = 0$. Es genügt im Sinne der leibnizschen Sektorformel die Integration über die Seite $\overline{P_1P_2}$, darstellbar in der Parameterform

$$x = x_1 + (x_2 - x_1)t, \quad y = y_1 + (y_2 - y_1)t \quad \text{für} \quad 0 \le t \le 1$$

mit den Komponenten $dx = (x_2 - x_1)\,dt$ und $dy = (y_2 - y_1)\,dt$ des Wegelements. Man erhält bequem

$$S = \frac{1}{2}\underbrace{[x_1(y_2 - y_1) - y_1(x_2 - x_1)]}_{x_1y_2 - y_1x_2}\int_0^1 dt = \frac{x_1y_2 - y_1x_2}{2} = \begin{vmatrix} x_1 & x_2 \\ y_1 & y_2 \end{vmatrix}.$$

Wer hier einen negativen S-Wert findet, hat wahrscheinlich übersehen, dass Integrationsrichtung (Umlaufsinn) und $\boldsymbol{e}_z$ eine Rechtsschraube bilden. Die Randintegration muss also gegen den Uhrzeigersinn erfolgen.

7.7 Anknüpfend an Aufgabe 5.16 gilt

$$\frac{\partial \boldsymbol{r}}{\partial x} \times \frac{\partial \boldsymbol{r}}{\partial y} = (\boldsymbol{e}_x + \frac{\partial z}{\partial x}\boldsymbol{e}_z) \times (\boldsymbol{e}_y + \frac{\partial z}{\partial y}\boldsymbol{e}_z) = \boldsymbol{e}_z - \frac{\partial z}{\partial y}\boldsymbol{e}_y - \frac{\partial z}{\partial x}\boldsymbol{e}_x$$

$$\curvearrowright \quad |d\boldsymbol{S}| = \left|\frac{\partial \boldsymbol{r}}{\partial x} \times \frac{\partial \boldsymbol{r}}{\partial y}\right| dx\,dy = \sqrt{1 + \left(\frac{\partial z}{\partial x}\right)^2 + \left(\frac{\partial z}{\partial y}\right)^2}\,dx\,dy.$$

Eine Kugel vom Radius r um den Nullpunkt hat in kartesischen Koordinaten die Gleichung $z = \sqrt{r^2 - x^2 - y^2}$. Daraus folgt

$$\frac{\partial z}{\partial x} = -\frac{x}{z} \text{ und } \frac{\partial z}{\partial y} = -\frac{y}{z} \quad \curvearrowright \quad \sqrt{1 + \left(\frac{\partial z}{\partial x}\right)^2 + \left(\frac{\partial z}{\partial y}\right)^2} = \frac{r}{\sqrt{r^2 - x^2 - y^2}}.$$

Das skalare Flächenintegral

$$O = r \iint \frac{dx\,dy}{\sqrt{r^2 - x^2 - y^2}}$$

erstreckt sich über die Projektion der Kugelkappe in die x, y-Ebene. Aus Symmetriegründen gehen wir zu Zylinderkoordinaten über und finden richtig

$$O = r \int\limits_0^{2\pi} \int\limits_0^{r \sin \vartheta_1} \frac{\rho\, d\rho\, d\varphi}{\sqrt{r^2 - \rho^2}} = -2\pi r \sqrt{r^2 - \rho^2}\Big|_0^{r \sin \vartheta_1} = 2\pi r^2 (1 - \cos \vartheta_1).$$

7.8 Die Projektion der Fläche $z = z(x, y)$ in die Ebene $z = \text{const}$ ist ihr x, y-Integrationsgebiet. In diesem Bereich ergibt sich für die vektorielle Oberfläche mit Blick auf die Lösung der Aufgabe 7.7

$$\int d\boldsymbol{S} = \boldsymbol{e}_z \int dx\,dy - \boldsymbol{e}_y \underbrace{\int \frac{\partial z}{\partial y} dx\,dy}_{0} - \boldsymbol{e}_x \underbrace{\int \frac{\partial z}{\partial x} dx\,dy}_{0} = \boldsymbol{S}_z.$$

Die Integration lässt nur den z-Teilvektor der Oberfläche, also den Inhalt ihrer Projektion in die Ebene $z = \text{const}$ übrig.

Die fragliche Ungleichung gewinnt nun die Form (vgl. Aufgabe 7.7)

$$\int dx\,dy \leq \int \sqrt{1 + \left(\frac{\partial z}{\partial x}\right)^2 + \left(\frac{\partial z}{\partial y}\right)^2}\, dx\,dy,$$

die aus der offensichtlich richtigen Ungleichung für die Integranden

$$1 \leq \sqrt{1 + \left(\frac{\partial z}{\partial x}\right)^2 + \left(\frac{\partial z}{\partial y}\right)^2}$$

hervorgeht.

Das Gleichheitszeichen gilt nur im Fall $\frac{\partial z}{\partial x} \equiv 0$ und $\frac{\partial z}{\partial y} \equiv 0$; dann fällt die Fläche mit ihrer Projektion in die Ebene $z = \text{const}$ zusammen ($O = |\boldsymbol{S}|$).

7.9 Hier genügt eine einfache Überlegung. In der durch den Rand bestimmten (Schmieg-)Ebene E liegen Tangente und Hauptnormale der Kurve, so dass ihre Binormale auf E senkrecht steht.

Der Rand der krummen Fläche G schließt zugleich ihre Projektion in E ein. Gemäß der Lösung von Aufgabe 7.8 ist die vektorielle Oberfläche von G gleich dem Inhalt ihrer Projektion in E, der ebenfalls auf E senkrecht steht und damit parallel mit der Binormale des Randes ist.

7.10 Aus den tangentialen Wegelementen

$$\frac{\partial \boldsymbol{r}}{\partial \vartheta} d\vartheta \equiv \frac{\partial [r(\vartheta,\varphi)\boldsymbol{e}_r]}{\partial \vartheta} d\vartheta = \frac{\partial r}{\partial \vartheta} d\vartheta \boldsymbol{e}_r + r \frac{\partial \boldsymbol{e}_r}{\partial \vartheta} d\vartheta \quad \text{und}$$
$$\frac{\partial \boldsymbol{r}}{\partial \varphi} d\varphi \equiv \frac{\partial [r(\vartheta,\varphi)\boldsymbol{e}_r]}{\partial \varphi} d\varphi = \frac{\partial r}{\partial \varphi} d\varphi \boldsymbol{e}_r + r \frac{\partial \boldsymbol{e}_r}{\partial \varphi} d\varphi$$

entsteht angesichts (6.49) das vektorielle, nach außen gerichtete Flächenelement

$$\begin{aligned} d\boldsymbol{S} &= \left(\frac{\partial \boldsymbol{r}}{\partial \vartheta} \times \frac{\partial \boldsymbol{r}}{\partial \varphi} \right) d\vartheta d\varphi \\ &= \Bigg[r \frac{\partial r}{\partial \vartheta} \sin\vartheta \underbrace{(\boldsymbol{e}_r \times \boldsymbol{e}_\varphi)}_{-\boldsymbol{e}_\vartheta} + r \frac{\partial r}{\partial \varphi} \underbrace{(\boldsymbol{e}_\vartheta \times \boldsymbol{e}_r)}_{-\boldsymbol{e}_\varphi} + r^2 \sin\vartheta \underbrace{(\boldsymbol{e}_\vartheta \times \boldsymbol{e}_\varphi)}_{\boldsymbol{e}_r} \Bigg] d\vartheta d\varphi \\ &= -\frac{1}{2} \left[\frac{\partial}{\partial \vartheta} (r^2 \sin\vartheta \boldsymbol{e}_\vartheta) + \frac{\partial}{\partial \varphi} (r^2 \boldsymbol{e}_\varphi) \right] d\vartheta d\varphi. \end{aligned}$$

Das Hüllenintegral zerfällt hier in 2 Doppelintegrale, die beide verschwinden:

$$\boldsymbol{S} = \oint d\boldsymbol{S} = -\frac{1}{2} \int_0^{2\pi} \underbrace{\left[r^2 \sin\vartheta \boldsymbol{e}_\vartheta \right]_{\vartheta=0}^{\vartheta=\pi}}_{0} d\varphi - \frac{1}{2} \int_0^{\pi} \underbrace{\left[r^2 \boldsymbol{e}_\varphi \right]_{\varphi=0}^{\varphi=2\pi}}_{0} d\vartheta = 0.$$

Der letzte Term rechts verschwindet, weil Hüllen im Sinne

$$r(\vartheta, \varphi_0) = r(\vartheta, \varphi_0 \pm 2\pi) \quad \text{für} \quad 0 \le \vartheta \le \pi$$

periodisch sind. Vgl. Aufgaben 2.25 und 6.2 für Körper mit Ecken und Kanten.

7.11 Das ebene Dreieck ABC (Fig. A.39) hat den Inhalt (vgl. Aufgabe 2.20):

$$\boldsymbol{S} = \frac{1}{2} [(\boldsymbol{r}_2 - \boldsymbol{r}_1) \times (\boldsymbol{r}_3 - \boldsymbol{r}_1)] = \frac{(\boldsymbol{r}_1 \times \boldsymbol{r}_2) + (\boldsymbol{r}_2 \times \boldsymbol{r}_3) + (\boldsymbol{r}_3 \times \boldsymbol{r}_1)}{2}.$$

Der Flächenrand besteht aus 3 Strecken $(0 \le t \le 1)$:

$$\begin{aligned} &1.)\ \boldsymbol{r} = \boldsymbol{r}_1 + (\boldsymbol{r}_2 - \boldsymbol{r}_1)t, \quad && d\boldsymbol{r} = (\boldsymbol{r}_2 - \boldsymbol{r}_1)\, dt, \quad && \boldsymbol{r} \times d\boldsymbol{r} = (\boldsymbol{r}_1 \times \boldsymbol{r}_2)\, dt, \\ &2.)\ \boldsymbol{r} = \boldsymbol{r}_2 + (\boldsymbol{r}_3 - \boldsymbol{r}_2)t, && d\boldsymbol{r} = (\boldsymbol{r}_3 - \boldsymbol{r}_2)\, dt, && \boldsymbol{r} \times d\boldsymbol{r} = (\boldsymbol{r}_2 \times \boldsymbol{r}_3)\, dt, \\ &3.)\ \boldsymbol{r} = \boldsymbol{r}_3 + (\boldsymbol{r}_1 - \boldsymbol{r}_3)t, && d\boldsymbol{r} = (\boldsymbol{r}_1 - \boldsymbol{r}_3)\, dt, && \boldsymbol{r} \times d\boldsymbol{r} = (\boldsymbol{r}_3 \times \boldsymbol{r}_1)\, dt. \end{aligned}$$

Damit erhält man

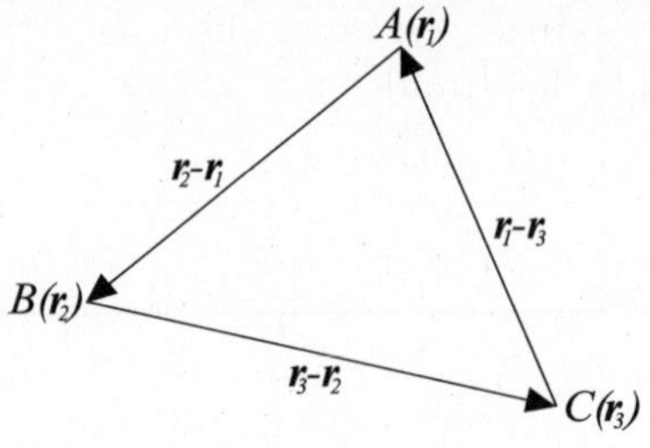

Fig. A.39

$$\oint \boldsymbol{r}[\boldsymbol{e}_z(\boldsymbol{r}\times d\boldsymbol{r})] = [\boldsymbol{e}_z(\boldsymbol{r}_1\times\boldsymbol{r}_2)]\frac{\boldsymbol{r}_1+\boldsymbol{r}_2}{2}$$

$$+ [\boldsymbol{e}_z(\boldsymbol{r}_2\times\boldsymbol{r}_3)]\frac{\boldsymbol{r}_2+\boldsymbol{r}_3}{2} + [\boldsymbol{e}_z(\boldsymbol{r}_3\times\boldsymbol{r}_1)]\frac{\boldsymbol{r}_3+\boldsymbol{r}_1}{2}$$

$$= \underbrace{[2\boldsymbol{e}_z\cdot\boldsymbol{S}]}_{2S}\frac{\boldsymbol{r}_1+\boldsymbol{r}_2+\boldsymbol{r}_3}{2} - \frac{1}{2}\{\boldsymbol{r}_1[\boldsymbol{e}_z(\boldsymbol{r}_2\times\boldsymbol{r}_3)]$$

$$+ \boldsymbol{r}_2[\boldsymbol{e}_z(\boldsymbol{r}_3\times\boldsymbol{r}_1)] + \boldsymbol{r}_3[\boldsymbol{e}_z(\boldsymbol{r}_1\times\boldsymbol{r}_2)]\}.$$

Rechts steht in der geschweiften Klammer der Vektor $\boldsymbol{e}_z[\boldsymbol{r}_1,\boldsymbol{r}_2,\boldsymbol{r}_3]$ (vgl. 2.52), der wegen der Komplanarität von $\boldsymbol{r}_1,\boldsymbol{r}_2,\boldsymbol{r}_3$ verschwindet. Wir finden richtig

$$\bar{\boldsymbol{r}} = \frac{\boldsymbol{r}_1+\boldsymbol{r}_2+\boldsymbol{r}_3}{3}.$$

Geschickte Rechner hätten natürlich die Ecke B zunächst in den Nullpunkt ($\boldsymbol{r}_2 = 0$) gelegt. Dann wären die Beiträge der Schenkel $\overline{BC}$ und $\overline{AB}$ wegen $\boldsymbol{r}\times d\boldsymbol{r} = 0$ entfallen und allein übrig geblieben:

$$\oint \boldsymbol{r}[\boldsymbol{e}_z(\boldsymbol{r}\times d\boldsymbol{r})] = \int_0^1 [\boldsymbol{r}_3 + (\boldsymbol{r}_1-\boldsymbol{r}_3)t]\underbrace{[\boldsymbol{e}_z(\boldsymbol{r}_3\times\boldsymbol{r}_1)]}_{2S}\,dt = S(\boldsymbol{r}_1+\boldsymbol{r}_3)$$

$$\curvearrowright\quad \bar{\boldsymbol{r}} = \frac{\boldsymbol{r}_1+\boldsymbol{r}_3}{3}.$$

Eine nachträgliche Translation des Dreiecks um $\boldsymbol{r}_2'$ würde verlegen

$$A(\boldsymbol{r}_1)\to A'(\boldsymbol{r}_1' = \boldsymbol{r}_1+\boldsymbol{r}_2'),\quad B(0)\to B'(\boldsymbol{r}_2'),\quad C(\boldsymbol{r}_3)\to C'(\boldsymbol{r}_3' = \boldsymbol{r}_3+\boldsymbol{r}_2'),$$

ebenso den Flächenschwerpunkt

$$\bar{\boldsymbol{r}}\to\bar{\boldsymbol{r}}' = \bar{\boldsymbol{r}}+\boldsymbol{r}_2' = \frac{(\boldsymbol{r}_1'-\boldsymbol{r}_2')+(\boldsymbol{r}_3'-\boldsymbol{r}_2')}{3}+\boldsymbol{r}_2' = \frac{\boldsymbol{r}_1'+\boldsymbol{r}_2'+\boldsymbol{r}_3'}{3}.$$

Zu Kapitel 8

8.1 Der gesuchte magnetische Fluss beträgt

$$\Phi = \int \boldsymbol{B} \cdot d\boldsymbol{S} = \int \mathbf{rot}\,\boldsymbol{A} \cdot d\boldsymbol{S},$$

was nach dem stokesschen Satz unmittelbar zu

$$\Phi = \oint \boldsymbol{A} \cdot d\boldsymbol{r}$$

führt. Es genügt also eine Linienintegration über den Rand der Fläche, deren Form im Übrigen keine Rolle spielt.

8.2 Die Zirkulation beträgt wegen (6.40) und (7.19)

$$\Gamma = \oint \boldsymbol{v} \cdot d\boldsymbol{r} = \oint (\boldsymbol{w} \times \boldsymbol{r}) \cdot d\boldsymbol{r} = \boldsymbol{w} \cdot \oint \boldsymbol{r} \times d\boldsymbol{r} = 2\boldsymbol{w} \cdot \boldsymbol{S}.$$

Zum selben Ergebnis führt der Satz von Stokes nach Einsetzung von (6.41)

$$\Gamma = \int \mathbf{rot}\,\boldsymbol{v} \cdot d\boldsymbol{S} = 2 \int \boldsymbol{w} \cdot d\boldsymbol{S} = 2\boldsymbol{w} \cdot \boldsymbol{S}.$$

8.3 In einem elementaren Kreis des Inhalts $d\boldsymbol{S}$ kann $\mathbf{rot}\,\boldsymbol{v}$ als örtlich unveränderlich gelten; dort gewinnt (8.5) wegen (7.19) die Form

$$\frac{1}{2} \oint \mathbf{rot}\,\boldsymbol{v} \cdot (\boldsymbol{r} \times d\boldsymbol{r}) = \oint \boldsymbol{v} \cdot d\boldsymbol{r}.$$

Der Ortsvektor zum Randpunkt $\boldsymbol{r}$ zerfällt in den Ortsvektor zum Mittelpunkt $\boldsymbol{r}_0$ und den Radiusvektor $\boldsymbol{p} = \boldsymbol{r} - \boldsymbol{r}_0$. Somit ergibt sich

$$\underbrace{\frac{1}{2} \oint (\mathbf{rot}\,\boldsymbol{v} \times \boldsymbol{r}_0) \cdot d\boldsymbol{r}}_{0} + \frac{1}{2} \oint (\mathbf{rot}\,\boldsymbol{v} \times \boldsymbol{p}) \cdot d\boldsymbol{r} = \oint \underbrace{\boldsymbol{v} \cdot d\boldsymbol{r}}_{\dot{\boldsymbol{p}} \cdot d\boldsymbol{r}} \quad \curvearrowright \quad \frac{1}{2} \mathbf{rot}\,\boldsymbol{v} \times \boldsymbol{p} = \dot{\boldsymbol{p}}.$$

Ein Vergleich mit (6.40) erweist $\frac{1}{2}\,\mathbf{rot}\,\boldsymbol{v}$ als die gesuchte Drehgeschwindigkeit $\boldsymbol{w}$ des Flächenelements um die eigene Achse.

8.4 Wir wandeln das 1. Hüllenintegral nach Gauß in ein Raumintegral um und erhalten wegen (8.15)

$$\oint (\boldsymbol{h} \cdot \boldsymbol{r})\, d\boldsymbol{S} = \int \underbrace{\boldsymbol{\nabla}(\boldsymbol{h} \cdot \boldsymbol{r})}_{\boldsymbol{h}}\, d\tau = \boldsymbol{h}\tau.$$

Für das 2. Hüllenintegral ergibt sich angesichts (8.19) ebenfalls

$$\oint \boldsymbol{r}(\boldsymbol{h}\cdot d\boldsymbol{S}) = \int \underbrace{(\boldsymbol{h}\cdot\boldsymbol{\nabla})\boldsymbol{r}}_{\boldsymbol{h}}\, d\tau = \boldsymbol{h}\tau.$$

Die Identität der beiden Integrale folgt auch aus (8.16):

$$\oint (\boldsymbol{h}\cdot\boldsymbol{r})\, d\boldsymbol{S} - \oint \boldsymbol{r}(\boldsymbol{h}\cdot d\boldsymbol{S}) = \boldsymbol{h}\times\oint d\boldsymbol{S}\times\boldsymbol{r} = \boldsymbol{h}\times\int \underbrace{\mathbf{rot}\,\boldsymbol{r}}_{0}\, d\tau = 0.$$

8.5 Gemäß (4.56) und (4.68) gilt

$$\begin{aligned}\boldsymbol{\nabla}(\boldsymbol{k}\cdot\boldsymbol{a}) &= (\boldsymbol{k}\cdot\boldsymbol{\nabla})\boldsymbol{a} + \boldsymbol{k}\times\mathbf{rot}\,\boldsymbol{a}\\ &= \mathbf{rot}(\boldsymbol{a}\times\boldsymbol{k}) + \boldsymbol{k}\,\mathrm{div}\,\boldsymbol{a} + \boldsymbol{k}\times\mathbf{rot}\,\boldsymbol{a}.\end{aligned}$$

Durch Integration über eine beliebige Hülle erhält man zunächst

$$\underbrace{\oint (d\boldsymbol{S}\cdot\boldsymbol{\nabla})(\boldsymbol{a}\cdot\boldsymbol{k})}_{\boldsymbol{k}\cdot\oint(d\boldsymbol{S}\cdot\boldsymbol{\nabla})\boldsymbol{a}} = \underbrace{\oint \mathbf{rot}(\boldsymbol{a}\times\boldsymbol{k})\cdot d\boldsymbol{S}}_{0 \text{ vgl. } (8.7)} + \boldsymbol{k}\cdot\oint \mathrm{div}\,\boldsymbol{a}\, d\boldsymbol{S} + \boldsymbol{k}\cdot\oint \mathbf{rot}\,\boldsymbol{a}\times d\boldsymbol{S}.$$

Die Umwandlung in ein Raumintegral gelingt leicht mit Hilfe von (8.15), (8.16) und (4.107). Wegen

$$\oint \mathrm{div}\,\boldsymbol{a}\, d\boldsymbol{S} + \oint \mathbf{rot}\,\boldsymbol{a}\times d\boldsymbol{S} = \int \underbrace{(\mathbf{grad}\,\mathrm{div}\,\boldsymbol{a} - \mathbf{rot}\,\mathbf{rot}\,\boldsymbol{a})}_{\Delta\boldsymbol{a}}\, d\tau$$

ergibt sich die zu beweisende Identität im Einklang mit (8.22).

8.6 Wir zerlegen das 1. Hüllenintegral gemäß (2.64)

$$\oint \boldsymbol{b}\times(\boldsymbol{a}\times d\boldsymbol{S}) = \oint \boldsymbol{a}(\boldsymbol{b}\cdot d\boldsymbol{S}) - \oint (\boldsymbol{b}\cdot\boldsymbol{a})\, d\boldsymbol{S},$$

was angesichts (8.19) und (8.15) zu dem Ergebnis

$$\oint \boldsymbol{b}\times(\boldsymbol{a}\times d\boldsymbol{S}) = \int \underbrace{[(\boldsymbol{\nabla}\cdot\boldsymbol{b})\boldsymbol{a} - \boldsymbol{\nabla}(\boldsymbol{b}\cdot\boldsymbol{a})]}_{(\boldsymbol{\nabla}\times\boldsymbol{a})\times\boldsymbol{b}}\, d\tau$$

führt. Es lautet ausführlich geschrieben (vgl. Aufgabe 4.14)

$$\oint \boldsymbol{b}\times(\boldsymbol{a}\times d\boldsymbol{S}) = \int [\boldsymbol{a}\,\mathrm{div}\,\boldsymbol{b} + (\boldsymbol{b}\cdot\boldsymbol{\nabla})\boldsymbol{a} - \mathbf{grad}(\boldsymbol{b}\cdot\boldsymbol{a})]\, d\tau.$$

Das 2. Hüllenintegral geht aus dem 1. hervor. Es gilt für $\boldsymbol{b} = \boldsymbol{a}$

$$\oint \boldsymbol{a}(\boldsymbol{a} \cdot d\boldsymbol{S}) - \frac{\boldsymbol{a}^2}{2}\, d\boldsymbol{S} = \oint \boldsymbol{a} \times (\boldsymbol{a} \times d\boldsymbol{S}) + \frac{\boldsymbol{a}^2}{2}\, d\boldsymbol{S}$$
$$= \int \left[\boldsymbol{a}\,\mathrm{div}\,\boldsymbol{a} + (\boldsymbol{a} \cdot \boldsymbol{\nabla})\boldsymbol{a} - \mathbf{grad}\,\frac{\boldsymbol{a}^2}{2}\right] d\tau.$$

Dies führt gemäß (4.58) mühelos zu

$$\oint \boldsymbol{a}(\boldsymbol{a} \cdot d\boldsymbol{S}) - \frac{\boldsymbol{a}^2}{2}\, d\boldsymbol{S} = \int [\boldsymbol{a}\,\mathrm{div}\,\boldsymbol{a} - (\boldsymbol{a} \times \mathbf{rot}\,\boldsymbol{a})]\, d\tau.$$

8.7 Die gaußsche Formel lautet mit $\boldsymbol{a} = \frac{\boldsymbol{r}}{2} \curvearrowright \mathrm{div}\,\boldsymbol{a} = 1$

$$\frac{1}{2}\oint \boldsymbol{r} \times d\boldsymbol{r} = S\boldsymbol{e}_z.$$

Der Umfang wird unter der Bedingung $d\boldsymbol{r} \perp \boldsymbol{r}$ minimal, was einen Kreis $\rho = \mathrm{const}$ kennzeichnet. Hierfür gilt

$$\frac{1}{2}\underbrace{(\boldsymbol{e}_\rho \times \boldsymbol{e}_\varphi)}_{\boldsymbol{e}_z}\rho^2 \underbrace{\oint d\varphi}_{2\pi} = S\boldsymbol{e}_z \quad \curvearrowright \quad \rho^2\pi = S.$$

Der minimale Umfang beträgt $U = 2\sqrt{\pi S}$.

8.8 Wir zerlegen das 1. Randintegral gemäß (2.64)

$$\oint \boldsymbol{a} \times (\boldsymbol{b} \times d\boldsymbol{r}) = \oint \boldsymbol{b}(\boldsymbol{a} \cdot d\boldsymbol{r}) - \oint (\boldsymbol{a} \cdot \boldsymbol{b})\, d\boldsymbol{r}$$

und wandeln die beiden Glieder im Sinne von (8.31) bzw. (8.30) um:

$$\oint \boldsymbol{b}(\boldsymbol{a} \cdot d\boldsymbol{r}) = \int [(d\boldsymbol{S} \times \boldsymbol{\nabla}) \cdot \boldsymbol{a}]\boldsymbol{b},$$
$$\oint (\boldsymbol{a} \cdot \boldsymbol{b})\, d\boldsymbol{r} = \int (d\boldsymbol{S} \times \boldsymbol{\nabla})(\boldsymbol{a} \cdot \boldsymbol{b}).$$

Ihre Differenz lautet wegen $\boldsymbol{b} \cdot d\boldsymbol{S} = 0$:

$$\oint \boldsymbol{a} \times (\boldsymbol{b} \times d\boldsymbol{r}) = \int \underbrace{[(d\boldsymbol{S} \times \boldsymbol{\nabla}) \times \boldsymbol{b}]}_{-d\boldsymbol{S}(\boldsymbol{\nabla}\cdot\boldsymbol{b})} \times \boldsymbol{a} = \int (\boldsymbol{\nabla}\cdot\boldsymbol{b})\boldsymbol{a} \times d\boldsymbol{S}.$$

Das Ergebnis erleichtert die Umwandlung des 2. Randintegrals. Seine Zerlegung führt zu den Gliedern

$$\begin{aligned}\oint \boldsymbol{b}(\boldsymbol{a}\cdot d\boldsymbol{r}) - \frac{1}{2}(\boldsymbol{a}\cdot\boldsymbol{b})\,d\boldsymbol{r} &= \oint \boldsymbol{a}\times(\boldsymbol{b}\times d\boldsymbol{r}) + \frac{1}{2}\oint(\boldsymbol{a}\cdot\boldsymbol{b})\,d\boldsymbol{r}\\ &= \int(\boldsymbol{\nabla}\cdot\boldsymbol{b})\boldsymbol{a}\times d\boldsymbol{S} + \frac{1}{2}\int(d\boldsymbol{S}\times\boldsymbol{\nabla})(\boldsymbol{a}\cdot\boldsymbol{b})\\ &= \int\Big[(\boldsymbol{\nabla}\cdot\boldsymbol{b})\boldsymbol{a} - \frac{1}{2}\,\boldsymbol{\nabla}(\boldsymbol{a}\cdot\boldsymbol{b})\Big]\times d\boldsymbol{S}.\end{aligned}$$

Im Sonderfall $\boldsymbol{b}=\boldsymbol{a}$ folgt daraus angesichts (4.58) zunächst

$$\begin{aligned}\oint \boldsymbol{a}(\boldsymbol{a}\cdot d\boldsymbol{r}) - \frac{\boldsymbol{a}^2}{2}\,d\boldsymbol{r} &= \int\Big[(\boldsymbol{\nabla}\cdot\boldsymbol{a})\boldsymbol{a} - \boldsymbol{\nabla}\,\frac{\boldsymbol{a}^2}{2}\Big]\times d\boldsymbol{S}\\ &= \int[\boldsymbol{a}\,\mathrm{div}\,\boldsymbol{a} - (\boldsymbol{a}\times\mathbf{rot}\,\boldsymbol{a})]\times d\boldsymbol{S}\end{aligned}$$

und wegen $\boldsymbol{a}\cdot d\boldsymbol{S}=0$ schließlich

$$\oint \boldsymbol{a}(\boldsymbol{a}\cdot d\boldsymbol{r}) - \frac{\boldsymbol{a}^2}{2}\,d\boldsymbol{r} = \int \mathrm{div}\,\boldsymbol{a}(\boldsymbol{a}\times d\boldsymbol{S}) + \boldsymbol{a}(\mathbf{rot}\,\boldsymbol{a}\cdot d\boldsymbol{S}).$$

8.9 Wir betrachten die drei $\boldsymbol{a}$-Felder im Lichte des Kap. 4.4.2.

1. Die ebene Zirkulationsströmung $\boldsymbol{a}=\frac{\boldsymbol{e}_\varphi}{\rho}$ hat gemäß (8.54) den Rotor $\mathbf{rot}\,\boldsymbol{a}=2\pi\delta(\rho)\boldsymbol{e}_z$. Damit lautet die poissonsche Differenzialgleichung im Sinne von (4.116) $\Delta\boldsymbol{A}=-2\pi\delta(\rho)\boldsymbol{e}_z$. Das zugehörige Vektorpotenzial $\boldsymbol{A}$ folgt aus
$$\boldsymbol{a}=\mathbf{rot}\,\boldsymbol{A} \quad \curvearrowright \quad \boldsymbol{A}=-\ln\rho\boldsymbol{e}_z.$$
2. Die ebene Quellströmung $\boldsymbol{a}=\frac{\boldsymbol{e}_\rho}{\rho}$ genügt wegen (8.59) der poissonschen Differenzialgleichung $\Delta\Phi=-2\pi\delta(\rho)$.
3. Zur räumlichen Quellströmung $\boldsymbol{a}=\frac{\boldsymbol{e}_r}{r^2}$ gehört angesichts (8.62) die poissonsche Differenzialgleichung $\Delta\Phi=-4\pi\delta(r)$.

8.10 Für einen Integrationsweg $\rho=\rho(\varphi)$ von $\rho_0=\rho(0)$ nach $\rho_0=\rho(2\pi)$ gilt

$$\oint \boldsymbol{a}\cdot d\boldsymbol{r} = -\oint\frac{\sin n\varphi\,d\rho - \rho\cos n\varphi\,d\varphi}{\rho^{n+1}} = \oint d\left(\frac{\sin n\varphi}{n\rho^n}\right) = \frac{\sin 2\pi n}{n\rho_0^n}.$$

Der Rotor des Vektorfelds berechnet sich zu

$$\mathbf{rot}\,\boldsymbol{a} = \begin{cases}0 & \text{für } \rho\neq 0,\\ ? & \text{für } \rho=0.\end{cases}$$

Im Nullpunkt ist $\boldsymbol{a}$ undifferenzierbar. Zum Vektorfeld $\boldsymbol{a}$ gehört also außerhalb des Nullpunkts entsprechend $\boldsymbol{a} = -\,\mathbf{grad}\,\Phi$ ein Potenzial Φ, und zwar $\Phi = -\frac{\sin n\varphi}{n\rho^n}$. Es ist für ganzzahlige Parameter $n \neq 0$ eindeutig, so dass dann die Zirkulation verschwindet (vgl. 7.10). Außerdem erkennt man leicht:

- Der stokessche Satz ist mit dem Rotor $\mathbf{rot}\,\boldsymbol{a} = \frac{\sin 2\pi n}{n\rho_0^n}\delta(\rho)\boldsymbol{e}_z$ verwendbar.
- Das Vektorfeld geht für $n \to 0$ in die Zirkulationsströmung $\boldsymbol{a} = \frac{\boldsymbol{e}_\varphi}{\rho}$ über.
- Auf Integrationswegen, die den Nullpunkt nicht umschließen, verschwindet die Zirkulation für alle Parameter.

8.11 Wir rechnen zweckmäßig mit Kugelkoordinaten r, ϑ, φ und legen den Nullpunkt ins Innere des Quellgebiets τ (Fig. 8.5). Seine Ergiebigkeit L ist nach dem gaußschen Satz gleich dem Vektorfluss durch eine τ weit umhüllende Kugel K vom Radius R um den Nullpunkt; es gibt ja im Raum zwischen τ und Kugelhülle keinerlei Quellen, die $\boldsymbol{a}$ verändern könnten. Daher gilt

$$\oint_K \boldsymbol{a} \cdot d\boldsymbol{S} = \int_\tau \operatorname{div} \boldsymbol{a}\, d\tau = L,$$

was wegen $\boldsymbol{a} = -\,\mathbf{grad}\,\Phi$ und $d\boldsymbol{S} = d\boldsymbol{S}_r = R^2 \sin\vartheta\, d\vartheta\, d\varphi\, \boldsymbol{e}_r$ zu

$$-\oint_K \frac{\partial \Phi}{\partial R} R^2 \sin\vartheta\, d\vartheta\, d\varphi = L$$

führt. Beim Grenzübergang $R \to \infty$ bleibt $\frac{\partial\Phi}{\partial R}R^2$ wegen der beschränkten Ergiebigkeit L endlich:

$$\lim_{R\to\infty} \frac{\partial \Phi}{\partial R} R^2 = C_1 \quad \curvearrowright \quad \Phi = -\frac{C_1}{R} + C_2.$$

Die Integrationskonstante C_2 bedeutet ein überlagerndes Fremdpotenzial und spielt hier keine Rolle (d. h. $C_2 = 0$). Im Übrigen wird Φ beim Grenzübergang $R \to \infty$ von ϑ und φ unabhängig, denn im Unendlichen wirkt jedes begrenzte Quellgebiet wie eine Punktquelle. Daraus folgt im Einklang mit (8.66)

$$\underbrace{-C_1 \oint_K \sin\vartheta\, d\vartheta\, d\varphi}_{4\pi} = L \quad \curvearrowright \quad \lim_{R\to\infty} R\Phi = \frac{L}{4\pi}.$$

8.12 Wir bilden $\Psi = -\ln\rho - i\varphi = -\ln(\rho e^{i\varphi})$ als Funktion der komplexen Polarkoordinate $\rho e^{i\varphi} \equiv z$. Bekanntlich haben $\Psi = -\ln z$ und $\Psi' = -\frac{1}{z}$ an der Stelle $z = 0$ ihre einzige Singularität. Die Integration auf allen geschlossenen

Wegen, die den Nullpunkt nicht umschlingen, erfüllt die Voraussetzungen des cauchyschen Integralsatzes und ergibt daher

$$\oint \ln z \, dz = 0 \quad \text{ebenso wie} \quad \oint \frac{dz}{z} = 0.$$

Sofern der Integrationsweg dagegen den Nullpunkt einschließt, gilt

$$\oint \underbrace{\Psi' \, dz}_{d\Psi} = -\oint \frac{dz}{z} = -\int_0^{2\pi} \frac{\rho e^{i\varphi} i \, d\varphi}{\rho e^{i\varphi}} = -2\pi i.$$

Der komplexe Gradient $\mathbf{grad}\,\Psi = -\frac{\boldsymbol{e}_\rho + i\boldsymbol{e}_\varphi}{\rho}$ ist ebenfalls im Nullpunkt singulär, überall sonst aber wirbel- und quellenfrei. Man muss daher gewärtigen, dass die Umlaufintegrale

$$\oint \mathbf{grad}\,\Psi \cdot d\boldsymbol{r} = \int_S \mathbf{rot}\,\mathbf{grad}\,\Psi \cdot d\boldsymbol{S} \quad \text{und} \quad \oint \mathbf{grad}\,\Psi \times d\boldsymbol{r} = \int_S \operatorname{div} \mathbf{grad}\,\Psi \cdot d\boldsymbol{S}$$

auf Integrationswegen rings um den Nullpunkt keineswegs verschwinden. Stattdessen gilt unter diesen Umständen

$$\oint \underbrace{\mathbf{grad}\,\Psi \cdot d\boldsymbol{r}}_{d\Psi} = -2\pi i \quad \text{und}$$

$$i\boldsymbol{e}_z \cdot \oint (\mathbf{grad}\,\Psi \times d\boldsymbol{r}) = \oint \underbrace{(\boldsymbol{e}_z \times i\,\mathbf{grad}\,\Psi)}_{\mathbf{grad}\,\Psi} \cdot d\boldsymbol{r} = -2\pi i.$$

8.13 Mit Hilfe von (8.14) und (8.62) ergibt sich mühelos

$$\oint \frac{\boldsymbol{r} - \boldsymbol{a}}{|\boldsymbol{r} - \boldsymbol{a}|^3} \cdot d\boldsymbol{S} = -\oint \mathbf{grad} \frac{1}{|\boldsymbol{r} - \boldsymbol{a}|} \cdot d\boldsymbol{S}$$

$$= -\int \Delta \frac{1}{|\boldsymbol{r} - \boldsymbol{a}|} \, d\tau = 4\pi \int \delta(\boldsymbol{r} - \boldsymbol{a}) \, d\tau.$$

Je nachdem, ob der Punkt $\boldsymbol{r} = \boldsymbol{a}$ von der Hülle umschlossen wird, also im Integrationsgebiet τ liegt oder nicht, folgt

$$\oint \frac{\boldsymbol{r} - \boldsymbol{a}}{|\boldsymbol{r} - \boldsymbol{a}|^3} \cdot d\boldsymbol{S} = 4\pi \begin{cases} 1 & \text{für } \boldsymbol{r} = \boldsymbol{a} \in \tau \\ 0 & \text{für } \boldsymbol{r} = \boldsymbol{a} \notin \tau \end{cases}.$$

8.14 1.) Durch Einsetzen der 3-dimensionalen poissonschen Differenzialgleichung $\Delta\Psi = \delta(\boldsymbol{r} - \bar{\boldsymbol{r}})$ in den gaußschen Integralsatz (8.14) ergibt sich

$$\oint \mathbf{grad}\,\Psi \cdot d\boldsymbol{S} = \int \delta(\boldsymbol{r} - \bar{\boldsymbol{r}})\, d\tau .$$

Zweckmäßig zentriert man ein Kugelkoordinatensystem im Punkt $\bar{\boldsymbol{r}}$, wählt als Integrationsgebiet τ eine Kugel mit irgendeinem Radius $|\boldsymbol{r} - \bar{\boldsymbol{r}}| = r > 0$ um $\bar{\boldsymbol{r}}$ und erhält wegen (8.64)

$$\oint \frac{\partial\Psi}{\partial r} r^2\, d\Omega = \frac{\partial\Psi}{\partial r} 4\pi r^2 = 1 \quad \curvearrowright \quad \Psi(\boldsymbol{r}, \bar{\boldsymbol{r}}) = -\frac{1}{4\pi\,|\boldsymbol{r} - \bar{\boldsymbol{r}}|} + \text{const}_1 .$$

2.) Mit der 2-dimensionalen Differenzialgleichung $\Delta\Psi = \delta(\boldsymbol{r} - \bar{\boldsymbol{r}})$ verfahren wir analog. Ihre Einsetzung in die gaußsche Integralformel (8.27) führt zu

$$\oint \mathbf{grad}\,\Psi \times d\boldsymbol{r} = \int \delta(\boldsymbol{r} - \bar{\boldsymbol{r}})\, d\boldsymbol{S} .$$

Hier zentriert man am besten ein Polarkoordinatensystem im Punkt $\bar{\boldsymbol{r}}$ der Ebene $z = 0$, wählt als Integrationsgebiet S einen Kreis mit einem beliebigen Radius $|\boldsymbol{r} - \bar{\boldsymbol{r}}| = \rho > 0$ um $\bar{\boldsymbol{r}}$ und findet angesichts (8.56)

$$\oint \frac{\partial\Psi}{\partial\rho} \underbrace{\boldsymbol{e}_\rho \times \boldsymbol{e}_\varphi}_{\boldsymbol{e}_z} \rho\, d\varphi = \boldsymbol{e}_z \underbrace{\int \delta(\boldsymbol{r} - \bar{\boldsymbol{r}})\, dS}_{1}$$

$$\frac{\partial\Psi}{\partial\rho} 2\pi\rho = 1 \quad \curvearrowright \quad \Psi(\boldsymbol{r}, \bar{\boldsymbol{r}}) = \frac{\ln|\boldsymbol{r} - \bar{\boldsymbol{r}}|}{2\pi} + \text{const}_2 .$$

3.) Man darf übrigens, um Randbedingungen zu erfüllen, der für Ψ maßgebenden Differenzialgleichung ohne weiteres ein $\delta(\boldsymbol{r} - \tilde{\boldsymbol{r}}) = 0$ proportionales Glied hinzufügen und den Punkt $\tilde{\boldsymbol{r}}$ außerhalb des Integrationsgebiets ansiedeln. Die greensche Funktion Ψ besteht dann aus einem partikulären Integral $\Psi_1(\boldsymbol{r} - \bar{\boldsymbol{r}})$ der inhomogenen Differenzialgleichung und einem partikulären Integral $\Psi_2(\boldsymbol{r} - \tilde{\boldsymbol{r}})$ der homogenen Differenzialgleichung. Kap. 8.6.2 zeigt beispielhaft, wie man Randwertprobleme mit diesem Verfahren löst.

8.15 Hier bieten sich zwei Lösungsverfahren an:

1.) Der Abstand zwischen Messpunkt $P(\bar{\boldsymbol{r}})$ und Quellpunkt $Q(\boldsymbol{r})$ beträgt in Kugelkoordinaten (Fig. A.40)

$$|\boldsymbol{r} - \bar{\boldsymbol{r}}| = \sqrt{r^2 + \bar{r}^2 - 2r\bar{r}\cos\vartheta} .$$

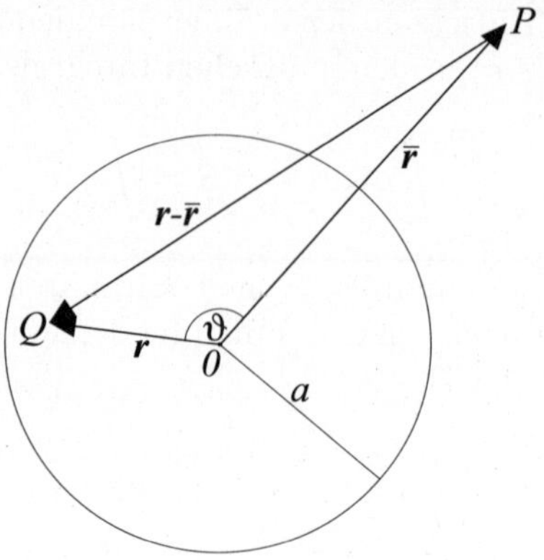

Fig. A.40

Damit ergibt der poissonsche Satz (8.73) für eine Kugel vom Radius a :

$$\Phi(\bar{\boldsymbol{r}}) = \frac{q}{4\pi}\int_0^a\int_0^\pi\int_0^{2\pi}\frac{r^2\sin\vartheta\,dr\,d\vartheta\,d\varphi}{\sqrt{r^2+\bar{r}^2-2r\bar{r}\cos\vartheta}} = \frac{q}{2\bar{r}}\int_0^a r\,dr\sqrt{r^2+\bar{r}^2-2r\bar{r}\cos\vartheta}\,\Big|_0^\pi$$

$$= \frac{q}{2\bar{r}}\int_0^a r\,dr\left[\sqrt{(r+\bar{r})^2}-\sqrt{(r-\bar{r})^2}\right].$$

Die Wurzeln bedeuten geometrische Abstände, sind also ≥ 0. Insofern müssen wir 2 Fälle unterscheiden:

- Sofern der Messpunkt *außerhalb* der Kugel liegt ($\bar{r} > a$), gilt

$$\sqrt{(r-\bar{r})^2} = \bar{r} - r \quad \curvearrowright \quad \Phi(\bar{\boldsymbol{r}}) = \frac{q}{2\bar{r}}\int_0^a r\,dr(r+\bar{r}-\bar{r}+r) = \frac{qa^3}{3\bar{r}}.$$

- Sofern der Messpunkt *innerhalb* der Kugel liegt ($\bar{r} < a$), gilt

$$\sqrt{(r-\bar{r})^2} = \begin{cases} \bar{r} - r & \text{für } r \leq \bar{r}, \\ r - \bar{r} & \text{für } r \geq \bar{r}. \end{cases}$$

  Dementsprechend integrieren wir in 2 Schritten:

$$\Phi(\bar{\boldsymbol{r}}) = \frac{q}{2\bar{r}}\int_0^{\bar{r}} r\,dr(r+\bar{r}-\bar{r}+r) + \frac{q}{2\bar{r}}\int_{\bar{r}}^a r\,dr(r+\bar{r}-r+\bar{r}) = \frac{q}{2}\left(a^2 - \frac{\bar{r}^2}{3}\right).$$

Man bestätigt rasch, dass Außen- und Innenpotenzial nebst ihren Gradienten auf der Kugel stetig ineinander übergehen.

Physikalisch kann man sich unter q z. B. die elektrische Ladungsdichte, also die Divergenz der elektrischen Flussdichte $\boldsymbol{D}$ vorstellen. Dann ist $L = q\frac{4\pi a^3}{3}$ die gesamte Ladung und das Potenzial außerhalb der Kugel gewinnt die coulombsche Form (vgl. 8.66)

$$\Phi(\bar{\boldsymbol{r}}) = \frac{L}{4\pi\bar{r}}.$$

Die zum Innenpotenzial gehörende elektrische Flussdichte $\boldsymbol{D} = -\,\mathbf{grad}\,\Phi = \frac{q\bar{\boldsymbol{r}}}{3}$ wirkt auf eine q engegengesetzte Ladung im Punkt $\bar{\boldsymbol{r}}$ offenbar wie eine elastische Bindung an den Kugelmittelpunkt. Man denke etwa an einen positiven Atomkern in einer kugelförmigen Elektronenwolke.

2.) Natürlich ist die Anwendung des poissonschen Satzes auf dieses einfache Modell ein Kanonenschuss auf Spatzen. Hier legt die Kugelsymmetrie die unmittelbare Integration der gewöhnlichen Differenzialgleichung

$$\Delta\Phi(\bar{\boldsymbol{r}}) = \frac{1}{\bar{r}^2}\frac{d}{d\bar{r}}\left(\bar{r}^2\frac{d\Phi}{d\bar{r}}\right) = \begin{cases} -q & \text{für } \bar{r} < a \\ 0 & \text{für } \bar{r} > a \end{cases}$$

nahe. Man findet mühelos

$$\frac{d\Phi}{d\bar{r}} = \begin{cases} -\frac{q\bar{r}}{3} + \frac{C_1}{\bar{r}^2} & \text{für } \bar{r} < a \\ \frac{C_2}{\bar{r}^2} & \text{für } \bar{r} > a \end{cases} \quad \text{und} \quad \Phi = \begin{cases} -\frac{q\bar{r}^2}{6} - \frac{C_1}{\bar{r}} + C_3 & \text{für } \bar{r} < a \\ -\frac{C_2}{\bar{r}} + C_4 & \text{für } \bar{r} > a \end{cases}.$$

Im Einklang mit den Voraussetzungen des poissonschen Satzes muss $\Phi(\bar{\boldsymbol{r}})$ überall stetig sein und für $\bar{r} \to \infty$ verschwinden. Dies bedeutet $C_1 = C_4 = 0$. Außerdem gelten die Randbedingungen

$$\Phi(\boldsymbol{a})_{\text{außen}} = \Phi(\boldsymbol{a})_{\text{innen}} \quad \text{und} \quad \left.\frac{d\Phi(\boldsymbol{a})}{d\bar{r}}\right|_{\text{außen}} = \left.\frac{d\Phi(\boldsymbol{a})}{d\bar{r}}\right|_{\text{innen}},$$

die zu $C_2 = -\frac{qa^3}{3}$ und $C_3 = \frac{qa^2}{2}$ führen. Wir erhalten schließlich

$$\Phi = \begin{cases} \frac{q}{2}(a^2 - \frac{\bar{r}^2}{3}) & \text{für } \bar{r} < a \\ \frac{qa^3}{3\bar{r}} & \text{für } \bar{r} > a \end{cases},$$

was die 1. Lösung bestätigt.

8.16 Die zugehörige greensche Funktion muss im Sinne $\Psi(\boldsymbol{r}, \bar{\boldsymbol{r}}) = \Psi(\bar{\boldsymbol{r}}, \boldsymbol{r})$ symmetrisch sein sowie einer inhomogenen Differenzialgleichung genügen,

- deren Differenzialoperator mit demjenigen der poissonschen Differenzialgleichung übereinstimmt und

- deren Inhomogenität eine δ-Funktion ist.

Also lautet die hier maßgebende Differenzialgleichung $\Delta\Psi(\boldsymbol{r},\bar{\boldsymbol{r}}) = \delta(\boldsymbol{r}-\bar{\boldsymbol{r}})$.

Wir wenden nun den Δ-Operator auf die zu bestätigende Lösung $\Phi(\bar{\boldsymbol{r}}) = -\int q(\boldsymbol{r})\Psi(\boldsymbol{r},\bar{\boldsymbol{r}})\,d\tau$ an und erhalten wegen (8.64) unmittelbar

$$\Delta\Phi(\bar{\boldsymbol{r}}) = -\int q(\boldsymbol{r})\delta(\boldsymbol{r}-\bar{\boldsymbol{r}})\,d\tau = -q(\bar{\boldsymbol{r}}),$$

was $\Phi(\bar{\boldsymbol{r}})$ als Lösung der poissonschen Differenzialgleichung ausweist, und zwar als diejenige Lösung, die denselben Randbedingungen wie $\Psi(\boldsymbol{r},\bar{\boldsymbol{r}})$ genügt.

Die so bestätigte Lösung enthält übrigens physikalisch interessante Sonderfälle: Das gesamte Potenzialfeld $\Phi(\bar{\boldsymbol{r}})$ verschwindet, wenn entweder alle Quellen im Integrations(=Quell)gebiet τ versiegen ($q(\boldsymbol{r}) \equiv 0$) oder τ bei überall endlicher Quelldichte $q(\boldsymbol{r})$ zusammenschrumpft ($\tau = 0$). Dagegen erzeugt eine singuläre Punktquelle der Dichte $q(\boldsymbol{r}) = L\delta(r)$ das zentralsymmetrische Potenzialfeld $\Phi(\bar{\boldsymbol{r}}) = -L\int \delta(r)\Psi(\boldsymbol{r},\bar{\boldsymbol{r}})\,d\tau = -L\Psi(0,\bar{\boldsymbol{r}})$; dies hat angesichts (8.70) im Einklang mit (8.66) die geläufige Form

$$\Phi(\bar{\boldsymbol{r}}) = \frac{L}{4\pi\bar{r}}.$$

8.17 Durch Anwendung des $\boldsymbol{\nabla}$-Operators auf die Koordinaten des Messpunkts $\bar{\boldsymbol{r}}$ findet man (vgl. Aufgabe 4.31):

$$\mathbf{grad}\,\Phi(\bar{\boldsymbol{r}}) = \frac{1}{4\pi}\int_\tau q(\boldsymbol{r})\,\boldsymbol{\nabla}\frac{1}{|\boldsymbol{r}-\bar{\boldsymbol{r}}|}\,d\tau = \frac{1}{4\pi}\int_\tau q(\boldsymbol{r})\frac{\boldsymbol{r}-\bar{\boldsymbol{r}}}{|\boldsymbol{r}-\bar{\boldsymbol{r}}|^3}\,d\tau = -\boldsymbol{a}(\bar{\boldsymbol{r}}).$$

Daraus folgt wegen (8.62)

$$\operatorname{div}\boldsymbol{a}(\bar{\boldsymbol{r}}) = -\frac{1}{4\pi}\int_\tau q(\boldsymbol{r})\Delta\frac{1}{|\boldsymbol{r}-\bar{\boldsymbol{r}}|}\,d\tau = \int_\tau q(\boldsymbol{r})\delta(\boldsymbol{r}-\bar{\boldsymbol{r}})\,d\tau = \begin{cases} q(\bar{\boldsymbol{r}}) & \text{für } \bar{\boldsymbol{r}} \in \tau \\ 0 & \text{für } \bar{\boldsymbol{r}} \notin \tau \end{cases}.$$

8.18 Das Punktprodukt der poissonschen Differenzialgleichung (4.116) mit dem $\boldsymbol{\nabla}$-Operator lautet

$$\underbrace{\boldsymbol{\nabla}\cdot(\Delta\boldsymbol{A})}_{\Delta\operatorname{div}\boldsymbol{A}} = -\operatorname{div}\mathbf{rot}\,\boldsymbol{a} = 0.$$

Dies erweist div $\boldsymbol{A}$ als Integral einer skalaren, überall homogenen Potenzialgleichung; daher gilt gemäß (8.73):

$$\operatorname{div}\boldsymbol{A}(\bar{\boldsymbol{r}}) = -\frac{1}{4\pi}\int_\tau \frac{\Delta\operatorname{div}\boldsymbol{A}\,d\tau}{|\boldsymbol{r}-\bar{\boldsymbol{r}}|} = 0.$$

8.19 Die Voraussetzung schließt homogene Feldbestandteile aus, weil sich diese wegen $\operatorname{div}(\boldsymbol{a}+\boldsymbol{k}) = \operatorname{div}\boldsymbol{a}$ und $\mathbf{rot}(\boldsymbol{a}+\boldsymbol{k}) = \mathbf{rot}\,\boldsymbol{a}$ nicht *eindeutig* den wirbel- oder quellenfreien Bestandteilen zuordnen lassen.

8.20 Wir verwenden am besten Zylinderkoordinaten ρ, φ, z (Fig. A.41).

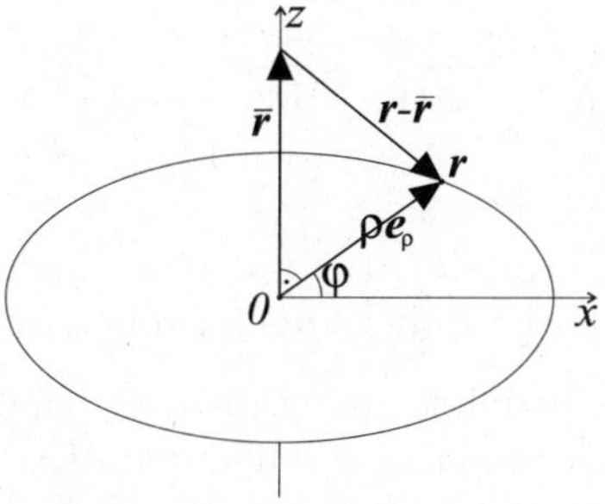

Fig. A.41

1.) Der Kreis $|\boldsymbol{r}| = \rho$ liege in der Ebene $z = 0$. Dann führt (8.82) wegen

$$\boldsymbol{r} = \rho\boldsymbol{e}_\rho, \quad d\boldsymbol{r} = \rho d\varphi\boldsymbol{e}_\varphi, \quad \bar{\boldsymbol{r}} = z\boldsymbol{e}_z \quad \curvearrowright \quad |\boldsymbol{r}-\bar{\boldsymbol{r}}| = \sqrt{\rho^2+z^2}$$

zu der Lösung

$$\boldsymbol{H}(z) = \frac{I}{4\pi(\rho^2+z^2)^{\frac{3}{2}}}\Bigg(\underbrace{\oint \boldsymbol{r}\times d\boldsymbol{r}}_{2\pi\rho^2\boldsymbol{e}_z} - \bar{\boldsymbol{r}}\times\underbrace{\oint d\boldsymbol{r}}_{0}\Bigg) = \frac{I\rho^2}{2(\rho^2+z^2)^{\frac{3}{2}}}\boldsymbol{e}_z.$$

Im Kreismittelpunkt $z = 0$ gilt die bekannte Formel $\boldsymbol{H}(0) = \frac{I}{2\rho}\boldsymbol{e}_z$.

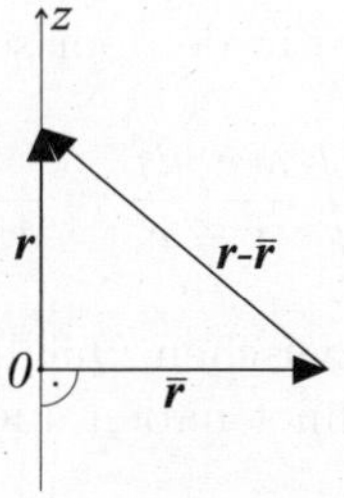

Fig. A.42

2.) Wir legen den Leiter in die z-Achse und den Messpunkt $\bar{\boldsymbol{r}}$ in die Ebene $z = 0$ (Fig. A.42). Somit gewinnt (8.82) wegen

$$\boldsymbol{r} = z\boldsymbol{e}_z, \quad d\boldsymbol{r} = dz\boldsymbol{e}_z, \quad \bar{\boldsymbol{r}} = \rho\boldsymbol{e}_\rho, \quad |\boldsymbol{r}-\bar{\boldsymbol{r}}| = \sqrt{z^2+\rho^2}$$

die mit (8.12) sichtlich übereinstimmende Form

$$\boldsymbol{H}(\rho) = \frac{I}{4\pi} \int_{-\infty}^{\infty} \Big[\underbrace{(\boldsymbol{e}_z \times \boldsymbol{e}_z)}_{0} z - \underbrace{(\boldsymbol{e}_\rho \times \boldsymbol{e}_z)}_{-\boldsymbol{e}_\varphi} \rho\Big] \frac{dz}{(z^2+\rho^2)^{\frac{3}{2}}}$$

$$= \frac{I\rho}{4\pi}\boldsymbol{e}_\varphi \int_{-\infty}^{\infty} \frac{dz}{(z^2+\rho^2)^{\frac{3}{2}}} = \frac{I\rho}{4\pi}\boldsymbol{e}_\varphi \left. \frac{z}{\rho^2\sqrt{z^2+\rho^2}} \right|_{-\infty}^{\infty} = \frac{I}{2\pi\rho}\boldsymbol{e}_\varphi .$$

8.21 Das wirbelfreie Vektorfeld $\boldsymbol{a}(\boldsymbol{r})$ hat eine einzige Quelle mit der Ergiebigkeit L im Nullpunkt. Es ist daher kugelsymmetrisch.

1. Einsetzen der Differenzialgleichung $\operatorname{div} \boldsymbol{a} = L\delta(\boldsymbol{r})$ in den gaußschen Satz (8.13) und Integration über eine Kugel vom Radius r um den Nullpunkt ergibt

$$\underbrace{\oint \boldsymbol{a} \cdot d\boldsymbol{S}}_{(\boldsymbol{a}\cdot\boldsymbol{e}_r)4\pi r^2} = L \underbrace{\int \delta(\boldsymbol{r})\, d\tau}_{1} = L \quad \curvearrowright \quad \boldsymbol{a} = \frac{L}{4\pi r^2}\boldsymbol{e}_r .$$

2. Die im quellenfreien Gebiet ($\boldsymbol{r} \neq 0$) geltende laplacesche Differenzialgleichung lautet wegen der Kugelsymmetrie

$$\frac{1}{r^2}\frac{\partial}{\partial r}\left(r^2 \frac{\partial \Phi}{\partial r}\right) = 0 \quad \curvearrowright \quad \frac{\partial \Phi}{\partial r} = \frac{C}{r^2}; \quad \underbrace{\mathbf{grad}\, \Phi}_{-\boldsymbol{a}} = \frac{C}{r^2}\boldsymbol{e}_r .$$

   Aus der Randbedingung $\oint \boldsymbol{a} \cdot d\boldsymbol{S} = L$ folgt für die Integrationskonstante $C = -\frac{L}{4\pi}$, was die Lösung $\boldsymbol{a} = \frac{L}{4\pi r^2}\boldsymbol{e}_r$ bestätigt.

3. Einsetzen von $q(\boldsymbol{r}) = L\delta(\boldsymbol{r})$ in den poissonschen Satz (8.73) führt zu

$$\Phi(\bar{\boldsymbol{r}}) = \frac{L}{4\pi} \int \frac{\delta(\boldsymbol{r})\, d\tau}{|\boldsymbol{r} - \bar{\boldsymbol{r}}|} = \frac{L}{4\pi\, |\bar{\boldsymbol{r}}|} \quad \text{(vgl. 8.66).}$$

   Hier ist $|\bar{\boldsymbol{r}}|$ der Abstand zwischen Quellpunkt ($\boldsymbol{r} = 0$) und Messpunkt, den wir oben mit r bezeichnet haben und weiter bezeichnen wollen:

$$\Phi(r) = \frac{L}{4\pi r} \quad \curvearrowright \quad \boldsymbol{a} = -\,\mathbf{grad}\, \Phi = \frac{L}{4\pi r^2}\boldsymbol{e}_r .$$

8.22 Zu 1. Für den Messpunkt $\bar{\boldsymbol{r}} = -\boldsymbol{e}_x \quad \curvearrowright \quad \bar{\varphi} = \pi$ in einem Kreisgebiet vom Radius $R > 1$ innerhalb eines homogenen Potenzialfelds Φ lautet die poissonsche Integralformel mit der Abkürzung $\frac{2R}{R^2+1} = \varepsilon < 1$:

$$1 = \frac{R^2-1}{2\pi}\int_0^{2\pi}\frac{d\varphi}{R^2+2R\cos\varphi+1} = \frac{1}{2\pi}\frac{R^2-1}{R^2+1}\int_0^{2\pi}\frac{d\varphi}{1+\varepsilon\cos\varphi}$$

$$\curvearrowright \int_0^{2\pi}\frac{d\varphi}{1+\varepsilon\cos\varphi} = 2\pi\frac{R^2+1}{R^2-1} = \frac{2\pi}{\sqrt{1-\varepsilon^2}}.$$

Zu 2. Allgemein schreiben wir für $R = \frac{1\pm\sqrt{1-\varepsilon^2}}{\varepsilon} \gtrless 1$

$$\int_0^{2\pi}\frac{d\varphi}{1+\varepsilon\cos\varphi} = (R^2+1)\int_0^{2\pi}\frac{d\varphi}{R^2+2R\cos\varphi+1} = (R^2+1)\int_0^{2\pi}\frac{d\varphi}{(\boldsymbol{R}+\boldsymbol{e}_x)^2}.$$

In einem neuen, um $-\boldsymbol{e}_x$ parallel verschobenen Bezugssystem zeige der neue Ortsvektor $\boldsymbol{r}' \equiv \rho'\boldsymbol{e}'_r = \boldsymbol{R}+\boldsymbol{e}_x$ zum Kreispunkt $\boldsymbol{R}$ (Fig. A.43). Einsetzen der durch Quadrieren von $\boldsymbol{e}_x = \boldsymbol{r}' - \boldsymbol{R}$ elementar herleitbaren Identität

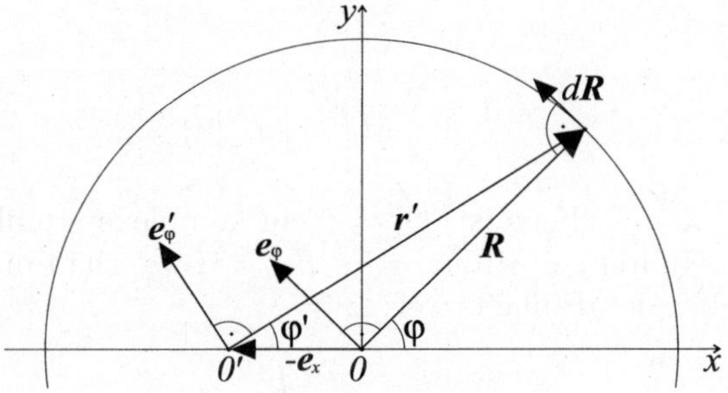

Fig. A.43

$$1 = \frac{2\boldsymbol{r}'\cdot\boldsymbol{R} - \rho'^2}{R^2-1}$$

in das rechte Integral ergibt zunächst

$$\int_0^{2\pi}\frac{d\varphi}{1+\varepsilon\cos\varphi} = \frac{R^2+1}{R^2-1}\int_0^{2\pi}\frac{(2\boldsymbol{r}'\cdot\boldsymbol{R}-\rho'^2)\,d\varphi}{\rho'^2}$$

und wegen $\boldsymbol{r}'\cdot\boldsymbol{R}\,d\varphi = \rho'\underbrace{(\boldsymbol{e}'_r\cdot\boldsymbol{e}_r)}_{\boldsymbol{e}'_\varphi\cdot\boldsymbol{e}_\varphi}R\,d\varphi = \rho'\boldsymbol{e}'_\varphi\cdot d\boldsymbol{R} = \rho'\boldsymbol{e}'_\varphi\cdot d\boldsymbol{r}'$ weiter

$$= \frac{R^2+1}{R^2-1}\left(2\oint\frac{\boldsymbol{e}'_\varphi}{\rho'}\cdot d\boldsymbol{r}' - 2\pi\right).$$

Das so gefundene Umlaufintegral in einer ebenen Zirkulationsströmung der Geschwindigkeit $\frac{\boldsymbol{e}'_\varphi}{\rho'}$ hängt davon ab, ob der kritische Punkt $0'$ im Integrationsgebiet, also im Kreis vom Radius R, liegt oder nicht (siehe Kap. 8.5.1):

$$\oint \frac{\boldsymbol{e}'_\varphi}{\rho'} \cdot d\boldsymbol{r}' = \begin{cases} 2\pi & \text{für } R > 1 \\ 0 & \text{für } R < 1. \end{cases}$$

In Verbindung mit

$$\frac{R^2+1}{R^2-1} = \frac{1}{\sqrt{1-\varepsilon^2}} \begin{cases} 1 & \text{für } R > 1 \\ -1 & \text{für } R < 1 \end{cases}$$

erhält man schließlich für $R \gtrless 1$

$$\int_0^{2\pi} \frac{d\varphi}{1+\varepsilon\cos\varphi} = \frac{2\pi}{\sqrt{1-\varepsilon^2}}.$$

Zu 3. Nach Einsetzen der eulerschen Relation $\cos\varphi = \frac{1}{2}(e^{i\varphi} + e^{-i\varphi})$ gilt

$$I = \int_0^{2\pi} \frac{d\varphi}{1 + \frac{\varepsilon}{2}(e^{i\varphi} + e^{-i\varphi})}.$$

In der gaußschen Zahlenebene ist $e^{i\varphi} = z$ ein komplexer Punkt auf dem Einheitskreis um den Nullpunkt. Mit $dz = ie^{i\varphi}d\varphi = iz\,d\varphi$ erhält man das komplexe Umlaufintegral über den Einheitskreis $|z| = 1$

$$I = \frac{2}{i\varepsilon} \oint \frac{dz}{z^2 + \frac{2}{\varepsilon}z + 1} = \frac{2}{i\varepsilon} \oint \frac{dz}{(z-z_1)(z-z_2)}.$$

Von den beiden (reellen) Polen des Integranden

$$z_1 = \frac{-1+\sqrt{1-\varepsilon^2}}{\varepsilon} \quad \text{und} \quad z_2 = \frac{-1-\sqrt{1-\varepsilon^2}}{\varepsilon}$$

liegt nur z_1 im Integrationsgebiet $|z| \leq 1$. Die Partialbruchzerlegung

$$\frac{1}{(z-z_1)(z-z_2)} = \frac{1}{z_1 - z_2}\left(\frac{1}{z-z_1} - \frac{1}{z-z_2}\right)$$

überführt I in die bequem auswertbare Form

$$I = \frac{2}{i\varepsilon}\frac{1}{z_1 - z_2}\Bigg(\underbrace{\oint \frac{dz}{z-z_1}}_{2\pi i} - \underbrace{\oint \frac{dz}{z-z_2}}_{0}\Bigg).$$

Hierbei heißt der Koeffizient $\frac{1}{z_1 - z_2} = \frac{\varepsilon}{2\sqrt{1-\varepsilon^2}}$ nach Cauchy (1825) das Residuum des Integranden in z_1. Man findet somit schließlich ebenfalls

$$I = \frac{2}{i\varepsilon} 2\pi i \frac{\varepsilon}{2\sqrt{1-\varepsilon^2}} = \frac{2\pi}{\sqrt{1-\varepsilon^2}}.$$

8.23 1.) Wir schreiben die greensche Funktion (8.87) in der Form

$$\Psi(\boldsymbol{r}, \bar{\boldsymbol{r}}) = \frac{1}{2\pi} \left\{ \ln |\boldsymbol{r} - \bar{\boldsymbol{r}}| - \ln \left| \boldsymbol{r} - \frac{\boldsymbol{R}^2}{\bar{\boldsymbol{r}}^2} \bar{\boldsymbol{r}} \right| + \ln \frac{R}{|\bar{\boldsymbol{r}}|} \right\}$$

und finden angesichts (8.59)

$$\Delta \Psi(\boldsymbol{r}, \bar{\boldsymbol{r}}) = \delta(\boldsymbol{r} - \bar{\boldsymbol{r}}) - \underbrace{\delta(\boldsymbol{r} - \frac{\boldsymbol{R}^2}{\bar{\boldsymbol{r}}^2} \bar{\boldsymbol{r}})}_{0} \quad \text{für } |\boldsymbol{r}| \leq R.$$

Rechts verschwindet der 2. Term, weil der dem Messpunkt $\bar{\boldsymbol{r}}$ zugeordnete Spiegelpunkt $\frac{\boldsymbol{R}^2}{\bar{\boldsymbol{r}}^2} \bar{\boldsymbol{r}}$ nicht im Integrationsgebiet liegt (vgl. Aufgabe 8.14, Teil 3).

Aus der Identität $|\boldsymbol{r}| \left| \bar{\boldsymbol{r}} - \frac{R^2}{\boldsymbol{r}^2} \boldsymbol{r} \right| = |\bar{\boldsymbol{r}}| \left| \boldsymbol{r} - \frac{R^2}{\bar{\boldsymbol{r}}^2} \bar{\boldsymbol{r}} \right| = \sqrt{(\boldsymbol{r} \times \bar{\boldsymbol{r}})^2 + (\boldsymbol{r} \cdot \bar{\boldsymbol{r}} - R^2)^2}$ folgt die Vertauschbarkeit von Messpunkt $\bar{\boldsymbol{r}}$ und Quellpunkt $\boldsymbol{r}$:

$$\Psi(\boldsymbol{r}, \bar{\boldsymbol{r}}) = \frac{1}{2\pi} \ln \frac{R\,|\boldsymbol{r} - \bar{\boldsymbol{r}}|}{|\bar{\boldsymbol{r}}| \left| \boldsymbol{r} - \frac{\boldsymbol{R}^2}{\bar{\boldsymbol{r}}^2} \bar{\boldsymbol{r}} \right|} = \frac{1}{2\pi} \ln \frac{R\,|\bar{\boldsymbol{r}} - \boldsymbol{r}|}{|\boldsymbol{r}| \left| \bar{\boldsymbol{r}} - \frac{\boldsymbol{R}^2}{\boldsymbol{r}^2} \boldsymbol{r} \right|} = \Psi(\bar{\boldsymbol{r}}, \boldsymbol{r}).$$

Wie vorausgesetzt gilt auf dem Kreisrand $\boldsymbol{r} = \boldsymbol{R}$ (vgl. Aufgabe 2.4):

$$\Psi(\boldsymbol{R}, \bar{\boldsymbol{r}}) = \frac{1}{2\pi} \ln \frac{R\,|\boldsymbol{R} - \bar{\boldsymbol{r}}|}{|\bar{\boldsymbol{r}}| \left| \boldsymbol{R} - \frac{\boldsymbol{R}^2}{\bar{\boldsymbol{r}}^2} \bar{\boldsymbol{r}} \right|} = \frac{1}{2\pi} \ln \frac{|\boldsymbol{R} - \bar{\boldsymbol{r}}|}{|\bar{\boldsymbol{r}} - \boldsymbol{R}|} = 0.$$

2.) Die greensche Funktion (8.95) genügt wegen (8.62) der Differenzialgleichung

$$\Delta \Psi(\boldsymbol{r}, \bar{\boldsymbol{r}}) = \delta(\boldsymbol{r} - \bar{\boldsymbol{r}}) - \frac{R}{|\bar{\boldsymbol{r}}|} \underbrace{\delta(\boldsymbol{r} - \frac{R^2}{\bar{\boldsymbol{r}}^2} \bar{\boldsymbol{r}})}_{0} \quad \text{für } |\boldsymbol{r}| \leq R.$$

Die 3-dimensionale Symmetrie lässt sich ebenso zeigen wie die 2-dimensionale.

Auf der Kugeloberfläche $\boldsymbol{r} = \boldsymbol{R}$ gilt wie vorausgesetzt

$$4\pi \Psi(\boldsymbol{R}, \bar{\boldsymbol{r}}) = \underbrace{\frac{R}{|\bar{\boldsymbol{r}}|} \frac{1}{\left| \boldsymbol{R} - \frac{R^2}{\bar{\boldsymbol{r}}^2} \bar{\boldsymbol{r}} \right|}}_{\frac{1}{|\bar{\boldsymbol{r}} - \boldsymbol{R}|}} - \frac{1}{|\boldsymbol{R} - \bar{\boldsymbol{r}}|} = 0.$$

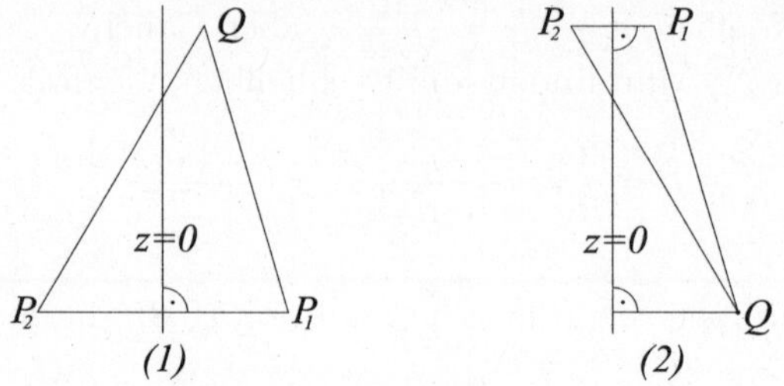

Fig. A.44

8.24 Bei Vertauschung von $\bar{\boldsymbol{r}}$ mit $\boldsymbol{r}$ geht Fig. A.44(1) in Fig. A.44(2) über. Messpunkt P_1 und Quellpunkt Q tauschen die Plätze, wobei die Abstände $\overline{QP_1}$ und $\overline{QP_2}$ offensichtlich unverändert bleiben.

8.25 Wir schreiben die Lösung in der strengen Form

$$\Phi(\bar{\boldsymbol{r}}) = -\int_\sigma \Phi(\boldsymbol{r}) \frac{\partial \Psi(\boldsymbol{r}, \bar{\boldsymbol{r}})}{\partial z}\bigg|_{z=0} dx\, dy$$

und finden mühelos

$$(\Delta + k^2)\Phi(\bar{\boldsymbol{r}}) = -\int_\sigma \Phi(\boldsymbol{r}) \frac{\partial}{\partial z}(\Delta + k^2)\Psi(\boldsymbol{r}, \bar{\boldsymbol{r}})\bigg|_{z=0} dx\, dy = 0,$$

weil der Integrand im Bereich $x, y \in \sigma$ identisch verschwindet.

8.26 Die Fig. A.45 zeigt das Modell. Die Ebene $y = 0$ möge den Messpunkt $P_1(\bar{\boldsymbol{r}})$ enthalten, so dass sein Ortsvektor $\bar{\boldsymbol{r}} = \bar{r}\boldsymbol{e}_{\bar{r}} = \bar{r}(\sin\alpha\, \boldsymbol{e}_x + \cos\alpha\, \boldsymbol{e}_z)$ lautet. In der Ebene $z = 0$ verwenden wir Polarkoordinaten ρ, φ. Damit hat

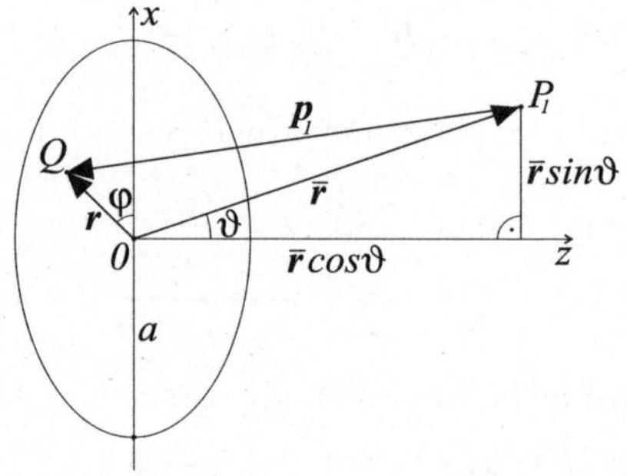

Fig. A.45

der Quellpunkt $Q(\boldsymbol{r})$ den Ortsvektor $\boldsymbol{r} = \rho\boldsymbol{e}_\rho$, so dass sich

$$\boldsymbol{r} \cdot \boldsymbol{e}_{\bar{r}} = \rho \underbrace{(\boldsymbol{e}_\rho \cdot \boldsymbol{e}_x)}_{\cos\varphi} \sin\alpha + \rho \underbrace{(\boldsymbol{e}_\rho \cdot \boldsymbol{e}_z)}_{0} \cos\alpha$$

ergibt. Homogene Randwerte bedeuten $\Phi(\boldsymbol{r}) = \Phi_0 = \text{const}$. Unter diesen Umständen lässt sich das Integral (8.118) bequem auswerten. Mit dem Flächenelement $\rho\, d\rho\, d\varphi$ anstelle $dx\, dy$ erhält man das drehsymmetrische Strahlungsfeld

$$\begin{aligned}\Phi(\bar{\boldsymbol{r}}) &= \frac{-ik\cos\alpha\, e^{ik\bar{r}}}{2\pi\bar{r}}\Phi_0 \int_0^{2\pi}\int_0^a e^{-ik\rho\cos\varphi\sin\alpha}\rho\, d\rho\, d\varphi \\ &= \frac{-ik\cos\alpha\, e^{ik\bar{r}}}{\bar{r}}\Phi_0 \int_0^a J_0(k\rho\sin\alpha)\rho\, d\rho = -ik\Phi_0 a^2\cos\alpha\frac{J_1(ka\sin\alpha)}{ka\sin\alpha}\frac{e^{ik\bar{r}}}{\bar{r}},\end{aligned}$$

wobei J_0 und J_1 die besselschen Funktionen der Ordnung 0 bzw. 1 bezeichnen.

In der Richtfunk- und Radartechnik heißen σ Antennenfläche und das grafisch aufgetragene Energieflussverhältnis

$$\left|\frac{\Phi(\bar{r},\alpha)}{\Phi(\bar{r},0)}\right|^2 = \cos^2\alpha\frac{4J_1^2(ka\sin\alpha)}{(ka\sin\alpha)^2}$$

Richtdiagramm.

Zu Kapitel 9

9.1 Für $\boldsymbol{a} = \boldsymbol{k}$ ergibt sich unmittelbar

$$\boldsymbol{k}\cdot\frac{d}{dt}\int d\boldsymbol{S} = \int \mathbf{rot}(\boldsymbol{k}\times\boldsymbol{v})\cdot d\boldsymbol{S}$$

und mit Hilfe des stokesschen Satzes

$$\frac{d}{dt}\int d\boldsymbol{S} = \oint \boldsymbol{v}\times d\boldsymbol{r} \quad \curvearrowright \quad \boldsymbol{S}(t+dt) - \boldsymbol{S}(t) = \oint \boldsymbol{v}dt\times d\boldsymbol{r}.$$

Fig. A.46 zeigt den Zylinder, den die Fläche $\boldsymbol{S}(t)$ mit der Geschwindigkeit $\boldsymbol{v}$ im Zeitintervall dt beschreibt. Gemäß (7.30) verschwindet die Summe ihrer (einheitlich nach außen gerichteten) Normalen:

$$\boldsymbol{S}(t+dt) - \boldsymbol{S}(t) + \oint d\boldsymbol{r}\times\boldsymbol{v}dt = 0.$$

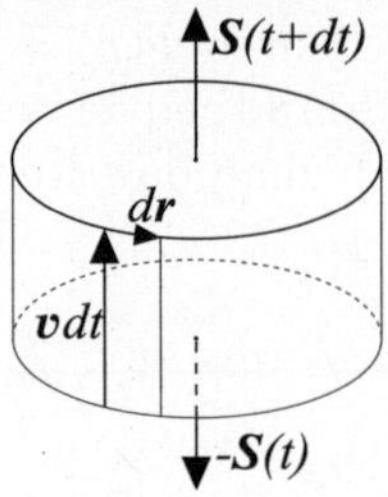

Fig. A.46

9.2 Mit $\boldsymbol{a}(t,\boldsymbol{r}) = a(t,\boldsymbol{r})\boldsymbol{k}$ geht (9.11) richtig in (9.13) über:

$$\boldsymbol{k}\cdot\frac{d}{dt}\int a(t,\boldsymbol{r})d\boldsymbol{S} = \int\Big[\boldsymbol{k}\frac{\partial a}{\partial t} + \boldsymbol{v}(\boldsymbol{k}\cdot\boldsymbol{\nabla})a + \underbrace{\boldsymbol{\nabla}\times(\boldsymbol{k}\times a\boldsymbol{v})}_{\boldsymbol{k}(\boldsymbol{\nabla}\cdot a\boldsymbol{v})-(\boldsymbol{k}\cdot\boldsymbol{\nabla})(a\boldsymbol{v})}\Big]\cdot d\boldsymbol{S}$$

$$\frac{d}{dt}\int a(t,\boldsymbol{r})d\boldsymbol{S} = \int\frac{\partial a}{\partial t}d\boldsymbol{S} + \underbrace{d\boldsymbol{S}(\boldsymbol{\nabla}\cdot a\boldsymbol{v}) - a\,\boldsymbol{\nabla}(\boldsymbol{v}\cdot d\boldsymbol{S}_c)}_{d\boldsymbol{S}(\boldsymbol{v}\cdot\boldsymbol{\nabla})a-a(d\boldsymbol{S}\times\boldsymbol{\nabla})\times\boldsymbol{v}}$$

$$= \int\underbrace{\left\{\frac{\partial a}{\partial t} + (\boldsymbol{v}\cdot\boldsymbol{\nabla})a\right\}}_{\frac{da}{dt}}d\boldsymbol{S} - \int a(d\boldsymbol{S}\times\boldsymbol{\nabla})\times\boldsymbol{v}.$$

Für $a = \text{const}$ folgt wegen (8.10) im Einklang mit der Lösung der Aufgabe 9.1

$$\frac{d}{dt}\int d\boldsymbol{S} = \oint\boldsymbol{v}\times d\boldsymbol{r}.$$

Unter der Voraussetzung $\boldsymbol{S} = S\boldsymbol{e}_z$, $\boldsymbol{a} = a(\boldsymbol{r})\boldsymbol{e}_z$, $\frac{\partial}{\partial z} = 0$ verschwinden in (9.11) $\frac{\partial\boldsymbol{a}}{\partial t}$ und $\operatorname{div}\boldsymbol{a} = \frac{\partial a}{\partial z}$. Im Übrigen gilt gemäß (4.68)

$$\textbf{rot}(\boldsymbol{a}\times\boldsymbol{v}) = \textbf{rot}(\boldsymbol{e}_z\times a\boldsymbol{v}) = \boldsymbol{e}_z\operatorname{div}(a\boldsymbol{v}) - \underbrace{\frac{\partial(a\boldsymbol{v})}{\partial z}}_{0}.$$

Man erhält somit angesichts (8.26) schließlich

$$\frac{d}{dt}\int a\,dS = \int\operatorname{div}(a\boldsymbol{v})\,dS = \boldsymbol{e}_z\oint a\boldsymbol{v}\times d\boldsymbol{r}.$$

Offenbar spielen hier allein die a-Werte auf dem Flächenrand eine Rolle.

Zu Kapitel 10

10.1 Wir differenzieren $\Phi - \dot{\boldsymbol{r}} \cdot \underset{\bullet}{\nabla} \Phi = \text{const}$ total nach t und finden

$$\dot{\boldsymbol{r}} \cdot \nabla \Phi + \ddot{\boldsymbol{r}} \cdot \underset{\bullet}{\nabla} \Phi - \left(\ddot{\boldsymbol{r}} \cdot \underset{\bullet}{\nabla} \Phi + \dot{\boldsymbol{r}} \cdot \frac{d}{dt} \underset{\bullet}{\nabla} \Phi\right) = 0$$

$$\curvearrowright \quad \dot{\boldsymbol{r}} \cdot \left(\nabla \Phi - \frac{d}{dt} \underset{\bullet}{\nabla} \Phi\right) = 0.$$

Man erkennt die (mit $\dot{\boldsymbol{r}}$ multiplizierte) eulersche Differenzialgleichung. Natürlich hilft dies Ergebnis bei der Suche nach Extremalen $\boldsymbol{r}(t)$, die zu vorgegebenen Integranden $\Phi(\boldsymbol{r}, \dot{\boldsymbol{r}})$ passen, kaum weiter.

10.2 Eine Geodäte des Zylinders $\Psi(\boldsymbol{r}) = x^2 + y^2 - a^2 = 0$ ist die Schraubenlinie, weil ihr Hauptnormalenvektor (siehe Aufgabe 5.15)

$$\boldsymbol{n} = -\frac{1}{a} \begin{pmatrix} x \\ y \\ 0 \end{pmatrix}$$

und die Zylindernormale

$$\mathbf{grad}\, \Psi(\boldsymbol{r}) = 2 \begin{pmatrix} x \\ y \\ 0 \end{pmatrix}$$

parallel sind.

Bei Abwicklung des Zylinders in eine Ebene geht die Schraubenlinie in eine Gerade über.

10.3 Die 2-dimensionale eulersche Differenzialgleichung (10.20) führt in Verbindung mit dem angesichts (5.33) maßgebenden Integranden

$$\Phi^*(u, v, v') = \sqrt{E + 2Fv' + Gv'^2}$$

unmittelbar zu der gesuchten Bedingung

$$\frac{\frac{\partial E}{\partial v} + 2\frac{\partial F}{\partial v} v' + \frac{\partial G}{\partial v} v'^2}{2\sqrt{E + 2Fv' + Gv'^2}} - \frac{d}{du} \frac{F + Gv'}{\sqrt{E + 2Fv' + Gv'^2}} = 0.$$

Auf dem Zylinder $\rho = a$ gilt für irgendeinen Punkt $\boldsymbol{r}(\varphi, z) = a\boldsymbol{e}_\rho + z\boldsymbol{e}_z$

$$E = \left(\frac{\partial \boldsymbol{r}}{\partial \varphi}\right)^2 = a^2, \quad F = \frac{\partial \boldsymbol{r}}{\partial \varphi} \cdot \frac{\partial \boldsymbol{r}}{\partial z} = 0, \quad G = \left(\frac{\partial \boldsymbol{r}}{\partial z}\right)^2 = 1.$$

Daher folgt mit $\Phi^*(\varphi, z, z') = \sqrt{a^2 + z'^2}$ aus der Geodäten-Bedingung

$$\frac{d}{d\varphi}\frac{z'}{\sqrt{a^2 + z'^2}} = 0 \quad \curvearrowright \quad z' = b = \text{const}_2, \quad z = b\varphi + c,$$

also eine Schraubenlinie mit der Ganghöhe $2\pi b$ (vgl. Aufgabe 5.4).

Die Integrationskonstanten b und c ergeben sich aus den Anfangsbedingungen $z_1 = b\varphi_1 + c$ und $z_2 = b\varphi_2 + c$ zu

$$b = \frac{z_2 - z_1}{\varphi_2 - \varphi_1} \quad \text{und} \quad c = \frac{z_1\varphi_2 - z_2\varphi_1}{\varphi_2 - \varphi_1}.$$

Die kürzeste Verbindung zwischen $\boldsymbol{r}_1$ und $\boldsymbol{r}_2$ beträgt somit

$$\int\limits_{\varphi_1}^{\varphi_2} \sqrt{a^2 + b^2}\, d\varphi = \sqrt{a^2(\varphi_2 - \varphi_1)^2 + (z_2 - z_1)^2}.$$

10.4 Integration von (10.60) führt mit der Konstanten $\boldsymbol{r}_0 \perp \boldsymbol{e}_z$ zu

$$\boldsymbol{r}' = \frac{\boldsymbol{e}_z \times (\boldsymbol{r} - \boldsymbol{r}_0)}{\lambda} \quad \curvearrowright \quad \underbrace{|\boldsymbol{r}'|}_{1} = \frac{|\boldsymbol{r} - \boldsymbol{r}_0|}{|\lambda|}; \quad (\boldsymbol{r} - \boldsymbol{r}_0)^2 = \lambda^2,$$

also einem Kreis vom Radius $|\lambda|$ um den Mittelpunkt $\boldsymbol{r}_0$ (vgl. Aufgabe 6.9).

10.5 Von allen P_1 und P_2 verbindenden Seilen der Länge l hat das gesuchte den tiefsten Schwerpunkt (Fig. A.47). Wegen der Konstanz von Dichte und Querschnitt gilt im Sinne von (7.45)

$$y_0 = \frac{\int y\, dm}{\int dm} = \frac{\int y\, ds}{\int ds} = \frac{\int y\, |\dot{\boldsymbol{r}}|\, dt}{\int |\dot{\boldsymbol{r}}|\, dt} = \text{Minimum!}$$

Angesichts der Nebenbedingung $\int |\dot{\boldsymbol{r}}|\, dt = l$ lautet die maßgebende Hilfsfunktion $\hat{\Phi}(y, \dot{\boldsymbol{r}}) = (y - \lambda)\, |\dot{\boldsymbol{r}}|$ oder bequemer $\hat{\Phi}(\eta, \dot{\boldsymbol{r}}) = \eta\, |\dot{\boldsymbol{r}}| = \eta\sqrt{\dot{x}^2 + \dot{\eta}^2}$ mit der Abkürzung $\eta \equiv y - \lambda$.

Von der eulerschen Differenzialgleichung

$$\boldsymbol{e}_y\, |\dot{\boldsymbol{r}}| - \frac{d}{dt}\left(\eta \frac{\dot{\boldsymbol{r}}}{|\dot{\boldsymbol{r}}|}\right) = 0 \quad \curvearrowright \quad \boldsymbol{e}_y - \frac{d}{ds}\left(\eta \frac{d\boldsymbol{r}}{ds}\right) = 0$$

gewinnt die x-Komponente mit $\eta' \equiv \frac{\dot{\eta}}{\dot{x}} \quad \curvearrowright \quad ds = \sqrt{1 + \eta'^2}\, dx$ die Form

$$\frac{d}{ds}\left(\eta \frac{dx}{ds}\right) = \frac{d}{ds}\left(\frac{\eta}{\sqrt{1 + \eta'^2}}\right) = 0 \quad \curvearrowright \quad \eta = c_1\sqrt{1 + \eta'^2}.$$

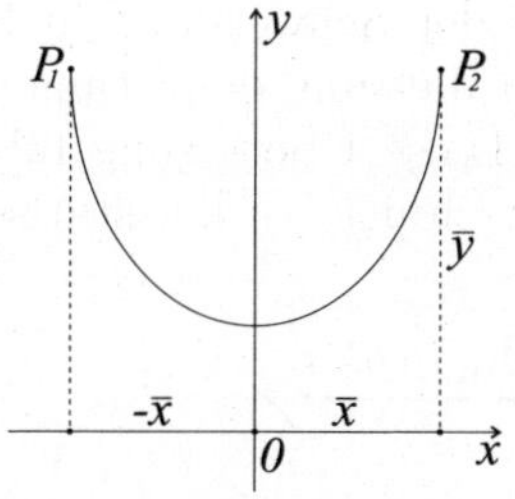

Fig. A.47

Die Integration dieser Differenzialgleichung ergibt unschwer

$$\frac{d\eta}{\sqrt{\eta^2 - c_1^2}} = \frac{dx}{c_1}; \quad \operatorname{ar cosh} \frac{\eta}{c_1} = \frac{x}{c_1} + c_2; \quad \eta = c_1 \cosh\left(\frac{x}{c_1} + c_2\right).$$

Aus der x-Symmetrie des Modells folgt $c_2 = 0$. Die Lösung

$$\boxed{\eta = c_1 \cosh \frac{x}{c_1}}$$

ist die bekannte Kettenlinie (vgl. Aufgabe 5.1). Die Integrationskonstante c_1 geht aus der Nebenbedingung

$$\int_0^{\bar{x}} \sqrt{1 + \sinh^2 \frac{x}{c_1}}\, dx = c_1 \sinh \frac{\bar{x}}{c_1} = \frac{l}{2}$$

hervor, die Konstante λ aus der Anfangsbedingung

$$\bar{y} - \lambda = c_1 \cosh \frac{\bar{x}}{c_1}.$$

Das Seil hat an der Stelle $x = 0$; $y = c_1 + \lambda$ seinen tiefsten Punkt ($y' = 0$).

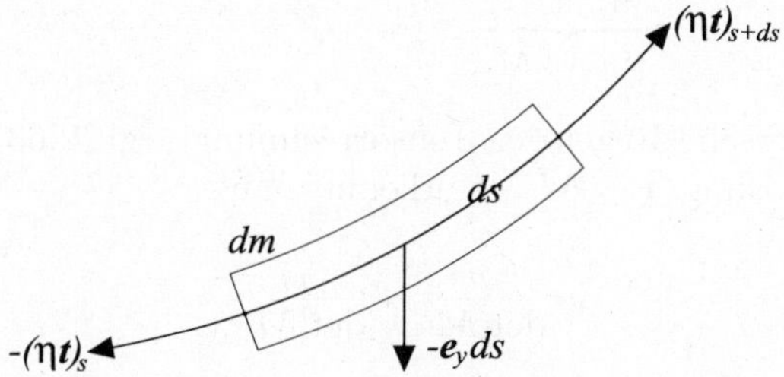

Fig. A.48

Übrigens erlaubt die Fig. A.48 die physikalisch-anschauliche Deutung der eulerschen Differenzialgleichung. Das gedanklich aus dem Seil herausgeschnittene

Masseelement dm unterliegt der Schwerkraft in Richtung $-\boldsymbol{e}_y$. Sie wird von den inneren Spannungen parallel mit dem Tangentenvektor $\boldsymbol{t}$ an den beiden Schnittflächen kompensiert. Diese Überlegung führt (nach Division durch die Konstanten Dichte und Querschnitt) zu der statischen Kraftbilanz

$$-\boldsymbol{e}_y ds + \underbrace{(\eta \boldsymbol{t})_{s+ds} - (\eta \boldsymbol{t})_s}_{\frac{d}{ds}(\eta \boldsymbol{t})ds} = 0 \quad \curvearrowright \quad \boldsymbol{e}_y - \frac{d}{ds}(\eta \boldsymbol{t}) = 0.$$

Zu Kapitel 11

11.1 4-dimensionale axiale Vektoren haben $\binom{4}{2} = 6$ Teilvektoren; sie zeigen in die Richtungen

$$\boldsymbol{e}_1 \times \boldsymbol{e}_2, \quad \boldsymbol{e}_1 \times \boldsymbol{e}_3, \quad \boldsymbol{e}_1 \times \boldsymbol{e}_4, \quad \boldsymbol{e}_2 \times \boldsymbol{e}_3, \quad \boldsymbol{e}_2 \times \boldsymbol{e}_4, \quad \boldsymbol{e}_3 \times \boldsymbol{e}_4.$$

11.2 Von den ingesamt n^2 Komponenten sind unabhängig nur

$$n(\text{Diagonalelemente}) + (n-1) + \ldots + 1 = \frac{n(n+1)}{2}.$$

11.3 Nach Multiplikation jeder Gleichung des Systems mit der individuellen Adjunkten C_{ik} erhält man wegen

$$\sum_{i=1}^{n} m_{ij} C_{ik} \equiv \delta_{jk} \det \boldsymbol{M}$$

zusammenfassend

$$\sum_{i=1}^{n} b_i C_{ik} = \sum_{j=1}^{n} a_j \underbrace{\sum_{i=1}^{n} m_{ij} C_{ik}}_{\delta_{jk} \det \boldsymbol{M}} = a_k \det \boldsymbol{M} \quad \curvearrowright \quad a_k = \frac{\sum_{i=1}^{n} b_i C_{ik}}{\det \boldsymbol{M}}.$$

Dies ist die cramersche Regel der Tensorrechnung (vgl. 2.63). Verglichen mit der vektoriellen Lösung $\underline{\boldsymbol{a}} = \boldsymbol{M}^{-1} \underline{\boldsymbol{b}}$ erkennt man

$$\frac{C_{ik}}{\det \boldsymbol{M}} = \frac{C_{ki}^T}{\det \boldsymbol{M}}$$

als Komponenten des inversen Tensors $\boldsymbol{M}^{-1}$.

Im Fall $\underline{\boldsymbol{b}} = 0$ heißt das lineare Gleichungssystem (11.3) homogen. Dann gilt $\sum_{j=1}^{n} m_{ij} a_j = 0$, d. h. der Lösungsvektor $\boldsymbol{a} = \sum_{j=1}^{n} a_j \boldsymbol{e}_j$ steht auf allen n

Zeilenvektoren $\boldsymbol{m}_i \equiv \sum_{j=1}^{n} m_{ij}\boldsymbol{e}_j$ senkrecht. Dies bedingt für $\boldsymbol{a} \neq 0$, dass alle Zeilenvektoren komplanar sind ($\det \boldsymbol{M} = 0$).

11.4 Die fragliche Formel lautet in geschickter Schreibweise

$$\sum_{i=1}^{n} a_i \sum_{j=1}^{n} m_{ij} b_j = \pm \sum_{j=1}^{n} b_j \sum_{i=1}^{n} m_{ji} a_i.$$

Sie wird für $m_{ji} = \pm m_{ij} \quad \curvearrowright \quad \boldsymbol{M}^T = \pm \boldsymbol{M}$ zu einer Gleichung.

Man kann ebenso gut von der Identität $\underline{\boldsymbol{a}}^T(\boldsymbol{M}\underline{\boldsymbol{b}}) \equiv (\boldsymbol{M}\underline{\boldsymbol{b}})^T\underline{\boldsymbol{a}} \equiv \underline{\boldsymbol{b}}^T\boldsymbol{M}^T\underline{\boldsymbol{a}}$ ausgehen; dies führt durch Vergleich unmittelbar zu

$$\underline{\boldsymbol{b}}^T\boldsymbol{M}^T\underline{\boldsymbol{a}} = \pm\underline{\boldsymbol{b}}^T\boldsymbol{M}\underline{\boldsymbol{a}} \quad \curvearrowright \quad \boldsymbol{M}^T = \pm\boldsymbol{M}.$$

Das obere Vorzeichen gilt also für symmetrische, das untere für schiefsymmetrische Tensoren $\boldsymbol{M}$.

11.5 Allgemein gilt

$$\theta_{ij} = \int [\underbrace{(\boldsymbol{e}_i \cdot \boldsymbol{e}_j)}_{\delta_{ij}}\, \boldsymbol{r}^2 - \underbrace{(\boldsymbol{r} \cdot \boldsymbol{e}_i)}_{x_i}\underbrace{(\boldsymbol{r} \cdot \boldsymbol{e}_j)}_{x_j}]\, dm,$$

was zu der Form

$$\theta_{ij} = \begin{cases} \int (\boldsymbol{r}^2 - x_i^2)\, dm & \text{für } i = j \\ -\int x_i x_j\, dm & \text{für } i \neq j \end{cases}$$

führt. Dies bedeutet in kartesischen Koordinaten $x_1 = x,\ x_2 = y,\ x_3 = z$:

$$\theta_{xx} = \int (y^2 + z^2)\, dm, \qquad \theta_{yy} = \int (z^2 + x^2)\, dm, \qquad \theta_{zz} = \int (x^2 + y^2)\, dm$$

$$\theta_{xy} = -\int xy\, dm, \qquad \theta_{yz} = -\int yz\, dm, \qquad \theta_{zx} = -\int zx\, dm.$$

11.6 Der gegebene, auf $\boldsymbol{r}_0 = 0$ bezogene Trägheitstensor $\boldsymbol{\Theta}$ hat die Komponenten (Aufgabe 11.5):

$$\theta_{ij} = \int [\delta_{ij}\, \boldsymbol{r}^2 - \underbrace{(\boldsymbol{r} \cdot \boldsymbol{e}_i)}_{x_i}\underbrace{(\boldsymbol{r} \cdot \boldsymbol{e}_j)}_{x_j}]\, dm.$$

Sie lauten bezogen auf irgendeinen Punkt $\boldsymbol{a}$ (Fig. A.49)

$$\theta'_{ij} = \int [\delta_{ij}(\boldsymbol{r} - \boldsymbol{a})^2 - (x_i - \underbrace{\boldsymbol{a} \cdot \boldsymbol{e}_i}_{a_i})(x_j - \underbrace{\boldsymbol{a} \cdot \boldsymbol{e}_j}_{a_j})]\, dm.$$

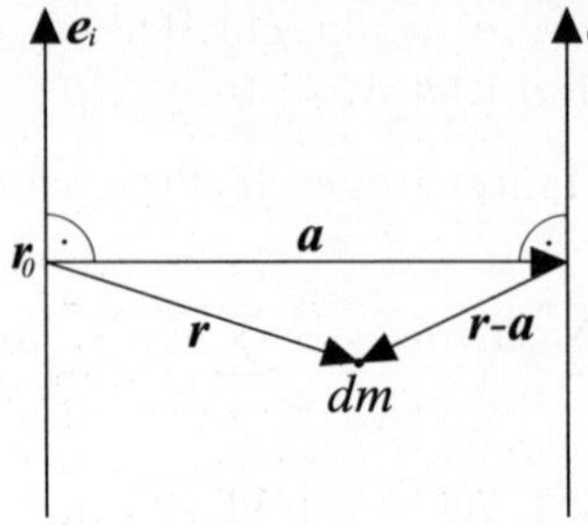

Fig. A.49

Die Voraussetzung $\boldsymbol{r}_0 = 0$ bedeutet gemäß (7.45)

$$\int \boldsymbol{r}\, dm = \int x_i\, dm = \int x_j\, dm = 0.$$

Daraus folgt unmittelbar der Satz von Steiner[10]:

$$\theta'_{ij} = \underbrace{\int (\delta_{ij}\, \boldsymbol{r}^2 - x_i x_j)\, dm}_{\theta_{ij}} + (\delta_{ij}\, \boldsymbol{a}^2 - a_i a_j)m.$$

Angewandt auf 2 parallele Drehachsen $\boldsymbol{e}_i \perp \boldsymbol{a} \curvearrowright a_i = 0$ durch die Punkte $\boldsymbol{r}_0$ bzw. $\boldsymbol{a}$ schreibt man meistens speziell

$$\boxed{\theta'_{ii} = \theta_{ii} + \boldsymbol{a}^2 m}$$

Verglichen mit allen parallelen Drehachsen ist das auf die Schwerpunktachse bezogene Trägheitsmoment offenbar am kleinsten.

11.7 Aus (11.28) folgt in Verbindung mit (2.57) allgemein

$$\nabla u_1 = \frac{\frac{\partial \boldsymbol{r}}{\partial u_2} \times \frac{\partial \boldsymbol{r}}{\partial u_3}}{\left[\frac{\partial \boldsymbol{r}}{\partial u_1}, \frac{\partial \boldsymbol{r}}{\partial u_2}, \frac{\partial \boldsymbol{r}}{\partial u_3}\right]}, \quad \nabla u_2 = \frac{\frac{\partial \boldsymbol{r}}{\partial u_3} \times \frac{\partial \boldsymbol{r}}{\partial u_1}}{\left[\frac{\partial \boldsymbol{r}}{\partial u_1}, \frac{\partial \boldsymbol{r}}{\partial u_2}, \frac{\partial \boldsymbol{r}}{\partial u_3}\right]}, \quad \nabla u_3 = \frac{\frac{\partial \boldsymbol{r}}{\partial u_1} \times \frac{\partial \boldsymbol{r}}{\partial u_2}}{\left[\frac{\partial \boldsymbol{r}}{\partial u_1}, \frac{\partial \boldsymbol{r}}{\partial u_2}, \frac{\partial \boldsymbol{r}}{\partial u_3}\right]}.$$

Für das Spatprodukt ergibt sich ebenso allgemein (vgl. Aufgabe 2.38)

$$[\nabla u_1, \nabla u_2, \nabla u_3] = \frac{\left[\frac{\partial \boldsymbol{r}}{\partial u_2} \times \frac{\partial \boldsymbol{r}}{\partial u_3}, \frac{\partial \boldsymbol{r}}{\partial u_3} \times \frac{\partial \boldsymbol{r}}{\partial u_1}, \frac{\partial \boldsymbol{r}}{\partial u_1} \times \frac{\partial \boldsymbol{r}}{\partial u_2}\right]}{\left[\frac{\partial \boldsymbol{r}}{\partial u_1}, \frac{\partial \boldsymbol{r}}{\partial u_2}, \frac{\partial \boldsymbol{r}}{\partial u_3}\right]^3} = \frac{1}{\left[\frac{\partial \boldsymbol{r}}{\partial u_1}, \frac{\partial \boldsymbol{r}}{\partial u_2}, \frac{\partial \boldsymbol{r}}{\partial u_3}\right]}.$$

Die beiden Grundvektorentripel des reziproken Dreibeins haben speziell für rechtwinklige Koordinaten paarweise gleiche Richtungen, für kartesische Koordinaten darüber hinaus gleiche Beträge.

[10] Jakob Steiner (1796-1863), Schweizer Mathematiker, lehrte ab 1834 an der Berliner Universität.

11.8 Die (gramsche) Determinante des metrischen Tensors lautet (vgl. Aufgabe 2.31):

$$\det(g_{ij}) = \begin{vmatrix} \left(\frac{\partial \boldsymbol{r}}{\partial u_1}\right)^2 & \frac{\partial \boldsymbol{r}}{\partial u_1}\cdot\frac{\partial \boldsymbol{r}}{\partial u_2} & \frac{\partial \boldsymbol{r}}{\partial u_1}\cdot\frac{\partial \boldsymbol{r}}{\partial u_3} \\ \frac{\partial \boldsymbol{r}}{\partial u_2}\cdot\frac{\partial \boldsymbol{r}}{\partial u_1} & \left(\frac{\partial \boldsymbol{r}}{\partial u_2}\right)^2 & \frac{\partial \boldsymbol{r}}{\partial u_2}\cdot\frac{\partial \boldsymbol{r}}{\partial u_3} \\ \frac{\partial \boldsymbol{r}}{\partial u_3}\cdot\frac{\partial \boldsymbol{r}}{\partial u_1} & \frac{\partial \boldsymbol{r}}{\partial u_3}\cdot\frac{\partial \boldsymbol{r}}{\partial u_2} & \left(\frac{\partial \boldsymbol{r}}{\partial u_3}\right)^2 \end{vmatrix} = \left[\frac{\partial \boldsymbol{r}}{\partial u_1}, \frac{\partial \boldsymbol{r}}{\partial u_2}, \frac{\partial \boldsymbol{r}}{\partial u_3}\right]^2.$$

Rechts steht das Quadrat der Funktionaldeterminante. Es folgt wegen (6.11)

$$\sqrt{\det(g_{ij})}\, du_1\, du_2\, du_3 = \left[\frac{\partial \boldsymbol{r}}{\partial u_1}, \frac{\partial \boldsymbol{r}}{\partial u_2}, \frac{\partial \boldsymbol{r}}{\partial u_3}\right] du_1\, du_2\, du_3 = d\tau.$$

11.9 Der Tensor ist weder symmetrisch noch schiefsymmetrisch, wohl aber orthogonal. Es gilt nämlich $\boldsymbol{M}^T\boldsymbol{M} = \boldsymbol{M}^{-1}\boldsymbol{M} = \boldsymbol{E}$:

$$\begin{pmatrix} \cos\alpha & -\sin\alpha \\ \sin\alpha & \cos\alpha \end{pmatrix} \begin{pmatrix} \cos\alpha & \sin\alpha \\ -\sin\alpha & \cos\alpha \end{pmatrix}$$
$$= \begin{pmatrix} \cos^2\alpha + \sin^2\alpha & \cos\alpha\sin\alpha - \sin\alpha\cos\alpha \\ \sin\alpha\cos\alpha - \cos\alpha\sin\alpha & \sin^2\alpha + \cos^2\alpha \end{pmatrix} = \begin{pmatrix} 1 & 0 \\ 0 & 1 \end{pmatrix}.$$

Außerdem erkennt man leicht

$$\det \boldsymbol{M} = \begin{vmatrix} \cos\alpha & \sin\alpha \\ -\sin\alpha & \cos\alpha \end{vmatrix} = \cos^2\alpha + \sin^2\alpha = 1.$$

11.10 Es gilt $\boldsymbol{M}^{-1}\underline{\boldsymbol{a}}' = \underbrace{\boldsymbol{M}^{-1}\boldsymbol{M}}_{\boldsymbol{E}}\underline{\boldsymbol{a}}$. Daraus folgt für orthogonale Tensoren wegen $\boldsymbol{M}^{-1} = \boldsymbol{M}^T$ unmittelbar: $\underline{\boldsymbol{a}} = \boldsymbol{M}^T\underline{\boldsymbol{a}}'$.

11.11 Zu 1. Die Voraussetzung $\boldsymbol{a}'\cdot\boldsymbol{b}' = \boldsymbol{a}\cdot\boldsymbol{b} \curvearrowright \underline{\boldsymbol{a}}'^T\underline{\boldsymbol{b}}' = \underline{\boldsymbol{a}}^T\underline{\boldsymbol{b}}$ führt angesichts der Transformationsgleichungen $\underline{\boldsymbol{a}}' = \boldsymbol{M}\underline{\boldsymbol{a}} \curvearrowright \underline{\boldsymbol{a}}'^T = \underline{\boldsymbol{a}}^T\boldsymbol{M}^T$ und $\underline{\boldsymbol{b}}' = \boldsymbol{M}\underline{\boldsymbol{b}}$ wegen (11.46) unmittelbar zur Identität

$$\underline{\boldsymbol{a}}^T\underbrace{\boldsymbol{M}^T\boldsymbol{M}}_{\boldsymbol{E}}\underline{\boldsymbol{b}} = \underline{\boldsymbol{a}}^T\underline{\boldsymbol{b}}.$$

Zu 2. Wegen der nur 3-dimensionalen Definition des Nabla- und Delta-Operators beschränken wir uns auf die kartesischen Bezugssysteme $S(x, y, z)$ und $S'(x', y', z')$ mit $x = x_1$, $y = x_2$, $z = x_3$ bzw. $x' = x'_1$, $y' = x'_2$, $z' = x'_3$.

Nun lautet die Transformation der $\boldsymbol{\nabla}'$-Komponenten beim Übergang $S' \to S$ gemäß Kettenregel

$$\frac{\partial}{\partial x_j} = \frac{\partial}{\partial x'}\frac{\partial x'}{\partial x_j} + \frac{\partial}{\partial y'}\frac{\partial y'}{\partial x_j} + \frac{\partial}{\partial z'}\frac{\partial z'}{\partial x_j} = \sum_{i=1}^{3}\frac{\partial x'_i}{\partial x_j}\frac{\partial}{\partial x'_i}.$$

Der Tensor $\left(\frac{\partial x_i'}{\partial x_j}\right)$ geht aus der Transformation des Ortsvektors $\boldsymbol{r}$ hervor:

$$\sum_{i=1}^{3} \boldsymbol{e}_i' x_i' = \sum_{j=1}^{3} \boldsymbol{e}_j x_j \quad \curvearrowright \quad x_i' = \sum_{j=1}^{3} \underbrace{(\boldsymbol{e}_i' \cdot \boldsymbol{e}_j)}_{m_{ij}} x_j \quad \curvearrowright \quad \frac{\partial x_i'}{\partial x_j} = m_{ij} = m_{ji}^T.$$

Damit findet man rasch

$$\frac{\partial}{\partial x_j} = \sum_{i=1}^{3} m_{ji}^T \frac{\partial}{\partial x_i'} \quad \curvearrowright \quad \underline{\boldsymbol{\nabla}} = \boldsymbol{M}^T \underline{\boldsymbol{\nabla}}', \quad \underline{\boldsymbol{\nabla}}' = \boldsymbol{M} \underline{\boldsymbol{\nabla}}, \quad \boldsymbol{\nabla}' = \boldsymbol{\nabla},$$

was die Invarianz des $\boldsymbol{\nabla}$-Operators beweist. Er transformiert sich wie $\boldsymbol{r}$.

Angewandt auf ein invariantes Skalarfeld $\Phi'(x', y', z') = \Phi(x, y, z)$ folgt für seinen Gradienten $\boldsymbol{\nabla}' \Phi' = \boldsymbol{\nabla} \Phi$.

Die Invarianz des Δ-Operators erhellt aus dem Punktprodukt $\Delta = \boldsymbol{\nabla} \cdot \boldsymbol{\nabla}$:

$$\underline{\boldsymbol{\nabla}}^T \underline{\boldsymbol{\nabla}} = \underline{\boldsymbol{\nabla}}'^T \underbrace{\boldsymbol{M}^T \boldsymbol{M}}_{\boldsymbol{E}} \underline{\boldsymbol{\nabla}}' = \underline{\boldsymbol{\nabla}}'^T \underline{\boldsymbol{\nabla}}'.$$

Zu 3. Der Skalar $\operatorname{div} \boldsymbol{a} = \boldsymbol{\nabla} \cdot \boldsymbol{a}$ transformiert sich ebenfalls wie ein gewöhnliches Punktprodukt.

11.12 Aus der Voraussetzung $\boldsymbol{a} \times \boldsymbol{b} = \boldsymbol{a}' \times \boldsymbol{b}'$ folgt angesichts der 3-dimensionalen Definition (2.19) die offensichtliche Identität

$$|\boldsymbol{a}|^2 \, |\boldsymbol{b}|^2 - (\boldsymbol{a} \cdot \boldsymbol{b})^2 = |\boldsymbol{a}'|^2 \, |\boldsymbol{b}'|^2 - (\boldsymbol{a}' \cdot \boldsymbol{b}')^2.$$

Es sei noch bewiesen, dass aus den beiden orthogonalen Transformationen $\underline{\boldsymbol{a}}' = \boldsymbol{M} \underline{\boldsymbol{a}}$ und $\underline{\boldsymbol{b}}' = \boldsymbol{M} \underline{\boldsymbol{b}}$ die orthogonale Transformation ihres Kreuzprodukts folgt: $\underline{\boldsymbol{a}' \times \boldsymbol{b}'} = \boldsymbol{M} (\underline{\boldsymbol{a} \times \boldsymbol{b}})$. Dazu bilden wir aus den Komponenten m_{ki} der Tensorzeile k den Vektor $\boldsymbol{m}_k' \equiv \sum_{i=1}^{3} m_{ki} \boldsymbol{e}_i$ und schreiben die beiden Voraussetzungen in der Form

$$a_k' = \sum_{i=1}^{3} m_{ki} a_i = \boldsymbol{m}_k' \cdot \boldsymbol{a} \quad \text{bzw. analog} \quad b_l' = \boldsymbol{m}_l' \cdot \boldsymbol{b}.$$

Somit lautet eine $(\boldsymbol{a}' \times \boldsymbol{b}')$-Komponente

$$\begin{aligned} a_k' b_l' - a_l' b_k' &= (\boldsymbol{m}_k' \cdot \boldsymbol{a})(\boldsymbol{m}_l' \cdot \boldsymbol{b}) - (\boldsymbol{m}_l' \cdot \boldsymbol{a})(\boldsymbol{m}_k' \cdot \boldsymbol{b}) \\ &= (\boldsymbol{m}_k' \times \boldsymbol{m}_l') \cdot (\boldsymbol{a} \times \boldsymbol{b}). \end{aligned}$$

Zusammenfassend gilt

$$\begin{aligned} a_2'b_3' - a_3'b_2' &= (\boldsymbol{m}_2' \times \boldsymbol{m}_3') \cdot (\boldsymbol{a} \times \boldsymbol{b}), \\ a_3'b_1' - a_1'b_3' &= (\boldsymbol{m}_3' \times \boldsymbol{m}_1') \cdot (\boldsymbol{a} \times \boldsymbol{b}), \\ a_1'b_2' - a_2'b_1' &= (\boldsymbol{m}_1' \times \boldsymbol{m}_2') \cdot (\boldsymbol{a} \times \boldsymbol{b}). \end{aligned}$$

Die Komponentenzerlegung

$$\boldsymbol{m}_2' \times \boldsymbol{m}_3' = \begin{vmatrix} \boldsymbol{e}_1 & \boldsymbol{e}_2 & \boldsymbol{e}_3 \\ m_{21} & m_{22} & m_{23} \\ m_{31} & m_{32} & m_{33} \end{vmatrix} = C_{11}\boldsymbol{e}_1 + C_{12}\boldsymbol{e}_2 + C_{13}\boldsymbol{e}_3$$

mit den Adjunkten C_{11}, C_{12}, C_{13} und analog

$$\begin{aligned} \boldsymbol{m}_3' \times \boldsymbol{m}_1' &= C_{21}\boldsymbol{e}_1 + C_{22}\boldsymbol{e}_2 + C_{23}\boldsymbol{e}_3, \\ \boldsymbol{m}_1' \times \boldsymbol{m}_2' &= C_{31}\boldsymbol{e}_1 + C_{32}\boldsymbol{e}_2 + C_{33}\boldsymbol{e}_3 \end{aligned}$$

führt zu der Transformation

$$\underline{\boldsymbol{a}' \times \boldsymbol{b}'} = \underbrace{\begin{pmatrix} C_{11} & C_{12} & C_{13} \\ C_{21} & C_{22} & C_{23} \\ C_{31} & C_{32} & C_{33} \end{pmatrix}}_{\boldsymbol{C}} \underline{(\boldsymbol{a} \times \boldsymbol{b})}.$$

Aus der Entwicklung (vgl. Aufgabe 11.3)

$$\sum_{i=1}^{3} \underbrace{m_{ij}}_{m_{ji}^T} C_{ik} = \delta_{jk} \det \boldsymbol{M} \quad \curvearrowright \quad \boldsymbol{M}^T\boldsymbol{C} = \boldsymbol{E} \det \boldsymbol{M}$$

folgt wegen der vorausgesetzten Orthogonalität (11.46) unmittelbar $\boldsymbol{C} = \boldsymbol{M}$.

11.13 Die Transformation besteht aus einer Drehung gemäß (3.50) um den Winkel $\alpha = \frac{\pi}{2}$ und einer Multiplikation mit dem Skalar f. Sie lautet

$$\begin{pmatrix} b_x \\ b_y \end{pmatrix} = f \begin{pmatrix} 0 & 1 \\ -1 & 0 \end{pmatrix} \begin{pmatrix} a_x \\ a_y \end{pmatrix}; \quad b_x = fa_y, \ b_y = -fa_x$$

$$\curvearrowright \ \boldsymbol{b} = f(a_y\boldsymbol{e}_x - a_x\boldsymbol{e}_y) = f(\boldsymbol{a} \times \boldsymbol{e}_z).$$

11.14 Aus (11.14) folgt wegen der $\boldsymbol{M}$-Orthogonalität im Einklang mit (6.5):

$$(dx\ dy\ dz) \begin{pmatrix} dx \\ dy \\ dz \end{pmatrix} = \begin{pmatrix} \frac{du}{U} & \frac{dv}{V} & \frac{dw}{W} \end{pmatrix} \underbrace{\boldsymbol{M}^T\boldsymbol{M}}_{\boldsymbol{E}} \begin{pmatrix} \frac{du}{U} \\ \frac{dv}{V} \\ \frac{dw}{W} \end{pmatrix},$$

$$\underbrace{dx^2 + dy^2 + dz^2}_{|d\boldsymbol{r}|^2} = \frac{du^2}{U^2} + \frac{dv^2}{V^2} + \frac{dw^2}{W^2}.$$

11.15 In der für die x, y-Ebene geltenden Formel $\kappa = \frac{y''}{(1+y'^2)^{\frac{3}{2}}}$ (Aufgabe 5.7)

sind $y' = \dfrac{dy}{dx}$ durch $\dfrac{1}{ic}\dfrac{dy}{dt} = \dfrac{v}{ic}$ und $y'' = \dfrac{d^2y}{dx^2}$ durch $\dfrac{1}{(ic)^2}\dfrac{d^2y}{dt^2} = -\dfrac{b}{c^2}$

zu ersetzen, so dass sich unmittelbar

$$\kappa = -\frac{b}{c^2(1-\frac{v^2}{c^2})^{\frac{3}{2}}}$$

ergibt. Man beachte, dass Geschwindigkeit und Beschleunigung in der x, y-Ebene parallel sind, was dort eine Bahnkrümmung ausschließt.

11.16 Mit Hilfe des d'alembertschen[11] Operators

$$\Delta - \underbrace{\varepsilon_0\mu_0}_{c^{-2}}\frac{\partial^2}{\partial t^2} = \frac{\partial^2}{\partial x_1^2} + \frac{\partial^2}{\partial x_2^2} + \frac{\partial^2}{\partial x_3^2} + \frac{\partial^2}{\partial x_4^2}$$

$$= \left(\boldsymbol{e}_1\frac{\partial}{\partial x_1} + \boldsymbol{e}_2\frac{\partial}{\partial x_2} + \boldsymbol{e}_3\frac{\partial}{\partial x_3} + \boldsymbol{e}_4\frac{\partial}{\partial x_4}\right)^2 \equiv \Box,$$

der den 3-dimensionalen Laplace-Operator 4-dimensional verallgemeinert, ergeben sich unmittelbar die 4-dimensional symmetrischen Wellengleichungen

$$\boxed{\Box\boldsymbol{E} = 0} \quad \text{und} \quad \boxed{\Box\boldsymbol{H} = 0}$$

Die Lorentz-Invarianz des 4-dimensionalen $\Box$-Operators ist analog der Invarianz des 3-dimensionalen Δ-Operators bei orthogonalen Transformationen beweisbar (vgl. Aufgabe 11.11).

11.17 Einsetzung der Identitäten

$$\operatorname{div}\boldsymbol{J} = \frac{\partial(\boldsymbol{e}_1\cdot\boldsymbol{\Gamma})}{\partial x_1} + \frac{\partial(\boldsymbol{e}_2\cdot\boldsymbol{\Gamma})}{\partial x_2} + \frac{\partial(\boldsymbol{e}_3\cdot\boldsymbol{\Gamma})}{\partial x_3} \quad \text{und} \quad \frac{\partial\varrho}{\partial t} = \frac{\partial(\boldsymbol{e}_4\cdot\boldsymbol{\Gamma})}{\partial x_4}$$

in (8.24) führt unmittelbar zu der lorentz-invarianten Kontinuitätsgleichung

$$\sum_{i=1}^{4}\frac{\partial(\boldsymbol{e}_i\cdot\boldsymbol{\Gamma})}{\partial x_i} = 0 \quad \curvearrowright \quad \boxed{\operatorname{Div}\boldsymbol{\Gamma} = 0}$$

Der Operator Div erweitert die geläufige Divergenz div auf 4 Dimensionen.

[11] Jean le Rond d'Alembert (1717-1783), französischer Philosoph, Mathematiker und Literat

11.18 Wir differenzieren die Formeln der Transformation $S' \to S$

$$dx = \frac{dx' + v\,dt'}{\sqrt{1 - \frac{v^2}{c^2}}} \quad \text{sowie} \quad dt = \frac{dt' + \frac{v}{c^2}\,dx'}{\sqrt{1 - \frac{v^2}{c^2}}}$$

und finden leicht die relativistische Beziehung

$$\frac{dx}{dt} = \frac{\frac{dx'}{dt'} + v}{1 + \frac{v}{c^2}\frac{dx'}{dt'}}, \quad \text{d. h.} \quad \boxed{u = \frac{u' + v}{1 + \frac{vu'}{c^2}}}$$

Offenbar gilt $u \leq c$ selbst für $u' \to c$ und $v \to c$.

11.19 In (11.56) setzen wir im Sinne (3.50) $m_{11} = \cos\alpha$ und $m_{14} = \sin\alpha$, so dass sich rasch $\tan\alpha = \frac{m_{14}}{m_{11}} = i\frac{v}{c}$ ergibt.

Die relativistische Zusammensetzung zweier konstanter Geschwindigkeiten u' und v gemäß

$$u = \frac{u' + v}{1 + \frac{vu'}{c^2}} \quad \text{(Aufgabe 11.18)}$$

ist als Ergebnis zweier Lorentz-Transformationen das Ergebnis zweier Drehungen um dieselbe Achse. Mit $\tan\gamma = i\frac{u'}{c}$ gilt nämlich

$$u = \frac{-ic\tan\gamma - ic\tan\alpha}{1 - \tan\gamma\tan\alpha} \quad \curvearrowright \quad i\frac{u}{c} = \frac{\tan\gamma + \tan\alpha}{1 - \tan\gamma\tan\alpha} = \tan(\gamma + \alpha).$$

Es addieren sich die Drehwinkel, nicht deren Tangenten.

11.20 Binnen t gewinnt das anfangs ruhende Teilchen die kinetische Energie

$$W_{\text{kin}} = \int_0^t \boldsymbol{K} \cdot \boldsymbol{v}\,dt = \int_0^{mv} \boldsymbol{v} \cdot d(m\boldsymbol{v}) = \frac{1}{2}\int \frac{d(mv)^2}{m}.$$

Die Integration führt mit Hilfe der aus (11.76) folgenden Identität

$$(mv)^2 = c^2(m^2 - m_0^2) \quad \curvearrowright \quad d(mv)^2 = 2c^2 m\,dm$$

bequem zur Differenz zweier Energieterme

$$W_{\text{kin}} = c^2 \int_{m_0}^{m} dm = \underbrace{c^2(m - m_0)}_{W - W_0}.$$

Einstein folgerte aus dem für ruhende Massen geltenden Term $W_0 = m_0c^2$ seinen berühmten Satz von der Energieträgheit, wonach jeder Energie W_0 eine ihr proportionale träge Masse m_0 entspricht und umgekehrt jedem Körper der Ruhmasse m_0 die gewaltige Ruhenergie $m_0 c^2$ innewohnt[12].

Übrigens folgt durch Taylor-Entwicklung für Werte $v \ll c$ die bekannte Formel der klassischen Mechanik:

$$W_{\text{kin}} \approx c^2\Big[m_0\Big(1+\frac{1}{2}\frac{v^2}{c^2}\Big)-m_0\Big] = m_0\frac{v^2}{2}.$$

11.21 Die charakteristische Gleichung

$$\begin{vmatrix} \cos\alpha-\lambda & \sin\alpha \\ -\sin\alpha & \cos\alpha-\lambda \end{vmatrix} = 0 \quad \curvearrowright \quad \lambda^2 - 2\lambda\cos\alpha + 1 = 0$$

hat die komplexen Lösungen

$$\lambda_{1,2} = \cos\alpha \pm \sqrt{\cos^2\alpha - 1} = \cos\alpha \pm i\sin\alpha = e^{\pm i\alpha},$$

was nicht verwundern darf: Der Tensor ist ja nicht symmetrisch.

11.22 Die charakteristische Gleichung des symmetrischen Tensors $\boldsymbol{M}$

$$\begin{vmatrix} \frac{3}{5}-\lambda & \frac{4}{5} \\ \frac{4}{5} & -\frac{3}{5}-\lambda \end{vmatrix} = \lambda^2 - 1 = 0$$

führt zu den beiden Eigenwerten $\lambda_1 = 1$ und $\lambda_2 = -1$. Die Komponenten x_1 und y_1 des Eigenvektors $\boldsymbol{r}_1$ ergeben sich aus

$$\begin{pmatrix} \frac{3}{5} & \frac{4}{5} \\ \frac{4}{5} & -\frac{3}{5} \end{pmatrix}\begin{pmatrix} x_1 \\ y_1 \end{pmatrix} = \begin{pmatrix} x_1 \\ y_1 \end{pmatrix} \quad \curvearrowright \quad x_1 = 2y_1.$$

Daraus folgt unmittelbar $\boldsymbol{r}_1 = 2y_1\boldsymbol{e}_x + y_1\boldsymbol{e}_y$ und aufgrund der Normierung $|\boldsymbol{r}_1| = 1 \quad \curvearrowright \quad y_1 = \frac{1}{\sqrt{5}}$ schließlich $\boldsymbol{r}_1 = \frac{1}{\sqrt{5}}(2\boldsymbol{e}_x + \boldsymbol{e}_y)$.

Analog erhält man die Komponenten x_2 und y_2 des Eigenvektors $\boldsymbol{r}_2$ aus

$$\begin{pmatrix} \frac{3}{5} & \frac{4}{5} \\ \frac{4}{5} & -\frac{3}{5} \end{pmatrix}\begin{pmatrix} x_2 \\ y_2 \end{pmatrix} = \begin{pmatrix} -x_2 \\ -y_2 \end{pmatrix} \quad \curvearrowright \quad y_2 = -2x_2.$$

Dies bedeutet für den Eigenvektor zunächst $\boldsymbol{r}_2 = x_2\boldsymbol{e}_x - 2x_2\boldsymbol{e}_y$. Die Normierung $|\boldsymbol{r}_2| = 1 \quad \curvearrowright \quad x_2 = \frac{1}{\sqrt{5}}$ ergibt sodann $\boldsymbol{r}_2 = \frac{1}{\sqrt{5}}(\boldsymbol{e}_x - 2\boldsymbol{e}_y)$. Man überzeugt sich leicht, dass die Bedingung $\boldsymbol{r}_1 \cdot \boldsymbol{r}_2 = 0$ erfüllt ist.

[12] Diese Thesen des damaligen Technischen Experten 3. Klasse am Berner Patentamt klangen 1905 der Fachwelt arg wunderlich. Selbst als atomphysikalische und radioastronomische Messungen die Theorie mehr und mehr stützten, blieb ein verbreitetes Unbehagen. So erhielt Einstein den Nobelpreis erst 1921 und nicht etwa für seine Relativitätstheorie.

11.23 Die Kurve lässt sich durch die quadratische Form $\underline{\boldsymbol{r}}^T \boldsymbol{M} \underline{\boldsymbol{r}} = 1$ mit dem symmetrischen Tensor $\boldsymbol{M} = \begin{pmatrix} 0 & \frac{1}{2} \\ \frac{1}{2} & 0 \end{pmatrix}$ darstellen. Die beiden Wurzeln seiner charakteristischen Gleichung

$$\begin{vmatrix} -\lambda & \frac{1}{2} \\ \frac{1}{2} & -\lambda \end{vmatrix} = \lambda^2 - \frac{1}{4} = 0$$

sind $\lambda_{1,2} = \pm\frac{1}{2}$. Damit beschreibt die kanonische Form der Tensorfläche

$$\frac{x'^2}{2} - \frac{y'^2}{2} = 1$$

eine gleichseitige Hyperbel (vgl. Aufgabe 3.11).

Leider versagt dieses Verfahren bei Parabeln und Paraboloiden, weil diese keine Mittelpunktsgleichung haben und daher keiner quadratischen Form $\underline{\boldsymbol{r}}^T \boldsymbol{M} \underline{\boldsymbol{r}} =$ const genügen.

11.24 Die einschlägige charakteristische Gleichung lautet

$$\begin{vmatrix} 1-\lambda & \frac{1}{2}\sqrt{2} & 1 \\ \frac{1}{2}\sqrt{2} & -\lambda & -\frac{1}{2}\sqrt{2} \\ 1 & -\frac{1}{2}\sqrt{2} & 1-\lambda \end{vmatrix} = 0$$

und führt auf die Gleichung 3. Grades

$$\lambda^3 - 2\lambda^2 - \lambda + 2 = 0$$

mit den Wurzeln (Eigenwerten) $\lambda_1 = 1$, $\lambda_2 = -1$, $\lambda_3 = 2$. Man findet für die Eigenvektoren nach dem in Aufgabe 11.22 beschriebenen Verfahren

$$\boldsymbol{e}_1' = -\frac{1}{2}(\boldsymbol{e}_1 + \boldsymbol{e}_2\sqrt{2} - \boldsymbol{e}_3), \quad \boldsymbol{e}_2' = -\frac{1}{2}(\boldsymbol{e}_1 - \boldsymbol{e}_2\sqrt{2} - \boldsymbol{e}_3), \quad \boldsymbol{e}_3' = \frac{1}{2}\sqrt{2}(\boldsymbol{e}_1 + \boldsymbol{e}_3)$$

und bestätigt leicht die Normierung $|\boldsymbol{e}_1'| = |\boldsymbol{e}_2'| = |\boldsymbol{e}_3'| = 1$ sowie die Orthogonalität $\boldsymbol{e}_1' \cdot \boldsymbol{e}_2' = \boldsymbol{e}_1' \cdot \boldsymbol{e}_3' = \boldsymbol{e}_2' \cdot \boldsymbol{e}_3' = 0$. Damit gewinnt der Tensor $\boldsymbol{C} = (c_{ij})$ die Form:

$$\boldsymbol{C} = \begin{pmatrix} -\frac{1}{2} & -\frac{1}{2} & \frac{1}{2}\sqrt{2} \\ -\frac{1}{2}\sqrt{2} & \frac{1}{2}\sqrt{2} & 0 \\ \frac{1}{2} & \frac{1}{2} & \frac{1}{2}\sqrt{2} \end{pmatrix} = \frac{1}{2}\begin{pmatrix} -1 & -1 & \sqrt{2} \\ -\sqrt{2} & \sqrt{2} & 0 \\ 1 & 1 & \sqrt{2} \end{pmatrix}.$$

Die 1., 2., 3. Spalte enthalten sichtlich die Komponenten der Eigenvektoren $\boldsymbol{e}_1'$, $\boldsymbol{e}_2'$, $\boldsymbol{e}_3'$ im Originalsystem S. Die Orthogonalität von $\boldsymbol{C}$ geht aus

$$\boldsymbol{C}^T = \frac{1}{2}\begin{pmatrix} -1 & -\sqrt{2} & 1 \\ -1 & \sqrt{2} & 1 \\ \sqrt{2} & 0 & \sqrt{2} \end{pmatrix} = \boldsymbol{C}^{-1}$$

hervor. Übrigens zeigt $\det \boldsymbol{C} = -1$, dass der Übergang $S' \to S$ keine *echte* Drehung ist. Die Transformation $\boldsymbol{MC}$ der 3 Eigenvektoren ergibt nun

$$\begin{pmatrix} 1 & \frac{1}{2}\sqrt{2} & 1 \\ \frac{1}{2}\sqrt{2} & 0 & -\frac{1}{2}\sqrt{2} \\ 1 & -\frac{1}{2}\sqrt{2} & 1 \end{pmatrix} \frac{1}{2} \begin{pmatrix} -1 & -1 & \sqrt{2} \\ -\sqrt{2} & \sqrt{2} & 0 \\ 1 & 1 & \sqrt{2} \end{pmatrix} = \frac{1}{2} \begin{pmatrix} -1 & 1 & 2\sqrt{2} \\ -\sqrt{2} & -\sqrt{2} & 0 \\ 1 & -1 & 2\sqrt{2} \end{pmatrix}.$$

Rechts steht

$$\frac{1}{2} \begin{pmatrix} -1 \cdot 1 & -1 \cdot -1 & \sqrt{2} \cdot 2 \\ -\sqrt{2} \cdot 1 & \sqrt{2} \cdot -1 & 0 \\ 1 \cdot 1 & 1 \cdot -1 & \sqrt{2} \cdot 2 \end{pmatrix} = \boldsymbol{C} \underbrace{\begin{pmatrix} 1 & 0 & 0 \\ 0 & -1 & 0 \\ 0 & 0 & 2 \end{pmatrix}}_{\boldsymbol{D}}.$$

Schließlich bestätigen wir die Transformation $\boldsymbol{C}^T \boldsymbol{MC}$ auf Diagonalform

$$\frac{1}{2} \begin{pmatrix} -1 & -\sqrt{2} & 1 \\ -1 & \sqrt{2} & 1 \\ \sqrt{2} & 0 & \sqrt{2} \end{pmatrix} \frac{1}{2} \begin{pmatrix} -1 & 1 & 2\sqrt{2} \\ -\sqrt{2} & -\sqrt{2} & 0 \\ 1 & -1 & 2\sqrt{2} \end{pmatrix} = \begin{pmatrix} 1 & 0 & 0 \\ 0 & -1 & 0 \\ 0 & 0 & 2 \end{pmatrix} = \boldsymbol{D}$$

mit der Eigenschaft

$$\det \boldsymbol{C}^T \boldsymbol{MC} = \begin{vmatrix} 1 & 0 & 0 \\ 0 & -1 & 0 \\ 0 & 0 & 2 \end{vmatrix} = \det \boldsymbol{M} = -2.$$

Die $\boldsymbol{M}$-Tensorfläche hat die Hauptachsengleichung $x'^2 - y'^2 + 2z'^2 = k > 0$. Sie beschreibt ein 1-schaliges Hyperboloid. Seine Schnitte sind

- mit der Ebene $x' = 0$ die Hyperbel $-y'^2 + 2z'^2 = k$,
- mit der Ebene $y' = 0$ die Ellipse $x'^2 + 2z'^2 = k$ und
- mit der Ebene $z' = 0$ die gleichseitige Hyperbel $x'^2 - y'^2 = k$.

Man sieht, wie irreführend der Name Tensorellipsoid sein kann.

11.25 Im Fall $\det \boldsymbol{M} = m_{11}m_{22} - m_{12}^2 = 0$ entartet die Fläche

$$\Phi(x, y) = m_{11}x^2 + m_{22}y^2 + 2m_{12}xy = \frac{1}{m_{22}}(m_{12}x + m_{22}y)^2 = k$$

zum Parallelenpaar $m_{12}x + m_{22}y = \pm\sqrt{km_{22}}$. Eine Transformation in das Eigensystem des Tensors würde keine zusätzlichen Aufschlüsse ergeben.

Anhang B: Konkurrierende Begriffe

hier verwendet	anderswo gebräuchlich
Adjunkte	Adjungierte, Kofaktor, Minor, Unterdeterminante
Bezugssystem	Koordinatensystem
charakteristische Gleichung	Säkulargleichung[1]
Dehnung	Streckung
δ-Funktion	δ-Distribution, δ-Funktional
Drall	Drehimpuls
Drehgeschwindigkeit	Winkelgeschwindigkeit
Drehbeschleunigung	Winkelbeschleunigung
Drehfläche	Rotationsfläche
Drehsymmetrie	Rotationssymmetrie
Dreibein	Dreikant
Einhüllende	Enveloppe, Hüllkurve
Einsvektor, -matrix, -tensor	Einheitsvektor, -matrix, -tensor
Flächenintegral	Oberflächen- oder Gebietsintegral
Funktionaldeterminante	jakobische Determinante
Grundvektor	Achsenvektor, Basisvektor
Hülle	Hüllfläche
Impulsmasse	relativistische Masse
Inhalt	Flächeninhalt
Kettenlinie	Katenoid
Komponente	Koordinate, Projektion, skalare Komponente
kontra-, kovariant	kontra-, kogredient
Kreuzprodukt	vektorielles oder äußeres Produkt
Kugelkappe	Kugelabschnitt, -haube, -kalotte, -segment
Kugelkoordinaten	räumliche oder sphärische Polarkoordinaten
Linienelement, -länge	Bogenelement oder -differenzial, Bogenlänge
Linienintegral	Kurvenintegral
Messpunkt	Aufpunkt

Fortsetzung nächste Seite

[1] Der Begriff stammt aus der astronomischen Theorie der langzeitigen („säkularen") Störung von Planetenbahnen durch die gegenseitige Massenanziehung.

Fortsetzung

hier verwendet	anderswo gebräuchlich
Metrik	Maßbestimmung
metrische Koeffizienten	Fundamentalgrößen 1. Ordnung
metrischer Tensor	Fundamentaltensor
Mittellot	Mittelsenkrechte
Ortsvektor, Fahrstrahl	Radiusvektor
parallel	kollinear
Parallelogramm	Parallelseit
Punktprodukt	skalares oder inneres Produkt
Quelldichte	spezifische Ergiebigkeit
Quellpunkt	Integrationspunkt
Rand	Kontur, Randkurve
Randsumme	Liniensumme
Raumelement	Volum- oder Volumenelement
Raumintegral	Volumenintegral
Raute	Rhombus
Resultante	Resultierende
Richtung(ssinn)	Orientierung
Rotor	Rotation, Wirbelvektor
schiefsymmetrisch	antisymmetrisch oder antimetrisch
Schwerkraft	Gravitation
Spat	Parallelflach, -epiped, -okant, Rhomboeder
Spatprodukt	Raumprodukt, skalares Tripelprodukt
Spiegelung	Inversion
Streckebene	rektifizierende Ebene
Teilvektor	Komponente, vektorielle, vektorische oder Vektorkomponente, Komponentenvektor
Tensor	Affinor, Dyade
Tensorstufe	Tensorgrad
Torse	Tangentenfläche
totales Differenzial	vollständiges oder exaktes Differenzial
Trägervektor	Richtungsvektor
Translation	Parallelverschiebung
transponiert	konjugiert oder adjungiert
Tripel	Drei-Tupel, Triade
Umfangswinkel	Peripheriewinkel
Umlauf- oder Randintegral	Konturintegral
Verzerrungstensor	Deformations- oder Dehnungstensor
Vierflach	Tetraeder
Windung	Torsion

Stichwortverzeichnis

F

L

M

Notizen

Notizen